Ernst Abbe
Briefe

Ernst Abbe
Briefe
an seine Jugend- und Studienfreunde
Carl Martin und Harald Schütz
1858–1865

Herausgegeben und bearbeitet
von Volker Wahl und Joachim Wittig
unter Mitwirkung von
Bolko Schweinitz und Annette Vogt

Mit 16 Abbildungen

Akademie-Verlag Berlin
1986

Veröffentlichung in Zusammenarbeit
mit der Friedrich-Schiller-Universität Jena

ISBN 3-05-000 040-6

Erschienen im Akademie-Verlag Berlin, DDR - 1086 Berlin, Leipziger Straße 3–4

Lizenznummer: 202 · 100/39/86
Printed in the German Democratic Republik
Gesamtherstellung: IV/2/14 VEB Druckerei „Gottfried Wilhelm Leibniz",
4450 Gräfenhainichen · 6608
Gesamtgestaltung: Martina Bubner
LSV 1106
Bestellnummer: 754 581 7 (6940)

03500

Inhaltsverzeichnis

Briefe 1858 bis 1865

Anhang

Vorwort

Über das Lebenswerk des Physikers Ernst Abbe (1840–1905) sind in der Vergangenheit zahlreiche Beiträge vorgelegt worden. Eine besondere Verpflichtung zur Pflege seines Werkes und zur Bewahrung aller Zeugnisse über seinen Lebensgang hat die thüringische Universitätsstadt Jena, in der Abbe 44 Jahre lang lebte, studierte und arbeitete. „Hier in Jena werden die Menschen noch lange von ihm sprechen, und wenn die Menschen es nicht mehr tun, so werden die Steine reden", sagte Berthold Delbrück 1908 in seiner Festrede zum 350jährigen Gründungsjubiläum der *Alma mater Jenensis*.

Neben den von 1904 bis 1940 in fünf Bänden erschienenen Gesammelten Abhandlungen von Ernst Abbe liegt an größeren dokumentarischen Veröffentlichungen bisher nur der 1946 edierte Briefwechsel zwischen Abbe und Otto Schott über das optische Glas vor, der – so der Herausgeber Herbert Kühnert – zu „den klassischen literarischen Zeugnissen der Geschichte der modernen Wissenschaft und Technik" gezählt werden muß. Die Friedrich-Schiller-Universität hat 1955 zum 50. Todestag des Gelehrten Zeugnisse über seine akademische Tätigkeit an der Universität Jena publiziert. Andere Dokumente über seine wissenschaftliche Tätigkeit fanden Eingang in Monographien und Aufsätze. Dagegen ist Abbes sonstige Korrespondenz noch weithin unveröffentlicht.

Dem wissenschaftlichen Briefwechsel von Ernst Abbe ist nicht minder bemerkenswert die Sammlung der Briefe an seine Jugend- und Studienfreunde Carl Martin (1838–1907) und Harald Schütz (1840–1915) aus den Jahren 1858 bis 1865 zur Seite zu stellen. Mit diesen Briefen liegt ein Komplex von persönlichen Äußerungen des jungen Abbe aus der Zeit vor, als er die ersten tastenden Schritte auf dem Felde der Wissenschaft machte. Sie beanspruchen nicht weniger unsere Aufmerksamkeit und werden nun erstmals im Zusammenhang ediert, nachdem ihre Existenz bereits durch die biographischen Arbeiten von Felix Auerbach (1918) und Moritz von Rohr (1940) bekannt geworden ist. Da die Originale zunächst im Familienbesitz und dann seit fast drei Jahrzehnten der Öffentlichkeit entzogen waren, bot erst der Erwerb dieser Briefe durch die Friedrich-Schiller-Universität Jena im Jahre 1973 die Möglichkeit, sie als eine erstrangige Quelle für die Persönlichkeit des jungen Abbe in ihrer Gesamtheit vorzustellen. Sie übernahm damit die Verpflichtung, diese Dokumente der Lebenswelt und Wissenschaftsentwicklung des 19. Jahrhunderts in einer exakten Quellenedition zu erschließen.

In Vorbereitung des 425jährigen Gründungsjubiläums der Universität regte im Frühjahr 1980 Dr. rer. nat. Joachim Wittig, damals Lektor an der Sektion Physik, jetzt Kustos am Institut für Geschichte der Medizin und der Naturwissenschaften, die vorliegende Veröffentlichung der Briefe an. Ihm oblag vor allem die Bearbeitung der naturwissenschaftlichen, technischen und philosophischen Sachfragen. Als Mitherausgeber trat Dr. phil. Volker Wahl, Leiter des Universitätsarchivs, hinzu, dem die dokumentarische Bearbeitung und die Aufhellung biographischer und bibliographischer Sachverhalte zufiel. Für die Bearbeitung mathematischer Probleme wurde Frau Dr. rer. nat. Annette Vogt, Mathematikhistorikerin am Institut für Theorie, Geschichte und Organisation der Wissenschaft der Akademie der Wissenschaften der DDR, gewonnen. Ihr wird an dieser Stelle herzlich gedankt.

Für die Bearbeitung der Briefe waren die Herausgeber auf die Unterstützung zahlreicher Personen und Institutionen angewiesen, denen für ihre Hilfe hier Dank gesagt werden soll. In Jena standen ihnen in erster Linie die archivalischen Quellen des Betriebsarchivs des VEB Carl Zeiss JENA, des Stadtarchivs und des Universitätsarchivs zur Verfügung. Für die Göttinger Verhältnisse traten das Stadtarchiv und das Archiv der Georg-August-Universität Göttingen sowie die Handschriftenabteilung der Niedersächsischen Staats- und Universitätsbibliothek in Göttingen hinzu. Stadtarchiv sowie Stadt- und Universitätsbibliothek zu Frankfurt am

Main und nicht zuletzt der dortige Physikalische Verein halfen bei der Aufklärung von Abbes Dozententätigkeit in Frankfurt am Main. Als Eisenacher Gewährsmann stellte Herr Dr. rer. nat. Wolfgang Eccarius seine Kenntnisse der historischen Schulverhältnisse in Eisenach zur Verfügung.

Ein besonderer Glücksumstand war die lebhafte Anteilnahme, die Fräulein Gretelotte Schütz in Bremen, die Enkelin von Prof. Dr. Harald Schütz, unserer Editionsarbeit entgegenbrachte. Ohne ihre bereitwillig erteilten Auskünfte und weitere zur Verfügung gestellte Materialien wären unsere biographischen Kenntnisse von Abbes Studienfreund Harald Schütz kaum über die bisher bekannten Lebensdaten hinausgegangen. Ebenso wertvolle Hinweise zur Biographie von Carl Martin sind seiner Enkelin, Frau Gudrun Roesner, und dem Archivo Histórico Emilio Held in Chile zu verdanken. Frau Käte Sause, geborene Unrein, in Kassel hat als Enkelin Ernst Abbes die Mitteilung von der geplanten Veröffentlichung der Jugendbriefe ihres Großvaters mit Interesse und Zustimmung aufgenommen.

In den Dank für das Zustandekommen der Briefedition sind nicht zuletzt die Leitungen der Friedrich-Schiller-Universität Jena und ihrer Sektion Physik, die Universitätsbibliothek Jena und die Film- und Bildstelle der Universität einzuschließen. Besonderer Dank gebührt dem Leiter der Abteilung Wissenschaftliche Publikationen, Dipl.-Phil. Bolko Schweinitz, für seine unermüdliche Unterstützung unserer Ausgabe. Für sachdienliche Hinweise danken die Bearbeiter Prof. Dr. sc. phil. Martin Guntau in Rostock und Prof. Dr. sc. phil. Hubert Laitko in Berlin. Dem Akademie-Verlag und dem Lektor Klaus Wolfram ist für die verlegerische Betreuung Dank zu sagen.

Die Carl-Zeiss-Stiftung in Jena, die bereits den Erwerb der Briefe für die Universität unterstützt hatte, förderte auch die Drucklegung der Briefedition als sichtbaren Beitrag zur Pflege des Erbes ihres Gründers. Dafür dankt ihr die Friedrich-Schiller-Universität.

Die Herausgeber und Bearbeiter widmen die vorliegende Ausgabe der Jugendbriefe Ernst Abbes der *Alma mater Jenensis* zu ihrem 425jährigen Gründungsjubiläum im Jahre 1983. Die Friedrich-Schiller-Universität ehrt damit eine der größten Persönlichkeiten aus der Geschichte dieser traditionsreichen Hohen Schule. 1905 stellte Rudolf Hirzel mit richtigem Blick für wissenschaftliche Gesinnung in der Gedenkrede der Universität auf Abbe eine Beziehung her, in deren Verpflichtung wir bis heute stehen: „Als das Muster eines Gelehrten, wie es vor nun mehr als hundert Jahren hier in Jena Fichte entworfen hat, wird er uns noch lange vorschweben ..."

Jena, im Februar 1985 Volker Wahl · Joachim Wittig

Einleitung

Von Ernst Abbes Korrespondenz mit seinen beiden Jugend- und Studienfreunden Carl Martin und Harald Schütz sind 91 Briefe überliefert, deren Text in der vorliegenden Ausgabe vollständig veröffentlicht wird. Davon sind 13 Briefe an Martin gerichtet und 78 an Schütz. Es muß angenommen werden, daß damit nicht alle Briefe Abbes erfaßt sind. Hinzu kommt das fast vollständige Fehlen der Gegenbriefe. Lediglich von Harald Schütz sind fünf Briefe vorhanden, die hier unberücksichtigt bleiben. Trotzdem vermitteln die von Abbe zwischen März 1858 und Juli 1865 geschriebenen Briefe ein geschlossenes Bild seiner persönlichen Entwicklung in diesen Jahren und lassen uns durch die Reaktionen auf die Mitteilungen seiner Freunde auch deren damaligen Wirkungskreis erkennen. Insgesamt erfassen sie drei wichtige Lebensabschnitte des jungen Gelehrten: Studienjahre in Jena und Göttingen (bis 1861), Vortragstätigkeit am Physikalischen Verein zu Frankfurt am Main (1861/62) und erste Dozentensemester an der Universität Jena (ab 1863). Sie verbinden gleichsam zwei Eckpunkte seines akademischen Bildungsganges: die Göttinger Promotion von 1861 und die Jenaer Habilitation von 1863.

Der Briefwechsel fällt in die Zeit zwischen der bürgerlich-demokratischen Revolution von 1848/49 und der Reichsgründung von 1871. Es ist der schwierige Umgruppierungsprozeß der Klassenkräfte der deutschen Gesellschaft nach dem Scheitern der demokratischen Revolution „von unten" bis zur Reichseinigung „von oben". Die Briefe führen uns in die Jahre zwischen 1858 und 1865, in denen trotz der politischen Reaktionsphase noch immer bzw. schon wieder bürgerlich-demokratische Stimmungen und Überzeugungen lebendig waren, zum anderen der preußische Staat die letzten entscheidenden Schritte zum Status des Hegemons der Reichseinigung tat. In den fünfziger und sechziger Jahren des 19. Jahrhunderts vollzogen sich tiefgreifende Veränderungen in der Wirtschaftssphäre, da – begünstigt durch die internationale Konjunktur – die kapitalistische Industrialisierung in Deutschland voranschritt. Sie setzte sich trotz politischer und wirtschaftlicher Zersplitterung, trotz zahlreicher feudalbürokratischer Hemmnisse durch. Ihre Befestigung machte die Einheit Deutschlands zu einer dringenden Notwendigkeit. Dank der kapitalistischen Industrieentwicklung war die Bourgeoisie zur ökonomisch stärksten Klasse geworden. Die Industrialisierung führte zu einem starken Aufschwung der Naturwissenschaften, der seinerseits die Entwicklung von Industrie und Technik förderte. Die Bedeutung der Wissenschaft verschob sich vom gesellschaftswissenschaftlichen auf das naturwissenschaftliche Gebiet. An den Universitäten gewann ein neuer Lehrbetrieb Gestalt, dessen anwendbare Ergebnisse dem industriellen Fortschritt dienten.

Ernst Abbes Briefe an Carl Martin und Harald Schütz geben uns in der persönlichen Sichtweise ihres Autors einen Einblick in die wissenschaftlichen und gesellschaftlichen Verhältnisse in Deutschland um 1860. Die aus einem gefühlstiefen Mitteilungsbedürfnis entstandenen Jugendbriefe vermitteln einen lebendigen Eindruck von den Lebensumständen und dem beruflichen Werdegang des Studenten und des jungen Gelehrten. Sie erörtern die wissenschaftlichen Fragestellungen, an denen er in jenen Reifejahren hauptsächlich interessiert war und üben durch die Frische und Unmittelbarkeit ihrer Darstellung einen ebenso kultur- wie wissenschaftshistorischen Reiz auf den heutigen Leser aus. Dieser Reiz wird durch eine außergewöhnliche Mitteilsamkeit erhöht, die nur für den jungen Abbe charakteristisch ist. Er hat später kaum jemals das Innerste seiner Persönlichkeit so offen mitgeteilt, wie er das gegenüber seinen beiden ältesten Freunden tat. So betrachtet, fließt hier eine Quelle, die unser Wissen um die Entwicklung des begabten Studenten zum akademischen Lehrer und Forscher ungemein bereichert. In detailreicher Anschaulichkeit breitet sich in ihnen das Alltagsleben eines jungen Mannes aus, der gefordert und gefördert zu einem Physiker von

Weltgeltung heranwuchs. Aus ihnen wird zugleich deutlich, daß die dem reifen Menschen zugewiesenen Attribute – „ein heißes nach Gerechtigkeit dürstendes Herz und der kälteste Verstand des mathematischen Physikers" (Berthold Delbrück, 1908) – schon in dem jungen Abbe vereint waren.

Ernst Carl Abbe wurde am 23. Januar 1840 in Eisenach geboren, wo sein Vater, Georg Adam Abbe, als Vorarbeiter in einer Kammgarnspinnerei tätig war. Die Mutter, Elisabeth Christina, geborene Barchfeld, verstarb 1857, als Abbe sein erstes Studiensemester in Jena verbrachte.

Der begabte Arbeitersohn besuchte zunächst die Volksschule in Eisenach und seit 1850 das Realgymnasium, das er auf Grund seiner ausgezeichneten Leistungen bereits mit 17 Jahren abschloß. Begabung und Fleiß, hervorragende Lehrer und die Betätigung im Naturwissenschaftlichen (Schüler-)Verein förderten vor allem seine naturwissenschaftlichen Kenntnisse, die sich schon hier auf Mathematik, Physik und Astronomie konzentrierten. Mit dem Reifezeugnis vom 21. März 1857 verließ er das Realgymnasium, um das Studium der Naturwissenschaften an der Universität Jena aufzunehmen. Am 22. April 1857 wurde Abbe als Student der Mathematik in Jena immatrikuliert. Mit ihm zusammen kam von Eisenach nach Jena der anderthalb Jahre ältere Carl Martin, der sich am gleichen Tag für das Studium der Medizin und der Naturwissenschaften einschrieb, sich aber später ganz dem Medizinstudium zuwandte.

Carl Eduard Martin wurde am 16. September 1838 als Sohn des bekannten Gynäkologen Eduard Arnold Martin (1809–1875) und der Maria Augusta Johanna Sophia, geborene Schmid, in Jena geboren. Die Eltern stammten aus bedeutenden Jenaer Gelehrtenfamilien. An seinem Tauftag, dem 3. Oktober 1838, wurde er – der entsprechenden Tradition zufolge gratis – an der Universität immatrikuliert. Seine erste Ausbildung erhielt er in einem privaten Erziehungsinstitut, in dem das Hauptgewicht auf neueren Sprachen lag. Danach besuchte er von 1853 bis 1857 das humanistische Carl-Friedrich-Gymnasium in Eisenach, das er am 4. April 1857 mit dem Reifezeugnis verließ. Carl Martin war ein überdurchschnittlich guter Schüler, interessiert an Sprachen, talentiert im Zeichnen und empfänglich für die Schönheiten der Literatur. Sein Hauptinteresse galt aber den Naturwissenschaften, die er auf dem Gymnasium vernachlässigt sah. Er regte deshalb die Gründung eines naturwissenschaftlichen Vereins an, dem sich Schüler des humanistischen und des Realgymnasiums anschlossen. Einer der eifrigsten Mitglieder des Vereins wurde Ernst Abbe, der gemeinsam mit Martin noch lange über die Eisenacher Schulzeit hinaus Anteil an dessen Weiterbestehen nahm.

Abbe und Martin begannen beide ihr Universitätsstudium an der Großherzoglich- und Herzoglich-Sächsischen Gesamtuniversität zu Jena. Abbe hörte in den vier Jenaer Semestern vor allem mathematische und physikalische Vorlesungen bei Hermann Schaeffer und Karl Snell. Seine weiteren Universitätslehrer waren Ernst Friedrich Apelt, Johann Gustav Droysen, Kuno Fischer, Matthias Jacob Schleiden, Ernst Erhard Schmid und Volkmar Stoy. Die Fachvorlesungen wurden ergänzt durch die Veranstaltungen der von Hermann Schaeffer geleiteten „Mathematischen Gesellschaft", in der Abbe seinen ersten Vortrag am 9. Juli 1857 hielt. 1858 beteiligte er sich an der von der Philosophischen Fakultät ausgeschriebenen physikalischen Preisaufgabe, die er mit erstaunlicher Reife löste und dafür den ersten Preis erhielt.

Carl Martin verbrachte dagegen nur drei Semester in Jena, weil sein Vater im Herbst 1858 einem Ruf nach Berlin folgte. Am 16. Oktober 1858 wurde er als Student der Medizin an der Universität Berlin immatrikuliert und verließ diese nach sechs Studiensemestern am 5. November 1861. Unmittelbar zuvor, am 10. Oktober 1861, hatte er als Schüler des bedeutenden Chirurgen Bernhard Rudolf Konrad von Langenbeck promoviert. Dem Erwerb des medizinischen Doktorgrades folgte 1862 das Staatsexamen. Am 9. April 1862 erhielt er die Approbation als praktischer Arzt, Wundarzt und Geburtshelfer im Königreich Preußen. Nunmehr war für ihn der Weg frei, seinen schon früher gefaßten Plan eines Einsatzes im Ausland auszuführen. Seine naturwissenschaftlichen Interessen und seine Fremdsprachenkenntnisse hatten den Wunsch gefördert, die außereuropäische Welt kennenzulernen und zu erforschen. Gestärkt wurden diese Neigungen durch den gesellschaftlichen Verkehr im Elternhaus und in den Universitätskreisen. Als ihm die Stelle eines Gesandtschaftsarztes in Brasilien angeboten wurde, griff er zu und verließ Mitte des Jahres 1862 Berlin. Kurz vor seiner Abreise nach Südamerika enden die vorhandenen Briefe Abbes.

Martins weiterer Lebensweg wird durch diesen ersten Auslandsaufenthalt in die gewünschten Bahnen gelenkt. Zunächst verbrachte er zwei Jahre in Südamerika, wobei er sich nochmals dem medizinischen Staatsexamen in Brasilien unterzog, um als Arzt frei praktizieren zu können. Nach seiner Rückkehr im Frühjahr 1864 wurde er Assistent in der geburtshilflichen Klinik seines Vaters in Berlin. Er konnte sich jedoch zu einer akademischen Laufbahn nicht entschließen. 1869 brach er erneut nach Übersee auf und ließ sich in Chile nieder. Er betrieb eine ärztliche Praxis in der Hafenstadt Puerto Montt, später auf der Insel Chiloé. Daneben wandte er sich verstärkt ethnographischen Forschungen zu, bis ihn der Tod des Vaters 1876 nach Deutschland zurückkehren ließ. Er eröffnete in seiner Geburtsstadt Jena eine ärztliche Praxis, deren Patienten zumeist aus den ärmeren Schichten der Stadt und der umliegenden Dörfer kamen. Die zunächst beabsichtigte Habilitation unterblieb, da ihm bei seinen ausgebreiteten Interessen die Konzentration auf ein Spezialfach fehlte. Martin hielt Vorträge vor wissenschaftlichen Gesellschaften und veröffentlichte weitere Untersuchungen zu medizinischen und ethnographischen Problemen. Ende 1884 fuhr er erneut nach Chile und übernahm wieder die Arztstelle in Puerto Montt. Die Erfahrungen und Ergebnisse seiner Forschungstätigkeit legte er in mehr als zehnjähriger Arbeit in einer großen „Landeskunde von Chile“ nieder, die er kurz vor seinem Tod abschloß. Sie war als das Lebenswerk eines ihrer dankbarsten Söhne der Universität Jena zum 350jährigen Jubiläum im Jahre 1908 gewidmet. Carl Martin verstarb am 28. Oktober 1907 in Puerto Montt (Chile).

Der überlieferte Briefwechsel zwischen Abbe und Martin setzt 1858 noch während ihrer gemeinsamen Studienzeit in Jena ein und wird nach dem Wechsel von Carl Martin an die Universität Berlin fortgeführt. Als dieser 1862 ins Ausland geht, bricht er ab und wird später nicht wieder aufgenommen. Ausgangspunkt und immer wiederkehrendes Thema ihrer frühen Briefe ist die Entwicklung des Naturwissenschaftlichen Vereins in Eisenach. Da Abbe die Semesterferien regelmäßig im Eisenacher Elternhaus verbrachte, konnte er dem Freund aus erster Hand über die Situation und den Fortgang des Schülervereins berichten. Nach dem beiderseitigen Universitätswechsel treten die Probleme des Studiums in den Vordergrund. Die Verschiedenartigkeit der Studienfächer läßt jedoch keinen tieferen geistigen Austausch darüber zu. So erschöpft er sich in der Berichterstattung über das Ergehen in der zurückliegenden Zeit, in der Darlegung künftiger Berufsabsichten und der immer wieder geäußerten Hoffnung auf eine persönliche Begegnung, die aber im Zeitraum des Briefwechsels nicht zustande kam.

Das Verhältnis zwischen Abbe und Martin war betont freundschaftlich, erreichte jedoch nicht die Herzlichkeit, die die Verbindung mit Harald Schütz auszeichnete. Ihre Begegnung war von den gemeinsamen Interessen als Schüler im Naturwissenschaftlichen Verein zu Eisenach und den Studienerlebnissen der Jenaer Zeit geprägt. Martin hatte mit dazu beigetragen, daß Abbes in einfachen Verhältnissen lebender Vater seinem Sohn gestattete, die Universität zu beziehen. Martins Herkunft aus Akademikerkreisen und die daraus resultierende gesellschaftliche Stellung banden ihn an die Konventionen seiner Umwelt, doch wurde das Abbe gegenüber nie zur persönlichen Distanz. Das studentische Verbindungsleben, Vereinswesen und gesellschaftlicher Verkehr waren für den Professorensohn unverzichtbare Erlebensbereiche, die sich Abbe nur bedingt erschlossen.

Ab Sommersemester 1859 setzte Abbe sein Studium an der Universität Göttingen fort, wo er am 30. April 1859 immatrikuliert wurde. In fünf Semestern besuchte er Vorlesungen in Mathematik und Physik bei Wilhelm Eduard Weber, Johann Benedikt Listing, Bernhard Friedrich Riemann, Moritz Abraham Stern und Ernst Christian Julius Schering. Weitere Universitätslehrer waren Anton Johann Georg Geuther und Rudolf Hermann Lotze. Wichtig wurde für ihn der Besuch des Mathematisch-Physikalischen Seminars, in dessen physikalischer Abteilung er später die Einübung der neu eingetretenen Mitglieder übernahm.

Bereits zu Beginn seiner Göttinger Zeit, am 22. Juli 1859, begründete Abbe mit dem fast gleichaltrigen Mathematikstudenten Harald Schütz einen Freundschaftsbund, der bis an beider Lebensende währte. Zusammen bildeten sie eine „Firma", die Ausdruck ihrer gemeinsamen Geisteshaltung sowie gleicher Ziele im wissenschaftlichen und beruflichen Streben war, aber auch für die Übereinstimmung in der Gestaltung ihrer sozialen Verhältnisse, in der Finanzierung ihres Studiums u. a. charakteristisch war. Beide waren sensible Naturen, in denen persönliche Schicksalsschläge – für Abbe der vorausgegangene Tod seiner Mutter, für Schütz der Verlust eines Bruders und die Erblindung des Vaters – eine tiefere Grundstimmung des Lebensgefühls hervorriefen. Sie zogen sich meist auf sich selbst zurück und standen dem studentischen Verbindungsleben im allgemeinen fern.

Harald Schütz wurde am 27. Dezember 1840 in Bielefeld geboren. Er war der Sohn des Philologen und späteren Gymnasialprofessors Carl Wilhelm Schütz (1805–1892) und der Christiane Johanna, geborene Briem. Nach dem Schulbesuch in seiner Heimatstadt bezog er am 2. Mai 1859 die Universität Göttingen, wo er sich für Mathematik einschrieb. Damit durchbrach er die bis dahin geisteswissenschaftlich orientierte Familientradition, die in vorausgegangenen Generationen bedeutende Namen aufwies.

Hier in Göttingen studierte Schütz vier Semester, in denen er vor allem mathematische und physikalische Vorlesungen belegte, die er zum Teil gemeinsam mit Abbe besuchte. Darüber hinaus nahm er mit Blick auf den später auszuübenden Oberlehrerberuf bei dem Universitätsmechaniker Moritz Meyerstein an einem Kursus im Drehen, Feilen und Glasblasen teil, um die nötigen Handfertigkeiten für den Bau physikalischer Übungsgeräte zu erwerben. Um das „akademische Triennium" zu vollenden, aber auch auf Grund seiner preußischen Staatszugehörigkeit, mußte er für die beiden abschließenden Semester an die Universität Berlin überwechseln, wo er am 23. April 1861 immatrikuliert wurde. Dort gehörte er zu den ersten Studenten, die Mitglieder des soeben gegründeten Mathematischen Seminars wurden. Er besuchte vor allem mathematische Vorlesungen bei Ernst Eduard Kummer, Leopold Kronecker und Karl Theodor Weierstraß. Sein besonderes Interessengebiet war die Zahlentheorie. Die im ersten Göttinger Studiensemester geschlossene Freundschaft mit Abbe blieb ihm dabei – auch in der Distanz zwischen Berlin und Göttingen bzw. Frankfurt am Main – die wichtigste Grundlage für den Gedankenaustausch.

Die Freundschaft mit Abbe bestimmte auch die folgenden Lebensstationen von Harald Schütz. Nachdem er am 26. März 1862 das Universitätsstudium in Berlin beendet hatte, trat er eine Hauslehrerstelle bei dem Bankier Franz Joseph Schuster in Frankfurt am Main an. Während dieser Zeit bereitete er sich auf die Staatsprüfung für den Eintritt in den höheren Schuldienst vor, die er am 5. Juni 1863 in Münster bestand. Er setzte dann seine mathematischen Studien privat fort, um sich zunächst auf die Promotion vorzubereiten. Erst am 23. Februar 1867 bewarb er sich bei der Philosophischen Fakultät der Universität Göttingen um die Zulassung zum Doktorexamen. Die eingereichte mathematische Abhandlung wurde wegen der Fremdartigkeit der Gedanken zunächst zurückgewiesen. Er mußte sie umschreiben und erhielt dafür am 28. Juni 1867 die philosophische Doktorwürde. Schütz schlug nunmehr die pädagogische Laufbahn ein, nachdem er bereits 1865/66 als Schulamtskandidat am Frankfurter Gymnasium unterrichtet hatte. 1868/69 leistete er das Probejahr an der Musterschule in Frankfurt am Main ab und wurde danach als Lehrer für Mathematik und Physik an die Gewerbe- und Handelsschule in Speyer berufen, schließlich 1872 zum Rektor der neugegründeten Gewerbeschule zu Traunstein/Oberbayern ernannt. Hier erreichte ihn im Herbst 1878 die Berufung als Lehrer für Mathematik und Physik am städtischen Gymnasium in Frankfurt am Main. Er wurde mit dem Unterricht in den Oberklassen betraut, 1879 zum Oberlehrer und 1893 zum Gymnasialprofessor ernannt.

Harald Schütz war frühzeitig durch ein Augenleiden in seiner Arbeitskraft beeinträchtigt. Eine starke Kurzsichtigkeit führte zu einem ernsten Augenleiden, so daß er 1899 vorzeitig in den Ruhestand versetzt werden mußte. Eine von Abbe erwirkte lebenslängliche Rente aus der Carl-Zeiss-Stiftung milderte die erschwerte pekuniäre Situation der Familie. Sie sollte Schütz als Beihilfe für seine wissenschaftlichen Arbeiten dienen, die zunächst von seinen mathematischen Interessen geprägt waren, sich später aber auch auf physikalische Probleme konzentrierten. Schließlich wandte er sich der Geschichte der Technik und der Erfindungen zu und hielt darüber Vorträge. Seine literarischen Ambitionen – er schrieb und veröffentlichte auch Gedichte – sowie seine philosophischen Studien machen darüber hinaus deutlich, daß er ein Gelehrter von äußerst vielseitiger Bildung war. Am 17. Dezember 1915 starb er in Frankfurt am Main.

Abbes erster Brief an Schütz datiert vom März 1860. Der Briefwechsel beschränkt sich bis zum Frühjahr 1861, als Schütz an die Universität Berlin überwechselte, auf die Zeit der Trennung während der Semesterferien, die Abbe in Eisenach und Schütz in Bielefeld verbrachte. Bis August 1862 liegt dann eine relativ geschlossene Überlieferung der Briefe an Schütz vor, da dieser nach Antritt seiner Hauslehrerstelle die Sommermonate in Bad Brückenau verbringen mußte. Die nachfolgende zeitliche Lücke zwischen September 1862 und April 1863 erklärt sich aus ihrer gemeinsamen Anwesenheit in Frankfurt am Main. Mit Abbes Übersiedlung nach Jena wird der Briefwechsel erneut aufgenommen und reicht bis Juli 1865.

Abbes Briefe an Schütz unterscheiden sich deutlich von denen, die er zur gleichen Zeit an Carl Martin richtete. Ihr intimer Ton fällt auf und mag heute verwundern. Felix Auerbach, Abbes erster Biograph, gebrauchte dafür die Formel vom „freigeistigen Grundzug im Wesen beider Jünglinge, der, unbeschadet der vollen und glänzenden Entfaltung reiner Verstandestätigkeit, doch niemals das Herz, und zwar ein heißes, laut aufpochendes Herz, aus dem Programm ausschloß". Ihre Identifikation mit dem klassischen Freundespaar Orest und Pylades kennzeichnet die Höhe des Geistes und des Gefühls dieser Verbindung, die später als eine abgeklärte Freundschaft bestehen blieb.

Auch in Abbes Briefen an Schütz steht das alltägliche Geschehen im Vordergrund, die Ferienerlebnisse in Eisenach, die Studienverpflichtungen in Göttingen, der Ablauf der Vortragstätigkeit in Frankfurt am Main und Offenbach und schließlich die Gestaltung der akademischen Tätigkeit in Jena. Das Anziehende sind dabei die von den Stimmungen des Schreibers geprägten Schilderungen seiner eigenen Tätigkeit, seiner Kontakte und der Reaktionen auf persönliche Begegnungen und städtische Erlebnisse. Obwohl sich der Briefwechsel – abgesehen von den persönlichen Lebensumständen – stark auf wissenschaftliche und technische Themen konzentriert, bleiben Reflexionen der Zeitereignisse nicht aus.

Die Äußerungen Ernst Abbes zu einigen politischen Ereignissen jener Zeit, insbesondere zum Befreiungskampf Garibaldis in Italien, zum Gebaren des preußischen Königs und zu den Wahlerfolgen der oppositionellen liberalen Kräfte in Preußen, seine Mitgliedschaft im Deutschen Nationalverein und die Verehrung für den bürgerlichen Demokraten Franz Leo Benedikt Waldeck, 1861 einer der Führer der Fortschrittspartei und Wortführer im preußischen Verfassungskonflikt, lassen seine politische Haltung, seinen antimonarchistischen, von liberalen und demokratischen Anschauungen bestimmten Standort in der politisch angespannten Situation um 1860 erkennen. Anfang der sechziger Jahre kam es infolge der Weltwirtschaftskrise von 1857 bis 1859 zu einer Verschärfung der gesellschaftlichen Gegensätze, die zu einem neuen Aufschwung der demokratischen Bewegungen führte. Abbe verfolgte regelmäßig die Ereignisse in der Tagespresse und registrierte mit Aufmerksamkeit den politischen Tageskampf. 1862 erlebte er mit dem Schützenfest in Frankfurt am Main eine der großen nationalen Kundgebungen für die Einheit des Vaterlandes. Daß er der nationalen und patriotischen Volksbewegung in Deutschland, die vom Mittel- und Kleinbürgertum getragen wurde, verbunden war, zeigt sich am deutlichsten in seiner Zugehörigkeit zum Deutschen Nationalverein, dessen Programm im Juli 1859 in seiner Geburtsstadt Eisenach formuliert worden war.

In den überlieferten Briefen Abbes nimmt zunächst die Studienzeit einen breiten Raum ein. Durch den in Göttingen vorherrschenden modernen Lehr- und Forschungsbetrieb an der Georgia Augusta wurde er weit stärker als zuvor in Jena gefordert und geprägt. Er ging während seiner Studienzeit ganz in dem Streben nach wissenschaftlicher Erkenntnis auf. Schon als Student hatte er sich für eine akademische Laufbahn entschieden, da ihm die bloße Wissensvermittlung im Schuldienst nicht zusagte. Der erste Schritt auf diesem Weg war seine Göttinger Promotion vom 23. März 1861 mit einer physikalischen Arbeit, die von Wilhelm Eduard Weber beurteilt wurde. Danach verblieb Abbe für ein weiteres Semester in Göttingen, indem er weitere Vorlesungen besuchte, im Mathematisch-Physikalischen Seminar mitarbeitete und ab Mai 1861 noch eine Tätigkeit als Hilfsbeobachter an der Sternwarte bei Ernst Friedrich Wilhelm Klinkerfues übernahm. Während dieser Zeit unterstützte er auch den Universitätsmechaniker Moritz Meyerstein bei der Konstruktion seines verbesserten Spektrometers.

Für Abbe, der das Studium recht erfolgreich absolvierte, war doch damit die spätere Berufstätigkeit keineswegs gesichert. Auch darüber geben die Briefe manchen Aufschluß. Durch die Vermittlung seines Göttinger Mathematiklehrers Moritz Abraham Stern erhielt er ab Oktober 1861 eine provisorische Anstellung als Dozent beim Physikalischen Verein in Frankfurt am Main. Hier und im Verein für Naturkunde zu Offenbach hielt er im Wintersemester 1861/62 physikalische Vorträge, in denen er zum ersten Mal das in Jena und Göttingen erworbene Wissen auf diesem Fachgebiet, wenn auch wohl mit einem zu hohen Anspruch an den Kreis seiner Zuhörer, umsetzte.

Die in den Briefen zwischen Abbe und Schütz berührten wissenschaftlichen Problemkreise sind vorwiegend mathematischer, physikalischer und philosophischer Art. Dabei bilden die philosophischen Beschäftigungen der beiden Freunde einen bemerkenswerten Aspekt in der Überlieferung zu Abbes geistiger Entwicklung. Er befaßte sich mit erkenntnistheoretischen Fragen ebenso wie mit philosophischen Problemen der Naturwissenschaften. Gegenstand der Diskussion sind die Auffassungen von Kant, Hegel und Schopenhauer. Die Auseinandersetzung mit der Philosophie Arthur Schopenhauers, die in den fünfziger und sechziger Jahren des 19. Jahrhunderts eine starke Resonanz unter großen Teilen des Bürgertums fand, geht auf die Anregung von Schütz zurück, dessen Vater mit dem damaligen „Modephilosophen" in wissenschaftlicher Verbindung stand. Bei der im 19. Jahrhundert einsetzenden Trennung zwischen den sogenannten Geisteswissenschaften und den Naturwissenschaften ist das starke Interesse von Abbe für philosophische Studien höchst beachtenswert. Die gemeinsamen Interessen führten die beiden Freunde auch zu solchen philosophischen Fragen der Mathematik wie nach Ziel, Art und Weise mathematischer Erkenntnis. So zeigt sich Abbe sehr beeindruckt von dem Studium der „Ausdehnungslehre“ (1844) von Hermann Günther Graßmann, die von den meisten Zeitgenossen gerade wegen der tiefen Einsicht in die mathematischen Grundlagen kaum verstanden und beachtet wurde.

Abbes Briefe an Schütz vermitteln ein anschauliches Bild vom Entwicklungsstand der Mathematik in Deutschland und den Kommunikationsbeziehungen der Mathematiker, einschließlich der Studierenden. Sie spiegeln das Ausbildungsgeschehen in den beiden mathematischen Zentren Göttingen und Berlin nach der Jahrhundertmitte wider. Neben Reflexionen über die mathematischen Vorlesungen enthalten die Briefe auch Mitteilungen über die Seminartätigkeit und die Bearbeitung von Preisaufgaben sowie Einschätzungen zur mathematischen Literatur der damaligen Zeit. Mathematikhistorisch ist von Interesse, welche mathematischen Probleme bzw. Theorien in Abbes Briefen angesprochen werden. Das sind zunächst Fragen der Zahlentheorie, der Determinantentheorie, aber auch der Potential- und der Funktionentheorie. Letztere ist ein Kernstück der modernen Analysis, die im wesentlichen im 19. Jahrhundert durch die fundamentalen Untersuchungen von Bernhard Friedrich Riemann in Göttingen und Karl Theodor Weierstraß in Berlin begründet wurde. Beide fanden fast gleichzeitig und unabhängig voneinander zwei verschiedene Zugänge zum Aufbau der Funktionentheorie. Ihr unterschiedliches Herangehen wird ebenfalls durch den Briefwechsel belegt, da Abbe, der in Göttingen Riemanns Vorlesungen hörte und mit ihm in persönlichem Kontakt stand, jeweils auf die Nachschriften, die Schütz von Weierstraß' Vorlesungen in Berlin übersandte, mit vergleichenden Betrachtungen reagierte. Die Briefe vermitteln neue Detailkenntnisse über die Durchsetzung der Riemannschen und Weierstraßschen funktionentheoretischen Auffassungen in der mathematischen Fachwelt. Sie geben Aufschluß über die Verfahrensweise beim Austausch der neuesten Forschungsergebnisse aus den Vorlesungen, vor allem über die von Abbe angefertigten Nachschriften einiger Riemann-Vorlesungen zwischen 1859 und 1861. Ihre Einbeziehung in das Mathematikstudium von Harald Schütz in Berlin, die Benutzung durch Riemann selbst und ihre Verbreitung unter Abbes Göttinger Mitstudenten Wilhelm von Bezold, Hermann Hankel und Karl Friedrich Wilhelm Hattendorf, nicht zuletzt auch der Verkauf einer Abschrift an den russischen Mathematiker Georg August Thieme zeugen für den Wert der von Abbe stammenden Nachschriften und vermitteln neue Einsichten in die Genesis der überlieferten Riemann-Vorlesungen.

Der mathematische Inhalt der Briefe beleuchtet zugleich einen interessanten Aspekt in der Entwicklung Abbes zum Physiker. Bei starker, in Jena beginnender und vor allem in Göttingen unter dem Einfluß Wilhelm Eduard Webers sich fortsetzender Auseinandersetzung mit physikalischen Problemen hebt er dessen bleibendes Interesse an der Mathematik, ja an neuesten mathematischen Forschungen hervor. Eine früh ins Auge gefaßte Dissertation rein mathematischer Natur unterblieb zwar, aber in seiner Jenaer Habilitationsschrift von 1863 kam er wieder darauf zurück, zumal seine Anstellung als Privatdozent an der Universität Jena die fühlbare Lücke des nicht angebotenen Vortrags über spezielle Teile der Mathematik schließen sollte. Sein Interesse an der Mathematik war stets ein fundamentales und instrumentelles zugleich, das ihm nicht nur Voraussetzung war, um die Mathematik auf ihrem jeweils neuesten Stand als Lehrfach an einer Hochschule zu vertreten. Sie diente ihm hauptsächlich zur Lösung theoretisch-physikalischer Aufgaben. Die Beschäftigung mit physikalischen, auch astronomischen Problemen führte ihn auf seinen künftigen Berufsweg. Dazu gehörte das Studium der Elektrizitätslehre, deren Vermittlung durch Weber im Mathematisch-Physikalischen Seminar in Göttingen, vor allem bei der Konstruktion elektrischer Meßinstrumente, die neuesten Forschungsergebnisse einbezog. Das wird auch an Abbes Interesse für die Arbeiten von Robert Wilhelm Bunsen und Gustav Robert Kirchhoff zur kurz zuvor entdeckten Spektralanalyse deutlich, deren Resonanz er durch seine Verbindung mit dem Göttinger Universitätsmechaniker Moritz Meyerstein erleben konnte.

Das beherrschende Thema der Studienjahre und der Dozententätigkeit in Frankfurt am Main ist jedoch die mechanische Wärmetheorie, der Abbe sich über die Jenaer Preisaufgabe von 1858, in der Göttinger Dissertation von 1861 und in dem Vortragszyklus zur Wärmelehre im Physikalischen Verein zu Frankfurt am Main von 1861/62 immer wieder zuwandte. Schließlich trug er dann im Sommerhalbjahr 1862 im Auftrag einzelner Mitglieder des Vereins, als er nicht mehr als Dozent angestellt war, in freien Vorträgen über die Wechselwirkung der Kräfte in Naturprozessen überhaupt vor. Der wissenschaftsgeschichtliche Hintergrund ist das große Interesse, das zu jener Zeit dem knapp zwei Jahrzehnte zuvor entdeckten Energieerhaltungssatz entgegengebracht wurde. Damit stand Abbe auch auf physikalischem Gebiet in der aktuellen wissenschaftlichen Diskussion.

Die vorübergehende Verpflichtung als Dozent für Physik an den 1824 gegründeten Physikalischen Verein in Frankfurt am Main bereitete Abbes Übergang zur akademischen Tätigkeit an der Universität Jena vor, wobei er in vielem auf den neuen Forschungsergebnissen seiner Göttinger Universitätslehrer aufbauen konnte. Die Frankfurter Zeit ist in mehrfacher Hinsicht als ein Reifeprozeß zu betrachten, indem sie ihn aus der Studierstube hinaus auf das freie Feld des Lehrens und des Praktizierens führte. Die Tradition des Vereins, in dem der damalige Bildungsanspruch der überwiegenden Zahl der Mitglieder die Chemie und Physik „amusante" forderte, ließ Abbe an seinem anspruchsvollen wissenschaftlichen Niveau scheitern. Die Majorität der Vereinsmitglieder lehnte in der Generalversammlung im Frühjahr 1862 vor allem aus finanziellen Gründen die dauernde Anstellung eines zweiten Dozenten (für Physik) ab. Demgegenüber brachten ihm die persönlichen Kontakte zu einigen führenden Mitgliedern des Physikalischen Vereins, die sich hinter seine Intentionen ernsthafter wissenschaftlicher Bildungsvermittlung gestellt hatten, in anderer Hinsicht Gewinn. Sieht man von dem schriftlichen Gedankenaustausch zwischen Abbe und Schütz ab, so mußte sich in der Frankfurter Zeit – also außerhalb des akademischen Lebens – sein eigener Bildungsanspruch auf die passive Wissensaneignung durch die Literatur reduzieren, hätte ihm nicht die Begegnung mit einigen hochgebildeten, an Philosophie und Naturwissenschaften interessierten Persönlichkeiten fördernde Partnerschaft im wissenschaftlichen Gespräch geboten. Dadurch blieb die für ihn wichtige Kontinuität in der geistigen Auseinandersetzung mit seiner Umwelt auch in dieser Zeit gewahrt.

Vom Herbst 1862 bis Frühjahr 1863 konnte sich Abbe – frei von den bisherigen Verpflichtungen für den Physikalischen Verein – auf die Vorbereitung seiner Jenaer Habilitation konzentrieren. Da er dies in Frankfurt am Main tat, gibt es aus dieser Zeit keine Briefe an den gleichfalls anwesenden Freund. Den Lebensunterhalt sicherten ihm Privatstunden und der finanzielle Rückhalt der „Firma", die gemeinsame Kasse von Abbe und Schütz, die damals durch die Hauslehrertätigkeit von Harald Schütz aufgefüllt wurde. Den Start für die akademische Laufbahn in Jena ermöglichte ihm aber die Stiftung des Frankfurter Privatgelehrten Michael Reiß, der Abbe 1000 Gulden zur Verfügung stellte, die als finanzielle Sicherheit für die unbesoldete Privatdozentur unbedingt vonnöten waren.

Abbe verließ Frankfurt am Main am 2. April 1863, um nach kurzem Ferienaufenthalt in Eisenach sich dann am 18. April in Jena für immer niederzulassen. Seine Habilitationsschrift beendete er wenige Wochen später am 12. Mai. Nach ihrer Verteidigung, der Disputation am 10. August 1863, erhielt er zwei Tage später das Magisterdiplom, mit dem ihm die Venia legendi erteilt wurde. Er wurde als Privatdozent für Mathematik und Physik an der Großherzoglich- und Herzoglich-Sächsischen Gesamtuniversität Jena zugelassen. Damit ging sein Lebensplan, eine akademische Tätigkeit auszuüben, in Erfüllung, doch war er in finanzieller Hinsicht keineswegs gesichert. Die einzige Einnahmequelle eines Privatdozenten aus der Lehrtätigkeit waren Vorlesungshonorare, die in der Regel so gering ausfielen, daß davon der Lebensunterhalt nicht bestritten werden konnte. Und tatsächlich geriet Abbe Anfang 1865 – nachdem vermutlich die Mittel der Reißschen Stiftung verbraucht waren – in derartige finanzielle

Schwierigkeiten, daß er die Absicht hegte, die Privatdozentur wieder aufzugeben, um doch noch irgendwo in die ihm nicht zusagende, aber finanziell gesicherte „Schulmeisterei", also in ein Lehramt an einer höheren Schule, eintreten zu müssen. Die Universität und ihr Kurator, Karl Julius Moritz Seebeck (1805–1884), sahen in seinem beabsichtigten Weggang einen schweren Verlust, da der junge Privatdozent mit seiner wissenschaftlichen Befähigung und seinem Fleiß für die Universität erhebliches zu leisten versprach. Sie setzten sich dafür ein, daß Abbe sofort einen jährlichen staatlichen Zuschuß von zunächst 200, dann 300 Talern, ab 1875 von 1500 Mark erhielt. Damit stand seiner weiteren akademischen Laufbahn nichts mehr im Wege. Bis zu seinem Tode 1905 gehörte er dem Lehrkörper der Jenaer Universität an, wurde am 5. Mai 1870 zum außerordentlichen Professor ernannt und erhielt am 25. Juli 1878 eine ordentliche Honorarprofessur.

Mit der Niederlassung in Jena setzt Abbes Briefwechsel mit dem in Frankfurt am Main zurückgebliebenen Freund erneut ein, bis er nach einer halbjährigen Pause im Juli 1865 unvermittelt endet. Dieser mehr oder weniger plötzlich erscheinende Abbruch wird bereits im Frühjahr 1864 durch eine längere Korrespondenzunterbrechung Abbes infolge seiner mit Hingabe und Akribie versehenen Dozententätigkeit vorbereitet. Zwar flackert eine regelmäßige Korrespondenz durch sein Versprechen, jeden Sonntag einen Brief an Schütz zu schicken, im April 1864 wieder auf, wodurch die in Gefahr geratene Freundschaft erhalten blieb, doch konnte Abbe sein Versprechen nur kurze Zeit halten. Für ihn, der sich nach persönlichen Begegnungen mit seinem Freund sehnte und die räumliche Trennung schmerzlich empfand, war der Verkehr durch Feder und Papier auf die Dauer viel zu „hölzern". Zum letzten Mal kam es zu einem ausführlichen wissenschaftlichen Gedankenaustausch beider über den Aufbau der Zahlentheorie-Vorlesung von Abbe, für die Schütz seine Kenntnisse zur Verfügung stellte. Dann war der Privatdozent Ernst Abbe in beruflicher wie in wissenschaftlicher Hinsicht seinem Freund enteilt, was wir wohl als Hauptgrund für das Aufhören des Briefwechsels ansehen dürfen.

Abbes Briefe aus Jena lassen die Startbedingungen für den

jungen Gelehrten an der Universität der sächsisch-ernestinischen Staaten deutlich werden. Das Habilitationsverfahren, seine Vorlesungstätigkeit und die neuen gesellschaftlichen Verpflichtungen als Mitglied des Lehrkörpers der Salana füllten nunmehr den Zeitplan des dreiundzwanzigjährigen Privatdozenten für Mathematik und Physik aus, der im Laufe der nächsten Jahre zu dem von ihm angestrebten forschenden Universitätslehrer heranwuchs. Die Briefe zeigen uns seine Besessenheit, mit der er die vor ihm liegenden Aufgaben anging. Ungewöhnlich genug ist schon, daß er bereits vor Abschluß des Habilitationsverfahrens zwei unentgeltliche Vorlesungen über „Potentialtheorie" und „Bestimmte Integrale" ankündigte und seit 11. Juni 1863 hielt. In den weiteren Briefen berichtet er nun ausführlich über seine Lehrtätigkeit auf dem Gebiet der Mathematik und der Physik. Beispielsweise errichtete er im Frühjahr 1864 ein physikalisches Praktikum, in dem die Studenten selbst physikalische Experimente und Messungen durchführen konnten. Ein derartiges Praktikum als Ergänzung zur Vorlesung gab es damals nur vereinzelt und im bescheidenen Umfang, so daß seine Einrichtung für Jena etwas völlig Neues war. Der große Zuspruch bewies dann auch seine Notwendigkeit, so daß das Praktikum künftig beibehalten wurde.

In diese Zeit fällt auch der erste Arbeitskontakt mit dem Universitäts- und Hofmechanikus Carl Zeiß (1816–1888), der im Herbst 1863 für Abbes Vorlesungen über die wichtigsten physikalischen Meßinstrumente nach dessen Konstruktion einen universell einsetzbaren Apparat zur Messung kleiner elektrischer Ströme und des Magnetismus nach der Gauß-Weberschen-Methode baute. Aus dieser ersten gemeinsam gelösten Aufgabe sollte sich in wenigen Jahren eine enge Gemeinschaftsarbeit zwischen dem Handwerker und dem Wissenschaftler entwickeln. Wenn auch der Briefwechsel hiervon nicht mehr erzählt, so soll doch im folgenden Abbes Lebensweg und Persönlichkeit in seiner mehr als vierzigjährigen Tätigkeit in Jena skizziert werden.

Am 3. Juli 1866 trat Ernst Abbe zusätzlich zu seiner Lehrtätigkeit an der Universität als wissenschaftlicher Mitarbeiter in die feinmechanische Werkstätte von Carl Zeiß in Jena ein. Der 1846 gegründete Handwerksbetrieb hatte auf Initiative und durch Förderung von Matthias Jacob Schleiden (1804–1881), der sich als Professor für Naturwissenschaften vor allem mit Zellenforschung beschäftigte, zunächst nur einfache, später auch zusammengesetzte Mikroskope auf der Grundlage handwerklicher Erfahrungen, vor allem also durch „Pröbeln", gebaut. In zwanzig Jahren waren aus der inzwischen auf 25 Beschäftigte und Lehrlinge angewachsenen Werkstätte insgesamt etwa 1000 Mikroskope hervorgegangen, die in der Fachwelt einen guten Ruf hatten. Das von Zeiß und Abbe verfolgte Ziel bestand darin, den Mikroskopbau vom Feld der Empirie wegzuführen und ihn auf wissenschaftliche Grundlagen zu stellen, wie es auf dem Gebiet des Fernrohrbaues bereits im ersten Viertel des 19. Jahrhunderts durch Joseph Fraunhofer in München gelungen war. Zeiß befürchtete, sonst eines Tages von der Konkurrenz überrundet zu werden. Es war jene Zeit, in der Deutschland sich am Ausgang der industriellen Revolution befand. In verschiedenen Produktionsbereichen wurde die Wissenschaft bereits bewußt genutzt und begann als unmittelbare Produktivkraft zu wirken.

Auf dem Gebiet des handwerklichen Mikroskopbaues war es in den vorangegangenen zwei Jahrzehnten zu einer raschen Entwicklung gekommen, die durch den Aufschwung der mikroskopischen Forschung biologischer Vorgänge im Zusammenhang mit den Beiträgen von Schleiden und Theodor Schwann (1810 bis 1882) zur Zellenlehre (1838/39) bedingt war. Es gab immerhin 35 Werkstätten in Europa und 4 in Nordamerika, die zusammen mindestens 2000 zusammengesetzte Mikroskope jährlich herstellten. Hier ragte Edmund Hartnack (1826–1891) in Paris hervor, der seit 1860 einen beachtlichen Vorsprung durch die Fertigung der damals leistungsstärksten Mikroskopobjektive, der Wasserimmersionssysteme, gewann. Trotz stärkster Bemühungen war Zeiß mit seinen Mitarbeitern bis dahin nicht in der Lage gewesen, derartige Immersionssysteme zu bauen.

In der Werkstatt von Carl Zeiß fand Abbe ein ausgedehntes Forschungsfeld, das erfolgreich zu kultivieren sein wissenschaftliches Lebenswerk werden sollte. Zunächst wurden die technischen Arbeitsmethoden in Verbindung mit strengen Prüf- und

Kontrollmethoden der Arbeit vervollkommnet. Neben die Einführung der Arbeitsteilung trat die Anwendung verschiedener von Abbe entwickelter Meß- und Prüfgeräte, die zur Steigerung der Arbeitsproduktivität und der Arbeitsqualität dienten. Als nächstes galt es, die theoretischen Grundlagen des Mikroskopbaues zu vertiefen. Abbe mußte umfangreiche experimentelle und theoretische Untersuchungen vornehmen, um die unerschlossenen Zusammenhänge der mikroskopischen Abbildung zu klären. Die dioptrischen Untersuchungen – auch noch in späteren Jahren fortgesetzt – führten u. a. zur Fundierung der kollinearen Abbildung, zur Entdeckung der Sinusbedingung, zur Behandlung der Strahlenbegrenzung und zur Erweiterung der Theorie der Abbildungsfehler. Diese Ergebnisse reichten jedoch nicht aus. Das wurde deutlich, als Abbe in den ersten Jahren Mikroskopobjektive konstruierte, mit denen er keinen Erfolg erzielte. Sie waren der besseren Abbildung wegen für einen kleineren Öffnungswinkel berechnet worden, besaßen aber eine viel zu geringe Leistungsfähigkeit. Die darüber angestellten Experimente zeigten Abbe, daß bei der mikroskopischen Abbildung die Beugung des Lichtes an der Objektstruktur zu berücksichtigen ist. Mit der daraufhin von ihm entwickelten Beugungstheorie des Mikroskops gelangte Abbe zu wichtigen Erkenntnissen für den Aufbau einer „rationalen" Konstruktionspraxis von Mikroskopobjektiven sowie zu einer fundamentalen Beziehung, die für alle Arten von Mikroskopen gilt: Das Auflösungsvermögen ist um so größer, je kleiner die Lichtwellenlänge und je größer die numerische Apertur – Produkt aus Sinus des halben Öffnungswinkels und Brechzahl des Mediums zwischen Objekt und Objektiv – ist.

Nach nur wenigen Jahren intensiven Bemühens wurde das angestrebte Ziel erreicht. Carl Zeiß konnte in seinem Prospekt vom August 1872 insgesamt 14 verschiedene Trocken- und drei unterschiedliche Immersionssysteme mit der Versicherung anbieten, daß sie „sämmtlich neuerdings auf Grund theoretischer Berechnung des Herrn Professor Abbe in Jena construirt" sind. Die bisherige „Pröbelei" war damit in Jena überwunden und der wissenschaftliche Mikroskopbau begründet.

Trotz ihres erreichten Erfolges setzten Abbe und Zeiß die

wissenschaftlichen Untersuchungen fort. Nunmehr galt es, die bei den Achromatobjektiven vorhandenen Reste von Aberrationen durch eine vollendete Aufhebung der sphärischen (für zwei verschiedene Farben) und der chromatischen Aberration (für drei verschiedene Farben) – das bedeutete jeweils eine Farbe mehr als bisher – zu verbessern. Dabei erwies sich das bisher vorhandene optische Glas (Flint- und Kronglas) als unzureichend. Zwar ließ sich durch die Einführung der homogenen Immersion in Jena 1878 mit ihnen noch ein weiterer Fortschritt gegenüber der Wasserimmersion erzielen, doch damit waren schon alle Möglichkeiten dieser beiden Glasarten ausgeschöpft. Eine größere Palette optischer Gläser wurde gebraucht, zu deren Herstellung die damalige Glasindustrie nicht in der Lage war. In Ermangelung derartiger Gläser hatten Abbe und Zeiß beispielsweise 1873 und 1876 jeweils ein Objektiv als Versuchsmuster aufgebaut, bei denen geeignete Flüssigkeiten als Linsen mit benutzt wurden. Auf diese Weise konnten sie sich von der prinzipiellen Verbesserungsfähigkeit des Mikroskops, vom „Mikroskop der Zukunft", überzeugen. Dieser wissenschaftliche Vorlauf, von ihnen als „Phantasieoptik" charakterisiert, sollte sich ein Jahrzehnt später nutzbringend auszahlen.

Für den Jenaer Mikroskopbau war von entscheidender Wichtigkeit, daß Abbe 1879 mit dem Wittener Glaschemiker Otto Schott (1851–1935) in Kontakt kam, der ihm eine Probe seines neu erschmolzenen Lithiumglases zur Untersuchung der optischen Eigenschaften anvertraut hatte. Die Korrespondenz der beiden Wissenschaftler führte zu einer ungemein fruchtbaren Zusammenarbeit. 1882 übersiedelte Schott nach Jena, um seine Versuche in Abbes Privatlaboratorium fortzusetzen. Die von ihm in systematischer Weise erschmolzenen kleinen Glasproben wurden jeweils von Abbe untersucht, um die entsprechenden optischen Konstanten zu ermitteln. 1884 wurde dann mit staatlicher Unterstützung die „Glastechnische Versuchsanstalt" gegründet, die ein Jahr später die gerichtlich eingetragene Firmenbezeichnung „Glastechnisches Laboratorium Schott & Gen." erhielt. Die Genossen von Otto Schott waren die drei Teilhaber des Zeiß-Werkes: Carl Zeiß, dessen Sohn Roderich Zeiß (ab 1879) und Ernst Abbe (ab 1875).

Das „Glastechnische Laboratorium“ war schon bald in der Lage, eine ganze Reihe neuer Gläser mit den erwünschten optischen Eigenschaften herzustellen. Diese bildeten die Grundlage, auf der Abbe neuartige Mikroskopobjektive, die Apochromate, in Verbindung mit neuen Okularen, den Kompensationsokularen, sowie neuen Projektionsokularen, hauptsächlich für die Mikrofotografie, konstruierte. Ab August 1886 bot Zeiß die neuen Mikroskopsysteme, insgesamt sechs Trockensysteme, eine Wasserimmersion und vier Systeme für homogene Immersion an, die wegen ihrer vervollkommneten Korrektion und der damit verbesserten Strahlenvereinigung wesentlich leistungsstärker als die bisherigen Achromate waren. Somit wurde erneut die Tragfähigkeit eines wissenschaftlichen Mikroskopbaues unter Beweis gestellt, der auch den letzten Optiker der alten empirischen Schule überzeugen mußte.

In Jena wiederholten sich die gleichen drei Entwicklungsschritte, wie sie mehr als ein halbes Jahrhundert zuvor Fraunhofer in München bei der wissenschaftlichen Fundierung des Fernrohrbaues durchlaufen hatte. Dieser Parallelismus desselben Entwicklungsganges beim Mikroskopproblem war notwendig – so Abbe in seiner Festrede zum 50jährigen Bestehen der Optischen Werkstätte 1896 –, denn er „führte in allen wesentlichen Punkten zu wichtigen und unentbehrlichen Ergänzungen der Fraunhoferschen Arbeit in denjenigen sachlichen Momenten, die von seinem Ausgangspunkt aus nicht in den Gesichtskreis der Aufgabe eintreten konnten“. Damit war nun der gesamte Objektbereich der technischen Optik wissenschaftlich fundiert, denn von diesen beiden Grundproblemen wurde das dritte, das Projektionsproblem (Linsensystem für die fotografische Abbildung), mit erfaßt.

Trotz seiner erfolgreichen Tätigkeit als „Industriephysiker“, in der er das von Fraunhofer begonnene Werk vollendete, fühlte sich Abbe stets als Gelehrter, dem die Atmosphäre an der Universität Jena sehr zusagte, obwohl diese im wissenschaftsinstitutionellen Bereich hinter der allgemeinen Entwicklung zurückstand. Ihre Ausstrahlung ging nach wie vor von den Leistungen einiger weniger Universitätslehrer aus. Durch einen regen Gedankenaustausch mit seinen Kollegen der verschiedenen Wissenschaftsdisziplinen empfing er die ihm notwendigen Anregungen für seine Lehr- und Forschungsarbeit. Er war nicht nur Mitglied der „Mathematischen Gesellschaft", und das seit seiner Jenaer Studentenzeit, wo er bis 1877 insgesamt 30 Vorträge hielt, sondern gehörte auch der 1853 gegründeten Jenaer „Medizinisch-Naturwissenschaftlichen Gesellschaft" als Mitglied an, in der er sich von 1863 bis 1894 mit insgesamt 45 Vorträgen beteiligte. Daneben nahm er an den von Ernst Haeckel (1834–1919) für Mediziner und Naturwissenschaftler gebildeten „Referierabenden", die monatlich einmal stattfanden, aktiv teil. Seit 1876 pflegte er wissenschaftliche Kontakte auch mit englischen Mikroskopikern, die ihn am 1. Mai 1878 zum Ehrenmitglied ihrer Gesellschaft wählten, zum Honorary Fellow of the Royal Microscopical Society in London. Für sie verfaßte er zwischen 1877 und 1889 neun Abhandlungen in englischer Sprache, die in ihren Sitzungen mit lebhaftem Interesse zur Kenntnis genommen und dann im Journal der Gesellschaft veröffentlicht wurden.

Als Universitätslehrer ist Ernst Abbe seinen Lehrverpflichtungen an der Universität Jena in 58 Semestern nachgekommen. Das Halten von verschiedenen Vorlesungen bewahrte ihn vor Vereinseitigung und zwang ihn, den Lehrstoff anderen und damit sich selbst im Zusammenhang darzustellen. In seiner 35jährigen Lehrtätigkeit führte er insgesamt 118 Lehrveranstaltungen auf den verschiedensten Gebieten der experimentellen und theoretischen Physik, der Mathematik (bis 1875) und ab 1878 – im Zusammenhang mit der zusätzlichen Übernahme des Direktorats der Sternwarte (1877) – auch der Astronomie durch. Dabei ließ er ab 1874 verstärkt seine eigenen Forschungsergebnisse auf dem Gebiet der Optik einfließen, so zum Beispiel in der Vorlesung „Dioptrik und Theorie der optischen Instrumente", die er bis 1891 allein zehnmal hielt und aus der 1893 das von seinem wissenschaftlichen Mitarbeiter und späteren Nachfolger Siegfried Czapski (1861 bis 1907) erarbeitete umfassende Buch der technischen Optik „Theorie der optischen Instrumente nach Abbe" hervorging. Durch diese Verknüpfung der Lehre mit der Forschung verwirklichte Abbe eine für die damaligen Verhältnisse moderne Ausbildung.

Die Fähigkeiten Abbes und sein inzwischen weithin bekannter wissenschaftlicher Ruf veranlaßten Hermann Helmholtz, im Mai 1878 persönlich nach Jena zu kommen, um den bis dahin außerordentlichen Professor für Physik für eine Spezialprofessur für Optik an der Berliner Universität zu gewinnen. Abbe, der als Student den Wunsch gehabt hatte, einmal Berlin, „die Metropole der deutschen Bildung", wie es in einem der Briefe heißt, kennenzulernen und „die reichen wissenschaftlichen Schätze der Universität noch auszubeuten", fiel es nicht leicht, die ihm geradezu auf den Leib geschnittene Berufung ablehnen zu müssen. Er war durch seinen Gesellschaftsvertrag mit Carl Zeiß seit 1875/76 als stiller Teilhaber an dessen Unternehmen gebunden. Darin hatte er sich verpflichtet, seine bisherige Lehrtätigkeit nicht weiter auszudehnen und daher auch keine Berufung auf einen Lehrstuhl als ordentlicher Professor anzunehmen. Aus dem gleichen Grund mußte er ein Angebot der Universität Jena ausschlagen, die ihm jedoch im Juli 1878 eine ordentliche Honorarprofessur verlieh, mit der allerdings keine weiteren Verpflichtungen in den Geschäften der Fakultät und des Senats verbunden wurden.

Eine größere Belastung an der Universität trat für Abbe seit 1877 ein. Auf Bitten des Kurators übernahm er das verwaiste Direktorat der Sternwarte und im folgenden Jahr die Vertretung der Fakultätsgeschäfte seines erkrankten Schwiegervaters Karl Snell auf dem Gebiet der Mathematik und Physik. So fällt die Hälfte von den mehr als 50 Promotionsverfahren, an denen Abbe als Gutachter oder Prüfer mitwirkte, allein in den Zeitraum zwischen Juli 1878 und August 1879. Auf sein Fakultätsgutachten hin geht auch die Ernennung von Friedrich Ludwig Gottlob Frege (1848–1925) 1879 zum außerordentlichen Professor der Mathematik zurück, der sich 1874 in Jena habilitiert und dann als Privatdozent die mathematischen Vorlesungen von Abbe übernommen hatte. Mit der „Begriffsschrift" von 1879 und weiteren Abhandlungen zur Logik wurde Frege einer der Begründer der mathematischen Logik, doch wurde ihm die volle wissenschaftliche Anerkennung erst lange nach seinem Tode zuteil. Demgegenüber war Abbe von Freges Leistungen so überzeugt, daß er 1896 die Errichtung einer ordentlichen Honorarprofessur für ihn unterstützte und sein jährliches Gehalt aus den Mitteln der Carl-Zeiss-Stiftung veranlaßte.

Erst 1879 kam es an der Universität Jena zu der schon länger angestrebten Trennung der beiden Lehrgebiete Mathematik und Physik, die seit Anfang des 19. Jahrhunderts zu einem Ordinariat vereinigt waren, was schon damals als ungewöhnlich empfunden wurde. Die zunehmende Zahl der Studierenden und die Tatsache, daß der inzwischen 73 Jahre alte Inhaber der Professur für Mathematik und Physik, Karl Snell, wegen seines angegriffenen Gesundheitszustandes nicht mehr in der Lage war, seine bisherigen Aufgaben voll wahrzunehmen, führte zunächst zur Errichtung eines eigenständigen Ordinariats für Mathematik, das mit Johannes Thomae (1840–1921) besetzt wurde. Mit Beginn seiner Tätigkeit in Jena wurde ein Mathematisches Seminar geschaffen, das gemeinsam von Thomae und Frege geleitet wurde. Neben ihnen wirkte als Lehrer für Mathematik und Physik noch Hermann Schaeffer, der 1878 ebenfalls zum ordentlichen Honorarprofessor ernannt worden war. Er hatte sich ganz der Lehre verschrieben und darin große Verdienste – vor allem durch die von ihm geführte „Mathematische Gesellschaft" – erworben, pflegte jedoch kaum Forschungen.

In dieser Situation galt es, die Nachfolge von Snell zu lösen und für die Universität einen geeigneten Physiker zu gewinnen, der das Ordinariat übernehmen konnte. An einigen deutschen Universitäten waren inzwischen physikalische Institute gegründet worden, welche die bisherigen Kabinette abgelöst hatten, die den steigenden Anforderungen in der Ausbildung und Forschungsarbeit der Experimentalphysiker nicht mehr gewachsen waren. In jener Gründerzeit der Institute, in der die Naturwissenschaften, deren Entwicklung bereits zu einem selbständigen Faktor des kapitalistischen Produktionsprozesses geworden war, in qualitativ neuer Weise institutionalisiert wurden, war es aussichtslos geworden, einen Physiker von außerhalb zu gewinnen, wenn man ihm nicht ein eigenes Institut zur Verfügung oder wenigstens in naher Zukunft in Aussicht stellen konnte. Von dieser Notwendigkeit überzeugt, beauftragte die weimarische Regierung Ernst Abbe, den Plan für ein Physikalisches Institut auszuarbeiten, der dann auch in die Tat umgesetzt wurde. Das Institut wurde am 3. Mai 1884 seiner Bestimmung übergeben, nachdem im Jahr zuvor das Ordinariat für Physik geschaffen und mit Leonhard Sohncke (1842–1897) besetzt worden war. Damit war – trotz einer nicht besonders günstigen finanziellen Lage der Jenaer Universität – ein gewisser Anschluß an die führenden und besser situierten deutschen Universitäten erreicht worden.

Für Abbe war es eine unerwartete Ehrung, als er „wegen seiner hervorragenden Verdienste um die Theorie und die Anwendbarkeit des Mikroskops“ im Rahmen der Feierlichkeiten zum 400. Geburtstag von Martin Luther (1483–1546) von der Medizinischen Fakultät der Vereinigten Friedrichs-Universität Halle–Wittenberg am 10. November 1883 zum „Doctor medicinae honoris causa“ promoviert wurde. Diese Art der Wertschätzung aus Gelehrtenkreisen erfüllte ihn mit besonderer Genugtuung, da er wegen seiner Teilhaberschaft bei Zeiß auf manche akademische Meriten und ihm sonst offenstehende wissenschaftliche Pläne verzichten mußte. Schließlich zwang ihn die eingetretene Situation wenige Jahre später, sich ab Sommer 1889 von weiteren regelmäßigen Lehrverpflichtungen entbinden zu lassen. Er hielt danach nur noch in den Wintersemestern 1890/91 und 1897/98 jeweils eine Vorlesung an der Universität Jena. Zur Ausfüllung seines Platzes in der Fakultät schlug er die Errichtung eines Extraordinariats für Theoretische Physik vor, das noch im gleichen Jahr an Felix Auerbach (1856–1933) übertragen wurde. Abbe blieb dennoch der Dirigent und Förderer der Physikentwicklung an der Salana; und nicht nur dieser. Unter seiner maßgeblichen Mitwirkung wurden in der Philosophischen Fakultät die Extraordinariate für angewandte Mikroskopie (1899) sowie für angewandte Mathematik und für technische Physik (1902) geschaffen. Der Neubau des Physikalischen Instituts (1901/02) und der Bau eines Instituts für Technische Physik (1902/03) wurden vorwiegend aus Mitteln der Carl-Zeiss-Stiftung bestritten. Die Extraordinariate, später zum Teil selbst in Ordinariate erweitert, bildeten zusammen mit dem

Ordinariat für Physik und den entsprechenden Instituten eine leistungsfähige Ausbildungs- und Forschungsstruktur, die sich bis in unsere Zeit hinein bewähren sollte. Sie wurde erst im Rahmen der 3. Hochschulreform der DDR, mit der Gründung einer Sektion Physik am 19. März 1968, verändert und in der neuen Organisationsform zugleich fortgeführt.

Nach dem Tode von Carl Zeiß am 3. Dezember 1888 mußte sich Abbe verstärkt der Klärung der Geschäftsverhältnisse und der Leitung der inzwischen zu einem Großbetrieb herangewachsenen „Optischen Werkstätte" zuwenden, was auch die hauptsächlichen Gründe dafür waren, daß er sich von der Lehrtätigkeit an der Universität zurückzog. Die andauernde rasche Entwicklung des Werkes wird schon daraus ersichtlich, daß 1873 das 2000., 1881 bereits das 5000. und schließlich 1886 das 10000. Mikroskop hergestellt wurde. Die Belegschaft zählte zu diesem Zeitpunkt etwa 250 Beschäftigte. Schon seit Jahren war es das weltweit bedeutendste Unternehmen auf diesem Sektor, das seine führende Rolle unter Abbes Leitung auch während der nächsten Jahrzehnte behalten und ausbauen sollte. Grundlage dieser Entwicklung (und der des Schott-Werkes) waren – wie Abbe es selbst darstellte – die schöpferischen Leistungen der Werksangehörigen und der ständig fördernde Einfluß der Universität Jena. Abbe bekannte 1887, daß sie „die eigentliche Nährmutter" der beiden Werke war; „wenn die Universität nicht wäre, bestünde auch nichts von diesen Unternehmungen".

Für Abbes humanistische Gesinnung war es charakteristisch, daß er als Arbeitersohn und nunmehriger kapitalistischer Unternehmer, der inzwischen über einen beträchtlichen Besitz verfügte, nach Wegen suchte, um einen Teil des Gewinns schon bei „Lebzeiten zu gemeinnütziger Verwendung zu bringen". Hierbei dachte er an diejenigen, welche die Entwicklung nicht nur bisher ermöglicht, sondern auch künftig zu sichern hatten. Das betraf einerseits die Fürsorge für das Wohl der Angehörigen des Werkes, das durch verschiedene soziale Maßnahmen sichergestellt werden sollte, um einen tüchtigen und seßhaften Stamm hochqualifizierter Facharbeiter dauerhaft an das Werk zu binden, und zum anderen die Förderung der entsprechenden Wissenschaftsdisziplinen an der Jenaer Universität. Damit reagierte Abbe auf seine Weise zugleich auf die Konkurrenzverschärfung, auf den Wandel in der industriellen Betriebsstruktur und auf die Veränderungen der sozialen Klassenstruktur in der Übergangsperiode des Kapitalismus der freien Konkurrenz zum Monopolkapitalismus. Als mahnendes Beispiel stand ihm vor allem der Münchener Fernrohrbau vor Augen, der wenige Jahrzehnte nach Fraunhofers Tod die führende Stellung wieder verlor, weil seine Nachfolger ihn nicht entsprechend weiterentwickelten. Abbe leitete hieraus die für ihn wichtigste Maxime ab, die fortan alle weiteren Maßnahmen in wissenschaftlicher, ökonomischer, sozialer und politischer Hinsicht bestimmte: „Erhaltung, Fortbildung und dauernde Sicherung“ seines Lebenswerkes „als Sache von öffentlichem Interesse“. Zu diesem Zweck verfolgte er hauptsächlich zwei Richtungen, die auf der einen Seite, über viele juristische und sozialpolitische Probleme hinweg, zur Carl-Zeiss-Stiftung und andererseits zur Erweiterung des bisherigen Mikroskopbaues zum allgemeinen wissenschaftlichen Gerätebau führten.

Es ist schon bemerkenswert, daß Ernst Abbe im März 1885 auf seine weitere Besoldung als Universitätslehrer und Direktor der Sternwarte zugunsten der Universität verzichtete. Er beabsichtigte, als offener Gesellschafter in das neue gewerbliche Unternehmen „Glastechnisches Laboratorium Schott & Gen.“ einzutreten, was er mit dem Besoldungsanspruch aus dem akademischen Lehramt für unvereinbar hielt. Ein Jahr später, im August 1886, faßte er den Entschluß, auf eigene Kosten eine neue Sternwarte zu bauen und diese mit den erforderlichen Instrumenten auszurüsten. Dieser Plan wurde 1888/89 verwirklicht. Bereits am 13. Mai 1886 stiftete er den „Ministerialfonds für wissenschaftliche Zwecke“, um durch jährliche Zuwendungen an die Universität Jena die Lehre und Forschung auf dem Gebiet der Mathematik und der Naturwissenschaften wirkungsvoller zu unterstützen. Wie das Beispiel der Physik zeigte, wurden in jener Zeit die mathematisch-naturwissenschaftlichen Disziplinen in qualitativ neuer Weise an den Universitäten und Hochschulen institutionalisiert, wozu es erheblicher finanzieller Mittel bedurfte. Die Erhalterstaaten der Universität Jena versagten jedoch mehr oder weniger. Erst durch die ständig im Steigen begriffenen materiellen Zuwendungen von Ernst Abbe konnte dieser Prozeß der Institutionalisierung im Verlauf der nächsten Jahrzehnte in umfassender Weise durchgesetzt werden, wodurch die Universität Jena bald wieder eine der angesehensten unter den damals 20 deutschen Universitäten wurde.

Für Abbe stellte der Ministerialfonds nur ein Provisorium dar. Er ging deshalb in der am 19. Mai 1889 erfolgten Gründung der Carl-Zeiss-Stiftung auf. Es charakterisiert Abbe in besonderer Weise, daß er sich für beide Maßnahmen strengste Geheimhaltung erbat. Die Stiftung wurde von ihm geschaffen, nachdem es sich als undurchführbar erwiesen hatte, die Universität oder den weimarischen Staat im Interesse der Universität als Universalerben seines Vermögens nach seinem Ableben einzusetzen. Mit ihr wurde eine juristische Form gefunden, in der schon wenige Jahre später mit eigener Verwaltung anstelle des Unternehmers das entpersonifizierte Stiftungskapital treten sollte.

In jener Zeit entstanden ernste Meinungsverschiedenheiten zwischen den beiden Teilhabern über die Weiterentwicklung des Zeiss-Werkes. Während Roderich Zeiß mit dem erreichten Stand wesentlich zufrieden und daher nicht für eine stärkere Ausdehnung der Produktion war, sah Abbe im Zusammenhang mit den optischen Gläsern von Schott große Möglichkeiten für die Entwicklung neuer wissenschaftlicher Geräte sowohl für die naturwissenschaftliche als auch für die aufkommende industrielle Forschungsarbeit. Hinzu kam noch, daß der Sohn des Gründers der Zeißschen Werkstätte kein zuverlässiger Partner in der gemeinschaftlichen Führung des Werkes war, da er häufig gemeinsam beschlossene Maßnahmen ohne sachliche Gründe nachträglich wieder aufhob. Das belastete Abbe so stark, daß eine Trennung beider unvermeidlich wurde. Art und Weise der Aufhebung der Partnerschaft überließ er Zeiß, der sich Ende 1889 für ein Ausscheiden aus der Leitung des Zeiss-Werkes entschied, aber weiterhin offener Gesellschafter mit allen Rechten und Pflichten blieb. Von diesem Zeitpunkt an war Ernst Abbe alleiniger Leiter, nicht aber Alleinbesitzer des Werkes.

Für Abbe ergaben sich seitdem bessere Möglichkeiten, seine Pläne zu verfolgen. Er konnte nun das Arbeitsfeld planmäßig ausdehnen, da ihm der wissenschaftliche Mikroskopbau allein auf die Dauer gesehen eine „viel zu schmale Basis für die Stabilität des Unternehmens" zu sein schien. Mit der Entwicklung und Herstellung einer Vielzahl neuartiger optischer Instrumente und Geräte war die Absicht verbunden, „in allem Wettbewerb wenigstens immer die Vorhand zu behalten", d. h. sich im Konkurrenzkampf zu stabilisieren und von Zeitverhältnissen und wirtschaftlichen Konjunkturen unabhängig zu machen. Die weitere Ausdehnung des Arbeitsfeldes betraf Geräte für die Mikrofotografie und -projektion ab 1888, neuartige fotografische Objektive ab 1890, optische Meßinstrumente ab 1892/93, die bisher schon länger für den eigenen Bedarf hergestellt worden waren, Prismenfeldstecher ab 1893/94 und astronomische Instrumente ab 1897. Nach Abbes Tod setzten seine Nachfolger die Erweiterung des Produktionsprogramms u. a. mit geodätischen Geräten ab 1908, mit neuartigen Brillengläsern und medizinisch-optischen Instrumenten ab 1912 fort. Durch diesen Übergang zum allgemeinen wissenschaftlichen Gerätebau konnte das Zeiss-Werk – inzwischen zu einem großen Konzern geworden – seine führende Stellung in der feinmechanisch-optischen Industrie behaupten.

Unmittelbar nach der Gründung der Carl-Zeiss-Stiftung faßte Abbe den Plan, schon zu Lebzeiten sein Eigentum an Produktionsmitteln – die Hälfte am Zeiss- und ein Drittel am Schott-Werk – gegen eine in gesetzlichen Grenzen gehaltene Abfindungssumme an die Stiftung abzutreten. Das erfolgte im Juni 1891, nachdem er Roderich Zeiß unter Gewährung großzügiger Abfindungen bewegen konnte, auch als offener Gesellschafter aus beiden Werken auszuscheiden. Damit wurden ab 30. Juni 1891 das Zeiss-Werk vollständig und das Schott-Werk zur Hälfte (ab 1. April 1919 ebenfalls vollständig) Stiftungsbetriebe. Ernst Abbe wurde Bevollmächtigter und einer der drei Geschäftsführer (gemeinsam mit Siegfried Czapski und Otto Schott) der Carl-Zeiss-Stiftung. Diese Stellung bekleidete er bis zum 1. April 1903.

Als Gründer der Stiftung arbeitete Ernst Abbe unentwegt an ihrer inneren Durchgestaltung. Am 26. Juli/16. August 1896 ersetzte er die Stiftungsurkunde, die vorwiegend allgemeine Richtlinien enthielt, durch ein Statut, das nun die Zielsetzung der Stiftung in ihren Einzelheiten regelte. Auf Grund der anhaltenden Aufwärtsentwicklung beider Werke konnte er auch den Stiftungszweck erweitern, der u. a. „die Betätigung in gemeinnützigen Einrichtungen und Maßnahmen zugunsten der arbeitenden Bevölkerung Jenas und seiner nächsten Umgebung“ mit einschloß. Eines der bedeutendsten frühen Beispiele dafür ist der Bau des Jenaer Volkshauses 1901 bis 1903, das nach Abbes Intentionen der ganzen Bevölkerung als Versammlungsstätte dienen sollte. Die von ihm im Zusammenhang mit der Stiftung und vor allem bei der Ausarbeitung des Statuts vollbrachten Leistungen wurden von der Juristischen Fakultät der Universität Jena am 13. Dezember 1896, am Tag nach den Feierlichkeiten anläßlich des 50jährigen Bestehens des Zeiss-Werkes, mit dem „Doctor juris honoris causa“ gewürdigt. Am 24. Februar 1900 fügte er dem Statut noch ein Ergänzungsstatut für den Universitätsfonds hinzu, in welchem er über die bisherige Förderung der Naturwissenschaften und der Mathematik hinaus nun auch die allgemeinen Interessen der Universität Jena berücksichtigte. Auf sein hauptsächliches Eintreten hin – was er allerdings selbst nicht mehr erleben konnte – ging auch der dringend erwünschte Neubau eines würdigen Universitätshauptgebäudes mit wesentlicher finanzieller Unterstützung der Carl-Zeiss-Stiftung in den Jahren 1905 bis 1908 zurück.

So vorteilhaft sich die Gründung der Carl-Zeiss-Stiftung für die Entwicklung der Universität Jena ausgewirkt hat, die sozialpolitischen Ideen Abbes konnten nur in engeren Grenzen wirksam werden. Die Stiftung konnte doch keine andere Verbesserung der Lage der Arbeiter bewirken, als unter kapitalistischen Produktionsverhältnissen möglich war. Abbes humanistische Einstellung stieß hier auf ihre Grenzen. Wenngleich das Zeiss-Werk dank seiner erfolgreichen Entwicklung seinen Arbeitern höhere soziale Leistungen bieten konnte, so ließen sich mit den verschiedenen sozialreformerischen Maßnahmen keine grundsätzlichen Wandlungen erreichen. Weil aber das Unternehmen auf Grund des Stiftungsstatuts für seine Betriebsangehörigen objektiv mehr

Sicherheit und Vergünstigungen im sozialen Bereich bot, wurde es vielfach zum Vorbild für reformistische Illusionen in der Arbeiterbewegung.

Ernst Abbe blieb auch als Industrieller seinen früheren bürgerlich-demokratischen Anschauungen treu. In diesem Sinne wirkte er aktiv im Jenaer Freisinnigen Verein mit, den er 1884 mitgegründet hatte, und versuchte auf diese Weise, seine politischen und sozialreformerischen Ziele in die Öffentlichkeit zu tragen. Er vertrat antimilitaristische Positionen, wandte sich gegen Aufrüstung und Kriegstreiberei und setzte sich für den friedlichen Wettstreit der Nationen untereinander ein. Sein Handeln richtete er nach ethischen Werten wie Sittlichkeit, Gerechtigkeit und Vernunft aus. Durch seine übergroße Arbeitsleistung war Abbes Gesundheit früh untergraben worden. Er starb kurz vor Vollendung seines 65. Lebensjahres am 14. Januar 1905 in Jena.

Wenn wir von der Bilanz des Lebenswerkes her den Blick wieder auf Abbes ersten Lebensabschnitt richten, so lassen die Briefe an die Jugend- und Studienfreunde Carl Martin und Harald Schütz einen entscheidenden Aspekt seiner frühen Entwicklung deutlich werden: die Zielstrebigkeit in der Ausreifung der intellektuellen Anlagen des künftigen Naturwissenschaftlers, Hochschullehrers und Industriellen. Als Persönlichkeiten, die diesen Reifeprozeß begleiteten und mitformten, treten uns unter den Universitätslehrern entgegen: in Göttingen Bernhard Friedrich Riemann und Wilhelm Eduard Weber, die in der Wissensvermittlung zweifellos an erster Stelle stehen, dann die „Vaterfigur“ Karl Snell, der Jenaer Mathematiker und Naturphilosoph, der in Abbe seinen „liebsten und genialsten Schüler“ fand, schließlich die als „Lehrer und Freund“ ihrer Studenten zu charakterisierenden Mathematiker Hermann Schaeffer in Jena und Moritz Abraham Stern in Göttingen. Unter seinen Mitstudenten sind neben Harald Schütz in erster Linie Hermann Hankel und Karl Friedrich Wilhelm Hattendorf zu nennen, die später ebenfalls in der wissenschaftlichen Welt bekannt wurden. Der Frankfurter Kreis um die an Philosophie, Mathematik und den Naturwissenschaften interessierten Mediziner Alexander Crailsheim, Johann Balthasar Lorey und Joseph Wallach sowie den Privatgelehrten Michael Reiß wirkte vor allem durch seine geistige Partnerschaft, die mit persönlichem Wohlwollen und materieller Förderung gepaart war.

Der für Abbes spätere Jenaer Tätigkeit charakteristische Praxisbezug hat eine weiter zurückreichende Traditionslinie, als bisher angenommen wurde. Bereits in Göttingen wurde er durch die Mitarbeit im Mathematisch-Physikalischen Seminar und seine Tätigkeit an der Sternwarte vorgeformt. Er fand weitere Vertiefung in Frankfurt am Main durch Abbes Arbeiten für die Beobachtungsstation auf dem Turm der Paulskirche, die Gutachtertätigkeit für den Physikalischen Verein und andere technisch-praktische Aufgaben. Nicht zuletzt ist in dem Göttinger Universitätsmechaniker Moritz Meyerstein einer der Anreger und das lebendige Beispiel für Abbes Erkenntnis von der Förderung der Wissenschaft durch die Praxis und umgekehrt zu sehen, die in Jena durch die Partnerschaft zwischen Abbe, Zeiß und später Schott, die damals höchste und fruchtbarste Form des Zusammenwirkens von Wissenschaft und Produktion entwickelte.

Abbes Leistungen und Verdienste sind zu seinen Lebzeiten mehrfach anerkannt worden, vor allem durch die beiden Ehrendoktorate von 1883 und 1896. Die damals wie heute höchste Würdigung seiner Lebensarbeit blieb ihm versagt. Seit 1903 hatte es die Anregung gegeben, Abbe für seine wissenschaftlichen Leistungen auf dem Gebiete der Optik den Nobelpreis für Physik zu erwirken. Die Bemühungen von Adolph Winkelmann (1848 bis 1910), der seit 1886 das Ordinariat für Physik an der Universität Jena bekleidete, über den ersten Nobelpreisträger für Physik, Wilhelm Conrad Röntgen (1845–1923), dem Komitee der Nobelstiftung Ernst Abbe als Preisträger vorzuschlagen, scheiterten zunächst an dem äußeren Umstand, daß die verstreut erschienenen wissenschaftlichen Abhandlungen über die Theorie des Mikroskops nicht alle sofort greifbar waren. An der erneuten Herausgabe wurde zwar gearbeitet, sie erschienen jedoch erst 1904 als erster Band der Gesammelten Abhandlungen. Nachdem dieser vorlag und Abbe für die Verleihung im Jahre 1905 vorgeschlagen werden sollte, setzte sein Tod diesen Bemühungen ein jähes Ende.

Bemerkungen zur Edition

Grundlage für den Abdruck der Briefe Abbes an seine Jugend- und Studienfreunde Carl Martin und Harald Schütz sind die in der Handschriftenabteilung der Universitätsbibliothek Jena aufbewahrten 89 Originalbriefe, zu denen zwei weitere als Faksimile (Nr. 6) und als Abschrift (Nr. 7) überlieferte Brieftexte hinzukommen. Die Briefe werden buchstabengetreu und vollständig abgedruckt. Die der Edition vorangestellte Einführung enthält Hinweise zur Biographie der Briefpartner und zu inhaltlichen Schwerpunkten des Briefwechsels. Zur Erschließung des Inhalts dienen die erläuternden Anmerkungen zu einzelnen Textstellen und weitere Hilfsmittel in Form von Verzeichnissen und Registern.

Die Brieftexte wurden nach der Vorlage transkribiert und entsprechen weitgehend der Originalfassung. Lediglich die Verwendung von Geminationszeichen bei Konsonantenverdoppelung und die Kleinschreibung bei Substantiven wurden modernisiert. In Zweifelsfällen, bei nicht eindeutig lesbaren Buchstaben, wurde die dem Inhalt entsprechende Lesart gewählt. Infolge Beschädigung der Briefe vorhandene Fehlstellen wurden ergänzt. Diese und andere Einfügungen der Herausgeber sind mit [ ] gekennzeichnet. Die von Abbe verwandten Abkürzungen wurden nur aufgelöst, wo sie nicht eindeutig bezogen und lesbar erscheinen. Die Interpunktion ist fast vollständig die der Originale; an einigen wenigen Stellen wurden eindeutige Verschreibefehler stillschweigend korrigiert.

Berichtigt wurde die oft anzutreffende inkorrekte Schreibung von Eigennamen, indem die Personen- und Ortsnamen wie in den betreffenden Registern wiedergegeben wurden.

Von Abbe gekennzeichnete Anmerkungen bzw. Ergänzungen

zum laufenden Text wurden mit * an der entsprechenden Textstelle eingefügt. Dagegen wurden selbständige Randbemerkungen dem Brieftext nachgestellt. Die in den Briefen enthaltenen Zeichnungen sind mit Ausnahme der in den Briefen 7 und 8 vorhandenen Skizzen in fotografischer Wiedergabe an den betreffenden Stellen des Textes eingefügt worden. In den Textabdruck sind zusätzlich folgende Siglen aufgenommen worden:

⟨2⟩ zur Kennzeichnung der Seitenzahl des Originalbriefes, die Nummer gibt den Beginn der Seite an;
[TV 23] als Verweis auf das Titelverzeichnis;
[VV 17] als Verweis auf das Vorlesungsverzeichnis;
...[1] als Verweis auf die Anmerkungen.

Der Erschließung der Briefe dienen folgende Hilfsmittel:

Die Regestkopfzeile enthält Briefnummer, Absender und Empfänger, Ort und Datum, wobei die Daten in einigen Fällen irrtümliche Angaben des Brieftextes korrigieren bzw. unvollständige ergänzen.

Anmerkungen wurden vor allem dort angebracht, wo Sachverhalte nicht allgemein bekannt oder unmittelbar verständlich sind.

Das Verzeichnis der Maße und Münzen enthält die in den Briefen auftauchenden Längen- und Flüssigkeitsmaße sowie die Münzbezeichnungen.

Das Titelverzeichnis erfaßt alle in den Briefen erwähnten Druckschriften (Zeitungen, Zeitschriften, Bücher) mit dem vollständigen und korrekten Titel und den notwendigen bibliographischen Angaben. Im Brieftext erscheint das Sigel [TV] mit der betreffenden Nummer des Titelverzeichnisses.

Das Vorlesungsverzeichnis enthält alle von Abbe als Privatdozent in Jena gehaltenen Lehrveranstaltungen bis 1865, die von ihm und Schütz in Jena, Göttingen und Berlin belegten Vorlesungen und zusätzlich die weiteren in den Briefen erwähnten Vorlesungen. Im Brieftext erscheint das Sigel [VV] mit der betreffenden Nummer des Vorlesungsverzeichnisses.

Das Verzeichnis der Vorträge enthält alle von Abbe gehaltenen Vorträge in der Mathematischen Gesellschaft zu Jena bis 1865 sowie einen Gesamtüberblick über seine Vortragstätigkeit am Physikalischen Verein zu Frankfurt a. M. und am Verein für Naturkunde zu Offenbach a. M. 1861/62.

Das Personenregister enthält alle in den Briefen, auch innerhalb der Literaturangaben und der termini technici, vorkommenden Namen, die entsprechend ihrer Bedeutung in den Briefen mit biographischen Angaben und Erläuterungen versehen sind.

Das Ortsregister enthält alle geographischen Namen, die in den Briefen erwähnt werden.

Das Sachregister dient der Erschließung der wichtigsten und am häufigsten vorkommenden Sachverhalte, so daß damit ein schneller Überblick über den Gesamtinhalt der Briefe und deren Hauptprobleme ermöglicht wird. Es bezieht sich nur auf die Person Abbes in Verbindung mit wissenschaftlichen Disziplinen und Einrichtungen und mit einigen Zeitereignissen.

Briefe 1858 bis 1865

Brief Nr. 1: Student in Jena 1858

1 ABBE AN MARTIN EISENACH, 16. MÄRZ 1858 (FRAGMENT)

Eisenach, März 16, 1858.

Lieber Martin.

Du wirst Dich wahrscheinlich wundern, von mir einen Brief zu erhalten, nachdem ich kaum Jena verlassen habe; indeß ist die Angelegenheit, um deren Willen [ich] Dir schreibe, ohne Zweifel wichtig genug und [wird] Dein Interesse auch in dem Maaße, wie ich glaube, in Anspruch nehmen, daß sich jenes schon der Mühe verlohnt. – Es handelt sich, wie Du Dir wohl leicht denken kannst, um den Naturwissensch. Verein[1], dessen [Zu]ständen schon in den letzten Tagen, die ich in Jena war, unsere Aufmerksamkeit zugewandt war. Nach dem, was Dir Breyding damals geschrieben hatte, war seit einiger Zeit die „öffentliche" Thätigkeit des Vereins auf unbestimmte Zeit suspendirt worden, um die befürchtete Entdeckung desselben durch Funkhänel zu verhindern – oder, besser gesagt, im glücklichsten Falle, um einige Augenblicke zu verschieben; denn ein weiterer Erfolg war von einer solchen Maaßregel gewiß nicht zu erwarten. Bei Lichte betrachtet war damit der Verein factisch aufgehoben, da außer der Thätigkeit in den Versammlungen und etwa in Stunden jede andere nur eine eingebildete ist, mindestens für den Verein. Als ich nun hier ankam, machte ich sogleich Deinen Bruder, den ich noch am Freitag, und Breyding, den ich am Sonnabend sprach, auf das Schiefe einer solchen Maaßregel [auf]merksam, und forderte letztern auf,

1 Dem Naturwissenschaftlichen Verein zu Eisenach gehörten Schüler des humanistischen Carl-Friedrich-Gymnasiums (gegründet 1544) und des Realgymnasiums (gegründet 1843 als Realschule, ab 1850 Realgymnasium) an.

doch mög[lichst schn]nell eine Versammlung der Mitglieder einzuberufen, [um] eine bestimmte Entscheidung über das Weitere herbeizuführen. Gestern Abend (Montag) ist nun eine solche gehalten worden, an der sämmtliche Mitglieder, Höber ausgenommen, Antheil nahmen, und ich kann Dir im Voraus mittheilen, daß das Resultat derselben ein sehr befriedigendes, und für das allgemeine Wohl von neuem die besten Hoffnungen erweckendes genannt werden muß. Höre, was dasselbe ist.⟨2⟩ Nach Eröffnung der Versammlung durch den Präsidenten setzte ich den Mitgliedern auseinander, wie der Verein, in dem Zustande, in dem er sich gegenwärtig befindet, zu einem bloßen Schatten herabgekommen sei, was mir durch die Mittheilungen einiger andern Mitglieder (Pfeiffer, Clas) in noch höherem Grade bestätigt gefunden hatte, als es [sich] aus dem Berichte Breydings schon voraussehen ließ. Ich zeigte sodann die Nothwendigkeit diesen, die ganze Thätigkeit lähmenden Zustand, dem doch unbedingt abgeholfen werden mußte, dadurch zu bessern, daß man dem Vereine einen sichern Halt gebe; was einzig dadurch geschehen könne, daß er wenigst[ens] von einer Seite – jetzt natürlich auf Seiten der Realschüler – bestätigt werde, und legte zugleich die Folgen dar, welche eine solche Veränderung für das Bestehen desselben, wie für die Stellung der verschiedenen Mitglieder nach sich ziehen müsse, im Vergleich mit dem, was von einem Festhalten an dem Bisherigen zu erwarten sei. Ich konnte nun, nach dem Widerspruche zu schließen, auf welchen ich schon im Privatgespräche mit den einzelnen Mitgliedern, besonders bei Breyding, gestoßen war, und der sich auch Anfangs in der Versammlung geltend machte, kaum hoffen, eine für beide Theile befriedigende Lösung herbeizuführen, sondern glaub[te] vielmehr, daß bei der Abstimmung nur die Ueberzahl der Realgymnasiasten – welche schon längere [Zeit] diese Maaßregel beabsichtigt hatten, und mir [voll]kommen beistimmten – den Ausschlag zu Gunsten meines Antrags geben, also nur ein, recht[lich] genommen, nimmer zu billigender Gewaltstreich, denselben durchsetzen werde. Um so mehr hat es mich daher gefreut, daß dem nicht so geworden. Durch eine verständige Discussion der verschiedenen Möglichkeiten, deren Zahl freilich eine sehr geringe war, nach pro u. contra . . .

Brief Nr. 2–36: Student in Göttingen 1859 bis 1861

2 Abbe an Martin | Göttingen, 23. Juli 1859

Göttingen, Juli 23, 1859.

Lieber guter Martin.

Deinen Brief vom 17ten d. M. habe ich erhalten und daraus ersehn, welches Pech wir beide mit unsern Briefen gehabt haben. Die Post hat also, wie es scheint, ziemlich gleichzeitig ihrer zwei verloren; denn der, welchen Du nach Eisenach geschickt hast, als Antwort auf meinen von Jena aus noch an Dich gelangten, ist mir mit keinem Buchstaben zu Gesicht gekommen. Es ist mir recht unangenehm, besonders da auch Briefe an den Verein mit verloren gegangen sind; übrigens habe ich zu Hause bei mir nachgefragt, ob er vielleicht nach meiner Abreise erst dort angekommen und aus Nachlässigkeit mir nicht zugeschickt sein möchte; ich glaube dieß jedoch nicht. – An meinem Briefe, den ich Dir kurz nach meiner Ankunft hier, in d. ersten Woche des Mai schrieb, ist so viel nicht verloren; er enthielt nur einige kurze Mittheilungen; schade nur, daß er zu einem kleinen Mißverständniß Anlaß gegeben hat. Die Dir gemachten Vorwürfe nehme ich natürlich feierlichst hiermit zurück.

⟨2⟩ Große Freude hat mir die Nachricht in betreff Deines Hierherkommens gemacht. Ueber den Schluß der Vorlesungen habe ich die gewünschten Erkundigungen eingezogen, und ich kann Dir mittheilen, daß die Collegia, in diesem Semester, wegen des verspäteten Anfangs, jedenfalls über den 15ten August hinaus dauern (wahrscheinlich bis zum 20ten oder noch länger). An welchem Tage grade Henle u. Wagner schließen habe ich nicht erfahren können, aber so viel wurde mir gesagt, daß beide sichs nicht vor der üblichen Zeit schon bequem machen. Bis zum 15. Aug. also kannst Du jedenfalls mit voller Bestimmtheit darauf rechnen, diese beiden sowie auch alle übrigen (Wöhler, Weber pp) noch in voller Thätigkeit zu finden.

Wie gesagt also, ich freue mich sehr darauf, Dich wieder einmal zu sehen, und zwar hoffe ich, daß Du Dich auch bei mir einquartiren wirst. Ich habe eine ganz nette ziemlich geräumige Bude, die uns beide so lange Du nur willst, ohne alle Unbequemlichkeit beherbergen wird; Du findest meine Wohnung: Markt, Kürschnermeistr. Müller, (N° 94).[1] Ich erwarte Dich also um die angegebene Zeit (Du schreibst 8. Aug.); fädle ⟨3⟩ aber nur Deinen Aufenthalt nicht gar zu kurz ein. –

Dir weitere Mittheilungen zu machen dürfte, in Anbetracht, daß wir bald hinreichende Gelegenheit zu persönlicher Besprechung haben werden, ziemlich überflüssig sein – daher auf Wiedersehn. – Es grüßt Dich herzlich Dein

E Abbe.

Dein[en] Gruß an Zeidler habe ich ausgerichtet er lä[ßt] Dich wieder grüßen, und Dir [seine] Freu[de] über Deinen beabsichtigt[en Besuch] aussprechen. –

3 Abbe an Martin — Göttingen, 6. Oktober 1859

Göttingen, Octob 6, 1859.

Lieber Martin.

Deinen Brief habe ich am Sonntage grade noch zur rechten Zeit, 2 Stunden vor meiner Rückreise nach Göttingen, erhalten, und mich sehr darüber gefreut, zu hören, daß Dir Deine Ferienunter-

---

1 Abbes Wohnung im SS 1859; nach seiner Rückkehr bezog er im Oktober 1859 eine neue Wohnung in der Gothmarstraße 520.

nehmungen so ganz nach Wunsch abgelaufen sind. Mir sind diese Ferien wieder nach dem gewöhnten Style hingegangen. Ich bin 5 Wochen in Eisenach gewesen, und in dieser Zeit nur ein einziges Mal (bei Gelegenheit einer Tour über den Inselsberg pp) über Nacht von zu Hause fortgekommen. Gearbeitet habe ich übrigens, u. zwar grundsätzlich, wenig, vielmehr bin ich redlich in der Umgegend herumgestrichen, meistens in Gesellschaft Pfeiffers der – beiläufig gesagt – zur Medicin umgesattelt hat, um nach Vollendung seiner Studien in die weite Welt hinauszuziehn, dabei aber ein sehr eifriger Geognost geworden ist, und in diesen Ferien, trotz Deiner, alle Steinbrüche der Umgegend durchstöbert hat. Da sind wir denn, er mit Hammer u. Meisel, oft ⟨2⟩ vom frühen Morgen bis Abends spät über Stock u. Stein herum gelaufen, ich habe aufmerksam zugesehen, wie er klopfte u. meiselte und ihm dann, meistens zwar nicht ohne einiges Räsonniren u. Schelten, einen Theil der gefundenen Schätze mit heimgetragen.

Der Eisenacher Verein scheint sich ganz bene zu befinden (– daß er den Nachlaß des im vorigen Semester eingegangen[en] Jenenser Vereins[1] in sich aufgenommen hat, habe ich Dir jedenfalls schon gemeldet –), wenn auch mit den meisten Mitgliedern im einzelnen – von denen ich übrigens fast keines mehr näher kenne – nicht mehr besonders viel los zu sein scheint. Dem dießjährigen Jahrestage habe ich nicht beiwohnen können, da ich schon vorher mit meinem Vater einen Ausflug verabredet hatte. – Pfeiffer hat dabei vorgetragen. – Gegenwärtig sind übrigens Alle in den Herbstferien, was mich denn auch veranlaßt hat, Deine Aufforderung zu einer umgehenden Nachricht nicht so wörtlich zu befolgen. Erst mit nächstem Montage werden sie zurück sein, daher Du mit Deiner Sendung noch Zeit genug haben wirst. Der Präsident ist gegenwärtig *Realgymnas. Kurtze*, (per Adr. Prof. Senft hinterm Brauhause.)

⟨3⟩ Seit Sonntag bin ich, wie erwähnt, wieder in Göttingen, und habe mich in einer neuen Bude (*Gothmarstr.* № *520*) mit Muse

---

[1] Die in Jena studierenden ehemaligen Mitglieder des Eisenacher Naturwissenschaftlichen Vereins, die in diesem Kreis die Vereinstätigkeit fortgesetzt hatten, waren infolge Universitätswechsels auseinander gegangen. Abbe, Martin und Pfeiffer zeigten weiterhin Interesse am Fortbestehen des Vereins in Eisenach.

häuslich eingerichtet, um nach 5 Wochen körperlicher Erholung wieder nach u. nach in die gewohnte Thätigkeit einzulenken. – Ich werde auch in diesem Semester wieder wesentlich Mathematica u. Philosophica hören u. privatim treiben; darüber später Näheres, wenn es Dich interessiren kann.

Es sieht hier in Göttingen noch ziemlich leer aus, da die Vorlesungen wohl in den ersten 14 Tagen noch nicht beginnen dürften. Wenn ich indeß die Absicht habe, zu arbeiten, finde ich hier doch mehr Gelegenheit als in Eisenach; da würde ich auch mit dem besten Willen nicht viel vorwärts bringen können.

Weiteres weiß ich nun in der That nicht mitzutheilen – etwa das (wenn Du es nicht schon durch Deinen Bruder erfahren hast – den ich Dich bei dieser Gelegenheit freundlichst zu grüßen bitte): daß Schultze, nach dem er (ipsissima verba) 4 Semester in Jena verbummelt, vor 8 Tagen nach ⟨4⟩ Karlsruhe gefahren ist, um in das dortige Polytechnicum einzutreten – Gott segne seine Studia! – Heß ist auf ein Semester von Jena consiliirt und kömmt jetzt möglicherweise, wie er mir wenigstens gesagt hat, hierher nach Göttingen. – Breyding ist, in Folge des allgemeinen Aufrufs in diesem Sommer nach Weimar unter die Soldaten gegangen; ich habe ihn vor Kurzem in Eisenach einmal gesprochen; er nimmt sich wirklich ganz stattlich aus. – Pfeiffer läßt Dich grüßen. Damit lebe denn recht wohl, und laß mir bald den versprochenen ausführlicheren Brief zukommen, auf welchen ich nicht ermangeln werde, ebenso ausführlich über Hiesiges zu berichten. – Mit herzlichem Gruße Dein

Abbe.

NB: Morgen Abend Punkt 8 Uhr werde ich Dir in contumaciam feierlichst einen vollen Ganzen vorsteigen. Daß Du mir nicht versäumst, pünktlich nachzukommen!

4 Abbe an Martin Göttingen, 26. Dezember 1859

Göttingen, Dec. 26, 1859.

Lieber Martin.

Entweder muß über unsrer Correspondenz ein ganz ausgesuchtes Mißgeschick walten, daß wieder ein Brief verloren gegangen wäre, – oder Du bist ein noch viel ausgesuchterer Bösewicht, mir 12 Wochen – sage zwölf Wochen lang nicht zu antworten, nachdem Du vorher mir einen recht ausführlichen Brief expreß versprochen hast.

– Mit diesem großen Dilemma muß ich diese meine Zuschrift einleiten, durch welche ich mich bei Dir zu erkundigen beabsichtige, ob Du überhaupt noch am Leben oder vielleicht gar, ohne mir was zu sagen, todt gegangen bist. Sollte wider Hoffen und Erwarten das letztere der Fall sein, so benutze ich die Gelegenheit, Dir ⟨2⟩ meine tiefgefühltesten Beileidsbezeugungen darzubringen; wenn Du jedoch, wie ich denke, noch unter den Lebendigen weilst, so möge Dir dieser Zettel meine herzlichsten Glückwünsche zum neuen Jahre – die ich ganz nach Deinem Behagen zu specialisiren und auszumalen Dir anheimgebe – überbringen. Dixi

Ich habe Dir auf Deinen vom 1ten October datirten Brief, den ich wenige Stunden vor meiner Abreise von Eisenach noch erhielt, von Göttingen aus schleunigst geantwortet, und Dir die verlangte Auskunft über den Präses des Vereins gegeben; seitdem ist mir aber kein Buchstabe von Dir wieder zu Gesicht gekommen, wie Du wohl aus meiner Bemerkung oben wirst errathen haben. Ich denke, Du läßt bald einmal wieder Etwas von Dir hören, damit ich wenigstens Deines Wohlbefindens sicher bin.

⟨3⟩ Ich befinde mich, um über meine Wenigkeit auch gleich etwas zu sagen, die ganze Zeit daher ganz wohl, und will nur hoffen, von Dir dasselbe zu hören. Was meine Thätigkeit im laufenden Semester hier anbelangt, so unterscheidet sich diese nicht wesentlich von der früheren. Ich höre nur zwei eigentlich mathematische Collegia, über Zahlentheorie [VV 41] bei einem Privatdocenten Schering, einem Schüler von Gauß u. Dirichlet, und über bestimmte Integrale [VV 58], bei Prof. Stern (welcher, trotzdem daß er ein Jude und Göttingen in Hannover liegt, im vorigen Semester ordentlicher Professor geworden ist). Außerdem habe ich noch bei Weber (welcher in diesem Augenblicke in Berlin zu Besuch ist) Physik [VV 67], und bei Lotze Psychologie [VV 30] – auch noch ein kleines einstündiges Publicum über Geschichte d. Chemie [VV 22], bei einem ehemaligen Jenenser Burgkelleraner[1], Dr. Geuther, (Coburger) der bei Wöhler Assistent ist. Weber u. Lotze gefallen mir ganz besonders gut; die Physik vor Allem ist wirklich ganz unübertrefflich. Es ist in diesem Semester der 2te Theil an der Reihe, – die Lehre von ⟨4⟩ Electricität, Magnetismus, etc. für welche Gebiete Weber bekanntlich gegenwärtig einer der bedeutendsten Bearbeiter ist; und man kann schon deßhalb etwas Ausgezeichnetes von ihm erwarten. Deine Fachgenossen, die Jünger Äskulaps, sind freilich zu meist nicht sehr über ihn erbaut.[2] Der Mehrzahl ist sein Vortrag zu gründlich und zu schwer, indem er, wenn auch keine großen mathematischen Kenntnisse, doch einen gewissen Grad von Uebung, solchen etwas strengeren Gedankenentwickelungen zu folgen, voraussetzt. – Lotze's Psychologie ist gleichfalls sehr gediegen; er hat, was Weber z. B. sehr stark abgeht, die Gabe einer außerordentlich klaren, und schön fließenden Rede, die, wiewohl ohne alle oratorische Ausschmückung und geistreiche Anhängsel, doch sehr geeignet ist, an seinen Vortag zu fesseln. – Er liest vor ca. 80–90 Zuhörern; Weber vor ungefähr eben so vielen. ⟨5⟩ Meine Privatthätigkeit wird besonders durch das mathematisch-physikalische Seminar[3] in Anspruch genommen. Der unmittelbaren Uebungsstunden sind zwar nur 6 od. 8, (die mathematischen bei Stern u.

[1] Angehöriger der studentischen Verbindung Arminia (auf dem Burgkeller).

[2] Die Medizinstudenten mußten im Hinblick auf die Naturwissenschaftliche Vorprüfung (Tentamen Physicum) ebenfalls Vorlesungen in naturwissenschaftlichen Fächern hören.

[3] Das Mathematisch-Physikalische Seminar wurde 1850 zur Ausbildung von Lehrern für den mathematischen und physikalischen Unterricht an höheren Lehranstalten gegründet und diente im allgemeinen der Förderung des Studiums durch praktische Übungen in diesen Fächern. Die Übungen wurden in den Räumen des Physikalischen Kabinetts und der Sternwarte abgehalten.

Ulrich, die physikalischen bei Weber u. Listing) worunter wieder die Weber's – der in diesem Semester über die allgemeine Theorie des Messens und der Meßinstrumente vorträgt und uns practische Uebungen anstellen läßt – entschieden die interessantesten sind; dagegen hat man immer ziemlich zu thun an den Arbeiten, welche zwar ganz ad libitum – abwechselnd von den verschiedenen Professoribus gestellt werden.

Weitere Neuigkeiten weiß ich Dir nicht viel mitzutheilen; daß der alte Hausmann am 1ten Feiertage gestorben ist, hast Du vielleicht schon gehört; er ist schon das ganze Semester über ⟨6⟩ so unbas. [unpäßlich?] gewesen, daß er das angezeigte Colleg gar nicht hat beginnen können; und nun ist er denn noch vor Jahresschluß den Humboldt, Dirichlet, Ritter u. Grimm nachgefolgt –; es geht wirklich mit Macht über die alten Hähne her. Heute Morgen war sein Begräbniß; da die meisten Studenten in den Ferien sind, gieng es ziemlich still her; die Verbindungen waren nicht einmal im Ornate, weil die meisten nur durch 3 od. 4 Leute vertreten waren.

– Der jüngere Eggeling ist gegenwärtig auch hier, um seine mathemat. Studien fortzusetzen; – Zeidler ist – horribile diktu – zu den grünen Hannoveranern[4] eingesprungen. – Apelt in Jena ist – wenn Du das doch nicht gehört haben solltest, vor etlichen Wochen ebenfalls todt gegangen. Damit denn genug für heute. Hole Du nun das Versäumte auch bald nach, dann will ich Dir über noch Mancherlei Anderes Mittheilung machen – auch über mein Hinkommen nach Berlin zu Ostern, das – Du wirst nicht hinzuzusetzen ermangeln: schon wieder einmal – problematisch geworden ist. – Es wünscht Dir wohl zu leben u. grüßt Dich herzlich Dein

E Abbe.

⟨4⟩ NB: Grüße Deinen Bruder von mir. –
Das Neue Jahr wünsche ich Dir recht fröhlich anzutreten. Ich werde das Gleiche thun; und insonderheit auf Dein ganz specielles Wohl Eines trinken.

---

[4] Studentische Verbindung an der Universität Göttingen.

5 Abbe an Martin Göttingen, 11. Februar 1860

Göttingen, Febr. 11, 1860.

Lieber Martin.

Ich habe mich sehr gefreut, aus Deinen beiden Briefen zu ersehen, daß Du noch wohl auf bist und mit riesigem Eifer Deinen Studien obliegst. Ich bin, um Dir das gleich von vorne herein über meine Wenigkeit zu berichten, ebenfalls auf dem Damm und thue das Gleiche wie Du, wenn auch vielleicht unter etwas weniger anregenden äußern Veranlassungen, wofür ich andrerseits aber auch nicht mit Sorgen um Gesellschaften, Bälle u. dergl. in Anspruch genommen bin. Denn ich stehe, was diesen Punkt anbelangt, – horribile dictu, wirst Du Dir hinzudenken – noch an derselben Stelle auf der ich vor 2 Jahren[1] stand: Ohne das geringste Bedürfniß *derar*tiger Geselligkeit zu fühlen, kann ich mir vielmehr nichts langstieligers denken, als dasjenige, was man deren Freuden nennt, und ich bin außerordentlich froh, daß ich frei von Connexionen u. dergl. bin, welche mich zu ⟨2⟩ einer Theilnahme daran einigermaßen nöthigen könnten. Ich befinde mich sehr wohl in einem kleineren Kreise von Bekannten, wo man sich gemüthlich unterhält, und dabei ein paar Flaschen Bier trinkt – wenn es nur hier nicht so gar schlecht wäre – aber in den, was man eigentlich Gesellschaften nennt, kann ich weiter nichts als mich bärenmäßig langweilen – das ist also ein Gegenstand, über den wir sehr verschiedener Denkungsart sind; läßt sich nun einm[al] nicht ändern. – Uebrigens ist auch die Zahl [mein]er hiesigen Bekannten keine sehr große [. Der] – im Vergleich mit Jena z. B. – etwas steife Ton, der hier herrscht, hält die Leute einander fer[ner als] dort; selbst von meinen Fachgenossen kenne ich nur wenige näher, wie wohl es deren ein[e] verhältnißmäßig beträchtliche Zahl sind. Mit einem derselben, einem Westphalen, Namens Schütz, verkehre ich vorzugsweise sehr viel; das ist ein ganz aus-

[1] Bezieht sich auf die gemeinsame Jenaer Studienzeit 1857/58, als sich Martin der Burschenschaft Arminia angeschlossen hatte, Abbe dagegen dem studentischen Verbindungsleben ferngeblieben war.

gezeichneter Kerl, ein sehr gediegener Kopf, von hohem wissenschaftlichen Interesse, was ich grade an der Mehrzahl der übrigen Mathematiker hier einigermaßen vermisse.

⟨3⟩ – Die Mitteilungen, welche Du mir über Deine schriftstellerische Thätigkeit[2] machst, haben mich sehr gefreut. – Hoffentlich werde ich, wie Du schon versprochen, in der Kürze etwas Näheres darüber zu *sehen* bekommen; und wenn dann auch von einem Beurtheilen meinerseits nicht wohl die Rede sein kann, indem ich ja auf diesem Gebiete wissenschaftliche Kenntnisse eigentlich gar nicht besitze, so werde ich Deine Arbeit doch mit großem Interesse lesen, und grade Veranlassung nehmen, mich dadurch über jene Gegenstände etwas zu belehren. – Meine Thätigkeit erstreckt sich, wie ich Dir schon geschrieben habe, wesentlich nur auf mathematische u. physikalische Studien und auf Philosophie. An umfassenderes selbständiges Arbeiten komme ich während des Semesters übrigens nicht sehr viel; denn außer den Vorlesungen, deren ich vier höre [VV 30, 41, 58, 67], hat mich, bis jetzt wenigstens das physikalisch-mathematische Seminar immer ziemlich in Anspruch genommen. Außer den Uebungsstunden giebt es da Arbeiten zu liefern ⟨4⟩ über mathematische u. physikalische Aufgaben, welche die betheiligten Professoren stellen, und vor 14 Tagen habe ich überdieß einen Vortrag (über die Verwendung des Kraftbegriffes in der Mechanik u. Physik, speciell über das Problem der Zusammensetzung der Wirkungen) gehalten, dessen Ausarbeitung einige Arbeit gekostet hat. – Weber hält in diesem Semester im Seminar einen ausgezeichneten Vortrag über d. Theorie der Meßinstrumente, zugleich mit practischen Demonstrationen an dem sehr reichhaltigen Apparate des physikal. Instituts[3]. – Neulich hat er uns auch ein eigenthümlich (für die Zwecke der feinsten Messungen) construirtes Galvanometer (nach einem eigenthümlichen Principe der Astaticität[4]) vorgelegt, welches er für

---

2 Zeitlich früher liegende Veröffentlichungen als die Berliner medizinische Dissertation (1861) konnten bisher nicht nachgewiesen werden.

3 Gemeint ist das Physikalische Kabinett mit einer Abteilung für Experimentalphysik und einer zweiten für mathematische Physik.

4 Gemeint ist die Wirkungsweise eines astatischen Nadelpaares, das aus zwei auf einer Achse befestigten, entgegengesetzt magnetisierten Magnetnadeln besteht, um den Einfluß äußerer Magnetfelder, insbesondere das der Erde, auszuschalten.

Wheatstone in England hier anfertigen läßt, und welches diesem dienen soll, um die Ursachen der Störungen im atlantischen Kabel[5] zu erforschen, mit deren Aufsuchung er beauftragt ist. – Die übrigen physikalischen (resp. op[tischen) Uebungen] unter Listing's Leitung, sind weniger bedeutsam, wiewohl man auch gar Manches dabei lernen kann. Sein ⟨5⟩ Lieblingsfach ist die physiologische Optik, worin er auch am meisten selbst gearbeitet hat; und aus diesem Gebiete bringt er deßhalb auch häufig themata auf die Tagesordnung. In den letzten Wochen haben wir eine Untersuchung vor über die Lage des Kreuzungspunktes der Lichtstrahlen im menschlichen Auge, – ein Gegenstand, worüber schon viel gearbeitet, (bes. von Volkmann) und doch eigentlich noch ziemlich wenig experimentell genau bestimmt ist. Wir haben Versuche nach einer von Burow angegebenen sehr sinnreichen Methode angestellt, wesentlich um einige Irrthümer zu eliminiren, welche letzterer bei der Anwendung derselben begangen hatte. –

Was mein Nach-Berlin-Kommen anbelangt, so muß ich leider meine früheren Andeutungen dahin näher präcisiren, daß ich wahrscheinlich, – od. wohl ziemlich sicher – das ganze nächste Jahr hier in Göttingen bleiben, also, wenn nicht ganz besondere Umstände eintreten, überhaupt nicht nach Berlin kommen werde. Es thut mir dieß sehr Leid, besonders deßhalb, weil ich so das Vergnügen, worauf ich mich auch schon lange gefreut hatte, entbehren muß, ⟨6⟩ nämlich wieder mit Dir zusammen zu treffen und in alter Weise mit Dir studiren zu können. Aber es sind doch triftige Gründe, die mich veranlassen, lieber hier in Göttingen zu bleiben: ich habe für Mathematik hier auch nicht viel weniger als in Berlin, für Physik aber ohne Zweifel mehr, wie ich direckt von einem meiner Fachgenossen höre, der in beiden Orten gewesen ist. Besonders aber ist es das Seminar, dessentwillen ich besonders vorziehe, hier zu bleiben; ich kenne jetzt die Leute näher, und habe Hoffnung, im nächsten Semester bei Weber privatim arbeiten zu können, während ich in Berlin wohl schwerlich so schnell hierzu Gelegenheit finden dürfte. Der Geldpunkt endlich ist auch nicht

[5] Nach dem mißglückten Versuch einer Kabelverbindung zwischen Irland und Neufundland (1857) riß auch das zweite am 7. 8. 1858 verlegte transatlantische Kabel zwischen Europa und Nordamerika nach kurzer Betriebsdauer. Erst ein dritter Versuch 1866 war erfolgreich.

zu verachten: Der Wechsel den ich habe, reicht hier kaum aus, und in Berlin ist das Leben doch ohne Zweifel kostspieliger. – Ich denke, Du wirst daraus Veranlassung nehmen, mich um so sicherer baldigst hier in Göttingen zu besuchen, und zwar auf etwas längere Zeit; ich freue mich sehr darauf.

– Damit wünsche ich Dir wohl zu leben für dießmal, und zugleich recht guten Erfolg zu Deiner Arbeit. – Es grüßt Dich herzlich Dein

E. Abbe.

Beiliegenden Brief wolle an Braun besorgen; über die von ihm erhaltenen Nachrichten bin ich sehr erfreut, und ich werde hoffentlich Gelegenheit haben, wenn er mich hier besucht, mehr über Berlin zu erfahren.

NB: Zeidler läßt Dich wieder grüßen (daß er bei den grünen Hannoveranern eingesprungen ist, habe ich Dir ja wohl schon geschrieben?)

⟨4, Rand⟩ Meine Adresse: Gothmarstraße, Jahns.

6 Abbe an Schütz — Eisenach, 23. März 1860

Eisenach, 23. März,
Morgens.

Mein lieber herziger Harald.

Es hätte mir keine freudigere Ueberraschung zu Theil werden können als die, daß ich *gestern Nachmittag* bei meiner Ankunft hier in Eisenach schon ein so zärtliches Briefchen von Deiner Hand auf dem Tische vor fand, das schon anderthalb Tage lang meiner gewartet hatte; – herzlichen Kuß für diese schöne Freude. – Daraus, daß ich erst seit gestern hier bin, wirst Du Dir die Verzögerung der „umgehenden“ Antwort erklären; jetzt beeile ich mich, Dir Genüge zu thun, d. h. mir zugleich ebenso sehr, indem ich mich wieder der lange (nun schon 8 Tage) entbehrten Lust einer Unterhaltung mit Dir von Angesicht zu Angesicht einmal hingeben kann. Ich denke dabei nämlich so, mein lieber Orest (+) bei welcher Gelegenheit (nämlich Pylades & Orest pp) ich übrigens die ganz unmaßgebliche Bemerkung nicht unterdrücken will, daß entweder Dein Väterchen eine unglaublich feine Spürnase, oder Du ein rechtes Plappermäulchen haben mußt.): heute Morgen sitze ich vor (oder über) diesem Stücke Papier, das doch annähernd eine Ebene darstellt; morgen früh siehst Du darauf.

⟨2⟩ Wenn man nun ein mal davon absieht, daß 24 Stunden dazwischen liegen, sowie auch davon, daß besagte Ebene nicht grade sehr vollständig reflectirt, (und das ist für so große Geister, wie

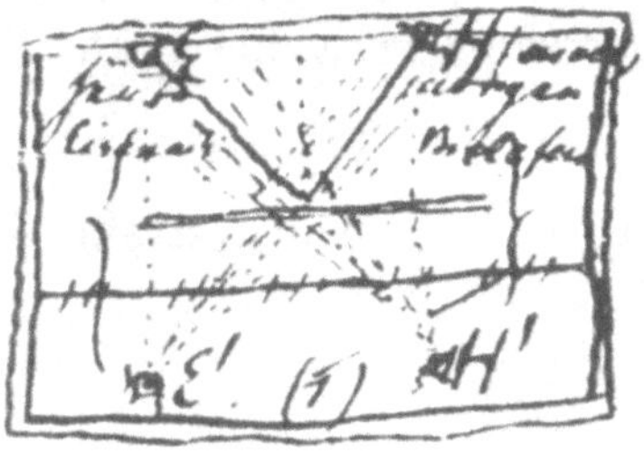

wir, doch keine große Zumuthung) so muß es doch grade so gut sein, als ob wir beide vor einem Spiegel sitzend, statt uns direct ansehend, uns miteinander unterhielten; und insofern wäre das denn wirklich auch eine Unterhaltung von Angesicht zu Angesicht, nur aber per Reflexion: das ist meine neue mathematisch-optisch-psychische Theorie der Briefschreibung – findet freilich nur Anwendung auf uns beide, und ist nur für uns verständlich, und auch da will mir so scheinen, als ob diese hübsche Theorie in praxi doch nicht so ganz zuträfe, von wegen des Ebensoseins. Ich weiß aber wirklich nicht, woran das liegen mag; – suche Du das doch einmal herauszu„kalmüsern“; vielleicht findest Du irgendwo im Bahadar oder im Pantschatantra [TV 76] einige Fingerzeige, in bengalischen Lettern geschrieben, zur Berichtigung oder Vervollständigung dieser Theorie. –

Daß ich mich noch so lange in Göttingen herumgetrieben habe, hatte seinen Grund wesentlich in einer unfreiwilligen ⟨3⟩ Zurückhaltung von wegen der aus Hannover zu erwartenden 20 r.[1] In folge einer vorherigen Anfrage war zwar Ulrich am Sonntag Morgen in höchst eigener Person auf meiner Bude und brachte mir ein eigenhändig geschriebenes Formular der Quittung, welche ich an die Universitätskasse in Hannover einschickten sollte, um, wie er versicherte, umgehend den Betrag zugeschickt zu erhalten „bis auf Heller u. Pfennig". Aber mit diesem „umgehend" scheinen die Herren in Hannover nicht so einverstanden zu sein; denn es vergieng Montag, Dinstag, Mittwoch, und ich hatte noch immer Nichts, und da ich doch nicht eher weggehen wollte – u. konnte – mußte ich sehr wider Willen noch dableiben, was mich hinreichend ärgerte. Am Donnerstag Morgen gieng ich aber zu unserm alten Möglichmacher Michelmann, und der ihm in die Hand gedrückte unvermeidliche Thaler machte es denn möglich, daß ich trotz Ulrich und Universitätskasse eine Viertelstunde nachher mein Geld hatte und um 9 Uhr 25 Minuten schon auf der Eisenbahn dem lieben Bierdorfe den ⟨4⟩ Rücken wenden konnte. – Ich habe mich in den letzten Tagen trotz guter Vorsätze sehr gelangweilt. Ordentlich an eine Arbeit zu gehen war ich noch nicht aufgelegt, und so habe ich denn meistens auf dem Museum[2] gelegen, Don Quixote [TV 32] gelesen, (auf dem Museum Humboldt's Briefe an Varnhagen [TV 28]) und bin, da das Wetter seit Freitag außerordentlich angenehm wurde, die ganzen Nachmittage spazieren gegangen, wobei ich Dich denn ganz besonders schmerzlich vermißt habe. – Als nach einiger Zeit die kleine Zerknirschung und die deprimirenden Gefühle, welche am Donnerstag ein vom Weender Walle aus am fernen Horizonte verschwindendes Rauchwölkchen hervorgerufen hatte, sich etwas abstumpften d. h. einer

---

1 Für die Einübung der neu eingetretenen Mitglieder des Mathematisch-Physikalischen Seminars erhielt ein älteres Mitglied der Physikalischen Abteilung eine halbjährige Vergütung von 20 Talern. Die Auszahlung erfolgte durch die Universitätskasse bei der Landesregierung in Hannover.

2 Gemeint ist das 1831 gegründete Literarische Museum („Academisches Lese-Institut"), in dessen Räumen zahlreiche Zeitungen und Zeitschriften auslagen.

ruhigen Melancholie Platz machten, habe ich mich daran gesetzt, und zwei Tage lang – in vielfachen Absätzen, – dem alten Snell einen Brief gebohrt, welcher, nachdem er endlich fertig war, 7 volle *Quart*seiten, enggeschrieben, umfaßte. – Da habe ich ihm denn Göttingen abgeschildert, so daß er mindestens auch zwei Tage daran ⟨5⟩ zu lesen hat, und mich gewiß nicht wieder treten läßt, ihm zu schreiben. (Weber habe ich natürlich nach Gebühr herausgestrichen). –

Bevor ich abreiste habe ich mir von Deiner Bude den Faust [TV 49] geholt, um für den Fall mangelnder Unterhaltung während der Fahrt, mir die Zeit nicht zu lange werden zu lassen. Ich traf jedoch, als ich in den Wagen trat, einen früheren Schulkameraden, der jetzt auf der Bergschule in Clausthal sich aufhält, und der ebenfalls im Begriffe war, nach Eisenach in die Ferien zu reisen; mit dem habe ich denn die ganzen 5 Stunden lang über alles Teufelszeug gekohlt.

Hier zu Hause scheint es mir sehr wohl gefallen zu wollen; mein „neues" Mütterchen[3] läßt es sich sehr angelegen sein, mir es recht angenehm zu machen – hatte sogar zu meinem Empfange Kuchen gebacken – und mein Vater ist, was in der letzten Zeit nicht grade häufig der Fall war, in sehr guter Stimmung, was mir natürlich zu großer Freude und Beruhigung gereicht. ⟨6⟩ Ich werde daher auch wohl, so lange die Ferien dauern, hier bleiben (d. h. bis zum 14ten od. 15ten höchstens) und mir es so bequem machen, als es gehen will. Einstweilen aber muß ich ein wenig häuslich eingezogen leben, um mit meinem verdammten Hühneraugenfuße, der mir in letzter Woche unerträgliche Pein bereitet hat, eine Radicalkur vorzunehmen. – Nachdem ich die nothwendigsten Wege in der Stadt herum besorgt haben werde, würde ich mich daher in mein Trapez zurückziehen und endlich einmal gründlich zu arbeiten anfangen. –

Hier will ich Dir eine zweite kleine Vignette herzeichnen, die Du wohl ohne Commentar verstehen wirst: – (damit treibe ich mir durch fleißige Benutzung die Grillen weg). – und endlich will

---

3 Abbes Vater hatte nach dem Tod der ersten Frau (14. 7. 1857) in zweiter Ehe Eva Margarethe (geb. Lindemann, verw. Liebetrau) geheiratet (17. 11. 1859).

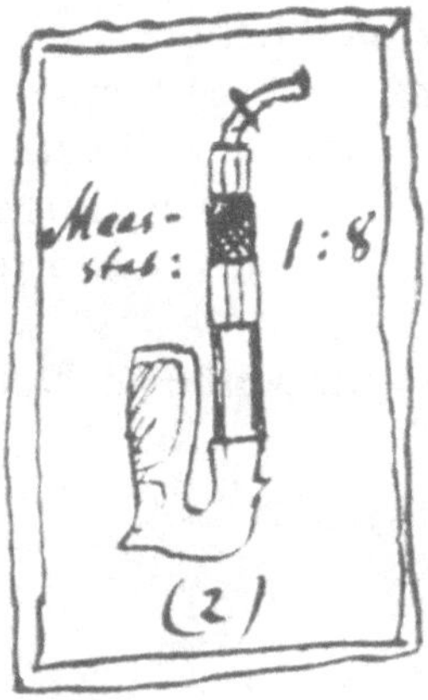

ich Dir auch ein getreues Conterfei eines wichtigen Hausgeräthes geben, in dessen Besitz ich mich noch gestern Nachmittag gesetzt habe, und das ⟨7⟩ kraft seiner etwas abnormen Gestalt schon Gestern Abend Gegenstand unermeßlich vieler schlechten und guten Witze geworden ist; betrachte ja genau: –

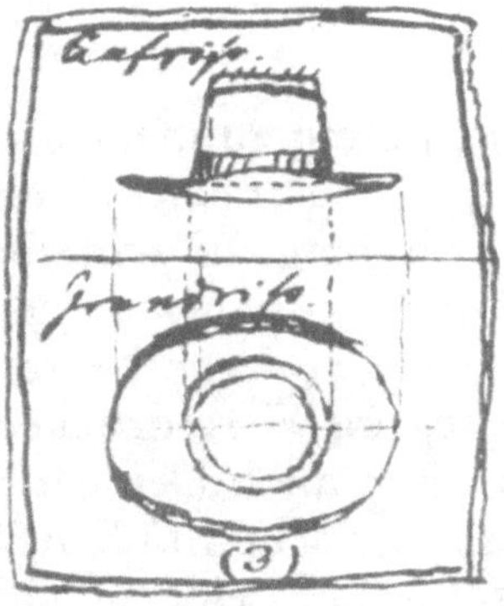

Hiermit muß ich nun leider, da ich sehe, daß der zweite Bogen bald erfüllt ist, und Du überdieß genug des Ulks gehört haben wirst, von Dir, meinem lieben, guten Orest Abschied nehmen, um mich wieder für einige Zeit mit der kleinen Abgötterei (auch den Nagel auf den Kopf getroffen) zu begnügen. – Du schreibst mir aber doch wieder?

Ehrerbietigsten Gruß an Deine lieben Eltern, die ich freilich nicht die Ehre habe, persönlich zu kennen, und die sich trotzdem so für mich interessiren. – Sei Du nicht zu eifrig mit Arbeiten, und gönne Dir für die Ferien doch auch einige Erholung, wenigstens mache Dir um Deine liebe Zahlentheorie keinen Kummer; die läuft Dir nicht fort –

– Damit: behalte lieb und denke an Deinen

Ernst.

7 Abbe an Schütz — Eisenach, 27./31. März 1860

Eisenach, Dinstag 27. März 1860

Lieber guter Harald.

Ich habe gestern Nachmittag zu meiner großen Freude Deinen Brief erhalten, und ich eile, Dir wieder ein paar Wörtchen, zu Deiner und meiner Beruhigung zu schreiben. 's ist freilich eine trübselige Sache, sich mit Schreiben begnügen zu müssen; ich zähle mit Sehnsucht die Tage (– von heute Abend ab grade noch 22 –) da ich Dich wieder ans Herz drücken und in Deine lieben „kleinen Nuß-Äuglein" (um mich Deinem Sprachgebrauch anzuschließen) schauen, resp. optische Studien über die Reflexion an Convexspiegeln obliegen kann. Leider noch lange Zeit bis dahin; ich werde mir aber, um mir das Nachzählen der Tage, das mir bei meiner bekannten Rechenfertigkeit immer einige Anstrengung kostet, zu erleichtern, à la Südseeinsulaner eine kleine Schnur anlegen, mit 22 eingeknüpften Knoten, von denen ich jeden Abend beim Schlafengehen einen löse; – Freude der Engel im Himmel dann, wenn der letzte an die Reihe kömmt! Für die Zwischenzeit will ich nur hoffen, daß die (hier in Thüringen wenigstens) gebräuchliche Redensart, nach welcher man sagt, wenn es Einem vor'm Ohre brummt, es denke Jemand an ihn, – im Guten, wenn rechts, im Bösen, wenn links – keinen Grund haben möge; sonst würdest Du armer Kerl vor lauter Ohrenbrausen nicht wissen, wo aus noch ein, oder ich müßte mir grausamer Weise mein schönstes Privatvergnügen versagen. –

Ueber meine Randbemerkung im vorigen Brief scheinst Du, wie ich ersehe, sehr in Harnisch gerathen zu sein; das hättest Du nicht gebraucht, es war so bös nicht gemeint. Aber für Deine bösen, gottlosen „Reflexionen", welche Du mir page 3 Deiner Epistel zum Besten giebst, und die mich recht geärgert haben, sollst Du hiermit einen gehörigen Rüffel besehen, Du garstiger HS. – Komme Du nur nach Göttingen, da sollst Du Deinen Lohn schon haben, das schreibe (+) eine unwillkürliche Zornäußerung meiner empörten Feder quasi als (L. S)) Dir ja hinters Ohr.[1]

Du fragst mich, [um] auf etwas Andres zu sprechen zu kommen, das meinem Zorn fern liegt, in Deinem Brief über die Humboldtschen Briefe an Varnhagen [TV 28]. Ich habe dieselben, wie ich Dir wohl schon geschrieben habe, ziemlich ganz durchgelesen während der letzten Tage, die ich in Göttingen war. Dem realen Inhalt nach ziemlich unbedeutend, enthalten sie meistens Äußerungen über die Berliner Hofverhältnisse, und über allerlei Persönlichkeiten, mit welchen Humboldt vermöge seiner äußeren Stellung in Berührung gekommen ist, und darunter z. B. alle die über die vielen gekrönten Häupter über welche es hergeht – von denen man allerdings bestimmt voraussetzen darf, und zum Theil auch wohl tatsächlich feststeht, daß Humboldt sich den betreffenden Persönlichkeiten selbst gegenüber ganz anders verhalten haben wird. Wer beanspruchen wollte, daß Jeder nicht anders thut als er denkt, in dem Sinne, daß er *Alles* sagt, *was* er denkt, nun, der wird freilich Humboldt den Vorwurf machen können, daß er sich außerhalb der gewöhnlichen Formen der Convenienz gehalten hat, wie es alle andern vernünftigen Leute auch thun, und den Leuten keine Grobheiten ins Gesicht zu sagen,

[1] In der vorliegenden Abschrift ist an dieser Stelle eine Skizze, die offenbar ein Ohr darstellen soll.

für klug befunden hat. Ich sehe nicht ein, warum man Humboldt Vorwürfe machen will, woran man bei Tausend Andern keinen Anstoß nimmt, da die vielberufenen Beispiele von Heuchelei, Scheinrednerei und dergl., auf welchen die Kreuzzeitung [TV 9] mit einer wahren Wonne herumreitet, wirklich auf gar weiter nichts hinauslaufen, als auf die allergewöhnlichsten Aeußerlichkeiten, Höflichkeitsbezeugungen und dergl., während grade aus den Briefen selbst hervorgeht, daß Humboldt grade da, wo es sich um wirkliche Meinung gehandelt hat, z. B. in betreff der politischen, religiösen pp Ansichten, seine Ueberzeugung nie verleugnet hat, trotz aller Anfeindungen, – die eigentlich selbst der beste Beweis dafür sind. Ebenso geht aus vielfachen Aeußerungen hervor, daß ihm die Connexion mit dem Hofe, und die vielfachen Verpflichtungen infolgedessen höchlich zur Last gewesen sind; in den bittersten Ausdrücken beklagt er sich, daß er nie Ruhe finde, daß er stets von den ewigen Hofscherwenzeleien in Anspruch genommen sei, gegen welche er die größte Verachtung bezeigt; vom König spricht er, was sein persönliches Verhalten anbelangt, mit einer gewissen Achtung und Anerkennung ohne deßhalb seine Meinung über sein politisches Treiben zu verhehlen; und was die zum Theil geringschätzigen Aeußerungen anbelangt, welche er bei Gelegenheit der vielfachen Huldigungen besonders von seiten der gekrönten Häupter giebt, und welche man gradezu hämisch u. undankbar pp bezeichnet hat, so habe ich mich gradezu darüber gefreut, zu sehen, daß Humboldt gegen diese Huldigungen gleichgiltig genug gewesen ist, um sich dadurch nicht bestechen zu lassen; und daß er seine Meinungen gelegentlich im vertraulichen Verkehr auch gegen einen andern ausgesprochen hat, daraus kann man ihm doch gewiß keinen Vorwurf machen. – Trotz alledem aber halte ich die Veröffentlichung der Briefe selbst mindestens für eine große Indiscretion, da es ganz sicher sehr gegen Humboldts Absicht ist. Daß ihr wahrscheinlich weiter nichts als eine gemeine Geldspeculation auf die Neugierde des Publikums berechnet, zu Grunde liegt, geht daraus sehr handgreiflich hervor, daß ein großer Theil der abgedruckten Briefe gar nicht unter den Titel des Buches fällt, sondern Briefe hochgestellter Personen *an* Humboldt sind, welche dieser

Varnhagen in seine Sammlung geschenkt hat, und die die Herausgeberin[2] mit abdruckt, wie sie ihr in die Hände gefallen sind.

Sonnabend, 31. März (+) noch 18 Knoten)

Ich habe die Absendung meines Briefes bis jetzt von Tag zu Tag verzögert, um Dir erst noch einige Resultate meiner Arbeit mitzutheilen. Ich sprach Dir schon in Göttingen über gewisse Versuche, welche ich vorschlug, im nächsten Semester bei Weber zu unternehmen. Sie betreffen ein Bestimmungsstück bei den Gasen, welches mit der absoluten Wärmecapacität und mit dem mechanischen Wärmeäquivalent zusammen hängt, – experimentell zu ermitteln, doch die Beobachtung der Schwingungen von Flüssigkeitssäulen, unter dem Einfluß bestimmter Gasvolumina[3], welche durch die Schwingungen abwechselnd zusammengedrückt und ausgedehnt werden. – Ich hatte vor, um mich der Zuverlässigkeit der Methode zunächst zu versichern, hier einige vorläufige Versuche anzustellen, d. h. mit den bloßen Flüssigkeitssäulen allein, bei freier Communication der Schenkel mit der Atmosphäre, nur um zu untersuchen ob diese Schwingungen, trotz störender Einflüsse – Reibungen pp – regelmäßig genug vor sich gehen, um für solche feinern Bestimmungen brauchbar zu sein, und das Ergebniß wollte ich Dir gern gleich mittheilen. Ich habe aber sehr unvollkommene Hilfsmittel, – ein paar Glasröhren, in eine Woulfesche Flasche[4] gesteckt, und in Ermangelung von Quecksilber Wasser angewandt – auftreiben können, und hatte auch nur einen sehr ungeschickten Gehilfen für das Zählen der Schwingungen oder der Sekunden der Uhr, und dementsprechend habe ich denn

[2] Herausgeberin war die Nichte des Schriftstellers Karl August Varnhagen von Ense, Ludmilla Assing.

[3] In der Vorlage befindet sich eine Skizze, die ein im unteren Teil mit Quecksilber gefülltes U-förmiges Glasrohr darstellt, dessen Schenkel oben geschlossen sind.

[4] Die Vorlage enthält an dieser Stelle die Skizze einer Woulfeschen Flasche, hier mit zwei Hälsen, in denen Glasröhren stecken. Bei der Woulfeschen Flasche handelt es sich im allgemeinen um ein dickwandiges Glas- oder Tongefäß mit zwei oder drei Hälsen zur Verwendung als Gaswasch-, Absorptions- und Gasentwicklungsflasche oder als Vorschaltgefäß bei Vakuumdestillationen. Sie wurde erstmals 1784 von Woulfe beschrieben.

auch noch nichts entscheiden können. Die Beobachtungen, mit denen ich mehrere Tage hingebracht habe, stimmen so schlecht, daß ich die Abweichungen unmöglich der Unsicherheit des mechanischen Vorganges, sondern nur den schlechten Beobachtungen und den ungenauen Apparaten zuschreiben kann. – Außerdem habe ich die Theorie der fraglichen Versuche entwickelt, soweit es für practische Ausführung in Frage kommen kann, und habe mir dabei eine neue Methode ausgesonnen, um durch Modification der Versuche zu einer absoluten Bestimmung der Wärmecapacität der Gase selbst und des mechanischen Wärmeäquivalents zu gelangen. Das werde ich Dir, wofern es Dich interessirt, noch mündlich alles mittheilen. – Sonst bin ich zu sehr Wenigem gekommen. Meine gewaltigen Vorsätze für die Ferien gehen nun auch dießmal wieder zu Wasser. Ich bin zwar die ganze Zeit nur einen einzigen Nachmittag von zu Hause fortgekommen, (von wegen meines vermaledeiten Fußes, der noch immer nicht pariren will, und mir immer große Schmerzen macht, aber trotzdem bringe ich nichts zu stande; alle Augenblicke liegt mir Einer oder der Andere auf der Bude, bald grade so, wie mir es in Göttingen gieng; und des Abends von 7 Uhr ab, wo mein Vater Feierabend hat, muß ich mich natürlich mit dem unterhalten, wobei wir sehr häufig mit dem Pfeiffer, der Dir als Pfeifenlieferant per renommee bekannt ist, Skat gespielt haben. – Freilich ein sehr trübseliges Surrogat für unsre schönen Plauderstündchen in Göttingen. – Sonst habe ich noch zur Abwechselung eine sehr gut geschriebene Geschichte Frankreichs von 1814–53, von v. Rochau [TV 84], gelesen, die mir sehr gefallen hat. –

Damit will ich Dir denn, damit Dir das Vergnügen, einen Brief von mir zu erhalten, nicht noch länger vorenthalten werde, für dießmal bis auf Weiteres Lebewohl sagen. – Laß Dir es recht gut gehen. – Laß Dir im Besonderen die Osterkuchen recht gut schmecken und trinke dann und wann ein Gläschen auf mein Specielles, wie ich es auch thun werde, wenn ich wieder ausgehen kann, – und *denke* Dich gegrüßt und umarmt und geküßt von Deinem, der Dich so lieb hat

Ernst. –

8 Abbe an Schütz Eisenach, 5. April 1860

Eisenach, Gründonnerstag 1860,
Mittag.
(+) Heute Abend noch 13 Knoten)

Mein liebes herziges Seehundchen.

Diesen Titel würde ich Dir heute beigelegt haben, auch wenn Du mir dazu keine nähere Veranlassung bötest und mir ihn Dein soeben erhaltenes Handschreiben nicht an die Hand gäbe. Nicht genug, daß Du mich recht gründlich ärgerst, macht er sich auch noch über diesen Aerger lustig, und freut sich darüber. Du hättest eigentlich verdient, Du gottloser S. H., daß ich Dich, trotz dreifacher!!! recht lange auf Antwort warten ließe; aber sintemal diese wohlverdiente Strafe mich ebenso hart träfe (indem ich dann wieder um so länger harren müßte, und überdieß so ein ganz besonderes Ereigniß vorliegt, so soll Dir einstweilen einmal Gnade für Recht widerfahren; aber, warte nur, wenn Du nach Göttingen kommst, dann sollst Du mit unzähligen ..... dafür büßen. – Also, damit ich es in meinem Zorne nicht vergesse –, meine tiefgefühltesten Glückwünsche zu Deiner neuen Errungenschaft und zugleich für das Wohlergehen Deiner kleinen⟨2⟩ Nichte[1]. Sonne Dich recht an Deiner Oheims-Würde; denn so weit hab' ich's doch noch nicht gebracht. Daher denn auch.

....

Abends, $6^1/_2$ Uhr.

So weit war ich diesen Mittag gekommen, und eben im besten Flusse, weiter zu ackern, als mich auf einmal seine Bierherrlichkeit, d. Herr Pfeiffer mit seinem Besuche beehrte, und mir zwei frühere Jenenser Bekannte (vom Burgkeller[2] her) zuführte, denen ich mich

[1] Helene Naumann (geb. 2 4 1860), Tochter der in Celle verheirateten älteren Schwester von Schütz

[2] Der Burgkeller (erbaut nach 1670, zerstört 1945) war das Vereinslokal der Burschenschaften Arminia (1. Stock) und Germania (2. Stock).

denn natürlich wohl oder übel zu einem Spaziergange nach der Wartburg, Phantasie und einer Recognoscirung etlicher Stadtkneipen bereit erklären mußte, sintemal in den letzten Tagen meine Hühneraugen nachgelassen haben, mir in solchen Fällen als Ausflucht zu dienen. Da dieß ja wohl grade die Zeit ist, in der Du Deine lieben Gedanken nach der Wartburg spazieren führst, so wirst Du mich ja wohl allda haben sitzen sehen, mit einer gewissen Resignation etliche Stutzschwänzchen xmal getauftes Bier schlukkend und ⟨3⟩ den mannichfachen Vor- u. Nachkommnissen Genüge leistend. Jetzt bin ich eben zurückgekehrt, und eile sehnsuchtsvoll in Deine Arme zurück, d. h. etc. –

Auf die beabsichtigte Fortsetzung des oben angefangenen Satzes kann ich mich leider nicht mehr besinnen; es wird aber auch, eben deßhalb, nicht viel an ihm verloren sein; ich ignorire deßhalb den Anfang.

Was Deine Skrupel in betreff der Schwingungsversuche anbetrifft, so erwiedre ich darauf.[3] Auf Berücksichtigung der Reibung bei dem fr[agli]chen Vorgange, sowohl in den Schenkeln wi[e in] dem Gefäße, ist es gar nicht abges[ehen], vielmehr hängt die practische Brauchbarkeit des Ganzen unbedingt von der Richtigkeit der Voraussetzung ab, daß man die Reibung vernachlässigen dürfe, d. h. daß sie einer beliebigen Function der Geschwindigkeit, und zwar mittelst eines hinreichend kleinen Coefficienten proportional sei, in welchem Falle man nachweisen kann, daß bei Schwingungen, die nach der Sinusfunction vor sich gehen (d. h. die Beschleunigung proportional der Ausweichung, – wie bei den Pendelbewegungen), die Schwingungs*dauer keine* Aenderung erleidet. Diese Bedingung ist jedenfalls erfüllt, wenn es sich nur um die Reibung der Flüssigkeitstheile untereinander, *nicht* mit den Gefäßwänden, handelt, ⟨4⟩ wenn, wie voraussichtlich der Fall sein wird, das *Quecksilber* an den Röhrenwänden anhaftend, nur oben an der freien Fläche sich quasi auf- u. abwickelt; beim Hg überdieß ist der Reibungsmodulus der Theile untereinander ein außer-

[3] Siehe den vorhergehenden Brief zu Abbes Versuchen im Zusammenhang mit der absoluten Wärmekapazität und dem mechanischen Wärmeäquivalent. Der vorliegende Brief enthält im Original drei Skizzen, die die Bewegung der Flüssigkeiten in den verwendeten Glasgefäßen (Woulfesche Flasche, U-Rohr) darstellen.

ordentlich geringer – viel geringer als bei allen andern Flüssigkeiten. – Uebrigens ist leicht ein Versuch anzustellen, der über die Giltigkeit dieser Annahmen unbedingt entscheidet; man braucht nur ein u. dieselbe Hgsäule, ohne sonst irgend etwas zu verändern, unter verschiedenem Luftdrucke schwingen zu lassen, wo die Masse, die treibende Kraft pp ungeändert bleibt und nur die Reibung, jenem proportional größer od. kleiner wird. – An eine Berücksichtigung der Reibung in der Rechnung dagegen kann keinesfalls gedacht werden; dafür sind die Bedingungen viel, viel zu verwickelt, und was das schlimmste, viel zu unbeständig. –

Daß eine Heberröhre die günstigere Form sein solle, bezweifle ich sehr: – Das Princip der Methode liegt darin, daß die auf die Gase bezüglichen physikalischen Bestimmungsstücke, in sofern diese unmittelbar nur in dem Gesetze liegen, nach welchem bei den raschen Verdichtungen und Verdünnungen die *Spannung* ders. mit dem Volum (– oder der Dichte –) variiert, hergeleitet werden sollen aus der Schwingungsdauer der Flüssigkeitssäule. Die Unbekannte ist also die letztere treibende Kraft (nämlich derjenige Theil dersel[ben], welcher von der Spannung der Gase abhängt); – die Beobachtungen geben die Schwingungsdauer; und nun müßte ⟨5⟩ man noch die *Masse* der schwingenden Säule kennen; zwischen diesen 3 Stücken besteht ein solcher mathematischer Zusammenhang, daß aus je zweien das 3te berechnet werden kann. Weil sich nun die Masse, als das zweite Stück, welches gegeben sein muß, nicht durch direkte Messung finden läßt – indem unter allen Umständen gar nicht alle Theilchen gleiche Bewegungen erfahren, auch dann nicht, wenn man eine einfache Röhre ohne Erweiterungen hat, so bestimmt man diese – u. dieß ist der Kern der Methode – durch einen zweiten Vorgang *derselben Art*, wo man die Flüssigkeit wieder schwingen läßt u. die Dauer der Schwing[ung] beobachtet, *aber unter solchen Umständen, daß man auch die treibende Kraft vollständig kennt* (wie es ist, wenn die Flüssigkeit in offnen Schenkeln, nur unter der Wirkung der Schwere, sich bewegt) und nun jene mathematische Relation nach der *Masse* auflößt – Dann mögen die Theile der Flüssigkeit (z. B. in dem Gefäße, welches ich nehmen will) sich sehr verschiedenartig, auf verschiedenen Bahnen u. mit sehr verschied[ener] Geschwindigkeit bewegen, wofern nur dieser *Gesamtzustand der Bewegung immer derselbe ist, wenn die Schwingungsdauer dieselbe ist.* – Eine solche Regelmäßigkeit oder Beständigkeit der an sich unbekannt bleibenden Bewegungsart wird wahrscheinlich viel weniger in einer gekrümmten Röhre erreicht, wo stets ein Anstoßen der Flüssigkeitstheile gegen die sich krümmenden ⟨6⟩ Wände stattfinden muß, welches jeden Augenblick von der treibenden Kraft abhängt – als grade mit einem möglichst großen Gefäße, gegen welches die Dimensionen des Röhrenabstandes möglichst verschwinden. Da sich in einem solchen die *merklichen* Bewegungen der Flüssigkeit voraussichtlich gar nicht bis an d[ie] Wände erstrecken werden, wird sich hier am ersten ein beständiger Grenzzustand erreichen lassen. – Das Nähere, wie durch Versuche selbst zu entscheiden, ob u. wann diese Bedingungen erfüllt sind, seiner Zeit später. –

Die interessante Beschreibung Deiner mich so nahe angehenden Tagesläufe habe ich mit Gefühlen gelesen, welche zu beschreiben Tinte und Feder viel zu unfügsames Material sind. – S' ist merkwürdig, wie wir in dem abendlichen Interesse an Napol. III und selbst in der Neugier nach dem Wetter beim Aufstehen übereinstimmen; Ich habe mir den Kopf darüber schon bald zerbrochen. Wenn wir Mittwoch Abend in Göttingen wieder Arm in Arm pp zusammensitzen, findet sich vielleicht darüber Aufschluß.

Wie schon erwähnt, ist mein armseliger Hühneraugenfuß wieder so weit auf dem Wege der Besserung, daß ich wenigstens ⟨7⟩ Spaziergänge von ein paar Stunden wagen darf, ohne allzugroße Schmerzen leiden zu müssen; ich hoffe sie werden endlich auch ganz gut werden – unterlasse nicht, sie in Deine Gebete einzuschließen – und meine langgenährten Erwartungen betreffs unserer gemeinschaftlichen Ausflüge nicht zu Schanden werden lassen; – dann wollen wir mit Macht nachholen, was *wir* im vorigen Sommer versäumt haben.

So viel ich bis jetzt beschlossen habe, werde ich wohl bis Sonnabend den 14ten hier bleiben (+) Hoffentlich bekomme ich doch bis dahin *mindestens* noch einmal Nachricht von Dir.), denn ich weiß aus Erfahrung, daß es gar zu trübselige Tage sind, wo ich ständig unter Deinem Fenster vorübergehe u. dergl. und noch wochenlang warten muß, ehe ich hoffen kann, einmal ein lange ersehntes Gesichtchen darin zu sehen. – Da ich Dir schon voreilich zu den Osterkuchen guten Appetit gewünscht habe, so bleibt mir für dießmal nichts übrig, als Dir noch bessern zu wünschen, da der erste möglicherweise seitdem sich etwas verduftet haben dürfte; wolle aber das bekannte Hauptwort nicht gar zu groß schreiben, sonst kriegst Du Bauchgrimmen, mein liebes trautes Seehundchen. – An Deinen politischen und meteorologischen Studien werde ich nach wie vor brüderlich Theil nehmen;

⟨8⟩ 1tes NB: Du wirst nicht ermangelt haben, eine auffällige Aehnlichkeit zwischen meinem Briefschreiben und meinen abendlichen Besuchen zu entdecken, und wirst es auch nicht schwer finden, den gemeinschaftlichen Grund dieser Aehnlichkeiten zu erklären. Dieß mal ist mir darüber sogar das Papier ausgegangen, wie Du siehst. Der 2te Bogen ist nämlich derjenige, in welchem ich *Dich*[4], bisher eingewickelt hatte; wenn selbiger etwas zerknittert aussieht, so ist das Deine Schuld, weil *Du* immer so unruhig gelegen, alle Augenblicke mal herausgewollt hast. Ueberdieß werde ich Dich deßwegen noch auf Schadenersatz belangen, sintemal mein Quintus Icilius [TV 81] zwischen pag. 652 u. 53, allwo Du wohnst; dadurch ganz aus dem Leinen gegangen ist.

2) NB: Diese 2 NB's sind gewiß ein neuer Beleg für die Bemerkung, welche zu Anfang des ersten steht

3) NB: Und dieses – – jetzt schiebe Dich, s'ist schon halb Eins! – ich schlafe sonst morgen früh nicht aus! etc.

⟨9⟩ Schade nur, daß wir uns nicht durch einen kleinen Privattelegraphen in Verbindung setzen können; noch mehr Schade, diese unerbittliche, grausame Scheidung der Geister, kraft der Jedes Bewußtsein nur auf sein armseliges Ich beschränkt ist. – Ich habe mich früher über solche Historien von Mesmerismus, magnetischer Gemeinschaft pp immer recht gründlich ärgern können; jetzo thut es mir noch gründlicher Leid, daß sie wohl nicht wahr sein dürften; tempera mutantur

[4] Gemeint ist die in Abbes Besitz befindliche Porträtfotografie von Schütz.

Nun aber lebe endlich wohl, mein Herzensjunge, und sei aufs innigste gegrüßt und geküßt von Deinem lieben (langen Brief-) schreiber und Eisenacher Neuseeländer.

Ernst

9 Abbe an Martin Göttingen, 25. Juli 1860

Göttingen, Juli 25, 1860.

Lieber Martin.

Ich habe mich herzlich gefreut über die kürzlich erhaltene Nachricht, daß Du mich also wirklich hier besuchen wirst. Ich hatte schon längst vor, Dir zu schreiben, um Dich an Dein Versprechen vom vorigen Sommer[1] zu erinnern; aber erst habe ichs aus Bequemlichkeit oder Schreibfaulheit immer hinausgeschoben, und in den letzten Wochen war ich wirklich so sehr in Anspruch genommen, daß ich nicht an's Schreiben kommen konnte.

Es wird aber hoffentlich nun noch Zeit genug sein, Dich zu ermahnen, daß Du Dich nicht wieder, wie im vorigen Sommer, wieder anders bestimmen läßt, sondern hübsch bei Deinem Vorsatze bleibst, damit wir, nach zweijähriger Trennung, wieder einmal ein paar Tage mit einander sein können. –

Ich sehe aus Deinem Briefe, daß Du von Berlin aus über den Harz zu reisen vor hast. Deiner Aufforderung, Dir bis zum Brokken entgegen zu kommen, kann ich deßhalb nicht gut genügen, weil um diese Zeit die Vorlesungen hier noch in vollem Gange sein werden, ⟨2⟩ welche ich um so weniger gern schwänzen mag, als ich selbst schon während der Pfingstferien auf dem Harze gewesen bin. Eine Woche lang bin ich, in Begleitung eines hiesigen

[1] Abbe bezieht sich auf Martins Besuchsankündigung vom Juli 1859.

Fachgenossen Namens Schütz aus Bielefeld (den Du, wenn Du hier her kömmst, auch kennenlernen wirst) darin herum gewandert, – über Clausthal, durchs Okerthal, über Harzburg, Ilsenburg, Brocken, die steinerne Renne herunter nach der Baumannshöhle und von da nach der Roßtrappe, – leider aber sehr wenig vom Wetter begünstigt, so daß wir hinter der Roßtrappe $1^1/_2$ Tage auf einer Dorfkneipe liegen bleiben mußten, und nicht einmal bis Mägdesprung u. Alexisbad gekommen sind, sondern in Eilmärschen unter stetem Regen (über Andreasberg) nach Göttingen zurü[c]k mußten. Trotzdem hat uns der erste Theil der Reise großen Genuß verschafft; ganz besonders die Harzburg und das Bodethal, welche Du natürlich auch nicht zu besuchen versäumen wirst. Wenn Du nur einigermaßen günstiges Wetter ⟨3⟩ hast – was ich Dir vor Allem wünsche – wirst Du jedenfalls noch mehr davon haben als wir, da Du neben dem Genusse der schönen Aus- u. Ansichten auch für Dein wissenschaftliches Interesse reiche Nahrung finden wirst, was bei uns natürlich viel weniger der Fall war.

Wenn Du freilich darauf rechnest, die Göttinger Professoren in ihren Vorlesungen kennen zu lernen, wirst Du Deine Hierherkunft etwas beschleunigen müssen. Denn die Vorlesungen werden bis zum Sonnabend über 14 Tage, d. h. bis zum 10. od. 11. August, jedenfalls alle geschlossen sein, und Weber z. B., den zu hören Dich jedenfalls sehr interessiren würde, wird schon den Mittwoch vorher das letzte Colleg haben. Richte es daher so ein, daß Du zeitig genug hierher kömmst, d. h. reise bald von Berlin ab, und halte Dich nicht gar zu lange im Harz auf.

Ich freue mich sehr darauf, mit Dir selbst auch Deine lange erwartete Arbeit gedruckt zu sehen zu bekommen; es wundert mich, daß sich diese Ange⟨4⟩legenheit, die doch, wie Du schriebst, schon zu Ende des vorigen Jahres abgewickelt sein sollte, so lange hinausgeschoben hat.

– In betreff meiner Verhältnisse will ich Dir jetzt nur in der Kürze einiges mittheilen, da wir ja bald genug Gelegenheit zu ausführlicher mündlicher Besprechung haben werden. Ich höre in diesem Semester (außer Webers Physik [VV 68] zum zweiten Male) nur zwei mathematische Collegia bei Stern [VV 60] und bei

Riemann [VV 34], bin aber noch wie früher im mathemat. Seminar, durch welches ein guter Theil meiner Zeit in Anspruch genommen ist. – Daß ich zum Herbste nicht nach Berlin kommen werde, habe ich, wenn ich mich recht erinnere, Dir schon vor Ostern geschrieben. Ich würde in diesem letzten Semester in Berlin nicht mehr haben können als ich hier auch finde, – da ich jetzt viel weniger auf Collegienhören alsviel mehr auf eigenes Arbeiten angewiesen bin; und ich würde nicht einmal Zeit genug haben, um das Leben der großen Stadt auch nur einigermaßen kennen zu lernen, so daß ich dieß viel besser auf eine spätere Zeit verspare, wo sich hoffentlich einmal ⟨5⟩ Gelegenheit dazu finden wird. Für den Abschluß meiner Studien ist es jedenfalls geeigneter an einem Orte zu bleiben, wo ich die Leute kenne, um so mehr, als ich vielleicht sogar den Doctor hier machen werde.

Uebrigens muß ich jetzt anfangen, mich ernstlich darum zu bekümmern, mir ein Unterkommen zu verschaffen, da ich jedenfalls zu Ostern aufhören muß, zu studiren. Darin sind nun meine Aussichten nicht grade sehr angenehm. Denn ich habe keine Hoffnung, wenn ich auch in Weimar das Staatsexamen[2] mache, in der Kürze als Lehrer an einer der dortigen Schulen anzukommen, da mehr Lehrer – auch grade in meinem Fache – vorhanden sind, als sie brauchen können. Die Aussicht, daß sich vielleicht Gelegenheit bietet, irgendwo als Assistent od. dergleichen ein Plätzchen zu finden, welches mir entschieden, auch unter den bescheidensten Verhältnissen, das Angenehmste wäre, da ich zur Schulmeisterei eigentlich verdammt wenig Lust habe und auch dazu passe wie der Bock zum Gärtner, ist ebenfalls ⟨6⟩ eine sehr schlechte, und so wird mir denn nichts übrig bleiben, als irgendwo und irgendwie in einer Privatstellung (als Lehrer), vielleicht an einem Institute oder dergl. ein Unterkommen zu suchen, womit ich schon zufrieden sein will, wenn ich nur nicht ganz in der Schulmeisterei aufgehen muß, sondern hinreichende Muße behalte,

---

[2] Eine eigentliche Staatsprüfung für das Lehramt an höheren Schulen (Examen pro facultate docendi) gab es in Sachsen-Weimar-Eisenach erst seit 1874. Nach einer Verfügung von 1825 mußten sich jedoch Lehrerkandidaten einer Prüfung zwecks Anwartschaft auf Anstellung im Staatsdienst vor dem Ober-Konsistorium, seit 1849 vor dem Staatsministerium (Departement der Justiz und des Cultus) unterziehen.

um meine wissenschaftliche Thätigkeit fortzusetzen. Sonst würde ich mich freilich sehr unglücklich fühlen.

– Zum Theil in der Absicht, hierfür Vorbereitungen zu treffen, gedenke ich auch womöglich gleich nach Schluß der Collegien eine Spritze nach *Jena* zu unternehmen, da mir möglicherweise der alte Snell etwas behilflich sein kann – den guten Willen dazu jedenfalls hat. – Ich würde diese Tour direct von hier aus in Gesellschaft des oben genannten Schütz machen, der ebenfalls Bekannte in Jena u. Weimar hat, und dann wahrscheinlich über den Thüringer Wald zu Fuße nach Eisenach gehen. –

Ueber alles dieß das Nähere in hinreichender Ausführlichkeit, wenn wir uns in aller Gemächlichkeit unterhalten können, was also hoffentlich ⟨7⟩ nicht allzufern mehr sein wird. – Ich denke übrigens, Du schreibst mir noch ein paar kurze Zeilen, damit ich bestimmter weiß, wann ich Dich zu erwarten habe; und damit Du mich dann leicht finden mögest – hier meine Wohnung: Gothmarstraße, Stellmacher Jahns.

– Ich erwarte natürlich, daß Du auf meiner Bude campiren wirst, die zwar nicht grade groß ist, aber doch, wenn wir uns zwischen Bett und Sopha theilen, für uns beide Raum geben wird.

Damit wünsche ich Dir recht herzlich bis dahin wohl zu leben, und wohlbehalten hier her zu kommen. – Es grüßt Dich Dein

E. Abbe.

10 Abbe an Schütz — Eisenach, 17. August 1860

Eisenach, Aug. 17, 1860.
Abends.

Lieber guter Harald.

Ich bin sehr wenig davon erbaut, daß ich jetzt wieder zum Briefschreiben meine Zuflucht nehmen muß, wenn ich mich mit Dir unterhalten will, und ich sehne Dich und mich schon jetzt wieder in unsern Sofaeckchen oder auf den Göttinger Wall zurück, wo sich das entschieden besser – u. a. auch mit zierlichen Gesticulationen u. dergl. – ausführen läßt – Aber es geht einmal nicht anders, und ich werde wohl auf ein 8 Wochen daran glauben müssen, daß Du in Bielefeld, ich in Eisenach bin. Denn daß das letztere der Fall, wirst Du wahrscheinlich schon aus dem Umschlag dieses Briefes ersehen haben; und ich brauche Dir daher nur noch hinzu zufügen, daß ich schon am Mittwoch Nachmittag hier angelangt bin – ja daß ich sogar schon am Dinstag *hätte* hier sein können, wenn mich mein verdammter Stiefelwichser nicht hätte mit den Gepäck-Sachen sitzen lassen – die er nämlich statt um $9^h25'$ eine halbe Stunde später ⟨2⟩ zum Bahnhof brachte, mit dem dummen Vorgeben, er habe geglaubt, ich reise nach Hannover etc. – Ich zog daher wohl oder übel wieder heim, (jedoch nicht eben in der rosigsten Laune), um den folgenden Morgen einen neuen Versuch zu wagen, der mir denn auch geglückt ist. Du wirst Dir dabei in Deinem lieben Köpfchen schon die Frage aufgeworfen haben, wie denn der Grund, der mich am Montag noch zurückhielt, am Dinstag schon beseitigt gewesen sei. – Das will ich Dir sogleich sagen: als ich am Montag früh vom Bahnhof zurück kam, fand ich zu Hause den längst erwarteten Brief vor, in dem mir Martin meldete, daß er in Familienangelegenheiten eine Reise habe unternehmen müssen, die sich wider Erwarten auf drittehalb Wochen[1] ausgedehnt habe, und er deßhalb seine früher beabsichtigte Reise über den Harz nach Göttingen aufgeben müsse. So bin ich denn mit meiner Gewissenhaftigkeit wieder einmal angeführt, und Du triumphirst mit Deinen Wahrscheinlichkeitsgründen. (Ich will Dir die Triumphsäulen gleich hinmalen: Ja, ja, ja!!!). – Ich habe mich über nichts so geärgert, als darüber, daß der Brief grade mit demselbigen Zuge ankommen mußte, mit dem ich am Montag ⟨3⟩ vor Dir abfahren wollte; wäre er noch später gekommen, hätte ich mir lange nicht so viel draus gemacht. – Einen ganz gehörigen Schweinehund soll der Galgenstrick in Berlin aber gemacht kriegen. –

Während der beiden Tage, die ich auf diese Weise noch in

[1] Drittehalb Wochen: zwei und eine halbe Woche.

Göttingen herumlungern mußte, habe ich, um wenigstens etwas Vernünftiges anzufangen, den kürzlich erschienenen ersten Band der Geschichte der Kantischen Philosophie von Kuno Fischer [TV 43], angesehen, und ich muß sagen, daß ich darin etwas ganz Ausge[zei]chnetes gefunden habe. Nach dem, was ich davon gelesen habe, bin ich zu dem Resultate gekommen, daß man Kant wohl ebenso gut wenn nicht noch leichter aus dieser Darstellung seiner Lehre, als aus den Originalwerken kennen lernen könnte – und damit, glaube ich, ist wirklich viel gesagt. Ich begreife jetzt gar nicht, wie mir Fischer in den Vorlesungen [VV 20, 21], die ich gehört habe, einen so ganz andern Eindruck hat machen können – ob ich ihn damals noch gar nicht verstanden habe, oder ob er sich dort wirklich ganz anders gegeben hat. – Während ich ihn bisher für einen der abstrusen Hegelianer gehalten habe, sehe ich ihn ⟨4⟩ jetzt mit einer solchen Gründlichkeit und Einsicht auf die Kantschen Lehren eingehen, als ob er in allen Stücken auf Kants Standpunkt stünde.[2] Abgesehen von der Darstellung der historischen Entwicklung behandelt er der Reihe nach die verschiedenen Theile seines Systems, wie sie in der Kritik der. Vern. [TV 61] schließlich niedergelegt sind, so objectiv, daß man wirklich nicht merkt, daß ein Schüler Hegels dahinter steckt, von denen man sonst den alten Kant als einen längst überwundenen Standpunkt ganz cavalierement abgemacht sieht. Die transcendentale Aesthetik (die Fischer „Kants glänzendste That" nennt) und die Analytik werden, als die Grundlagen seiner „und der ganzen neuern Philosophie" besonders eingehend dargelegt – Wenn Du das Buch (+) NB. Schopenhauer wird darin riesig beweihräuchert: ein halb Dutzend mal ist der großen Verdienste gedacht, die er sich dadurch um das Verständniß Kants erworben hat, daß er auf die *erste* Ausgabe d. Kritik [TV 61] zurückgewiesen hat –) in Bielefeld einmal haben kannst, so sieh Dir es doch auch einmal an; ich glaube, Du wirst auch viel Gefallen daran finden. – So wie ich Zeit habe, werde ich es unter der Hand ganz durchlesen.

2 Fischers Hauptleistung war die Geschichte der Philosophie, in seinen sonstigen Vorlesungen behandelte er vor allem die aristotelische Logik und die Kantsche kritische Philosophie. Er ging von Hegels Philosophie aus und näherte sich später dem Neukantianismus.

Hier in Eisenach habe ich noch verdammt wenig gethan; ich brauche allemal erst ⟨5⟩ einige Zeit, um nach einer Veränderung des Aufenthalts und der Lebensart den rechten Animus zum Arbeiten wieder zu finden. – Da jetzt grade Vogelschießen hier ist, (n.b: schöner u. anständiger als der Göttinger Schüttenhof) bin ich mit meinem Alten des Abends nach 8 Uhr (wo er erst Feierabend hat) meist im Marienthale in einer Bierbude, wo wir ein paar Schoppen trinken und uns dann naßregnen lassen; wobei ich jedesmal daran denke, wie gescheidt es doch gewesen ist, daß wir unsere Reise nicht unternommen haben, da wir sonst wohl unterwegs noch keine Stunde trocken gewesen wären.

Bezold hat mich beauftragt, Dich zu grüßen. Er ist am Mittwoch in demselben Zuge nach Eisenach gefahren und hat da übernachtet, um nicht 24 Stunden in einem Striche fahren zu müssen. – Nachmittags war ich mit ihm auf der Wartburg. –

Damit, liebes Haraldchen, will ich mich für heute wieder von Dir verabschieden und Dir mit Deinen lieben Eltern recht angenehme Tage wünschen.

Denke Dich umarmt und geküßt von *Deinem* Ernst, der mit Sehnsucht an den Tag denkt, da er wieder bei Dir sein wird. –

11 Abbe an Schütz — Eisenach, 31. August 1860

Eisenach, Aug. 31. 1860.
Freitags Abends 8 Uhr 40 Min.

Mein liebes herziges Orestchen.

Dein liebes Briefchen habe ich am Mittwoch vor acht Tagen erhalten, und mich sehr über Deinen schönen Reisebericht gefreut, aus dem ich ersehe, daß Du Dich für die vereitelte Thüringer

Reise ganz gut zu entschädigen gewußt hast, und Dich über diese Vereitelung wahrscheinlich leichter getröstet hast als ich armes Schindluderchen, für den es keinen solchen Ersatz gegeben hat – an kleinen Nichten, allerliebsten Marien und Adelen u. dergl. mehr. – a propos: ich hoffe bald die Anzeige Deiner Verlobung zu erhalten, da ich denke, daß Du mich nicht der letzte sein läßt, der an Deinem Glücke Theil nehmen darf. – Die Präliminarien werden doch wohl schon abgemacht sein? Ich werde, um Dir auch einmal unaufgefördert einen Gefallen zu thun – Sonntag Abend 8 Uhr 0' auf glücklichen Fortgang dieser Angelegenheit im Allgemeinen, und auf das Wohl Deiner Auserwählten ⟨2⟩ im besondern einen ganzen Schoppen trinken – freilich keinen Wein, sondern nur Bier –; aber es ist gegenwärtig sehr gut hier, so daß Du nicht zu besorgen brauchst, ich werde den Mund dabei verziehen. – Wenn Du willst so komme mit.

– Zu Deinen vortheilhaften Banquiergeschäften gratulire ich Dir – Pumpe Dir doch allerwärts Geld in solchen kleinen Parthien zusammen und gieb es ebenso in Verwahrung – da wirst Du glänzende Geschäfte bei machen.

Ueber das famose Abenteuer mit dem Theologenfuchse[1] auf der Reise von Hannover nach Bielefeld habe ich mich herzlich amüsirt. Du bist doch ein rechter kleiner Mephisto – einen angehenden Diener Gottes so in Zorn zu versetzen.

Wenn ich nun anfange, Dir etwas von meinem Treiben zu erzählen, so erwartest Du wahrscheinlich von großen Thaten, zu hören zu bekommen – Du denkst, ich habe gewaltig viel gearbeitet, (was ich wirklich auch sehr nöthig hätte) und Allerlei in den $2^1/_2$ Wochen, die ich hier bin, zu Stande gebracht. Darin irrst Du Dich aber gewaltig, um es Dir gleich zum Voraus zu sagen und Dir Zeit zu geben, Dich auf einen ordentlichen Rüffel zu ⟨3⟩ besinnen, den ich in äußerster Demuth u. Ergebenheit über mich ergehen lassen werde. – Der Teufel weiß – mit den besten Vorsätzen bin ich immer wieder nicht weiter gekommen als sonst in den Ferien auch. Alle Augenblicke kommt mir einer auf die Bude gelaufen und bleibt mir entweder sitzen oder schleift mich mit

[1] Fuchs: Begriff aus der Studentensprache für einen angehenden Studenten.

fort. – Abends kann ich nicht umhin, mit meinem Alten, wenn das Wetter leidlich ist, spazieren zu gehen und dann einen Schoppen zu trinken, welches letztere den Uebelstand nach sich zieht, daß ich Morgens vor $^1/_2$ 7 nicht aufwache, oft sogar noch länger schlafe. – Dann kommen mir so allerlei Hanthierungen in die Quere; mein Alter hat das Obst in drei dicht neben unserer Burgmühle[2] gelegenen (u. dazu gehörigen) Gärten gepachtet. Da muß ich bei der Hand sein, – muß abnehmen, schütteln, auf den Bäumen herum klettern (so gut das bei meiner Dir nicht unbekannten Unbehülflichkeit angeht) und Abends auch noch dazu, mit einem großen Knüppel bewaffnet, Rundgänge unternehmen, um auf etwaige Spitzbuben zu fahnden. Das sind alles solche Geschäfte, die ich schon ganz gern mache, weil sie eine angenehme Abwechselung in die Beschäftigung bringen, – nur dürften sie mich ⟨4⟩ nicht zu sehr stören, und von Besserem abhalten. – Um das Unheil voll zu machen, habe ich auch noch das Pech gehabt, mir beim Holzspalten ein Stück Holz an den Kopf springen zu lassen, und zwar dummer Weise dicht über dem Auge, so daß ich von großem Glück zu sagen habe, daß der Spaß nicht schlimmer ausgefallen ist. Ich habe nur diese ganze Woche nichts thun können, weil selbiges Auge ganz zugeschwollen war und fortwährend gekühlt werden mußte. – Jetzt kann ich wieder sehen; nur schillert die Umgebung des Auges noch in allen Farben des Regenbogens, und wird dieß wohl auch noch längere Zeit thun, so daß Du Dich vielleicht, wenn Du mich in Göttingen wieder siehst, zu der Bemerkung veranlaßt siehst: ich sei mit einem blauen Auge davongekommen. –

Wenn ich Dir ein Pröbchen Gedankenlauf geben sollte, wie er bei mir an der Tagesordnung ist, besonders in den letzten Tagen, wo ich nur auf das eigne Meditiren angewiesen war, so würde es etwa so aussehen: . . . Differentialgleich[ung] ($^{+)}$ mit einer solchen habe ich mich in der letzten Zeit viel abgeben müssen:

$$\frac{\partial z}{\partial \varphi} \sin \varphi \cos \psi - \frac{\partial z}{\partial \psi} \sin \psi \cos \varphi = \sqrt{-1}\, z \sin \varphi$$

[2] Wohnung von Abbes Eltern in Eisenach in einer ehemaligen Mühle außerhalb der Stadtmauer.

deren Integral:

$$z = \frac{1}{\cos\varphi - \sqrt{-1}\sin\varphi\cos\psi} \cdot F(\cos^2\varphi + \cos^2\psi - \cos^2\varphi\cos^2\psi))$$

– Isländer – Modulus – Kant – rothe Nase – $\frac{\partial z}{\partial \varphi} \sin\varphi \cos\psi$ – Bielefeld – $\int \frac{\partial\varphi}{\mathrm{tg}\varphi}$ – rothsammtnes Hauskäppchen – $r \cdot e^{\varphi i}$ – Baumbachs Bude in Göttingen etc. etc. . . .[3]

⟨5⟩ Auf diese Weise geht es fort – stundenlang – tagelang, und ich bin nur froh, daß Du mir nicht in den Kopf hineingucken kannst, denn sonst würdest Du mich sicherlich über alle Maaßen auslachen –

Evviva Garibaldi! Der gute Kerl hat lange auf sich warten lassen – jetzt aber gehts drauf. – Hoffentlich wird er bald in Rom sein, und sich auf den Stuhl Petri setzen –.[4] – Ich bedaure nur, daß ich alle Nachrichten erst eine halbe Woche später bekomme als Du, weil ich für gewöhnlich nur so kleine Winkelblätterchen in die Hand bekomme – und mich auf diese Weise nicht, wie in Göttingen, mit Dir gemeinschaftlich darüber freuen kann –

Da mein Papier alle zu werden anfängt, und es überdieß schon 10 Uhr schlägt, so will ich für heute abbrechen, und das Weitere, was ich Dir zu sagen habe, auf den nächsten Brief versparen. Da will ich Dir noch schreiben, womit ich mich hier mathematisch beschäftigt habe – denn Du mußt nicht etwa glauben, daß ich *gar* nichts dergleichen thäte.

Von Dir erwarte ich gleichfalls den versprochenen Bericht über das, was Du mit Deinem Väterchen treibst etc.

Es grüßt Dich herzlich u. umarmt Dich stets Dein treuer

Pylades.

---

[3] Verschiedene Anspielungen auf persönliche Verhältnisse von Schütz, u. a. auf die Herkunft seiner Mutter aus Island, seine philosophischen und mathematischen Interessen sowie seine Wohnung in Göttingen.

[4] Gemeint ist der von Garibaldi 1860 organisierte Feldzug zur Wiedervereinigung Italiens, der mit der Eroberung Siziliens begann und am 19. 8. 1860 mit der Landung auf dem Festland und dem Marsch auf Neapel fortgesetzt wurde.

12 Abbe an Schütz Eisenach, 13. September 1860

Eisenach, Sept. 13 1860.
Morg. $9^h20'$.

Mein lieber herziger Harald Schütz, stud. math.

Vor zwei Stunden drehte ich mich im Bette auf die andere Seite herum und dachte dabei so an dieß und an das, und da fiel mir von ungefähr auch so ein gewisser stud. math. ein, an den ich lange nicht gedacht hatte. Indem ich mir zugleich lebhaft vorstellte, wie selbiger allmorgentlich die Volkszeitung [TV 10] von der Post abholt und sich auf dem Walle dann an den telegraphischen Tepeschen darin ergötzt, verfiel ich auf den Gedanken, daß diesem Jemand auch wohl wieder eine Beigabe zu seiner Wallleċtüre in Form einer Originalcorrespondenz „($\delta\int_0^\infty$ – Aus Thüringen)“ um so mehr willkommen sein dürfte, als in der Volkszeitung [TV 10] dieses schönen Landes nicht allzu oft gedacht wird. – Diese Ueberlegungen bestimmten mich, mir nach eingenommenem Frühstück eine Pfeife (+) NB: mit Portorico-Blätter-Mischung aus d. Fabrik von P. Fleischmann in Osnabrück) zu stopfen (was übrigens sonst auch geschehen wäre), eine Feder zu spitzen und die eingetrocknete ⟨2⟩ Tinte in meinem Tintenfasse flüssig zu machen. Nach diesen Präliminarien sitze ich denn jetzt bei meinem lieben alter ego, und habe mit diesem schon eine Seite herunter gesprochen – und mein ein halb Jahr alter Pinscher, Namens Nerz, (+) NB: nicht mehr das Opfer meiner Schwanz- u. Ohrenabschneidesucht, sondern ein anderes Individuum; denn jenes ist vor ca. 3 Wochen im Strudel des Mühlgrabens neben dem Hause, in den er unbemerkt gefallen war, jämmerlich ersoffen; das arme Beest!) zerrt ganz unbändig am Schooße meines Schlafrocks, in den er schon unzählige Löcher gerissen und nebenbei beide Quasten abgefressen hat. –

Dieß ist die Einleitung; nun will ich zu den verschiedenen wichtigen Mittheilungen übergehen, die ich Dir zu machen habe. – Zuerst, daß hier in Eisenach die Tage schon verdammt kurz zu werden anfangen, und daß es des Morgens schon verdammt kalt ist – über beides ärgere ich mich mindestens einmal per Tag, – über das erste, weil ich jeden Abend die Lampe in Stand setzen muß – über dieses, weil ich, wenn ich nicht frieren will, genöthigt bin, mir eigenhändig Feuer anzumachen, welche beide Geschäfte mir sehr unangenehm sind.

AD 2). Ich schicke Dir hierbei die kleine Broschüre von Kuno Fischer [TV 42], deren Titel Du vor Augen ⟨3⟩ hast, und zwar – damit Du Dir Dein liebes Köpfchen nicht über das quis, quid, ubi .... zerbrichst, – in der Absicht, daß Du sie gelegentlich lesen mögest, wenn Du Lust und Zeit dazu hast. Ich habe mir die 3 Vorträge, (von denen einer in Eisenach – auf der Wartburg oder in Wilhelmsthal gehalten worden ist) gekauft, weil ich ihren Inhalt gern kennen mochte und sie nicht leihweise auftreiben konnte. Ich habe sie, besonders den 2ten, mit großem Genusse gelesen, den Du wahrscheinlich auch daran haben wirst – wenigstens veranlaßt mich diese Hoffnung, Dir das Ding zu schicken, trotzdem ich weiß, daß Du genug beschäftigt bist. Du wirst darin zugleich eine Probe Fischer'scher Geschichtsschreibung, im besondern seiner Darstellung der Kantischen Philosophie haben, welche Dir zu geben mich auch deßhalb interessirt, weil ich Dir die letztere selbst zum Zwecke unserer Kantstudien mit nach Göttingen bringen werde. Ich habe mir nämlich auch diese (d. h. den bis jetzt erschienenen 1. Theil [TV 43], der bis zur Kritik der Vernunft u. den Prolegom. inclus. geht) angeschafft, und es hat mich nicht gereut. –

Ich habe den ganzen Band von 600 Seiten in 3 Tagen, wenn auch natürlich nicht gründlich durchstudiren, doch aber ⟨4⟩ mit vollem Verständniß durchlesen können – was gewiß zu Gunsten der Darstellung viel sagen will – und ich habe darin Erörterungen über die schwierigsten Theile der Kantschen Lehre gefunden, die auf diese viel Licht werfen. – So über die einleitenden Kapitel der transcend. Analytik, die uns so große Schwierigkeiten gemacht haben – und über die transcendentale Dialectik, – die uns voraussichtlich noch größere machen wird – in betreff welcher letzteren mir hier zuallererst einiges Licht aufgegangen ist.[1] Ich glaube

[1] Transzendentale Ästhetik, Analytik und Dialektik: Hauptabschnitte in Kants „Kritik der reinen Vernunft".

daher, daß uns das Buch für unsere gemeinschaftlichen Studien in diesem Winter außerordentlich forderlich, ein willkommener Commentar sein wird.

Da ich einmal bei der Philosophie bin, will ich nicht unterlassen, Dir zu sagen, daß ich mich sehr darüber freue, daß Du mit Deinem lieben Vater so eifrig über Schopenhauer[2] bist. So weiß ich doch, daß Deine Beschäftigungen während der Ferien Dich nicht ganz aus unseren *gemeinsamen* Ideenkreisen herausführen – u. dann hoffe ich auch, auf diese Manier aus Deinem Munde einige Vorstellung

⟨5⟩ *Abends 4 Uhr*

von Schopenhauers eigentlicher Philosophie, d. h. seinem Verhalten bestimmten philosophischen Problemen gegenüber, zu bekommen; denn was ich bis jetzt (in den Parerg. u. Paralip. [TV 86]) von ihm gelesen habe, möchte ich weniger Philosophie als philosophische Erörterungen practischer Fragen nennen.

Nun will ich Dir aber auch, meinem Versprechen im vorigen Briefe gemäß, etwas über mein Thun auf dem Gebiete unserer lieben Mathesis berichten. Leider kann ich Dir davon nicht viel Erbauliches sagen; denn zu bestimmten Resultaten, die ich Dir triumphirend mittheilen könnte, bin ich noch nicht gelangt, und ich bin deßhalb schon gefaßt auf die unausbleibliche Abrüffelung, die Du mir wirst zu Theil werden lassen. Aber ich will Dir wenigstens aus einander setzen, *woran* ich, wenn auch bisher noch ohne Früchte zu ärnten, gearbeitet habe, damit Du, liebes Haraldchen, nicht meinest, ich habe mir kein bestimmtes Ziel vorgesteckt u. dergl. – Die Aufgabe, die ich mir gestellt habe, läuft darauf hinaus: Jedes complexe Binom ist, wie Dir bekannt, einer räumlichen Deutung fähig; es kann als Ausdruck betrachtet werden für den ⟨6⟩ Ort irgend eines Punktes in d. Ebene, – dessen Lage durch rechtwinkl. Coordin. bestimmt gedacht – oder auch als Ausdruck einer

---

[2] Der Vater von Schütz hatte auf Grund seiner Sanskritforschungen mit Schopenhauer im Briefwechsel gestanden.

bestimmten Länge in einer bestimmten Richtung, vermöge der Relationen[3]:

$$x + yi = r(\cos\varphi + i\sin\varphi) = r\cdot e^{\varphi i} = r\cdot i^{\frac{2\varphi}{\pi}}.$$

Auf die eine oder die andere Weise hat man ein eigenthümliches Mittel der Ortsbestimmung für die Ebene, welches gestattet, die beiden verschiedenen Bestimmungsstücke der Lage eines Punktes vereinigt als *eine Größe* zu betrachten und als von *dieser* abhängig zu betrachten was von der Lage abhängig sein soll. – Es liegt die Frage nahe, ob sich nicht auf ähnliche Weise auch eine Ortsbestimmung in Raume gewinnen lasse, – was man dann, ebenso *un*passend eine Erweiterung des Zahlengebietes in die 3te Dimension nennen könnte, wie man die Einführung des Imaginären als eine Erweiterung der Zahlenreihe in eine Zahlenfläche genannt hat: Auf jene Methode der Ortsbestimmung in der Ebene hat man eigenthümliche Methoden zur Untersuchung ebener Gebilde gegründet; diese würden dann auch auf solche im Raume anwendbar sein. Besonders aber müßte wie ich glaube, eine derartige Verallgemeinerung (um so zu sagen) der complexen Zahlen für Untersuchungen der Phoronomie und Mechanik von besonderem Interesse sein; (wie wohl so viel mir bekannt, noch kein Versuch gemacht worden ist, die *bestehenden* com- ⟨7⟩ plexen Zahlen, unter Beschränkung auf die Ebene, hierauf anzuwenden) – jenes deßhalb, weil man dadurch alle Bestimmung von Resultanten aus Beschleunigungen (oder Kräften) in verschiedenen Richtungen nach der Regel des [?] – wie sie z. B. in der Theorie der Attraction immer und immer vorliegen – unmittelbar auf blose *Addition* zurückgeführt hat. – Ohne übrigens weiter nach dem Wozu? zu fragen, will ich lieber nach dem Wie? fragen. – *Wodurch* kann *ein* Ausdruck wie $x + yi$ den Ort eines Punktes (oder in d. Form $r\cdot e^{\varphi i}$ Länge u. Richtung einer Geraden) angeben? also überhaupt *zwei* Bestimmungsstücke zugleich darstellen? – Dadurch, daß eine Gleichung zwischen *2* solchen Ausdrücken $x + yi = x' + y'i$ *zwei* Gleichungen $x = x'$, $y = y'$ als *Bedingungen* ihres Bestehens voraus-

[3] Bei der angegebenen Gleichung handelt es sich um die arithmetische, goniometrische und Exponentialform der Darstellung komplexer Zahlen, die in der Gaußschen Zahlenebene eindeutig die Lage eines Punktes festlegt.

setzt. Ferner: wodurch ist dieß letztere bedingt? Dadurch, daß die Function $b = a^2$ (mit welcher $\sqrt{-1}$ zusammenhängt) für keinen Werth des a *von der Art des x u. y* (d. h. keinen reellen Werth) den Werth $b = -1$ geben kann. – Von diesem Punkte aus führt mich die weitere Betrachtung schließlich dahin zu fragen: *Giebt es eine Function f(z), welche, in dem z* **alle** *complexen Werthe annimmt, aus ihrer Werthreihe gewisse (complexe) Werthe ausschließt?* – oder (was an sich sehr gut möglich) nimmt *jede* Function, wenn man der Veränderlichen complexe Werthe beilegt, ihrerseits *alle* möglichen Werthe an? Ist ersteres der Fall, so muß es möglich sein, einen Ausdruck zu bilden, ⟨8⟩ und als *eine Größe* zu behandeln von der Form $x + yi + zk$, welcher einem anderen von derselben Art *nur dann gleich sein kann*, wenn die 3 Gleichungen bestehen $x = x'$, $y = y'$ etc. und dann ist die Bestimmung eines Ortes im Raume nach diesem Princ[i]pe unmittelbar an die Hand gegeben. – Entscheidet sich die Alternative nach der 2ten Seite hin, so ist die Aufgabe ihrer Natur nach *un*möglich; es ist dann aber andrerseits der wichtige Nachweis geliefert, daß jede denkbare Gleichung durch complexe Werthe erfüllt werden kann. Jedenfalls ist die Frage entscheidend; und, so viel ich weiß, ist sie noch nicht in dieser Allgemeinheit erörtert worden. In der Lösung bin ich nun freilich noch weit am Anfang. – Indem ich die Schwierigkeit der analytischen Behandlung voraussah, hatte ich erst zu geometrischen Betrachtungen meine Zuflucht genommen – nämlich in der Weise, daß ich den Ausdruck für den Ort im Raume als schon gebildet annahm, und regressiv die Bedingungen aufsuchen wollte, unter denen er gewissen räumlichen Relationen Genüge leistet, die im Voraus anzugeben wären. Damit habe ich mich lange aufgehalten, ohne zu einem brauchbaren Ergebniß gekommen zu sein. – Dann habe ich die oben bezeichnete Aufgabe direct in Angriff genommen. Dabei habe ich mir, um mich über die vorliegenden, besonders aber die Cauchy'schen Arbeiten[4], welche sich auf die ⟨9⟩ Theorie der Functionen mit complexen Variabeln beziehen, etwas zu orientiren, die Thèorie des fonct. doublem. périod. von Briot u. Bouquet [TV 29] gekauft (für 8 frcs) und bin seit mehren Tagen daran,

[4] Die Schriften von Cauchy können nicht angegeben werden, siehe aber Brief 66.

mich in die allgemeineren Capitel darin einzustudiren. – Wir wollen sehen, was draus wird.

Nun habe ich Dir aber wahrlich genug geschrieben; zwei Briefbogen sind schon gefüllt, und wenn ich nicht eile, bald zum Ende zukommen, so reicht auch dieses Blatt nicht mehr. – Aber ich habe Dir immer noch Etwas zu sagen. – nämlich, daß ich in ungefähr 14 Tagen nach Jena zu gehen gedenke. – Pfeiffer ist schon am Montag wieder hingereist – aus 3erlei Gründen, nämlich 1) seinen Alten gegenüber: weil er hier die anatomischen Atlanten nicht haben kann, die er zu seinen Studien grade jetzt nöthig hat. (fällt ihm aber gar nicht ein) 2) andern Leuten gegenüber: weil ihm das Eisenacher Bier nicht schmeckt (er hat aber täglich mindestens 6 Seidel gesoffen). – 3) bei sich selbst: weil er voraussichtlich ⟨10⟩ ein 2–4 Wochen auf dem Carcer eingespundet zu werden erwartet, für Missethaten aus dem vorigen Semester, und dieß doch gern vor Wiederbeginn des Semesters abmachen möchte. – Kurz, er ist dort, und wird mir Nachricht geben, ob der alte Snell – der übrigens, wie ich gehört habe, diesen Sommer über sehr viel krank gewesen sein soll – dort ist. – Wie lange ich dort bleiben werde, wird von den Umständen abhängen, jedenfalls nicht länger als 5–6 Tage. –

Hier in Eisenach muß ich dann noch bleiben bis zum 13ten October inclus., weil ich mich an diesem Tage zur Militärmusterung stellen muß. Wegen dieser Geschichten muß ich auch in diesen Tagen noch nach Göttingen an Huch schreiben, um mir ein Zeugniß ausstellen zu lassen, daß ich acta studens bin, damit ich wenigstens zurückgestellt werde, falls es mir nicht gelingen sollte, die guten Leute hier von meiner Kurzsichtigkeit zu überzeugen. –

Nun aber genug für heute. Lebe recht wohl, mein Herzensjunge, grüße Deine Eltern ehrerbietigst von mir, und behalte lieb Deinen treuen

Ernst.

NB: Mein Auge ist geheilt, bis auf einen kleinen blaugrünen Streifen oberhalb desselben.

13 Abbe an Martin — Eisenach, 16. September 1860

Eisenach, Sept. 16, 1860

Nachschrift: Erschrick nicht über diesen Monstrumbrief.

Lieber Martin.

Vor anderthalb Stunden habe ich Deinen Brief erhalten; jetzt sitze ich schon darüber, Dir zu antworten: da wirst Du gewiß meinem Eifer für dießmal alle Anerkennung zollen. Ich will aber nicht unterlassen, Dich wegen meiner Nachlässigkeit in den letzten Wochen um Verzeihung zu bitten; sie ist – zum Theil wenigstens – aus dem Mißverständniß entsprungen, daß ich aus Deinem letzten Briefe die Meinung schöpfte, Du habest Deine Reise nicht aufgegeben sondern nur so modificirt, daß Du den Harz und Göttingen liegen lassen wollest. Daher ich denn glaubte, daß Dich in den ersten Wochen ein Brief nicht in Berlin antreffen würde. Dem ist also, wie ich jetzt sehe, nicht so, Du bist gänzlich zu Hause geblieben; und ich glaube beinahe, Du hast wieder den eignen Willen wohl daran gethan, denn für einen reisenden Naturforscher konnte doch die Witterung die ganze Zeit über nicht ungünstiger sein als sie war. Nur thut es mir sehr leid, daß ich auf diese Weise zum zweiten Male um Deinen Besuch, ⟨2⟩ und um das Vergnügen gekommen bin, nach zweijähriger Trennung wieder einmal eine Woche mit Dir, meinem alten Cameraden und Strebensgenossen zusammen zu sein und die Erlebnisse der letzten Zeit wechselseitig auszutauschen.

– Sind wohl auch unsere Wege seit der Zeit unserer gemeinsamen Eisenacher Vereinsthätigkeit ein gutes Stück auseinander gelaufen, indem Du von dem damaligen gemeinsamen Standpunkte mehr nach der naturwissenschaftlichen, ich mehr nach der mathemat. philosophischen Seite hin abgewichen bin, so würden wir doch, denke ich, noch Anknüpfungspunkte genug finden, um mit einander recht wohl hinzukommen; und ich lebe immer noch der Hoffnung, daß uns eine gute Gelegenheit wieder einmal, auf einige Zeit wenigstens, zusammenführt.

Die beabsichtigte Fußtour von Göttingen nach Jena, von der ich Dir vor mehren Wochen schrieb, habe ich, wenn auch nicht aufgegeben, doch um einige Zeit verschoben. Da ich in Erwartung Deines Besuchs noch nach Schluß der Vorlesungen in Göttingen blieb, um nicht etwa das Mißgeschick zu erleben, daß Du ⟨3⟩ nach Göttingen kämest um mich zu besuchen und ich eben abgereist wäre, wurde meinem Reisegefährten in spe die Zeit zu kurz (da er nicht allzuspät nach Hause kommen wollte); und alleine nach Jena zu gehen hatte ich natürlich auch keine Lust, um so mehr, als das Wetter grade ungünstig genug war. So werde ich nun zu Anfang der nächsten Woche (d. h. 23*ten* od. 24*ten* dies. Mon.) von hier aus hinfahren, und eine Woche ungefähr dort herum bummeln; Pfeiffer (der Animist) ist schon seit einer Woche auch dahin abgereist, um dort seinen anatomischen Studien besser obliegen zu können (?).

Was Deine Anfrage nach dem naturwissenschaftlichen Verein anbelangt, so muß ich Dir leider bekennen, daß ich mich in der letzten Zeit wenig um denselben bekümmert habe. Von den gegenwärtigen Mitgliedern ist mir kein einziges von früher her bekannt; es hätte gar zu sehr einer Bevormundung der Leute gleichgesehen, wenn ich, persönlich ihnen fremd, mich viel in ihre Angelegenheiten hätte mischen wollen; und ich glaube sogar, daß dieß ihnen selbst ebenso lästig sein würde, als uns früher wohl ⟨4⟩ ein derartiges Protectorat von Seiten älterer Mitglieder (wenn solche da gewesen wären) oder von Seiten eines Lehrers vorgekommen wäre. Und andererseits, mich besonders activ zu bethätigen, dazu fehlt mir auch jetzt wenigstens die Muse. – Soviel ich übrigens von Pfeiffer weiß, ist die Betheiligung der Zahl nach ziemlich gering (5 od. 6 Mitglieder) und der Thätigkeit nach etwas flau. – Präsident ist, wie mir Pfeiffer berichtet hat:

Realgymnasiast Küchling,

Adresse: Untergasse, beim Instrumentenmacher Forcht.

Ein Jahrestag wird, wie ich aus gleicher Quelle erfahre, dieß Jahr nicht gefeiert, da die Leute sich keine unnöthigen Geldausgaben machen wollen. – Willst Du Deine Sendung an den oben Genannten – von dem ich übrigens nicht begreife, wie er Dich auf an ihn gerichteten Brief, hat ohne Antwort lassen können – abgehen lassen, so wirst Du kürzlich thun müssen, da mit *nächstem* Sonnabend die 14tägigen Herbstferien der Schulfüchse beginnen. Indeß kannst Du die ganze Geschichte auch eben so gut an mich adressiren, in welchem Falle ich das betreffende dann *sogleich persönlich* besorgen werde, wodurch ich ⟨5⟩ dann auch eine triftige Veranlassung hätte, mich über die Angelegenheiten der Leute ein mal wieder näher zu unterrichten. – Ueber das mir zugedachte Exemplar Deiner Arbeit freue ich mich schon zum Voraus sehr; ich hoffe nur, daß es nicht so gelehrten Inhalts ist, daß es mein Verständniß auf diesem Gebiete allzusehr übersteigt. – Wenn Du Senft ein Exemplar zuschickst, so wird sich der jedenfalls sehr freuen und geschmeichelt fühlen; wenn Du es etwa gleich mitschicken willst, will ich es sehr gern auch ihm überbringen (sammt etwaig. Begleitschreiben) – Breyding ist nicht mehr in Eisenach sondern in Weimar *Lieutenant* (seit einem Jahre) – seine Adresse mir nicht bekannt. Weißenborn ist seit einem halben Jahre *Director des Weimarschen Gymnasiums*, wo er an Heilands Stelle hingekommen ist, (welcher letztere einen Ruf als preußischer Schulrath angenommen hatte). Er befindet sich dort aber so ungemüthlich, daß er es vorzieht, wieder in seine alte Stellung zurückzukehren, und dieß zwar wahrscheinlich schon diese Michaelis[1]; möglicherweise aber *muß* er auch noch diesen Winter hindurch dort ausharren, da sich bis jetzt (wie ich höre) noch Niemand zu seinem Ersatze ⟨6⟩ gefunden hat. – Der Spatz[2] – um Dir dieß auch zu berichten – ist diesen Sommer hart krank gewesen (durch Ärger), ist jetzt aber wieder leidlich hergestellt. –

Mit großem Bedauern habe ich Dein Mißgeschick mit Deinem Hühneraugenfuße vernommen. – Sonderbares Zusammentreffen! Beinahe den ganzen Sommer hindurch – von nach Pfingsten bis einige Wochen vor Semesterschluß – habe ich unter der gleichen Klage geseufzt, nur mit dem Unterschiede, daß ich sie statt an der Ferse, am Ballen des einen Fußes hatte – ihrer 20–30 ca., auf einen Haufen. Ich bin gräßlich gequält gewesen; Nachts konnte ich nicht schlafen; die geringste Bewegung brachte Schmerzen, so daß ich 4 Wochen hindurch nicht weiter als von meiner Wohnung

---

[1] Beginn des neuen Schulhalbjahres im Oktober.

[2] Die Identität dieses Spitznamens konnte nicht ermittelt werden.

nach dem Collegiengebäude gekommen bin, und durch diesen Mangel einer jeden gesunden Bewegung zuletzt ganz auf den Hund gekommen war. – Der Hofrath Baum in Göttingen hat mehre Wochen hindurch vergeblich daran herumgeätzt, und geschnitten u. gepflastert; als er schon anfing, an Allem zu verzweifeln, gab er mir noch *Quecksilberpflaster* zum Drauflegen: binnen 24 Stunden bin ich ohne Beschwer eine Meile weit spazieren gegangen, und nach Verlauf von 2 Tagen wußte ich nicht mehr, daß ich Hühneraugen gehabt hatte. Baum ⟨7⟩ selbst that sichtlich verwundert über diesen Erfolg. – Für den Fall, daß Du Dir selbst noch nicht geholfen haben solltest, entblöde ich mich nicht, Dir, dem Jünger des Äskulap, dieses Mittel sehr zu empfehlen, indem ich hoffe, daß Du mich deßhalb nicht auf Medizinalpfuscherei denunziren wirst. –

Nun noch ein paar Worte expreß wegen meiner Angelegenheiten. – Ich schrieb Dir schon, daß ich dieß letzte Semester meiner Studienzeit nicht nach Berlin kommen würde. Ich glaube Du wirst, wenn Du meine Gründe erwägst, mir deßhalb Recht geben: ich bin dieses letzte Semester wesentlich auf eigene Arbeit angewiesen; ich bin daran, mich auf den Doctor vorzubereiten, den ich, wahrscheinlich in Göttingen, (möglicherweise auch in Jena) diesen Winter machen will, und bin gegenwärtig schon beschäftigt, eine Dissertation (über eine Frage aus der Theorie der Functionen – rein mathemat. Natur) zu Stande zu bringen.[3] (NB: Darüber werde ich Dir ausführlicher im nächsten Briefe berichten.) Damit werde ich das nächste Semester hindurch so weit in Anspruch genommen sein, daß ich höchstens 2 Collegia hören können werde. – Was sollte es mir nützen, dabei in Berlin zu sein, da ich ja doch Nichts von dem dort Gebotenem ordentlich benutzen könnte? – und überdieß würde ich ja große Umständlichkeiten her- ⟨8⟩ beiführen, wenn ich von dem Orte weggehen wollte, wo ich promoviren will, und die Leute und die Verhältnisse kenne, was mir doch zu diesem Zwecke sehr zu statten kömmt. – Indeß habe ich damit noch lange nicht alle Hoffnung aufgegeben, ein

[3] Abbes Promotion erfolgte am 23. 3. 1861 in Göttingen und behandelte entgegen dieser Ankündigung eine physikalische Problemstellung.

mal nach Berlin zu kommen; vielmehr rechne ich sogar ganz sicher darauf, dieß auf die eine oder die andere Weise noch ein mal möglich zu machen. Und zwar calculire ich *vorerst* also: – Ich bin jetzt genöthigt, mir ein Unterkommen zu suchen, um jeden Preis, was es auch sei – denn ich mag auf keinen Fall meinem Alten zur Last fallen. (bis jetzt bin ich ihm das nicht gewesen, da ich in den letzten beiden Jahren je 200 r. von Eichels und 40 r. Stipendium[4] bekommen habe, womit ich wohl ziemlich ausgekommen bin) – Daß ich im Großherzl. Sächs. W[eimar-] Eisenachschen Reiche an einer *öffentlichen* Lehranstalt ein Unterkommen finden sollte, ist *für den Augenblick* gar keine Aussicht da; ich muß mich auf's Abwarten legen. Aber es ist mir auch gar nicht sehr drum zu thun, möglichst bald in den seichten Hafen des Philisterthums – in Form einer behäbigen Schulmeisterstelle in der lieben Stadt Eisenach od. dergl. – einzulaufen, um mich darin für ewige Zeiten vor Anker zu legen, – etwa zu heirathen und Gott ⟨9⟩ einen guten Mann sein zu lassen. Das ist gar nicht von meinem Geschmacke. Vielmehr habe ich immer als letztes Ziel das vor Augen, mir mit der Zeit ein mal eine akademische Thätigkeit zu eröffnen. Den gewöhnlichen directen Weg dahin kann ich so *ohne Weiteres* nicht einschlagen – aus sehr triftigen Gründen. Es bleibt mir nur der Umweg, mir auf irgend welche Weise die Existenz in einer Universitätsstadt möglich zu machen, um dann so ganz unter der Hand zum Ziele zu kommen. – Da ich nun doch ein mal mich in Privatstellungen herumtreiben muß, so sehe ich nicht ein, warum das nicht ebenso gut in einer Universitätsstadt sein könnte als anderswo – notabene, wenn sich eine Gelegenheit findet. Und da wollte ich nun eben Dich ein mal ad coram nehmen. Ich will Dich nämlich mit dem Anliegen belästigen, – daß Du Dich doch ein mal in Berlin umsehen möchtest, ob sich nicht dort irgend ein Plätzchen finden sollte, das für mich passend wäre: als Lehrer in einer Privatlehranstalt od. dergl. – der (jedenfalls sehr geringen) Möglichkeit einer Assistenzstelle gar nicht zu gedenken. – Du weißt, ich bin in meinen Ansprüchen bescheiden – bin auch gewohnt, recht genügsam und solide zu leben, so daß mir ⟨10⟩ auch eine pekuniär nicht glänzende

[4] Vergütung aus seiner Übungstätigkeit im Mathematisch-Physikalischen Seminar.

Stellung – für erst wenigstens – zusagen wird, wenn sie mir nur die Möglichkeit giebt, dabei zur Noth zu existiren – vielleicht, wenn hierzu überhaupt in Berlin Gelegenheit, mit Beihülfe von Privatstunden – und mir dabei *einige* Muse läßt, um für mich wissenschaftlich fortzuarbeiten. Letzteres freilich ist mir ein Bedürfniß – in einer Stellung, in der ich ganz in pflichtmäßiger Thätigkeit aufgehen müßte, würde ich mich wahrlich höchlich ungemüthlich fühlen. – Sieh Dich ein mal nach so Etwas um, – vorausgesetzt, daß es Dir nicht aus irgend welchen Gründen lästig ist – und jedenfalls nicht weiter und anders als Du es ohne Beschwerde thun kannst. Du hast ja wohl so einige Connexionen, so daß sich ja vielleicht gar mancher Weg darbietet, auf dem Du etwas auskundschaften kannst – Nur will ich nicht unterlassen, Dich daran zu erinnern, daß Du in mir denselben *Thrantiegel* – so würdest Du mich wahrscheinlich definiren –, was gewisse Punkte betrifft, wiederfinden wirst, der ich von jeher gewesen bin – u. denselben abgesagten Feind von gewissem Geselligkeitsschnikschnak in feinen Cirkeln u. dergl. – bloß zu dem Zwecke beiläufig bemerkt, daß Du nicht etwa auf den Gedanken kommst, mich in einer Gräflichen Familie als Hofmeister ⟨11⟩ anbringen zu wollen. – Nach Berlin zu kommen, wäre mir aus mehr denn einem Grunde ganz besonders erwünscht – eine große Stadt, die Metropole der deutschen Bildung, kennen zu lernen – die reichen wissenschaftlichen Schätze der Universität noch auszubeuten u. dergl. – und so lange Du noch dort bist, ist der nicht der letzte, Deine Gesellschaft dort zu genießen. –

Doch nun endlich genug von diesen Geschichten. Wenn ich nicht eile, abzubrechen, muß ich befürchten, daß aus einem Schreibebrief ein Folioband wird; jedenfalls darfst Du Dich nicht beklagen, daß ich wortkarg sei, wenigstens wenn ich einmal ins Schreiben hineingekommen bin. – Ich hoffe nun aber daß Du Dich dafür revangirst, und bald etwas hören läßt, was Du denn eigentlich für die nächste Zeit vorhast. Denn ich weiß bis jetzt nur in sehr unbestimmter Fassung, daß Du auf das Staatsexamen und den Doctor hinarbeitest; wie es aber damit nun steht, – auch was Du dann zunächst zu thun gedenkst – (wofern Du darüber schon einen bestimmten Entschluß gefaßt hast) davon habe ich noch keine ⟨12⟩

Ahnung. Es hat bis jetzt immer Einer den Andern auf die mündliche Mittheilung vertröstet. Nun daraus, vorerst wenigstens, Nichts geworden ist, mußt auch Du in den sauren Apfel beißen, die Hauptsache von dem, was Du mir *sagen* wolltest, dem Papiere zu übergeben. – Wenn Du mir dann gleich ein paar Worte über das zu schreiben, was Du von meinen Plänen in bezug auf Berlin meinst, so soll mir das recht angenehm sein.

Grüße Deinen Bruder von mir, sowie auch Toberentz, und wer mich sonst etwa kennen sollte. Hiermit will ich mich für heute verabschieden. – Es wünscht Dir wohl zu leben und grüßt Dich herzlich Dein

E. Abbe.

14 Abbe an Schütz — Eisenach, 2. Oktober 1860

Eisenach, Oktober 2, 1860.

Mein herzinnig geliebter Harald.

Wenn ich recht calculire, so wunderst Du Dich in diesem Augenblicke, daß vorliegender Brief nicht aus Jena, sondern wie gewöhnlich aus Eisenach kömmt. Um Dich nicht lange über das wie, wo, warum pp dabei in Zweifel zu lassen, will ich gleich in mediam rem gehen und Dir sagen, daß die beabsichtigte Spritztour nach Jena gegenwärtig *nicht* mehr beabsichtigt ist – weil selbige jetzt schon hinter mir liegt. Deine Meldung, daß Du noch lebest, kam grade zeitig genug, um nicht noch 8 Tage auf das Gelesenwerden warten zu müssen; denn am folgenden Morgen (nämlich Sonntag vor 8 Tagen) saß ich schon im Eisenbahnwagen und fühlte, wie mich die Macht der Worte ergiff:

Wahr ist was die Mährchen logen,
daß der Mensch den *Raum* betrogen
Meilenstiefel angezogen –
etc.

und seit vorgestern bin ich auch schon wieder in Eisenach und spalte Holz und klettere auf den Obstbäumen im Garten herum u. dergl., welche Beschäftigungen mich so stark in Anspruch genommen haben, daß ich erst jetzt dazu komme, Dir die Ergebnisse meiner Expedition zu verkündigen. ⟨2⟩ Vorher jedoch einen kurzen Bericht meiner Reiseerlebnisse: – Wie gesagt also, am Sonntag Morgen bin ich von hier abgefahren; zunächst aber nur bis Gotha, allewo ich für meinen Alten Etwas zu besorgen hatte. Ich habe bei dieser Gelegenheit einen früheren Hausgenossen (einen Philologen) aus Jena aufgesucht, der dort wohlbestallter Gymnasiallehrer ist. – Nachdem ich etliche Stunden dort herum gebummelt war, fuhr ich Nachmittags weiter bis Apolda und von da per Rumpelpost bis Jena[1], wo ich denn mit Einbruch der Nacht wohlbehalten anlangte. Den Abend habe ich dazu verwandt, in Gesellschaft Pfeiffers und einiger andern Bekannten, die sich von ungefähr vorfanden auf dem Burgkeller und im „Greif" (beiläufig bemerkt, zwei Kneiphöhlen, von deren praeadamitischen oder doch antediluvianischem Habitus ein Uneingeweihter sich kaum eine Vorstellung bilden kann) das Weißbier zu probieren, wobei ich es von solcher Güte fand, daß erst 6 od. 7 Kännchen hinreichten, meinen durch drei Semester zusammengesparten Durst für den Augenblick zu stillen. – Am andern Morgen giengs zu Snell und zu Schaeffer. – Da gab's zu kohlen bis ins Endlose. – Bei Snell war besonders Weber ein Hauptangelpunkt, um den sich die Unterhaltung drehte. Er fragte mich über Vielerlei aus dem Inhalte seiner Vorlesungen, im besondern über seine atomistischen Vorstellungen, über seine Ansichten in betreff des Zusammenhangs der verschiedenen physikal. Agentien pp. Snell drückte bei jeder Gelegenheit seine höchste Verehrung für Weber aus (wie ich Dir schon von früherem her sagte) – er hält ihn für den *ersten* unter den jetzt lebenden ⟨3⟩ Physikern. Er bedauert nur, daß er, in seinen gedruckten Arbeiten wenigstens, so zurückhaltend sei in betreff desjenigen, „was im Hintergrunde seiner exacten Forschungen steht", seiner philosophischen Denkweise pp – was auf diese Weise der

[1] Jena erhielt erst 1874 (Saalbahn) und 1876 (Weimar-Geraer-Bahn) Anschluß an das Eisenbahnnetz. Bis dahin war die günstigste Verbindung zum nächstgelegenen Bahnhof die zwischen Apolda und Jena verkehrende Postkutsche, im Volksmund auch als „Bummler" bezeichnet.

Welt vorenthalten bleibe. – In betreff Webers atomistischen Ansichten bezog sich Snell auf einige Andeutungen, die er in einem Buche von Fechner, „Physikal. u. philosoph. Atomenlehre“ [TV 39] gefunden hatte (hier einem Briefe Webers an Fechner entnommen); daraus kannte er u. a. auch den Beweisgrund, den Weber aus der Begrenztheit der Erdatmosphäre hernimmt. – Snell beschränkt sich darauf, daß Factum an sich zu bestreiten d. h. zu behaupten, daß keine astronomische Thatsachen vorliegen, welche diese Begrenzung (im strengen Sinne einer freien Oberfläche) beweisen – worin ich ihm vollkommen beistimme, wiewohl ich, (beiläufig bemerkt), was die Hauptsache anbetrifft, mich selbst jetzt mehr zur atomistischen Vorstellungsweise hinneige. – Das oben erwähnte Buch von Fechner habe ich mir von Snell geben lassen und werde es Dir mit nach Göttingen bringen, weil es, abgesehen von einer im Grunde herzlich schalen Polemik gegen die Dynamiker[2], in einigen Capiteln sehr scharfsinnige und interessante Bemerkungen über Fragen, die innerhalb der atomistischen Ansicht auftreten, – unter andern über das allgem. Gesetz der Wechselwirkung – enthält, die Du wahrscheinlich gern lesen wirst.

⟨4⟩ Am Montag Abend gab der Prof. Schaeffer ein Faß Bairisch zum besten, wozu er mich eifrigst einlud. Es waren eine Anzahl Professoren da, – Snell, Schleiden, Fortlage (Philosoph) Schleicher (Germanist) pp, außerdem ein Haufe jüngerer Leute, meist Privatdocenten, – wirkliche und solche die es werden wollen – eine äußerst gemüthliche Gesellschaft von ca. 20 Köpfen. – Es wurde gesoffen, gesungen, angestoßen, Bierreden gehalten, wie auf einem Studentencommers, und die alten Hähne waren am ausgelassensten dabei. Das Burschenlied[3] wurde mit wahrer Begeisterung gesungen; das Zimmer dröhnte bei dem „Stoßt an, Vaterland lebe“, u. dergl. Der alte Snell ist mir sogar einen halben vorgekommen. – Am andern Tage in aller Frühe sind wir nach Dornburg gegangen – Snell, Schaeffer, ein gewisser Dr. Schmidt aus Reval,

[2] Im heutigen Wortgebrauch Dynamisten, die die Existenz, Wirkung und Veränderung der Materie nicht auf materielle Atome, sondern auf immaterielle Kräfte zurückführen.

[3] Bei dem „Burschenlied“ handelt es sich um das von August Daniel von Binzer (1818/19 stud. jur. und Burschenschafter in Jena) verfaßte „Hoch auf Jena“, bei dessen einzelnen Strophen der Eingangsvers jeweils mit „Stoßt an!“ beginnt.

Philosoph seines Zeichens, ein dito Dr. Bartholomäi, Philosoph u. Mathematiker (dem die Regierung vor 10 Jahren die venia legendi verweigert hat, weil er „zu gottlos u. zu roth" sei, wie er sagte) und ich als fünftes Rad. Dort haben wir gegessen u. getrunken und gekegelt bis zum Abend, so daß es 10 Uhr war, als wir nach Jena zurückkamen. In ähnlichem Tone gieng es auch an den übrigen Tagen. Morgens gieng ich zu Snell od. zu Schaeffer od. zu einem der andern Häuser, Nachmittags wurde mit ihnen nach Landessitte ausgekneipt – nach Lichtenhain, Ziegenhain, Löbstedt pp.[4] und Abends stieg ich mit Pfeiffer und Consorten auf den verschiedentlichen Stadtkneipen umher. Kurz, es war eine rechte Bummelwoche; und ich habe im Laufe derselben wahrscheinlich mehr Bier getrunken als sonst je in gleicher Zeit. –

⟨5⟩ Dieß die Erlebnisse meiner Expedition – deren Einzelheiten natürlich der mündlichen Berichterstattung vorbehalten bleiben. – Die *Ergebnisse* will ich Dir kurz damit zusammenfassen: ich hoffe, daß ich Dir Ostern in 2 Jahren einen Index scholarum der Großherzogl.-Herzogl. Sächsischen Gesamtuniversität Jena werde schicken können, darin Du unter der Rubrik „III. privatim docentes" einen gewissen D. Ernestus Abbe aufgeführt finden wirst. Das hängt so zusammen. – Vor einigen Wochen habe ich an meinen früheren Schulkameraden und Commilitonen Martin in Berlin geschrieben, und ihn beauftragt, sich ein mal dort umzusehen, ob sich nicht zu Ostern irgend ein Unterkommen für mich dort finden lassen dürfte (NB: Du erräthst vielleicht, warum, d. h. warum grade dort) – Er gab mir eine ziemlich trostlose Nachricht: daß es in Berlin sehr schwer halte, – daß dort ein Ueberfluß an solchen Leuten sei – daß nur ganz besondere persönliche Empfehlungen eine Aussicht geben und dergl. m. Ich habe daher in aller Stille meinen früheren Gedanken wieder aufgenommen – nämlich zu versuchen, mir in Jena irgend ein Plätzchen zu verschaffen, um nebenbei in eine akademische Thätigkeit einzurücken. Der alte Snell kam mir in diesem Projecte sehr bereitwillig entgegen – nahm es mir gradezu aus dem Munde heraus – und suchte mich in jeder möglichen Weise in diesem Vor-

[4] Dörfer in unmittelbarer Nähe der Stadt, heute in Jena eingemeindet, von den Studenten als „Bierdörfer" apostrophiert.

satze zu bestärken, indem er mir vorhielt, daß jetzt in Jena gar Niemand sei, der speciellere Theile der Mathematik vortrage, während doch das Bedürfniß dessen vorliege u. s. f. ⟨6⟩ Freilich steht mir dabei für die erste Zeit wenigstens, auch keine besonders glänzende Stellung bevor; ich muß sehen, in einem dortigen Privatinstitut von Zenker[5] als Lehrer unter zu kommen. Zwar habe ich hierzu unmittelbar keine Schritte thun können, da der Inhaber, Zenker, nicht in Jena war; indeß meine Snell u. besonders Schaeffer (der mit dem Mann in näherer Verbindung steht) daß dieß keine Schwierigkeiten haben werde, da letzterer sehr häufig Leute brauche; jedenfalls könne ich so viel Privatstunden bei ihm bekommen, um davon einige Zeit leben zu können. – Kurz, Schaeffer will das Weitere abmachen und mir das Resultat mittheilen. –

Ich habe nun weitere Erkundigungen über die Privatdocenterei eingezogen. Habilitiren kann ich mich nicht eher als 6 Jahre nach Beginn der Studien. – Jedenfalls muß ich in Jena den Doctor machen, da ich mir andernfalls doppelte Geldausgaben machen würde. Snell räth mir nun, die Promotion bis zur Habilitation zu verschieben, und dann gleich *pro magisterio* zu promoviren, indem ich dadurch ein besonderes Colloquium umgehe, und dann nur noch zu disputiren u. eine Probevorlesung zu halten habe. – Das Examen in diesem Falle ist wesentlich dasselbe, wie das gewöhnliche Doctorexamen – nur im Hauptfache strenger – und verlangt wie dieses *6* Fächer, – davon „*von Rechtswegen*" obligatorisch: Latein, Griechisch, Geschichte, Philosophie. Um das Griechisch kann ich, wie Snell sagt, herumkommen, – dann müßte man aus den beiden andern Physik u. Mathematik, um die sechse voll zu machen, noch eines „heraushexen" – vielleicht Mechanik, od. Astronomie. Latein ist aber in keinem ⟨7⟩ Falle zu umgehen: ich muß es darin jedenfalls noch so weit bringen, um den Livius od. Cicero übersetzen und mich auf eine Disputation einschustern zu können – was freilich bitter ist.

So habe ich Dir nun meine Aussichten für die nächste Zukunft auseinandergesetzt: – wenns gut geht bin ich in 2 oder 2 1/2 Jahren Corpus academicum. Nun aber genug davon. –

---

[5] 1834 von Zenker gegründete private Lehranstalt zur Vorbereitung für Gymnasien und Realschulen am Fürstengraben (heute Goetheallee).

Nach Schulze jun. habe ich mich erkundigt: Schaeffer sagte mir, er sei bis vor Kurzem in Jena gewesen, und werde in einigen Wochen auch wieder dahin zurückkommen; von der Schulzin wußte er nichts. – Fischer war auch nicht in Jena. –

Die von Snell angekündigte Arbeit, „Ueber das Princip der mechan. Arbeit pp." soll im Laufe des Winters noch gedruckt werden. – Der Hauptsache n[ach] sei es vollendet. – Vorerst will er eine Schrif[t] vollenden, mit deren Inhalte er sich seit 2 Jahren beschäftigt hat – die Schöpfungsgeschichte – Entstehung der Menschen u. Thiere pp – [TV 94] betreffend (von philosophischer Seite als Problem behandelt) – dann auch will er eine Theorie des Imaginären in der Anwendung auf die Geometrie fertig machen.[6] –

Nun genug für heu[te], lieber Junge. Ich zähle die Tage mit Sehnen, wo ich wied[er] bei Dir sein werde, um noch einen Winte[r m]it Dir zusammen bleiben zu können – und ich [hoffe], Du machst auch, daß Du zum 13ten nach Göttingen kömmst – mir zu Gefallen, da ich Dich gar zu sehr vermisse – Jedenfalls erwarte ich, daß Du mir *bestimmt* darüber schreibst, damit ich mich mit meiner Abreise darnach richten kann. –

In der Hoffnung, in 11 Tagen bei Dir zu sein, grüßt Dich, und umarmt Dich u. küßt Dich Dein

Ernst.

15 Abbe an Martin — Eisenach, 8. Oktober 1860

Eisenach, Octob. 8, 1860.

Lieber Martin.

Deine Zusendung habe ich pünktlich erhalten, u. habe mich über deren Inhalt, so weit er mich angieng, herzlich gefreut, wie ich Dir jetzt meinen Dank dafür ausspreche. Deine Arbeit hat mir sehr gefallen. Ich finde, daß Du Deine[r] Aufgabe dabei, bes. einer

---

[6] Diese und die oben angekündigte Schrift über das Prinzip der mechanischen Arbeit sind nicht erschienen.

wahrheitsgetreuen, lebendigen und Interesse erweckenden Darstellung des Inhalts, wirklich recht gut genügt hast, und ich bin überzeugt, daß sich Deine Abhandlung auch des Beifalls sachkundigerer und urtheilsfähigerer Leute als ich bin zu erfreuen haben wird. – Das Exemplar für Senft habe ich abgegeben; er läßt Dir bestens danken und hat mich beauftragt, Dir ein ganz besonderes Compliment darüber zu machen. Im übrigen ist er noch dasselbe Gährluder geblieben, das er früher war – oder vielmehr nicht – denn er ist noch viel unausstehlicher geworden. Als ich vor einigen Tagen noch ein mal mit Schultze (der diesen Winter mit nach Göttingen geht) bei ihm war, hatten wir beide Mühe, uns des Lachens zu erwehren.

– Das für den Verein Bestimmte habe ich dem Präsidenten desselben, Realgymnas. Küchling, persönlich zu gestellt, und aus dessen Munde günstigere Mittheilungen erhalten, als ich Dir, aus anderer Quelle her, kürzlich mittheilte. ⟨2⟩ Die Anzahl der Mitglieder ist zwar verhältnißmäßig gering (nach Küchlings Angabe 5 od. 6, glaube ich); indeß behauptet der letztere – der mir in der That ein recht tüchtiger und strebsamer Kerl zu sein scheint – daß der Eifer der Mitglieder gegen früher wohl nicht zurückstehe, und daß an ein Eingehenlassen von ihrer Seite nicht gedacht werde. Ueber das Nähere der Vereinsthätigkeit – gegenseitiges Vorlegen von Fragen und stellen von Aufgaben – wird er Dir hoffentlich selbst schon geschrieben haben; wenigstens versprach er mir vor 14 Tagen, von Weimar aus einen ausführlichen Brief an Dich abgehen zu lassen – wie er mir auch gesammelte Versteinerungen aus der Umgegend zeigte, die für Dich bestimmt seien. Ebenso sagte er mir damals, daß sie den Jahrestag (in einfacherer Weise als früher) nach ihren Ferien, (d. h. in dieser Woche nun) noch nachzufeiern gedächten, wozu ich meine Gegenwart ebenfalls zugesagt habe. –

Indem ich nun auf meine Angelegenheiten zurückkomme, von denen ich Dir im letzten Briefe des Langen u. des Breiten vorgekohlt habe, so danke ich Dir zuvörderst herzlich für Deine Bemühungen und für den guten Willen, Dich noch mehr zu bemühen – wenn auch die Aussichten, die Du mir machen kannst, nicht die hoffnungsvollsten sind. Indeß werde ich wahrscheinlich

Deine Bemühungen nicht weiter in Anspruch zu nehmen brauchen. Ich habe nämlich Aussicht, zu Ostern in Jena – als Lehrer im Zenkerschen ⟨3⟩ Institute ein Unterkommen zu finden, was, wenn auch die Stellung daselbst fürs Erste nicht grade das Paradies auf Erden sein wird, mir doch außerordentlich erwünscht wäre, indem ich auf diese Weise schneller als sonst und auf directerem Wege mein Ziel – mich zu habilitiren – erreichen könnte. Ich habe darüber, als ich vor 14 Tagen eine Woche lang in Jena war, mit Snell pp Rücksprache genommen. Snell hat mich dazu ermuthigt, und mir weitere darauf bezügliche Rathschläge gegeben: – Ostern über 2 Jahre würde ich Privatdocent sein können. Zu dem Zwecke würde ich die Promotion bis zur Habilitation verschieben, – einmal, um dadurch die Sache weniger umstä[nd]lich [z]u machen – indem ich so das Colloq[uium] um[ge]he, wenn ich gleich pro [magisterio] prom[o]vire – dann auch, um mich mittlerw[eile] noch auf Latein einpauken zu können – worin ich nicht nur examinirt werde sondern dann auch disputi[ren mu]ß – und leider habe ich darin von de[n Dingen], was ich überhaupt je wußte, jetzt so [viel] vergessen, daß ich so ziemlich wie von vo[r]ne damit werde anfangen müssen. – Ich bitte Dich daher, *vor erst keine* weiteren Schritte in dieser Angelegenheit thun zu wollen. Schaeffer in Jena, der meine Sache dort zu betreiben übernommen hat (da ich Zenker selbst dort nicht traf), wird mir hoffentlich in der Kürze Nachricht geben; und ich werde Dir dann sogleich das Nähere berichten. – Wenn die Sache einigermaßen ⟨4⟩ annehmbar wird, bin ich entschlossen, dem angegebenen Plane nachzugehen – wofern nicht etwa der Zufall eine besonders günstige Stellung anderweit in die Hände führen sollte. – Ist es nicht, so werde ich Dich dann noch weiter in Anspruch nehmen. Zum Voraus nur soviel: daß ich *gedruckt* Nichts von mir habe – was Dir, wenn es der Fall, wohl nicht verborgen geblieben wäre. Auch die Preisschrift [TV 19] von Jena ist nicht gedruckt, wird sich auch wohl nicht weiter zur Ansicht verwenden lassen; jedoch könnte ich wohl, nöthigen Falls eine Copie des (sehr günstig lautenden) Urtheils der Facultät[1] herbei schaffen. – Empfehlungen könnte ich, außer von

---

[1] Das Urteil der Fakultät zu Abbes Konkurrenzschrift basierte auf dem Gutachten von Snell.

Snell, von einigen Göttinger Professoren, u. a. von *Weber*, beibringen. – Näheres behalte ich mir vor, Dir noch anzugeben, wenn es nöthig sein sollte. –

Sonst weiß ich Dir eben nicht viel zu berichten. In Jena hat es mir recht gut gefallen; ich habe viel mit Snell, Schaeffer, und einigen andern gelehrten Häußern verkehrt und mich recht gut unterhalten. Auch einige alte Bekannte habe ich auf dem Burgkeller getroffen – Voretsch, Walther, Schmidt – Sonst bin ich meist mit Pfeiffer pp auf den Bierdörfern und Stadtkneipen herumgekrochen und habe mir das Weißbier weidlich munden lassen. – *Nächsten Sonntag* werde ich wieder nach Göttingen zurückfahren, nachdem ich vorher (am Sonnabend) die Musterung ⟨5⟩ zum Militärdienste passirt haben werde. –

– Noch will ich bemerken, daß mir Senft gesagt hat, der Hr. von Fritsch, über den Du mich fragtest, komme diesen Winter nach *Göttingen*, um dort Naturwissensch. zu studiren. Da werde ich Dir seine Adresse leicht verschaffen können. Weißenborn ist wieder in Eisenach; der ältere Heym ist in Freiberg.

Indem ich Dir nochmals danke und zu den bevorstehenden Festtagen der Berliner Universität[2] viel Vergnügen wünsche, grüße ich Dich herzlich als Dein

E. Abbe.

16 Abbe an Schütz — Eisenach, 9. Oktober 1860

Eisenach, Octob. 9. 1860.
Morgens 10^h 20′.

Lieber guter Harald.

So eben habe ich Deinen Brief erhalten. Am liebsten würde ich Dir, zum Dank für Deine Freigebigkeit mit der Zeit, nicht geantwortet haben; aber Du hast leider Deine Rechnung etwas ohne

[2] 1860: fünfzigjähriges Gründungsjubiläum

den Wirth gemacht, und ich kann deßhalb Deinem Plane meine Genehmigung nicht ohne ihn einer kleinen Modification zu unterwerfen, ertheilen. Wie ich Dir schon geschrieben habe muß ich mich am 13. Octob. zur Musterung stellen; und da dieser Schwindel erst um 11 Uhr ist, so kann ich, wie Du wohl heraus kalculiren wirst, nicht um 3/4 1 in Cassel sein. Ich müßte, wenn ich Sonnabends noch fort wollte, mit dem Schnellzuge fahren, der um 3 Uhr hier abgeht und um 6 1/2 in Cassel unmittelbar an den Göttinger Zug anschließt. Aber die Sache ist sehr einfach abgemacht: was den Sonnabend nicht geht, geht den Sonntag. Du bleibst einen Tag länger in Bielefeld od. in Hamm und kömmst erst Sonntag Mittag nach Cassel, wo ich dann Deiner am Bahnhofe harren werde. – Es ist mir recht angenehm, wenn ich mich auf diese Weise in Cassel einmal ein paar Stunden *mir Dir* umsehen kann; denn allein ist es mir immer zu langweilig gewesen. Da ich nun keinen denkbaren Grund weiß, der Dich abhalten könnte, zum Sonntag dasselbe ⟨2⟩ noch zu thun (resp. gern zu thun), was Du den Sonnabend thun wolltest, so halte ich mich Deiner Zustimmung versichert, und erwarte nur im Falle des *Gegentheils* eine besondere Benachrichtigung – damit ich nicht etwa in Cassel vergeblich auf Dich warten und mich dann 5 Stunden allein dort herumtreiben muß.

– Weiteres zu schreiben ist überflüssig, da wir hoffentlich bald Gelegenheit genug zu bequemerer Mittheilung haben werden. Daher auf Wiedersehn, Bruderherz. Leb wohl. Dein

E.

–

Also Sonntag den 14. Oct. 1 3/4 Uhr – grade noch 5 Tage und 3 Stunden. Evviva Garibaldi!

17 Abbe an Martin Göttingen, 30. Januar 1861

Göttingen, Januar 30 1861.

Mein lieber Martin.

Dies mal ist, wie Du vielleicht schon mit gerechter Entrüstung bemerkt haben wirst, die Reihe an mir, der Missethäter zu sein, der immer nicht schreibt; und ich will auch mit demuthsvollem pater peccavi meine Schuld unumwunden eingestehen, von der ein Theil jedenfalls auf Rechnung von Bummellei und Schreibfaulheit zu setzen ist, ein anderer sich vielleicht vor einem milden Richter durch die Umstände getragen findet.

Jene Demuth und Zerknirschung indeß hindert mich nicht, Dir doch sogleich einen wohlgemeinten Rüffel zu ertheilen, von wegen des schlechten Gedächtnißes, mit welchem Du, Deinem letzten Briefe nach zu schließen, gesegnet sein mußt. – Ich habe Dir nämlich in dem Briefe, welchen ich Dir nach meiner Rückkehr von Jena, von Eisenach aus schrieb, gemeldet, 1) daß ich Aussicht habe, am Zenkerschen Institute als Lehrer anzukommen, und daß ich in diesem Falle, ⟨2⟩ in Anbetracht meines Vorsatzes, mich in Jena zu habilitiren, das Doctorexamen bis zur Habilitation verschieben würde – und darauf geruhst Du, mir, als Einleitung zu Deinem Neujahrsbriefe, zu meinem *hoffentlich nun zurückgelegten* Doctorexamen zu gratuliren. 2tens schrieb ich Dir, daß mir Senft gesagt habe, Carl v. Fritsch werde diesen Winter in Göttingen studiren – und darauf meldest Du mir, daß Du durch einen *Berliner* Bekannten erfahren habest, jener sei in Göttingen, und verlangst nähere Bestätigung dessen.

Für solche vertragswidrige Vergessenheit also rüffle ich Dich feierlich ab, und ermahne Dich, künftig Dich einer besseren Erinnerung zu befleißigen. – Nun aber zur Sache; und zwar, bescheidenheits halber, zuerst zu *meinen* Sachen.

Daß ich hier den Doctor machen werde, ist nun allerdings wahr, aber, natürlich in Folge einer Veränderung auch der andern Umstände. Aus der Geschichte mit Jena ist nämlich *Nichts* geworden; die Aussicht, bei Zenker unter zu kommen hat sich nicht bestätigt, – wie ich vor mehren Wochen ⟨3⟩ durch Schaeffer erfahren habe. Der nächste Erfolg dieser Nachricht ist der gewesen, daß ich erstens ander weitig Schritte gethan habe, mir eine Stelle zu Ostern zu verschaffen, und 2tens, daß ich den Entschluß gefaßt habe, hier zu promoviren. Denn da ich meine Absichten auf die Privatdocenterei vor erst zurückschieben muß (d. h. jedoch, nur so lange, bis sich eine ander weitige Gelegenheit findet, in einer Universitätsstadt in irgend welcher Eigenschaft anzukommen) so ist es mir jedenfalls wünschens werth, mittlerweile doch wenigstens mit einem Dr. renommiren zu können, wenn auch die dazu nöthigen 120 r. eigentlich zum Fenster hinaus geworfen sind. So bin ich denn jetzt eben im Begriff, diesen erst kürzlich gefaßten Entschluß auszuführen, nämlich vor allem in der Eile eine Dissertation auszuarbeiten, deren Thema sein wird: „Erfahrungsmäßige Begründung des Princips der Mechanischen Wärmetheorie pp" [TV 20] und ich denke, damit in einigen Wochen so weit zu Ende zu sein, daß ich mich zum Examen[1] melden kann. – Du wirst also wohl nicht umhin können, mir seiner ⟨4⟩ Zeit noch einmal zu gratuliren, da Deine Neujahrsgratulation offenbar eine verfrühte war. –

Was die Resultate meiner Stellenjägerei anlangt, so sind diese bisher allerdings einigermaßen problematisch geblieben. Vor einiger Zeit *hätte ich beinahe* eine Stelle in einem Privatinstitut in *Hamburg* mit 200 r. und freier Station bei 36 Lehrstunden und noch so u. so viel Aufsicht pp erobert gehabt, – wenn ich nicht mit meiner Meldung (zu welcher mich besonders der Name Hamburg veranlaßte) 2 Tage zu spät gekommen wäre. Mittler weile ist mir, durch Vermittelung eines hiesigen Professors ein Anerbieten gemacht worden, als Hauslehrer für 2 Leute von 16–17 Jahren auf ein adeliges Gut in Curland (bei Golding) zu gehen, für 400 Rubel = 460 r. und freie Station. Wie wohl also pecuniär die Sache ganz vorteilhaft wäre, hat sie doch ihren Haken darin, daß außer Mathematik u. Naturwissensch. noch Geschichte und Literatur besonders verlangt werden – wovon ich genau genommen soviel weiß wie die Kuh vom Sonntag – und außerdem natürlich in den allgemeinen An- ⟨5⟩ nehmlichkeiten der Hauslehre-

[1] Abbe bewarb sich am 10. 3. 1861 um Zulassung zum Doktorexamen in Göttingen.

rei, viele Stunden, wahrscheinlich viel Aerger und jede Minute in Anspruch genommen, u. dergl. – Ich mache mir daher auch nicht viel draus, wenn (wie mit einer gewissen Wahrscheinlichkeit zu erwarten steht) meine Bewerbung abfährt, weil ich kein Latein u. Griechisch verstehe – um so mehr nicht, als sich mir vor einigen Tagen, durch den Professor Stern hier, eine andere Chance eröffnet hat, von angenehmerer Natur. – Die Sache ist etwas eigenthümlich. – In Frankfurt a/M. besteht ein größerer „physikalischer Verein“[2] von ca. 200 Mitgliedern, die sich über Physik pp belehren – od. vielmehr belehren lassen – wollen. Selbiger steht in Verbindung mit den übrigen naturwissenschaftlichen Stiftungen, welche sich in Frankfurt befinden (aus der Zeit des Fürst Primas Dalberg herrührend), und erfreut sich einer ziemlichen Blüthe – disponirt über nicht unbedeutende Geldmittel, – besitzt ein ansehnliches physikal. Cabinet, – giebt Jahresberichte [TV 17] heraus pp. Dieser hat vor längerer Zeit von Stern (der ein Frankfurter, und dort Ehrenmitglied ist) einen jungen Physiker verlangt, der ⟨6⟩ für einen ansehnlichen Gehalt (über 400 r.) den Mitgliedern regelmäßige Vorlesungen über Physik, Astronomie pp halte – wie sie denn schon seit langer Zeit einen Chemiker zu diesem Zwecke als „Docenten“ haben.

Da Stern ihnen damals Niemand verschaffen konnte, so ist die Sache ruhen geblieben, und erst vor Kurzem hat sie Stern in meinem Interesse wieder in Anregung gebracht; und es sind die Aussichten nicht ganz ungünstig, daß ich in dieser Eigenschaft dort ankomme. Das würde nun eine Stellung sein, wie ich mir keine bessere wünsche: eine rein wissenschaftliche Thätigkeit, – ohne den Schulstaub einathmen zu müssen, – sehr wenig zu thun (höchstens 8 Stunden die Woche) – einen schönen physikalischen Apparat zur Disposition pp. – Indeß wird sich wahrscheinlich die Sache (aus Gründen) nicht per Eilpost betreiben lassen, so daß es zweifelhaft ist, ob sie grade bis Ostern ins Reine kömmt –

---

[2] Der Physikalische Verein zu Frankfurt am Main wurde 1824 zur Verbreitung von physikalischen und chemischen Kenntnissen gegründet. Er hatte seinen Sitz im Naturhistorischen Museum der Senckenbergischen Naturforschenden Gesellschaft und wurde von einem jährlich wechselnden Vorstand geführt. Die Tätigkeit des Vereins umfaßte Vorlesungen, Anfertigung von Gutachten sowie meteorologische und astronomische Beobachtungen.

da ich wahrscheinlich erst hin müßte um Probevorlesung zu halten u. dergl. In diesem Falle werde ich mir gar Nichts draus machen, ⟨7⟩ sondern in aller Gemüthsruhe hier in Göttingen abwarten, – vielleicht das nächste Semester noch ganz hier bleiben und im physikalischen Institut u. auf der Sternwarte arbeiten. Das würde, da ich hier Gelegenheit zu Privatstunden und auch sonst noch einige Einnahmen habe, ganz gut geschehen können, ohne daß mir mein Alter einen Thaler zu geben brauchte. –

So steht jetzt mein Plan; ich werde nicht ermangeln, Dir seiner Zeit über die Realisirung deßelben die näheren Nachrichten zu geben; jedoch darf ich Dich wohl bitten, *Niemand* davon zu sagen, da es mir wünschenswerth ist, die Angelegenheit ganz im Stillen zu betreiben. – Sage nur Allen, ich bleibe noch ein Semester in Göttingen, um mich für die Privatdocenterei vorzubereiten (wozu jene Stellung entschieden die beste Einleitung wäre).

Nun habe ich aber lange genug von mir geredet, und wende mich daher endlich zu Deinen Aufträgen.

Fritsch ist hier in Göttingen und studirt, wie ich höre, besonders in Mineralogie und Chemie. Näher in Berührung mit ihm bin ⟨8⟩ ich nicht gekommen, da ich überhaupt sehr zurückgezogen lebe und nur mit wenig Leuten verkehre; ich habe ihn gelegentlich ein mal mit einigen Jenensern oder im Colleg bei Weber gesehen. – Braun kenne ich nicht. Von dem in diesem Semester hier begründeten Turnverein kann ich Dir nicht viel Näheres mittheilen, da ich nicht selbst Mitglied bin und keines davon näher kenne; nur soviel habe ich gehört, daß er bei ca. 80 Mitgliedern ganz gut besteht und voraussichtlich mit Eintritt des Sommers sich noch einer größeren Theilnahme zu erfreuen haben wird. Einen *allgemein* studentischen Turnverein stellt er indeß nicht dar, da bis jetzt sich nur Verbindungen und die auf ihrer Seite stehende Fraction der Wilden daran betheiligen und von der Arroganz und Unverschämtheit des hiesigen Corps wohl kaum zu erwarten steht, daß sie sich je auf Etwas einlassen sollten, bei welchem sie ihren angemaßten Vorrang aufgeben und sich mit den Andern auf gleiche Stufe stellen müßten.[3] –

---

3 In Göttingen bestanden zu dieser Zeit drei Arten von Verbindungen (Corps, Progreß-

⟨9⟩ Was den Eisenacher Verein anbetrifft, so finde ich das Benehmen deßelben resp. seines Präsidenten rein unbegreiflich. – Als ich ihm in Eisenach im vergangenen Herbst Deine Sendung (Deine Schrift, Pöppig pp) [TV 78] überbrachte, versprach er mir bestimmt, Dir ausführlich zu schreiben, und sagte mir kurz nachher, er *habe es gethan* (dieß war während der Herbstferien der Schulfüchse). – Es scheinen rechte Esel zu sein, und wenn ich Ostern nach Eisenach komme, will ich ihnen redlich die Moral lesen.

– Daß der Leipziger Verein aufgeflogen ist, habe ich schon hier gehört durch eines seiner ehemal. Mitglieder, Namens Grabau, der hier Mathematik pp studirt. Ich glaube nicht, daß solches ein großes Unglück, da er doch sich von den Schülerkreisen beinahe ganz zurückgezogen hatte; und für die Studenten, meine ich wirklich, hat ein solches Institut den größeren Theil seiner Bedeutung verloren.

Was ich vom günstigen Fortgange Deiner Studien höre, hat mich sehr ⟨10⟩ gefreut, und ich wünsche von Herzen daß Du auch zu einem ebenso günstigen Abschluß derselben gelangen mögest. Besonders wünsche ich Dir in Deinen Klinik-Kuren viel Glück. – Hast Du auch viel zu thun, so wirst Du mir hoffentlich meine Bummelei im Schreiben nicht mit gleicher Münze heimzahlen, sondern gelegentlich wieder etwas von Dir hören lassen.

Noch will ich, bevor ich schließe, Dir vorläufig mittheilen, daß zu Ostern einer meiner hiesigen Fachgenossen, Namens Harald Schütz aus Bielefeld, der jetzt 2 Jahre hier in Göttingen studirt, und mit dem ich die ganze Zeit über auf besonders gutem Fuße gestanden habe, nach Berlin kommt, um dort seine Studien fortzusetzen. Er ist ein ganz famoser Kerl, und ich darf ihn daher wohl – da er dort gänzlich fremd sein wird, – Deiner Fürsorge empfehlen, ⟨11⟩ die Du mir zuzuwenden keine Gelegenheit gefunden hast. –

Näheres darüber behalte ich mir auf später vor.

Hiermit will ich denn für dies mal Dir nicht noch mehr zu lesen

---

Verbindungen, Verbindungen der Wilden), die jedoch nur etwa ein Drittel der Studentenschaft umfaßten.

zumuthen (indem ich denke, wenigstens was die Seitenzahl betrifft, das Versäumte nachgeholt zu haben), sondern Dir recht wohl zu leben und eine recht genußreiche Thätigkeit wünschen. Mit herzlichem Gruße Dein

E. Abbe.
Dr. in spe.

Bitte, grüße Deinen Bruder und Eggeling, und wer sonst noch von alten Bekannten dort sein sollte.

18 Abbe an Schütz — Göttingen, 23. März 1861

Göttingen, März 23, 1861.

Mein lieber guter Harald.

Wie der Schäfer in Bürger's Ballade[1] zum Kaiser sage ich jetzo zu Dir, daß ich Deine Gedanken errathe und doch kein Fünkchen Wahres d'ran ist. Denn ohne Zweifel meinst Du in diesem Augenblick, ich sitze jetzt bereits in der guten Stadt Frankfurt bei einem Schoppen Wein, meiner großen Probepredigt gewärtig; während ich in Wirklichkeit noch in aller Gemüthsruhe hier in Göttingen mich herumtreibe, und mich bemühe auszurechnen, der wievielte Bruchteil die Zeit von Montag Morgen bis jetzt von derjenigen ist, nach welcher ich Dich wieder zu umarmen hoffen darf – welches Exempel mir bei meiner bekannten Rechenfertigkeit jeden Tag von Neuem Kopfzerbrechen verursacht. – Der Grund, weßhalb ich jetzt nichts Anderes zu thun ⟨2⟩ habe liegt einfach darin, daß der Vorstand des wohllöbl. Physikal. Vereins in einer zierlichen Zuschrift mich um Vertagung des vom Präsidenten

[1] Bürgers Ballade „Der Kaiser und der Abt".

angegebenen Termins (25. März) ersucht hat. So angenehm es mir gewesen wäre, die Sache kurz ins Reine gebracht zu sehen, so kam mir andrerseits diese Aenderung doch ganz erwünscht, weil ich dadurch Muse zu einer bessern Vorbereitung gewinne und mir in diesen Tagen erst einige Erholung gönnen konnte. Und es war in der That recht gut, da ich außerdem wahrscheinlich recht in Verlegenheit gekommen wäre, denn ich bin in den letzten drei Tagen wieder ein mal dermaßen mit Kopfweh geplagt gewesen, daß ich nicht daran denken konnte, etwas Ordentliches zu arbeiten.

– Ein anderer Termin ist mir bis jetzt noch nicht gestellt worden; ich habe die Leute ersucht, mir einen Tag von Anfang bis Mitte nächsten Monats zu bestimmen, so daß ich es ⟨3⟩ vielleicht auf der Rückreise von Eisenach nach Göttingen abmachen kann.[2] – Mit dem Doctorschwindel bin ich endlich ganz fertig geworden. Heute war ich zum letzten Male beim Dekan, um den Doctoreid zu unterschreiben und ihm den Handschlag zu geben, (welches letztere er indeß unter lauter Gerede rein und schön vergessen hat!) und darauf habe ich dann vom Pedell[3] 20 riesige Diplome erhalten, von denen Du seiner Zeit auch eines bekommen wirst, während ich die übrigen meinem Vater übermachen werde, um damit die Hundehütte, den Abtritt u. dergl. zu tapeziren.

– Was die Dissertation [TV 20] anbetrifft, so ist der erste Bogen schon im Druck begriffen, und der 2te soll Montag im Satze fertig sein. – Da ich selbst Zeit genug hatte, habe ich es unterlassen, Dir einen Correcturbogen zu schicken; ich denke, es werden keine – wenigstens keine auffälligen – Fehler mehr darin sein, obschon die darin vorkommenden Formeln viele Mühe gemacht haben, ⟨4⟩ und sich im ersten Abzuge comisch ausnahmen. – Das Ganze wird – nachdem ich noch einige Seiten gestrichen habe – grade $2^1/_2$ Bogen ausmachen, und soll in den ersten Tagen nach dem Feste fertig werden. Jedoch werde ich *Mittwoch* Morgen nach Hause gehen, und mir die Abzüge des letzten halben Bogens (auf

---

[2] Abbe bat am 22. 3. 1861 den Vorstand des Physikalischen Vereins um Verschiebung des Termins bis nach Ostern (31. 3. 1861), inzwischen hielt er sich auf Grund einer Erbschaftsregelung in Eisenach auf.

[3] Andere Lesart Pudel, dies wahrscheinlich scherzhafte Bezeichnung für den Pedell.

dem nur wenige Formeln vorkommen) nachschicken lassen, da ich keine Lust habe, deßhalb noch länger hier zu bleiben.

Dies wären die Ereignisse, von denen ich Dir zu berichten hätte. – Du wirst also meinen nächsten Brief, in dem ich noch Manches nachtragen kann, von Eisenach erhalten, allwo ich auch bald von Dir etwas zu hören hoffe. – Jetzt wünsche ich Dir, mein liebes Haraldchen, recht herzlich wohl zu leben; sage Deinen lieben Eltern meinen besten Gruß und denke manchmal an Deinen

treuen Ernst.

19 Abbe an Schütz Eisenach, 13. April 1861

Eisenach, April 13, 1861.

Mein lieber guter Harald.

Ich habe Dich diesmal lange auf einen Brief aus Eisenach warten lassen, so lange, daß ich mich schon auf einen ordentlichen Rüffel von Dir gefaßt mache. Aber es ist nur der verdammte Buchdrucker in Göttingen daran Schuld, und auf diesen mußt Du daher Deinen Zorn übertragen. Denn schon vor 8 Tagen hatte ich Papier u. Feder, um Dir zu schreiben, zurechtgelegt, und wartete nur noch auf meine Dissertationen [TV 20], welche mir der Bengel von Buchdrucker einige Tage nach dem Feste zu zuschicken versprochen hatte. Da ich Dir möglichst bald eine angenehme und unter-⟨2⟩haltende Ferienlectüre bereiten wollte, so habe ich von einem Tage zum andern gewartet, und mich jeden Tag von neuem über das Ausbleiben der Dissertationen geärgert; und nun muß ich Dir doch noch ohne dieselben schreiben, wenn Du von Eisenach aus noch einen Brief erhalten sollst. – Denn nächsten Dinstag gedenke ich wieder nach Göttingen zurückzufahren, da, wenn das Wetter so schön bleibt, wie es in letzter Woche – hier wenigstens – gewesen ist, Klinkerfues wahrscheinlich auf mich warten wird.

– Viel gethan habe ich hier während der vierzehn Tage nicht; aber ich mache mir darüber keine Gewissensbisse, da es auch gar nicht in meiner Absicht lag. Ich bin, so oft das Wetter angenehm war, spazieren gegangen, ⟨3⟩ habe auch viel geknippen und das während des Winters im Biertrinken versäumte nachgeholt, habe Holz gespalten, ein Futteral für meinen Hut gemacht, u. dergl. In der Politik bin ich etwas zurückgekommen, da ich die paar Zeitungen, die man hier auf den Kneipen findet (Dorfzeitung [TV 1], Frankfurter Journal [TV 3], Nationalzeitung [TV 8]) zu unregelmäßig gelesen habe, um immer im Zusammenhang bleiben zu können, und ich werde daher, sowie ich nach Göttingen komme, mich erst wieder orientiren müssen; dann werde ich aber die Tagesereignisse mit nicht geringerem Eifer, wie Du, verfolgen.

Aus Frankfurt ist mir noch kein bestimmter Termin gestellt worden, und es wird daher wohl bei dem ersten Uebereinkommen bleiben, ⟨4⟩ daß ich von Göttingen aus gelegentlich ein mal hinreise. An meinem Vortrage habe ich auch noch nicht viel gethan, weil ich keine rechte Lust dazu hatte; ich habe statt dessen Etwas Astronomie getrieben, – was ich seit langer Zeit gänzlich liegen gelassen hatte – um mich auf meine practische Thätigkeit im nächsten Semester[1] ein wenig vorzubereiten. – Das ist Alles, was ich Dir von hier erzählen kann. – Doch, daß ich es nicht vergesse, noch ein großes Ereigniß: vorgestern bin ich auf das Stadtgericht hier geladen, und, da ich das 22te Jahr angetreten habe, für mündig erklärt worden, worauf das, durch den Tod meiner Mutter vor 3 Jahren[2] mir zugefallene Erbtheil (bestehend in etlichen alten Stühlen u. Tischen, Küchengeräte pp., zusammen auf 76½ r. gewürdigt) zu ⟨5⟩ meiner Verfügung gestellt, resp. die darüber bestehende Vormundschaft gelöscht worden ist, wobei ich ein langes Protokoll zu unterhauen gehabt habe. –

Was Du mir über die Sagebiel'schen Offenbarungen in betreff des pädagog. Seminars in Göttingen mittheilst, wird mich ver-

[1] Abbe war im SS 1861 als Hilfsbeobachter an der Göttinger Sternwarte tätig.

[2] Abbes Mutter war am 14. 7. 1857 verstorben.

anlassen, mich einmal näher darnach zu erkundigen. Vielleicht kannst Du einmal darauf reflectiren; ich meinerseits werde, so lange ich auf andere Weise auskommen kann, mich nicht darum bekümmern, da mir die Pädagogik, noch von Jena her bis in den Hals steht.

Hiermit wünsche ich Dir recht wohl zu leben, und daheim recht angenehme Tage zu verleben. Es kömmt mir schwer an, daran ⟨6⟩ zu denken, daß ich jetzt nach Göttingen gehe, ohne Dich dort wieder zu finden oder Dich wenigstens dort erwarten zu können, und nun, auf wer weiß wie lange Zeit allein und vereinsamt sein muß; ich werde mit Wehmuth immer an die Zeit zurückdenken, da wir zusammen an den Orten herumgiengen, wo ich nun allein gehen muß.

Grüße Deine lieben Eltern von mir und schreibe mir bald, damit ich bald erfahre, wie lange Du noch in Bielefeld sein wirst.

Es grüßt Dich herzlich Dein

Ernst.

20 Abbe an Schütz — Göttingen, 23./25. April 1861

Göttingen, April 23, 1861.

Liebster Harald.

Glück auf zu Berlin! – Aber was ist Dir denn eingefallen, schon so früh von Bielefeld abzureisen, da doch, wie Du selbst schreibst, u. jedenfalls vorher gewußt haben wirst, die Vorlesungen erst über 8 Tage angehen. Als ich vorigen Dinstag Schnelle traf, war ich sogleich verwundert, zu hören, daß Du um diese Zeit schon unterwegs seiest, während ich Dich noch in aller Ruhe in Bielefeld glaubte und eben im Begriffe stand, einen Brief an Martin anzufertigen und Dir seine Adresse anzugeben. Ich ärgerte mich schon darüber, daß Du auf solche Weise dessen ortskundigen Beistand würdest entbehren müssen, bin aber jetzt deßwegen beruhigt, da ich höre, daß Du – was ich Dir nicht zugetraut hätte – auch ohne meine Anweisung auf eigene Faust selbigen gefunden hast. Nicht wahr, er ist ein ganz gemüthliches Haus?

⟨2⟩ Ich habe mich sehr gefreut, daß Du eine Deinen Wünschen, – wie es scheint – entsprechende Bude gefunden hast und mit großem Eifer habe ich die Topographie derselben nach Deiner meisterhaften Karte studirt. – Hast nur den Maaßstab dabei anzugeben vergessen, so daß ich nicht weiß, soll ich sie mir wie eine Mausefalle oder wie ein Hirtenhaus vorstellen.

Gestern haben hier die Vorlesungen ihren Anfang genommen. Ich höre bei Stern die numerischen Gleichungen [VV 62] – ich muß es wohl oder übel; denn er betrachtet es als so selbstverständlich, daß er schon vorige Woche ex abrupto anfing: ich würde doch nicht etwa auf der Quästur seine Vorlesung belegen, etc. – von welcher unerhörten Freigebigkeit ich nun nicht einmal Nutzen haben kann, weil ich jedenfalls *ein* Colleg belegen *muß*, wenn ich nicht à la Weinhold gemaßregelt sein will. – Die beiden ersten Stunden übrigens gefallen mir ⟨3⟩ sehr, so daß, wenn es so fortgeht, ich mir ein ganz schönes Colleg verspreche. Es sind 16–17 Zuhörer.

Auch Riemann hat seine beiden Vorlesungen [VV 36, 37] angefangen; und zwar die Elliptischen Functionen (13 Zuhörer!!) mit einer recht guten, eingehenden Einleitung, und zwar *nicht* abgelesen. Der Mann macht wirklich rasche Fortschritte. – In dem andern Colleg – von dem er vermuthete, es werde nicht zu Stande kommen – hörten ebenfalls 12–14, – welche großen Zahlen sich daraus erklären, daß eine ziemliche Menge älterer Leute vom Fach neu hergekommen sind. – Bei Weber [VV 69] war es gestern Nachmittag beinahe so überfüllt, wie zu Beginn des Wintersemesters.

Mit der Frankfurter Angelegenheit ist es noch immer nicht ganz im Reinen, es ist mir nur mitgetheilt daß ich in einer der nächsten Wochen definitiv zum Vortrage aufgefordert werden würde. – Was ⟨4⟩ das Thema anbetrifft, so bin ich doch bei dem zuerst projectirten stehen geblieben: „Ueber die physikalischen

Grundlagen der menschlichen Erkenntniß“ – bin aber mit der Ausarbeitung noch nicht allzuweit vorgeschritten, da ich mich in letzter Zeit nicht sehr beeilt habe.

Die Beobachtungen auf der Sternwarte sind, so weit das Wetter günstig ist im Gange. Klinkerfues habe ich des Abends ca. 2–3 Stunden zu helfen; für mich beobachte ich an dem 6füßigen Refractor[1], der auf der Sternwarte ist, u. zwar übe ich mich auf die Messungen mit dem Kreismikrometer ein, – außerdem mit kleineren Instrumenten, da der zweite Meridiankreis (im östlichen Saale) bei Meyerstein in Reparatur ist; wenn er fertig ist, soll ich ihn zur Verfügung haben. – Darüber später Mehreres. – Wie es jedoch mit meiner Remuneration[2] steht, – die, wie ich Dir ⟨5⟩ wohl schon geschrieben habe, Weber vom Curatorium auswirken wollte – weiß ich noch immer nicht; als ich kürzlich bei Weber war, war Jemand da, so daß ich nicht gut fragen konnte.

Die Stunden mit Bell (3 Stunden = 1 r.) u. dem kleinen Adolph (der sich über die Photographie königlich gefreut hat, und Dir nächstens selbst schreiben will) haben gestern auch angefangen, und jener hat mir heute schon einen Landsmann, Fritzwilliams, zugeführt, der auch 6 Stunden die Woche haben will, so daß ich vollauf zu thun haben werden.

Deinen Gruß an den Inspektor habe ich bestellt, und werde nächstens wieder hingehen, da ich damals nicht zu gelegener Zeit kam. – Benfey traf ich nicht zu Hause, u. habe daher das Packet[3] abgegeben, wobei mir denn Deine Visitenkartendedication zu Statten gekommen ist.

Diese umständliche Berichterstattung – die ich der bessern Uebersicht wegen füglich hätte paragraphiren sollen – wird ⟨6⟩

---

[1] Fraunhofersches Fernrohr, dessen Achromatobjektiv eine Brennweite von 6 Fuß (= 195 cm) besitzt. Im Fokus des Fernrohres ist ein Kreismikrometer als Meßeinrichtung zur präzisen Bestimmung kleiner Winkelabstände, z. B. zweier benachbarter Sterne, vorhanden. Der Meridiankreis ist das genaueste astronomische Winkelmeßgerät zur Bestimmung des Zeitpunktes des Durchganges eines Sternes durch den Meridian sowie seiner Höhe über dem Horizont.

[2] Vergütung für die Hilfsbeobachtertätigkeit an der Sternwarte.

[3] Das zu übergebende Paket kam offensichtlich von dem Vater von Schütz, der als Sanskritforscher mit dem Orientalisten Benfey in Verbindung stand. Letzterer hatte 1859 das altindische „Pantschatantra“ aus dem Sanskrit ins Deutsche übertragen.

Dir wohl für dieß Mal genügen. – Ich brauche nur noch hinzuzusetzen, daß ich mich ganz wohl befinde – etliche üble Laune abgerechnet – und mich schon jetzt auf einen baldigen Brief von Dir freue, in welchem Du hoffentlich mit gleicher Ausführlichkeit Dich revangiren wirst. –

Herzlichen Gruß. Behalte lieb Deinen

Ernst.

Anbei die Dissertationen [TV 20] u. 2 Diplome, von denen Du Martin eins geben kannst – wenn er's haben will. Der Schlingel von Buchdrucker hatte sie richtig liegen lassen: er habe gedacht, „ich würde sie ja doch erst brauchen, wenn ich wieder hier sei" – u. selbst da waren sie noch nicht einmal gebunden, so daß ich am Sonnabend erst die ersten erhalten habe. – Den letzten halben Bogen, auf dem die dummen Böcke stehen, hat Stern corrigirt, da er sich ausdrücklich u. eindringlich dazu erboten hatte. –

Grüße Martin von mir.

April 25.

Du wirst schon auf den Rüffel sinnen, mit dem Du mich beglücken willst, weil ich Dir wieder nicht pünktlich geschrieben habe. – Aber die Schuld liegt nicht an mir: Der Brief war schon am Dinstag fertig und zum Abschicken bereit, als ich Arnold Meyerstein sprach, und dieser, als er hörte, daß ich Dir Etwas zu schicken habe, mich bat, einen Brief und ein Collegienheft von Dir mit beizulegen. Wiewohl er mir es baldigst bringen wollte, hat er doch bis heute mich warten lassen und ich habe ihn erst noch darum treten müssen. – Deßhalb habe ich bis jetzt warten müssen.

Abends 11 Uhr. – Gute Nacht, mein Herzensjunge

⟨5, Rand⟩ Engeljohann ist auch in Berlin.

21 Abbe an Martin Göttingen, 24. April 1861

Göttingen, April 24, 1861.

Lieber Martin.

Auf Deinen vor 5 Wochen erhaltenen Brief bin ich Dir bis jetzt die Antwort noch schuldig geblieben. Indeß wirst Du mittlerweile schon von mir gehört haben, da stud. Schütz aus Bielefeld, wie er mir schreibt, Dich aufgesucht hat und Dir wohl über mich Auskunft ertheilt haben wird. – Er sollte Dir schon bei seiner Ankunft in Berlin einen Brief, sowie ein Exemplar meiner Doctordissertation [TV 20] überbringen; da er jedoch früher, als ich erwartete von Bielefeld abgereist ist, blieb mir keine Zeit mehr, es ihm erst zuzuschicken, und es ist daher bis jetzt verblieben. – Für die freundliche Theilnahme, deren er sich von Dir zu erfreuen gehabt hat, unterlasse ich nicht, Dir meinen besonderen Dank auszusprechen.

Nach dem zu schließen, was Du mir in Deinem letzten Briefe schreibst, wirst Du jetzt wohl dick in Deinen Doctor- ⟨2⟩ arbeiten drin sein. – Was machen Deine eisernen Suturen und Ligaturen? – Ich will wünschen, daß Alles zu Deiner Zufriedenheit ausfallen möge und Du dann Muße haben mögest, Dich von Deinen jetzigen Anstrengungen ordentlich zu erholen; wie ich auch hoffe, daß Deine beabsichtigte Augenoperation – wenn Du dieselbe während der Osterferien noch hast vornehmen lassen – nach Wunsch ausgefallen sein wird.

Was meine Angelegenheiten anlangt, so schrieb ich Dir schon das letzte Mal von meinen Aussichten in Frankfurt, so wie auch, daß ich dieses Semester noch hier in Göttingen bleiben werde. – In ersteren ist noch kein wesentlicher Fortschritt eingetreten; jedoch werde ich in den nächsten Wochen einmal hinreisen um mich der Physikalischen Gesellschaft mit einem Vortrage vorzustellen, nach welcher Zeit erst eine nähere ⟨3⟩ Entscheidung in Aussicht steht. – Gegenwärtig bin ich, – was Schütz Dir wohl auch erzählt haben wird – an der hiesigen Sternwarte so quasi als Hilfsbeobachter beschäftigt; und ich habe dadurch eine erwünschte Gelegenheit, mein früheres Lieblingsstudium (wie Du Dich noch von Eisenach her entsinnen wirst) wieder aufzunehmen und practisch zu betreiben. Außer der Zeit, die ich dem Observator bei seinen Arbeiten helfen muß, beschäftige ich mich eifrig mit den verschiedensten Instrumenten, die mir hier zu Gebote stehen und übe mich auf die verschiedenen astronomischen Beobachtungen ein. – In der Kürze werde ich auch im physikalischen Institute arbeiten.[1]

Hierüber das nächste Mal ein Mehreres. Einstweilen wünsche ich Dir recht wohl zu leben und hoffe, bald auch von Dir Näheres zu hören. – Grüße Deinen Bruder, Eggeling, Toberentz etc. von mir. – Mit herzlichem Gruße Dein

Abbe.

22 Abbe an Schütz — Göttingen, 6. Mai 1861

Göttingen, Montag 6 Mai, 61
Abends 9 Uhr.

Mein lieber guter Harald.

Ich bin sehr gerührt von der Fürsorge, mit der Du auch in der Ferne Dich meiner – od. unserer – Finanzen annimmst. Nur aber bin ich nicht ganz im Klaren darüber, wie ich's denn eigentlich anfangen soll, um den fraglichen Louisdor[1] zu sparen. Wenn Dein Rath darin besteht, Stern zu sagen, daß ich sein Colleg [VV 62] pro forma belegen müsse, so ist er allerdings schon pünktlich befolgt; denn ich habe natürlich sogleich, als Stern darüber sprach, ihm selbiges mitgetheilt, indem ich mein „Bedauern" ausdrückte, von seinem Anerbieten keinen Gebrauch machen zu kön-

[1] Die Tätigkeit im Physikalischen Kabinett kam nicht zustande. Dafür arbeitete er seit Mai 1861 als Hilfsbeobachter an der Sternwarte.

[1] Bezieht sich auf die Vorlesungsgebühren für die pflichtgemäß zu belegende Vorlesung, um das akademische Bürgerrecht zu halten.

nen. Daß mir aber Stern nun deßhalb den Louisdor zurückgeben werde, nachdem er ihn einmal hat, das will mir mehr als zweifelhaft erscheinen. Denn ihn etwa darum besonders bitten mag ⟨2⟩ ich keinesfalls – das wird wohl auch Deine Meinung nicht sein. Meines Erachtens wird er daher wohl unwiederbringlich verloren sein, und wir werden uns beide über dieses Mißgeschick zu trösten suchen müssen. – Wie ich Dir übrigens schon nach dem Eindrucke der ersten beiden Vorlesungen schrieb, gefällt mir Sterns Colleg gar nicht übel. Damit will ich nun zwar nicht sagen, daß etwa Stern auf einmal ein genialer Mathematiker geworden sei, – was er gewiß nie gewesen ist – sondern nur, daß der Gegenstand, den er vor hat, eine Stern'sche Behandlung verträgt, ohne gar zu sehr darunter zu leiden; denn in der That, die Theorie der Zahlengleichungen, d. h. die Methoden, nach denen man sie auflöst, sind grade eben so philiströs wie Stern selbst, u. deßhalb harmoniren beide ganz gut.

⟨3⟩ Was Deinen Wunsch in betreff der Riemannschen Elliptischen Functionen [VV 36] angeht, so glaube ich nicht, daß Du von dieser Seite her eine Beihülfe zu erwarten hast. Riemann hat diese 14 Tage noch *kein Wort* von Elliptischen Functionen gesprochen; überhaupt gar nichts, was direct darauf Bezug hätte. Er ist vielmehr noch mit ganz allgemeinen Lehren beschäftigt, u. es wird voraussichtlich noch lange hingehen, bis er zu den elliptischen Functionen kömmt. Was er bis jetzt vorgetragen hat ist die Theorie der Functionen mit complexen Variabeln – über die geometrische Repräsentation derselben, – die Operationen an ihnen – das Integriren durch complexe Werthe, – die Entwickelung in Reihen u. die Bedingungen ihrer Convergenz, – was Alles nur Bezug hat auf die eigenthümliche Art u. Weise, wie er dann die Theorie der ellipt. u. Abelschen Functionen (als specielle Anwendungen jener allgemeinen Lehren) vorträgt. Wenn Dich dagegen Weierstraß ⟨4⟩ auf Gudermann verwiesen hat, so geht daraus hervor, daß er sich in seiner Vorlesung [VV 70] noch auf die Jacobische Behandlungsweise der ellipt. Funct. gründet, die von ganz anderen Grundlagen ausgeht. Uebrigens glaube ich, daß, wenn Weierstr. wirklich die vollständige Kenntniß dieser Theorie ohne Weiteres voraussetzt, Du mit seiner Vorlesung nicht sehr weit kommen wirst, und wahrscheinlich besser thust, wenn Du erst daran gehst, Dich mit Muße in jene hineinzuarbeiten, entweder privatim oder indem Du auf eine geeignetere Vorlesung wartest. – Willst Du dieß, so werde ich Dir meinen Briot u. Bouquet [TV 29] schicken, •wo die Sachen allerdings in Cauchy'scher Manier (der auch Riemann sich anschließt) dargestellt sind, der Dir aber wahrscheinlich gute Dienste leisten wird. (Ich kann ihn entbehren, da mehre Andere hier ihn ebenfalls besitzen, u. ich also nöthigenfalls von daher ihn haben kann). – Darüber schreibe also Näheres.

– Daß übrigens Riemanns Vorlesung [VV 36] ganz ausgezeichnet ist, brauche ich nicht hinzuzusetzen. Ich werde sie mit besonderer ⟨5⟩ Sorgfalt ausarbeiten, damit Du sie auch benutzen kannst. Sowie eine gewisse Parthie zusammen ist, will ich Dir die Ausarbeitung (nachdem ich für den Russen eine Abschrift gemacht habe)[2] zuschicken, wofern Du in diesem Semester Dich damit beschäftigen willst. Sorge Du Deinerseits dafür, daß ich Dein Heft über die Kummerschen Vorlesungen [VV 24, 25] in einem genießbaren Zustande finde; so sind wir beide in Berlin u. Göttingen zugleich.

Ueber Scherings (2stündige) Vorlesung [VV 44] muß ich Dir noch etwas mittheilen. Sie ist nämlich stark daran, sich in Wohlgefallen aufzulösen. Sein Vortrag ist natürlich nach gewohnter Manier. – In der ersten Stunde waren 5–6 da, die folgende nur 4, – dann 3, und jetzt scheint die Zuhörerschaft sich asymptotisch einem festen Grenzwerthe nähern zu wollen –, den ich selbst vorstelle; denn die beiden letzten Stunden war außer mir ⟨6⟩ nur noch je einer da, u. zwar immer ein anderer, auf Probiren. Hoffentlich wird Schering bald so klug sein, die Vorlesung aufzustecken und – was das beste wäre – gar keine wieder anzuzeigen.

Im physik. Seminar ist mit den magnetischen Terminsbeobachtungen[3] und der Einübung darauf eine Aenderung eingetreten.

---

[2] Mit dem „Russen" ist der Mathematiker Georg August Thieme (1831–1910) gemeint, für den Abbe eine Nachschrift der Vorlesung Riemanns im SS 1861 „Theorie der Functionen complexer Variablen" lieferte.

[3] Unter „magnetischen Terminsbeobachtungen" sind Beobachtungen der zeitlichen Variation der Komponenten des Erdmagnetismus mittels Magnetometer zu verstehen, die zur gleichen Zeit von Observatorien in verschiedenen Breiten zwischen Mailand und Nertschinsk (Ostsibirien) über einen bestimmten Zeitabschnitt (in Göttingen alle 5 Minuten im Verlauf von 24 Stunden) ausgeführt wurden.

Weber sagte in seiner ersten Vorlesung – wo sonst die neu eingetret. Mitglieder immer nach der Sternwarte geschickt wurden – die magnetischen Beobachtungen seien von seinen Stunden getrennt und dem Prof. Schering *selbständig* übergeben worden. Mit denjenigen, welche daran Theil zu nehmen *wünschten*, werde derselbe das Nöthige vornehmen. – Ich habe mich bis jetzt noch nicht weiter um die Sache bekümmert; so viel aber ist gewiß klar, daß unsere Speculationen über die 20 r. hiermit erledigt sind.

– Von meiner zu erwartenden Remuneration hat das Curatorium auch noch nichts hören lassen. ⟨7⟩ Weber hat wieder ein Kapitel aus der Theorie der magnet. Instrumente vorgenommen; später will er zu Widerstandsbestimmungen (nach absol. Maaße) übergehen, wozu ein ihm von Siemens in Berlin zur Prüfung übersandter neuer Rheostat die Veranlassung bietet. Stern's Seminarcolleg über Kettenbrüche ist unglaublich ledern. – Bei Listing bin ich noch gar nicht gewesen, kann Dir aber a priori die nämliche Versicherung geben. Zu astromomischen Beobachtungen ist es in den letzten 14 Tagen sehr wenig gekommen. Das Wetter ist hier zum Verzweifeln gewesen – keinen einzigen schönen Tag – immer Regen, u. sogar Schnee – gestern Morgen um 6 Uhr war Alles weiß, und auf den umgebenden Bergen lag des Nachmittags noch Schnee. Ich habe nun schon 2 mal für 12 sg. Holz kaufen müssen; und es scheint immer noch nicht anders werden zu wollen. ⟨8⟩ Ende dieser oder zu Anfang der folgenden Woche erwarte ich, endlich definitiv nach Frankfurt citirt zu werden. Bete für mich, daß ich mich dabei nicht allzu tölpelig anstelle. – In der Ausarbeitung ist mein Vortrag ziemlich beendet – freilich auch schlecht genug ausgefallen.

– Da es schon sehr spät geworden ist und überdieß das Papier zu Ende zu gehen droht, schließe ich für dießmal und wünsche Dir recht wohl zu leben. –

Schreib mir recht ausführlich über Deine Berliner Vorlesungen [VV 24, 25, 70], die ja wohl nun alle in Gang sein werden. – Es grüßt Dich herzlich Dein

Ernst.

Grüße Schulz von mir, und wen Du sonst von Bekannten siehst.

23 Abbe an Schütz Göttingen, 20. Mai 1861

Göttingen, Mai 20, 1861.
Vormittags 10 Uhr.

Mein theuerster Orest.

Ich sitze hier in Göttingen und freue mich zum 2ten Pfingsttage der behaglichen Wärme, welche ein prasselndes Feuer in meinem Ofen ausstrahlt. Dabei kann ich nicht umhin, mich auf das lebhafteste den Erinnerungen an unsere vorjährige Harzreise hinzugeben. Wie es vorgestern Abend, als ich meinen Abendspaziergang um den Wall machte und der Wind mir recht grimmig um den Kopf sauste, das liebliche Brockenfeld war, auf welches ich mich zurückversetzt wähnte, so kömmt es mir heute immer vor als wäre ich in Friedrichsbrunn, und meine Bude das behagliche Hinterstübchen, welches uns (allerdings erst einige Stunden später am Tage) durchnäßt und erfroren aufnahm. Es ist Schade, daß Du nicht hier bist; sonst brauchten wir, um die Illusion vollständig zu machen, uns heute Abend bloß einen Kübel mit halb = dikker Milch und gesottene Eier bringen zu lassen. –

⟨2⟩ Nach dem Wochenkalender des gestrigen Kladderadatsch [TV 7] so wie nach mehren Leitartikelergüssen der Volkszeitung [TV 10] zu schließen, scheint bei Dir in Berlin der Naturlauf einer Reproduction der vorjährigen Pfingsterlebnisse nicht minder günstig zu sein; u. wiewohl Du gewiß mehr Unterhaltung haben wirst als ich und überdieß zu solchen Reflexionen weniger disponirt bist, so gefalle ich mir doch in dem Glauben, daß diese merkwürdige Wetterähnlichkeit dann u. wann eine vollständigere Harmonie unserer beiderseitigen Gedanken bewirkt haben werde, als sie voriges Jahr, wenn wir neben einander hergiengen, öfters bestand; und diese Betrachtung tröstet mich einigermaßen über das Ungemach, die ganzen Festtage in der Stube bleiben und immer von Neuem Geld für Holz ausgeben zu müssen.

Nach dieser Abschweifung muß ich Dir zuvörderst melden, daß ich bis jetzt noch nicht in Frankfurt gewesen bin. (was ich Dir in meinem letzten Briefe ⟨3⟩ als wahrscheinlich bevorstehend schrieb)

Vielmehr bin ich erst auf *nächsten Sonnabend*[1] durch Zuschrift des Vorstandes endgiltig hin citirt, – welcher Tag deßhalb gewählt worden ist, weil der Anfang des Sommersemesters im Vereine auf denselben fällt, und die Mitglieder an diesem Tage einen physikalischen od. chemischen Vortrag zu hören gewohnt sind, so daß keine besondere Zusammenberufung dafür statt zu finden braucht. Ich werde daher nächsten Freitag (Morgens oder Nachmittags) mich auf die Reise machen, und denke Sonntag oder Montag wieder hier zu sein.

Der Inhalt Deines „rein mathematischen“ Briefes hat mich sehr interessirt. – Kummer scheint Dich also, wenn ich Dich recht verstehe, sehr zu befriedigen; und ich glaube wohl, daß seine Vorlesung [VV 25] was ganz besonderes sein muß, wenn er darin Dinge aus Dirichlet's Kopfe vortragen kann. Ich hoffe sehr, daß Du mir über das, was er hier so wie in dem mathematischen Seminar (von welchem mir Meyerstein schon berichtet hatte) vornimmt, nächstens ⟨4⟩ noch näheren Bericht erstattest. – Wie haißt „imaginäre Zahlentheorie“? – etwa Theorie der imagin. Zahlen, oder sonst was; – wie haißt „andeutungsweise vortragen“? – Jedenfalls trifft es sich recht schön, daß grade mit Deiner Ankunft ein mathemat. Seminar[2] begründet wird und Du gleich als eines der ersten 12 Mitglieder eintreten kannst. (Möge das ein gutes Omen sein, daß Du dasselbe später einmal zu leiten habest!) und hoffentlich wird es nicht lange dauern, daß auch Stipendien ausgesetzt werden, wie es gewiß bei den ähnlichen Instituten in den übrigen Wissenschaften der Fall sein wird. –

Deine Parallele zwischen Hoppe u. Arndt einer- u. Schering andrerseits erinnert mich daran, Dir zu erzählen, daß Scherings Vorlesung über d. Methode d. kl. Quadr. [VV 44], wie ich vermuthete, aufgesteckt worden ist. Gleich den Tag, nachdem ich Dir geschrieben hatte, setzte mich Schering von dieser seiner Absicht in Kenntniß, und versprach mir, mir durch Ueberlieferung der Gaußischen Abhandlungen [TV 46] beim Privatstudium

---

[1] Wegen einer Erkrankung Abbes fand der (Probe-)Vortrag erst am 29. 5. 1861 statt.

[2] Das von Kummer und Weierstraß 1861 (offiziell 1864) gegründete Mathematische Seminar diente der Förderung besonders begabter Studenten und war das erste mathematische Forschungsseminar an einer deutschen Universität.

⟨5⟩ dieser Lehre behülflich zu sein.[3] Das war mir nun schon recht. Aber beinahe wäre mir die Freude darüber arg verdorben worden, indem Riemann stark Willens war, es mit seinem Colleg über die Ellipt. Functionen [VV 36] ebenso zu machen. Denke Dir! eines schönen Morgens, als er aus der Vorlesung heraus hinter mir her geht, redet er mich an, und stammelt Entschuldigungen heraus, daß er so gar schlecht vortrage, und sich so oft wiederhole u. dergl. Aber er sei in der 2ten Stunde alle mal so angegriffen u. abgespannt, daß es mit dem besten Willen nicht anderes gehen wolle; und er denke deßhalb daran, die Vorlesung lieber aufzugeben oder auf ein zweistündiges Publicum zu reduciren. (Es ist in der That wahr, man merkte ihm die Ermüdung und Abspannung sehr an; es giengen ihm oft die Gedanken ganz aus, und er konnte die einfachsten Dinge nicht herausbringen) Ich bot natürlich Alles auf, um ihn von diesem Vorsatze abzubringen, indem ich ihm sagte, daß mehre seiner Zuhörer nur wegen dieses Collegs in Göttingen seien, und daß alle von seinem Vortrage ganz entzückt seien und es sehr schmerzlich empfinden würden, wenn er ihn aufgäbe. ⟨6⟩ Mehre Vorschläge über Verlegung der Stunde, die ich machte, erwiesen sich als unausführbar; u. so begnügte er sich denn zuletzt damit, mich zu beauftragen, durch eine Besprechung mit den übrigen einen Umtausch der Stunden zwischen den beiden Vorlesungen [VV 36, 37] zu verabreden, so daß er wenigstens den schwereren Gegenstand, die ellipt. Funct., *zuerst* zu behandeln habe. Das wird auch gleich nach dem Feste ab ins Werk gesetzt werden – zur großen Befriedigung Aller, auf solche Weise der drohenden Gefahr noch glücklich entgangen zu sein.

Auf mein Heft über die Potentialtheorie[4] [VV 32] wirst Du wahrscheinlich, da Du wohl vorerst mit andern Dingen beschäftigt bist, in diesem Sommer keinen Anspruch machen; was mir deßhalb lieb sein wird, weil es schon vor Ostern Riemann sich einmal

---

[3] Schering war als Schüler von Gauß dessen Nachlaßverwalter. Er setzte die von Gauß bis 1855 mehrfach gehaltene Vorlesung über die Methode der kleinsten Quadrate in jener Zeit fort.

[4] Mit dem „Potentialheft" ist eine von Abbe angefertigte Nachschrift der Vorlesung Riemanns im SS 1861 „Die mathematische Theorie der Schwere, Elektrizität und des Magnetismus" gemeint, in der die Potentialtheorie einen wesentlichen Bestandteil bildet.

ausbat, und jetzt, nachdem er mir großes Lob darüber gespendet hat, mich ersucht, es ihm noch zu lassen, um es zur bequemeren Vorbereitung benutzen zu können. Bezold erhält es daher natürlich auch nicht. –

Stern hat sich kürzlich nach Dir erkundigt, nachdem er schon durch Meyerstein von Deinem Befinden erfahren hatte. Ich werde ihn nächstens von Dir grüßen, so wie auch den Inspector, wenn Du mir dazu Auftrag giebst. – Hiermit schließe ich für heute, in dem ich Dir noch angenehme Ferientage wünsche (die Du wohl in der Kammer u. der Oper pp. zubringen wirst). Herzlichen Gruß von Deinem

Ernst.

⟨4, Rand⟩ Warum schreibst Du nicht, ob Du Briot u. Bouquet [TV 29] gebrauchen kannst?
⟨6, Rand⟩ Martin, Eggeling, Engeljohann kannst Du von mir grüßen, wenn Du sie siehst.

24 Abbe an Schütz — Göttingen, 31. Mai 1861

Göttingen, Mai 31, 1861.
Morgens.

Mein theuerstes Haraldchen.

Seit einigen Tagen wirst Du wohl zu der Einsicht gekommen zu sein glauben, daß ich als Briefschreiber ein wahrhaft unverbesserliches Subject sei, da selbst Dein kürzliches Ultimatum mich noch nicht aus meiner Saumseligkeit herausgebracht habe; und Du wirst solches um so härter beurteilen, da Du Dir hierdurch wichtige und interessante Neuigkeiten vorenthalten glaubst. Bevor Du jedoch gedachte Einsicht als definitiv ansiehst, wolle noch meine folgenden Erörterungen anhören: Erstens, daß ich Dir statt am Montag vor vierzehn Tagen erst Montag vor 8 Tagen schrieb, hat seinen Grund nur und allein in dem Wahne meinerseits, daß Du noch an der mündlich getroffenen Verabredung vor Deiner Abreise festhaltest: alle 14 Tage uns zu schreiben, da Du dieselbe, so viel ich mich entsinne, noch nicht ausdrücklich umgeändert hast. Es darf Dich deßhalb ⟨2⟩ nicht Wunder nehmen, daß Du meinen *letzten* Brief *pünktlich 14 Tage* nach dem *vorletzten* erhalten hast, da Du ja weißt, wie sehr ich mich in allen Dingen nach Deinen Wünschen richte. Aber ich sage Dir, daß es mir höchliche Freude gemacht hat, aus Deinem Briefe zu ersehen, wie Du in jener Beziehung mittlerweile andern Sinnes geworden bist, da es mir selbst auch schon immer zu lange geworden war, und ich sogar schon im Begriffe stand, selbst einen solchen Vorschlag zu machen, woran mich eben nur noch die Befürchtung abgehalten hat, Deine Arbeiten, im besondern briefschreiberischer Art, dadurch allzu sehr zu vermehren. – Aber warum ich nun jetzt Dich wieder länger warten lasse? Nun, daß wirst Du wissen, nachdem ich Dir die Erlebnisse der letzten Woche erzählt habe. Leider bestehen diese der Hauptsache nach in einem ausgesuchten Mißgeschick. – Am Freitag Morgen 3 Uhr bin ich hier weggefahren und gegen 10 Uhr in Frankfurt eingetroffen. – Nachdem ich ein paar Straßen durchwandert und vor hundert glänzenden Läden stehen geblieben war, suchte ⟨3⟩ ich mir ein Abstiegsquartier im *Hotel Drexel*, so mir Stern empfohlen hatte. Nach einer brillanten Table d'hote besuchte ich den Präsidenten des Vereins, Dr. Wallach, der mich äußerst freundlich aufnahm, und sodann einige der übrigen Vorstandsmitglieder. Die Anstrengung die mich dieß kostete, bei drückender Hitze in einer sehr weitläufigen Stadt (leider dachte ich nicht daran, daß die Anzahl vorhandener Droschken auch für mich bestimmt seien), – dazu die vorangegangene schlaflose Nacht und eine gewisse Aufregung, die bei einer solchen Gelegenheit nicht ausbleiben wird – dieß Alles mag zusammengewirkt haben; kurz, am andern Morgen lag ich, nach einer zweiten schlaflosen Nacht, auf dem Ohre, und zwar an meinem alten Uebel, den Kopfschmerzen, die mich über Nacht mit noch nie dagewesenem Grimme angefallen hatten. Ich konnte kein Auge aufthun, kein Wort sprechen, keinen Schritt gehen (der Erschütterung wegen), keinen Bissen essen, sondern mußte bei verdunkeltem Fenster auf demselben Flecke liegen bleiben, unter den grauenhaftesten Schmerzen. Dr. Wallach that Alles ⟨4⟩ Mögliche, um mich wieder herzustellen da ich ja Abends vortragen sollte; zweimal hat er mich chloroformirt, um mir durch die Betäubung Ruhe und Schlaf zu verschaffen. Es half aber Alles Nichts, und mein Vortrag mußte abgesagt, resp. verschoben werden, bis ich hergestellt sei. – So habe ich gelegen Sonnab., Sonntag, Montag, – draußen das schönste Wetter, und die schöne Stadt mit ihren Herrlichkeiten. Erst Dinstag wurde ich besser, so daß ich wieder ein paar Schritte ausgehen konnte (in Folge einer starken Dosis Opium, die mir einigen Schlaf verschafft hatte) und so habe ich denn *Mittwoch* Abend meinen Vortrag[1] halten können. Leider ist er nicht ganz zu meiner Zufriedenheit ausgefallen; ich war in zu erschöpftem Zustande noch (was ich freilich erst auf dem Katheder recht merkte), so daß ich, trotz guter Vorbereitung und wie wohl ich auch jede Befangenheit gleich Anfangs glücklich überwunden hatte, schlecht gesprochen habe. Indeß haben mir die Leute dennoch großes Lob gespendet, und wenn ich dem glauben darf, so habe ich sehr gute Aussichten auf günstigen Erfolg der Bewerbung. Indeß hat die ⟨5⟩ Sache doch noch einen starken Haken, von dem ich erst jetzt Näheres erfahren habe. Im Vorstande selbst ist noch eine Parthei, die der Anstellung eines Lehrers entgegen ist, weil die Einkünfte des Vereins nicht groß genug, und besonders nicht *gesichert* genug seien, da die bedeutende Subvention aus der Staatskasse bei der unsichern politischen Lage leicht wegfallen könne; doch glaubt Dr. Wallach, diesen Widerstand überwinden zu können und macht mir große Hoffnung, innerhalb der ersten Wochen eine günstige Entscheidung der Generalversammlung zu erzielen. Freilich würde ich wohl nur immer auf je *ein* Jahr angestellt werden, eben aus den genannten Rücksichten. Ueber den zu erwartenden Gehalt konnte mir W. noch keine bestimmte Mittheilung machen; nur so viel sagte er mir, daß man mir nicht unter 400 r. bieten werde. Das ist nun freilich für Frankfurt wenig genug, und

[1] Der (Probe-)Vortrag am 29. 5. 1861 behandelte das Thema „Über die physikalischen Grundlagen der menschlichen Erkenntnis".

er selbst schien zu meinen, daß ich davon allein nicht leben können würde (was ich übrigens bei meinen geringen Bedürfnissen bezweifle) aber er stellt mir als ganz sicher hin, daß es mir möglich sein werde, so wie ich nur etwas erst dort heimisch sei, durch wohlbezahlten Privatunterricht noch ein gut Stück Geld zu verdienen.

⟨6⟩ So steht also diese Angelegenheit. Ich hoffe sehr auf einen günstigen Ausgang. Frankfurt selbst – so wenig ich davon gesehen habe, trotz 6 Tage Aufenthalt – gefällt mir ausnehmend, besonders wegen der prachtvollen Umgebung. Die Einrichtungen des physikal. Ver. sind ebenfalls sehr einladend, – eine schöne Bibliothek, recht reichhaltiges physikal. Cabinet, schönes Auditorium (ungefähr von den Dimensionen des Weberschen). – Mein Empfang von Seiten der Leute, an die mich Stern empfohlen hatte, – Wallach u. Lorey, war ein ausnehmend freundlicher. Sie haben mir die größte Theilnahme gezeigt und mich auf jede Weise zu erleichtern gesucht. Der erstere hat mich am Sonnabend allein *5 mal* im Gasthof besucht, und die 3 Abende, die ich wohl war, Freitag, Dinstag u. Mittwoch nach dem Vortrage bin ich immer bei ihm gewesen und habe mich mit ihm und seiner Frau sehr gut unterhalten. Ich habe in ihm wirklich einen gediegenen Mann kennen gelernt, (er ist vielleicht ein Fünfziger), von hohem Interesse für wissenschaftliche Bestrebungen und, für einen sehr beschäftigten Arzt, kaum zu erwartenden physikalischen Kenntnissen. Auch von Lorey, – mit dem ich jedoch weniger verkehrt habe, – gilt dieß. Ich habe allen Respect vor solchen Leuten.

⟨7⟩ Nach diesem Berichte wirst Du mein verzögertes Schreiben wohl entschuldigt finden, und Dein Zorn wird in Mitleid übergegangen sein. – So lange ich in Frankfurt war, wollte ich die paar Augenblicke, die mir blieben doch benutzen, um von der Stadt etwas zu sehen, damit ich, im Falle eines ungünstigen Ausganges doch *Etwas* von meiner Reise habe. Gestern Morgen bin ich von dort abgereist und Nachmittags furchtbar erschöpft hier angekommen, und habe, nach dem ich nur Stern besucht und zum ersten Mal ins Bad gegangen war, mich gleich ins Bett gelegt um bis 9 Uhr zu schlafen; und jetzt ist es das erste gewesen, Dir, mein herziger Harald, zu schreiben.

Um nun auch auf Deinen Brief zurückzukommen, so will ich Dir vor Allem bemerken, daß mich die Aufgaben sehr interessirt haben, die im Seminar gestellt werden; das sind doch solche, die man mit Lust bearbeiten kann. Schreib mir bald, welche Du Dir ausgewählt hast, so wie auch noch Einiges von den übrigen. –

Was Kummer im Seminar vorträgt [VV 25] weiß ich aber noch immer nicht: imagin. Zahlentheorie und Theorie der imag. Zahlen, – was soll man hierunter verstehen.[2] Ist es die Theorie des Imag. überhaupt, d. h. die Theorie imag. Functionen oder ⟨8⟩ der Functionen mit complex. Variabeln – wie Riemann [VV 36] z. B. jetzt behandelt? – oder ist es die *Zahlen*theorie, auf diesen erweiterten Begriff der Zahl ausgedehnt? – wovon z. B. Schering vor einem Jahre etwas vortrug [VV 41].

Damit magst Du denn für heute genug haben. Ich setze nur noch hinzu, daß ich mich zur Zeit wieder leidlich wohl, nur noch etwas angegriffen fühle; und zunächst damit mich beschäftigen werde, das Versäumte von Riemanns [VV 36, 37] u. Stern's [VV 62] Collegien nachzuholen, so wie meine Stunden wieder in Angriff zu nehmen-. Es grüßt Dich herzlich Dein

Ernst.

NB: Guten Wein giebts in Frankfurt: für 48 Kreuzer die Flasche ist er ganz vortrefflich; am Mittwoch Abend habe ich mir darin zu guter letzt auch noch was zu Gute gethan. – O, wenn ich nach Frankfurt komme, wie wird er *Dir* schmecken, wenn Du mich dort besuchst.

---

[2] Die Bezeichnung der Kummerschen Seminarvorträge war entweder eine Kurzform für „Theorie der imaginären Zahlen" oder die Andeutung für eine schwierige Problematik, da der Begriff „imaginäre Zahl" ursprünglich für merkwürdige, nicht real existierende Sachverhalte eingeführt wurde, die in der Mathematik eigentlich nichts zu suchen hätten.

25 Abbe an Schütz — Göttingen, 4. Juni 1861

Göttingen, Juni 4, 1861.

Mein lieber guter Harald.

Deine Riesenepistel ist mir am Sonntag richtig zu Händen gekommen, und ist mir eine reichliche Quelle des Trostes für das Mißgeschick der verflossenen Woche gewesen. Zu Deiner Beruhigung kann ich Dir auch mittheilen, daß ich zur Zeit wieder vollständig hergestellt bin, d. h. auch die große Abspannung und Angegriffenheit, die ich aus Frankfurt mitgebracht habe, wieder verschwunden ist. Deßhalb nehme ich mir heraus, ausnahmsweise einmal Deinem freundlichen Befehle in betreff des Strohhutes keine Folge zu leisten, da nach meiner Erfahrung ich keinen Grund habe, auch nur im entferntesten meinem Filzhute die Kopfschmerzen, resp. deren Beförderung, zuzuschreiben, ich vielmehr der Meinung bin, daß wofern überhaupt ein Einfluß der Kopfbedekkung stattfindet - Nichts ungünstiger sein müsse, als wenn Einem die Sonne durch eine dünne Strohdecke mit voller Macht auf den Schädel brennen kann. Dagegen bin ich sehr stark daran, Deine andern Ratschläge, nicht zu viel zu arbeiten, recht reichlich zu befolgen. Ich habe mir in der That keine andere Arbeit vorgesetzt als was unumgänglich nöthig ⟨2⟩ ist, – außer meinen beiden Vorlesungen (und was mit diesen zusammenhängt) die Arbeiten auf der Sternwarte und meine 14 Privatstunden in der Woche; die übrige Zeit werde ich radical verbummeln, indem ich Dir das Arbeiten für die Firma[1] überlasse und meinerseits das Spazierengehen übernehme – bei welcher Geschäftstheilung Du jedenfalls nur gewinnen kannst.

Deinen Auftrag an Stern habe ich gestern Abend besorgt; heute morgen hat er mir Deinen Aufsatz übergeben, mir aber noch besonders zur Pflicht gemacht, dafür zu sorgen, daß er ihn wieder bekomme. Die Abhandlung von *Reiß* steht *Crelle's Journ. Bd. 56*

---

[1] Der Begriff „Firma" ist einerseits Ausdruck ihres gemeinsamen Strebens, bezeichnet aber auch ihre gemeinsame Kassenführung, abgestimmte Bücherkäufe u. a.

[TV 82]. Er wollte Dir einen Separatabdruck, den er davon besitzt, schicken, konnte denselben aber nicht finden. (Es ist nur diese *eine* Abhandlung, die Etwas über die Frage enthält.) Er läßt Dich grüßen, und freut sich sehr darüber, daß Du diesen Gegenstand weiter bearbeiten wollest. – Ich meinerseits will wünschen, daß Du damit Deinen Zweck ohne allzugrößte Mühe erreichst.

Mit dem, was Fritsche von mir will, bin ich noch nicht im Reinen. Weiß er denn nicht, in welchem Jahrgange der Gel. Anz. [TV 16] die fragliche Recension zu suchen ist? – Denn sonst könnte ich ja in hundert ⟨3⟩ Bänden herumblättern. Die neuesten Hefte, die auf dem Museum aufliegen – (vom 8ten bis 29. Mai) enthalten *Nichts* davon; und die übrigen aus diesem Jahre sind mir nicht zugänglich, da sie auf dem Museum *nicht mehr* und auf der Bibliothek *noch nicht* stehen.

Hierbei denke ich auch an Deine Frage nach Neuigkeiten. Von Studentenkrawallen weiß ich nichts; auch von dem aus dem vorigen Semester habe ich nichts wieder gehört; und ebenso wenig etwas von einer „Gasfrage", die, denke ich längst überwunden ist. Aber von der Museumswahl habe ich Dir ganz vergessen, zu erzählen – was wohl daran liegen mag, daß das Resultat nichts weniger als erfreulich ausgefallen ist: Die Corps haben mit einer sehr großen Majorität den Sieg davon getragen, während die Verbindungen gar keine Candidaten aufgestellt hatten. Jene hatten wiederum durch Seniorenbeschluß bewirkt, daß Alle das Museum belegen mußten. – Ich glaube, daß dieser ungünstige Erfolg, (selbst im Sommersemester) wohl alle Erwartungen abschneidet, daß die Wilden auf diesem Wege viel erreichen werden.

Sonst weiß ich Dir von Stadtneuigkeiten Nichts zu erzählen: Du weißt ja, daß ich früher ⟨4⟩ immer erst Alles von Dir erfuhr, und darfst Dich daher jetzt nicht wundern, wenn ich *Dich* nicht mit Neuigkeiten versorgen kann. Sieh' Du vielmehr zu, daß Du Etwas aus Göttingen von andrer Seite erfährst, und schreib' mir es dann; das wird mich sehr interessiren. Damit Du jedoch nicht ganz leer ausgehst, will ich diesen Brief noch offen lassen, um heute Nachmittag Dir gleich brühwarm das Resultat der *Preisvertheilung*[2]

---

[2] Für Studenten wurden jährlich von den vier Fakultäten Preisaufgaben ausgeschrieben,

zu verkünden, die um 3 *Uhr* statt haben wird; sonst möchte ich bis zum nächsten Briefe auch dieß wieder vergessen haben. – Vorher jedoch danke ich Dir für Dein freundliches Anerbieten von wegen der 25 oder 50 r., mit denen Du Deiner Göttinger Casse aufhelfen willst. Sie bedarf dieser Hilfe im Augenblicke nicht; denn obschon ich am Donnerstag mit nur 7 sg. in der Tasche hier ankam, so hat mir mein Alter doch heute morgen schon 12 r. geschickt, welche meine Bedürfnisse vollständig decken; und außerdem habe ich auch bei meinem Philister unbegrenzten Pump – welchem Umstande ich es übrigens zu verdanken habe, daß ich in Frankfurt nicht mit dem Gelde in Verlegenheit gerathen bin. Denn die Reise hat mich, Alles zusammen, 22 r. gekostet, 11 r. Fahrt, 11 r. Aufenthalt, während ich höchstens auf 16 r. gerechnet – mir doch aber zum Ueberfluß noch 6 r. vom Philister hinzugenommen hatte.

⟨2, Rand⟩ Arnold Meyerstein läßt Dich grüßen; er hat mir erzählt, daß er die Ferien in Bielefeld gewesen, und Deine Eltern alle wohl getroffen hat; kürzlich will er Dir schreiben.

Nachmittag 3/4 5 Uhr

⟨5⟩ So eben ist die Preisvertheilung vorüber. Curtius hat eine ziemlich lang weilige Rede gehalten über den Unsterblichkeitsglauben der Alten, – furchtbar gottselig und salbungsvoll. – Bei der Preisvertheilung sind sie dießmal sehr freigebig verfahren: die Mehrzahl der eingegangenen Arbeiten gekrönt, darunter auch, wie zu erwarten, die Hankels [TV 56]. Bei ihm wurde eine umfassende Kenntniß der analytischen Methoden und eine bedeutende Sicherheit in ihrer Anwendung gerühmt, andrerseits auch, wie natürlich, auf einige Mängel, hingewiesen, und ihm eine nochmalige Durchsicht vor dem Drucke aufgegeben. Unter den neu gestellten Aufgaben wird Dich interessiren: eine ⟨6⟩ phÿsikalische (mathematisch-experimentell), die offenbar Weber gestellt hat, einschlagend in die

---

die Preisverteilung fand am 4. Juni, dem Geburtstag des Stifters (Georg III. von Hannover), statt.

Lehre von den galvan. Strömen. Weil ich zu fern stand, habe ich von der überdieß lateinischen Aufgabenstellung nicht mehr als dieß herausgehört, so wie noch, daß sie *deutsch* bearbeitet werden darf. Ich werde Dir seiner Zeit näher den Inhalt namhaft machen, da es für Dich möglicher Weise ein Interesse haben dürfte. – Interessant war noch der Schlussact von Seiten Curtius: Auf das in sehr kurzen, dürren Worten abgefertigte officielle Dankvotum für den König eine lange, begeisterte und wirklich sehr schöne und erhebende patriotische Ansprache, – Wünsche, Hoffnungen, für die *Einigung* und Kräftigung des Vaterlandes u. s. w. – Der reine Hohn und Trotz gegen den König von Hannover. –

Hiermit für dießmal genug, weil sogleich mein Engländer[3] zur Stunde kommen wird. – Leb' recht wohl, mein herziger Harald, u. behalte lieb Deinen

Ernst.

26 Abbe an Schütz — Göttingen, 13. Juni 1861

Göttingen, Juni 13, 1861.

Lieber, guter Harald.

Ich will nicht lange Zeit verstreichen lassen, bevor ich Dir auf Deinen vorgestern erhaltenen Brief antworte, einestheils schon aus allgemeinen Menschlichkeitsrücksichten – daß Du nicht zu oft beim Nachhausekommen vergeblich auf Deinen Schreibtisch zu sehen brauchst – dann aber auch, weil ich Dir eine wichtige Nach-

[3] Einer der Privatschüler Abbes in Göttingen. Durch die dynastischen Beziehungen zwischen Hannover und England wurden verstärkt Studenten aus angelsächsischen Ländern nach Göttingen gezogen, die auf Grund mangelnder Sprachfertigkeiten dem gebotenen Vorlesungsstoff nicht immer folgen konnten und deshalb gegen Entgelt die Vermittlung der Lehrstoffe durch Mitstudenten in Anspruch nahmen.

richt in betreff meiner Frankfurter Angelegenheit mitzutheilen habe. Ich weiß nicht, soll ich die Wendung, die selbige genommen hat, als eine günstige oder als eine ungünstige bezeichnen - jedenfalls ist es eine sonderbare. Am Dinstag Abend theilte mir nämlich Stern mit, daß ihm Dr. Wallach über den Stand meiner Angelegenheit geschrieben habe, mit dem Auftrage, mich davon zu unterrichten – u. zwar: daß zur Zeit der Vorstand des Vereins die Frage wegen meiner Anstellung der Generalversammlung noch *nicht* vorgelegt habe, weil nach den eingezogenen Erkundigungen die Stimmung der Mitglieder den Erfolg als *zweifelhaft* erscheinen lasse. Die Gründe, die ich Dir schon nannte, die mir in Frankfurt gesagt wurden – daß die Einkünfte des Vereins zu unsicher seien, – daß der Verein an dem einen Lehrer, Dr. Boettger, zur Noth genug habe, ⟨2⟩ u. dergl. werden von einer starken Partei vertreten; und diese Partei hat leider – wie ich selbst sehr wohl vorhergesehen habe – an meinem Vortrage mancherlei Angriffspunkte für ihren Widerstand gefunden. Denn abgesehen davon, daß er doch etwas zu abstract, u. für ein solches Publicum wohl auch – für die Mehrzahl wenigstens – zu schwer war, mag besonders meine nicht ganz fließende Rede (in Folge des sehr angegriffenen Zustandes, in dem ich mich befand) einigen Anstoß erregt haben. Indeß, was die Sache wieder etwas bessert, ist, daß der Vorstand selbst mir sehr gewogen zu sein scheint. Wie Wallach schreibt, ist letztrer der Meinung, daß diese Uebelstände meines Vortrages nur Folge der ungünstigen Verhältnisse seien, unter denen ich mich damals befand, und daß es mir unter besseren Verhältnissen wohl gelingen werde, ganz gut (?) vorzutragen; und andrerseits sei der Vorstand doch zu der Ueberzeugung gelangt, daß es die Interessen des Vereins zu sehr forderten, einen sachverständigen Physiker zu haben, um dem alten Schlendriane ein Ende zu machen, in den jetzt mit Boettger die Sache gekommen sei (daß die nämlichen Gegenstände Jahr aus Jahr ein vorgetragen werden pp). Der Vorstand läßt mich daher fragen, ob ich nicht geneigt sei, statt Alles auf die zweifelhafte ⟨3⟩ Entscheidung der – wie Wallach hinzusetzt, sehr uncompetenten – Generalversammlung ankommen zu lassen, nicht lieber *vorerst* auf eine förmliche Anstellung verzichten und mir statt dessen, wie es im vorigen Jahre mit Eisenlohr geschah, für *nächsten Winter einen Cyklus von Vorlesungen übertragen lassen wolle.* Letzteres könne der Vorstand auf *eigene* Faust thun, und würde mir im Falle der Annahme ein Honorar von 400 *Gulden* dafür gewähren. Er mache diesen Vorschlag in der Zuversicht, daß es mir gelingen werde, durch einen längeren Verkehr mit den Mitgliedern ein allgemeineres Interesse für die Sache zu erwecken und mir dadurch im *nächsten Frühjahr* eine definitive Anstellung zu sichern.

Der Vorschlag ist jedenfalls sehr wohl gemeint; u. ich habe auch nicht Anstand genommen, darauf einzugehen, u. habe gleich gestern meine Erklärung darüber an Dr. Wallach abgegeben (weßhalb ich erst heute dazu komme, *Dir* zu schreiben) – NB: Wallach hatte nur an Stern geschrieben, weil der Vorstand von ihm ein officielles Gutachten über mich verlangt, und er hatte Stern beauftragt, nur im Falle eines günstigen Ausfalls des letzteren mir überhaupt davon Mittheilung zu machen – was mir Stern im Vertrauen gesagt hat.

Was meinst Du zu der ganzen Geschichte? Es ist verteufelt, daß ich in Frankfurt solches Pech gehabt habe. Wäre ich dort ordentlich ⟨4⟩ frisch u. munter gewesen, so würde wahrscheinlich die Angelegenheit eine günstigere Wendung genommen haben. Aber ich denke: es ist doch so besser, als wenn ich gradezu durchfalle. Denn wenn ich mir ein anderes Unterkommen suchen muß, so kann ich das wohl nächstes Frühjahr so gut wie jetzt, und habe dann einen Winter gewiß in einer angenehmeren Stellung hingebracht, als wenn ich vielleicht in einem abgelegenen Neste schulmeistern muß, da mir 400 Gulden wohl schon ein anständiges Auskommen in Frankfurt sichern.

Wollen also sehen, was daraus wird. Im nächsten Briefe werde ich Dir hoffentlich den Abschluß dieser Angelegenheit mittheilen können, und werde auch die näheren Bedingungen jenes Auftrages erfahren: wie viel Stunden ich die Woche vortragen soll pp – Sonst kann ich Dir wenig Neues mittheilen. Ich halte täglich meine Stunden (welche übrigens die Engländer, bei dem heißen Wetter auch manchmal schwänzen) u. habe jeden hellen Abend von 10 Uhr bis gegen 1 Uhr auf der Sternwarte zu thun, – theils mit Klinkerfues, theils für mich – (Ich beschäftige mich jetzt eifrig mit Aufsuchen u. Beobachten der kleinen Planeten, was immer eine sehr häkeliche Arbeit ist). – Hierüber, so wie über meine Stunden, und über Meyerstein's Spectrometerangelegenheit will ich Dir das nächste mal schreiben, da ich jetzt noch für heute Abend Auszüge aus Argelander's Zonenbeobachtungen [TV 24, 25] machen muß. Leb' daher einstweilen recht wohl, mein liebes Haraldchen, u. denke an Deinen

Ernst.

Von Stern u. Adolph soll ich Dich grüßen.

NB: Was machen denn Deine Angehörigen in Bielefeld – im besondern Dein lieber Vater?

⟨1, Rand⟩ A propos, Was ich schon das vorige Mal fragen wollte: Du schreibst in Deinem vorletzten Brief, das Ministerium habe sich nach Dir erkundigen lassen. – Wie ist das zu verstehen – d. h. in welcher Form u. unter welchem Vorwande ist denn das geschehen? u. was hat es denn zu bedeuten?[1]

27 Abbe an Schütz Göttingen, 23. Juni 1861

Göttingen, Juni 23 1861.

Mein lieber Alter ego.

Du hast in letzter Zeit von mir immer Briefe bekommen, die so voll waren von den Angelegenheiten meiner wichtigen Persönlichkeit, Deiner (bessern!) Göttinger Hälfte, daß für die wichtigsten Dinge, wie die Frage nach Deinem Alten u. dergl., nur die letzten Zeilen oder gar nur der noch frei gelassene Rand übrig

[1] Wegen der Erblindung des Vaters war für Schütz ein staatliches Stipendium vorgesehen.

blieb. Hoffentlich wird das nicht immer so fortgehen, sondern bald die Zeit kommen, wo ich die 4 od. 6 Octavseiten in billigerer Weise vertheilen werde. Nur heute muß ich noch einmal von mir anfangen, indem ich Dir die wichtige Nachricht mittheile: daß ich gestern Abend das officielle Berufungsschreiben vom Vorstande des Vereins in Frankfurt[1] erhalten habe – für nächstes Wintersemester zu einer Reihe von Vorträgen, gegen 400 Gulden Honorar – ganz so, wie ich Dir schon in meinem letzten Briefe als bevorstehend schrieb. So ist denn diese Sache endlich ins Reine gebracht, worüber ich herzlich froh bin, wenn auch das Erreichte ein gutes Stück hinter den Anfangs gehegten Erwartungen zurück- ⟨2⟩ geblieben ist. Besser Wenig als gar Nichts. Uebrigens weiß ich noch Nichts Näheres über die Zeit, um welche meine Thätigkeit in Frankfurt zu beginnen haben wird, u. dergl. Darüber stand in dem Schreiben des Vorstands keine bestimmte Angabe; jedoch vermuthe ich, daß es wohl Anfangs October sein wird, so daß ich, um mich vorher erst gehörig in Frankfurt einzurichten, wohl um Mitte September mich werde hinbegeben müssen, nachdem ich zuvor jedenfalls erst ein paar Wochen in Eisenach gewesen sein werde. – Doch genug davon, damit ich endlich auch einmal zu was Anderem komme.

Was ich über den Grund Deiner, mir damals sehr räthselhaft erscheinenden Angelegenheit mit dem Ministerium höre, bedaure ich sehr, wenn es wirklich so kömmt, daß die Herren die jedenfalls gerechten Ansprüche Deines Alten mit einem magern Stipendium, das sie Dir ertheilen, abspeißen wollen. Aber auch hier tröste Dich, wie ich es thue, damit: besser Wenig als gar Nichts.

– Deinem lieben Väterchen sage einen ehrerbietigsten Gruß von mir, der ich auf das herzlichste wünsche, daß es ihm so wohl gehen möge, als es bei seiner Lage nur ⟨3⟩ möglich ist; es tröstet mich einigermaaßen, daß, nach dem zu schließen, was Du mir von ihm erzählt hast, er sich leichter als mancher Andere über sein Mißgeschick hinwegsetzen wird. Bei dem Worte Stipendium vorhin denke ich daran, wie es kömmt, daß Du bis jetzt noch kei-

[1] Das Schreiben des Vorstandes des Physikalischen Vereins vom 19. 6. 1861 lud Abbe zu einer Reihe von Vorträgen über Physik für das mit dem 1. 10. 1861 beginnende Wintersemester ein und sicherte ihm ein Honorar von 400 Gulden zu.

nes hast, da es deren doch wohl in Preußen ebenso geben wird wie anderwärts, und Du doch jedenfalls gegründete Ansprüche darauf hast. – Hast Du Dich, bevor Du nach Berlin giengst, nicht um eines beworben?

Deinen Gruß an Meyerstein habe ich besorgt. Er freute sich zu hören, daß Du Dich wohl befindest, dachte aber auch an seine Sünden, daß er Dir noch immer nicht geantwortet habe. Ich habe ihn darüber beruhigt, indem ich sagte, daß Du wohl den Grund davon nur in seinen überhäuften Geschäften suchen werdest. – Ich bin in den letzten Wochen viel mit ihm zusammen gekommen, besonders auf Anlaß seines Spectrometers[2]. Ich habe die Formel, die Du ihm für die Anwendung der neuen Methode, entwickelt hast, noch einmal nachgesehen, und ihn darauf aufmerksam gemacht (was Dir entgangen zu sein scheint) daß man dieselbe für die Rechnung, trotz des ⟨4⟩ Wurzelausdrucks

$$\sqrt{1+\operatorname{ctg}^2\frac{\varphi+\mu}{2}\cdot\operatorname{tg}^2\frac{\varphi}{2}\cdot\operatorname{tg}^2\frac{\delta}{2}}$$

darin, sehr bequem machen kann, indem man einen Hilfswinkel einführt; denn setzt man

$$\operatorname{ctg}\frac{\varphi+\mu}{2}\cdot\operatorname{tg}\frac{\varphi}{2}\cdot\operatorname{tg}\frac{\delta}{2}=\operatorname{tg}\beta,$$

so ist dann $n=\dfrac{\sin\frac{\varphi+\mu}{2}}{\sin\frac{\varphi}{2}}\cdot\dfrac{\cos\frac{\delta}{2}}{\cos\beta}$, wonach man mit Logarithmen rechnen kann, ohne dazwischen auf die Numeri zurückgehen zu müssen. – Außerdem habe ich ihm die Fehler bestimmt, die durch die weniger genaue Messung des Drehungswinkels δ in n zu erwarten sind; u. da stellt sich heraus, daß auch für beliebig großes δ, ein Fehler von 1/10° darin doch noch keine Einheit der 3ten Dezimale in n austrägt; wogegen andrerseits δ 7–8° nicht überschreiten darf, wenn eine Genauigkeit bis auf die 4te Decimale erreicht werden soll (ohne δ genauer als bis

[2] Beim Spektrometer (als Goniometer) handelt es sich um ein Winkelmeßgerät zur präzisen Bestimmung von Brechzahlen fester und flüssiger Stoffe in prismatischer Form. Meyerstein hatte bereits 1856 ein solches Instrument konstruiert und beschrieben.

1/10° zu messen). Für sehr feine Bestimmungen muß man also δ immer hinreichend klein halten, was voraussetzt, daß man den Ablenkungs ∢ μ nur *sehr wenig* größer als die Minimalablenkung für den zu messenden Strahl nehme. Vor 8 Tagen ist das Spectrometer, das er in Arbeit hatte, fertig geworden, und wir haben zusammen mehre Beobachtungsreihen damit ausgeführt, sowohl mit großen Werthen ⟨5⟩ von δ (indem wir das ganze Spectrum mit ein und demselben Ablenkungswinkel μ durchnahmen) als auch mit sehr kleinen, in welchem letzteren Falle man noch den Vortheil erreicht, daß man den Factor $\sqrt{}$ ganz vernachlässigen (=1 setzen) kann. – Das Instrument ist sehr schön, bedeutend handlicher und sicherer als das Listingsche[3], u. die Beobachtungen zeigen eine auffallende Uebereinstimmung. – In den nächsten Tagen wollen wir noch ein paar Messungsreihen vornehmen, die dann Meyerstein in der abzufassenden Beschreibung des Instruments als Beispiele anführen will.

– Deinem Mechanicus gebe ich keine Stunden. Da ich durch die beiden Engländer, und den Andern, dem ich schon früher Stunde gegeben habe, wöchentlich ihrer 14 hatte, so habe ich Meyerstein Nichts gesagt, und er hat auch Nichts gesagt. Jetzt indeß habe ich weniger, da der zweite Engländer, nachdem er von Anfang an sehr unregelmäßig gekommen war, die Stunden wieder aufgesteckt hat – der großen Hitze wegen, wie er sagt. Bell dagegen kömmt ziemlich fleißig; ich nehme mit ihm besonders das durch, was Stern und Weber vortragen, und entferne mich nur dann und wann etwas weiter von dem hier- ⟨6⟩ durch vorgesteckten Pfade, da selten Zeit übrig bleibt, zu einer zusammenhängenden neuen Betrachtung. – Mit dem kleinen Adolph nehme ich Stereometrie durch, nämlich in der Weise, wie es für einen Schüler von der nöthigen Vorbereitung das Angemessenste ist – unter Anwendung der Trigonometrie, – also auch sphärische Trigon.

Wie ich Dir schon geschrieben habe, macht mir Adolph grade große Freude, durch seinen Eifer und seine Fähigkeiten. – Du erhältst beiliegend einen Brief von ihm, den er mir vor einigen

[3] Vermutlich ist damit ein älteres von Meyerstein gefertigtes Spektrometer gemeint, das zu optischen Übungen unter Listings Leitung im Mathematisch-Physikalischen Seminar diente.

Tagen gegeben hat, – nicht einmal zugesiegelt wahrscheinlich aus Zartgefühl gegen mich.

Hiermit magst Du für dießmal genug haben; das nächste Mal über andre Dinge. – Schreib mir auch einmal was über den Verlauf Deiner Vorlesungen bei Kummer [VV 24, 25] u. Weierstraß [VV 70]; so wie über Deine Seminarthätigkeit, worüber Du lange stille geschwiegen hast. (Ich habe, um das noch zu erwähnen, nächsten Mittwoch bei Ulrich[4] vorzutragen – worüber, weiß ich noch nicht – u. habe gestern auch für Stern eine – übrigens sehr leichte Arbeit gemacht, deren Titel zu *lang* u. zu uninteressant ist, um ihn Dir zu schreiben)

Damit gehab' Dich wohl, mein lieber Orest, u. behalte lieb Deinen

Pylades.

Wenn Du *Martin* etwa siehst, so grüße ihn von mir, u. sage ihm, daß ich in Kürze ihm einen Brief schicken werde. Grüße auch *Schulz* von mir – was macht der eigentlich? Du bist ja ganz still von ihm?

28 Abbe an Schütz — Göttingen, 5. Juli 1861

Göttingen, Juli 5, 1861.
Freitag Mittag.

Liebster Harald.

Daß Du meinen Brief wieder ein mal mehre Tage später bekömmst als Du ihn erwartet haben wirst, daran ist Niemand weiter Schuld, als der verdammte Comet, der mich seit Dinstag so sehr

[4] Gemeint ist ein Vortrag im Mathematisch-Physikalischen Seminar unter Ulrichs Leitung.

in Anspruch nimmt, daß Du armer Junge darüber ganz vergessen wirst. Seit er nämlich (Dinstag Nachts) von Klinkerfues zuerst hier gesehen worden ist, habe ich stets die halbe Nacht auf der Lauer gestanden, um ihn durch die Wolken hindurch, die zu meinem unglaublichen Aerger nicht weichen wollen, auf eine Viertelstunde zu erhaschen. Daß ist mir allerdings nur ein einziges Mal gelungen, so daß sich eine Ortsbestimmung vornehmen ließ, während er sonst immer nur auf Augenblicke durch die Wolken hindurchsah. Aber auch die Tage habe ich seinetwegen, so viel freie Zeit ich hatte, auf der Sternwarte zugebracht, um mich Eilens u. Jagens noch auf ein Instrument – den Steinheil'schen Prismenkreis[1] – einzuüben, mit welchem ich ihn gern beobachten möchte. Diese Beschäftigungen und dazu noch eine andere von Seiten Meyersteins – wovon hernach des Mehren – sind der Grund, weßhalb ich erst jetzt dazu komme, Dir zu schreiben. –

Ich komme zuerst auf den interessantesten Theil Deines Briefes zurück, – auf Deinen ⟨2⟩ lobenswerthen Vorsatz, Deine Nachhausereise über Eisenach vorzunehmen und da nach langer Trennung wieder ein paar Tage (oder lieber ein paar Wochen) mit mir zusammen zu sein. Darüber freue ich mich königlich – was aber meine Freude wieder etwas kühlt, ist, daß ich jede Zeitangabe in Deinem Briefe vermisse und andrerseits vermuthen muß, daß Du dabei an eine Zeit denkst, zu welcher ich wohl schwerlich werde in Eisenach sein können. Denn ich habe Klinkerfues u. Weber, zu Anfang des Semesters – wie ich Dir auch mitgetheilt zu haben glaube – die Zusage gegeben, während der Ferien hier zu bleiben, u. ich werde wohl nicht umhin können, mein Versprechen auch zu halten – insofern ich darauf rechne, eine Remuneration für meine Hilfsleistung[2] zu erhalten. Und grade während der Ferien würde meine Anwesenheit für Klinkerfues am nöthigsten sein, weil Ende Juli oder Anfang August die bestellte Registriruhr (Chronograph) ankommen wird, mit welcher die Beobachtungen,

[1] Ein von Steinheil Anfang der dreißiger Jahre des 19. Jahrhunderts konstruiertes Winkelmeßgerät, das auf dem Prinzip des Sextanten beruht, jedoch anstelle des Kreissektors einen Vollkreis und statt der beiden Spiegel zwei übereinanderliegende Prismen besitzt.

[2] Klinkerfues und Weber bildeten zu dieser Zeit gemeinsam das provisorische Direktorium der Sternwarte. Abbe erhielt für seine Hilfsbeobachtertätigkeit an der Sternwarte eine Vergütung von 20 Talern.

um die es sich handelt, erst in großem Maaßstabe betrieben werden sollen; wozu noch kömmt, daß die beiden Monate des Spätsommers, August u. September, wegen des zu hoffenden constanten Wetters für diese Beobachtungen die günstigste Zeit sind. – Ich gedachte daher, so lange hier zu bleiben, als meine Stellung im nächsten Winter es gestattet, ⟨3⟩ d. h. bis vielleicht 14 Tage, bevor ich nach Frankfurt muß, und nur diese 14 Tage dann in Eisenach zu bleiben – was auch in meinem Interesse liegt, insofern ich hier überhaupt mehr arbeiten kann als wenn ich zu Hause bin, und besonders die Gelegenheit zu astronomischen Beobachtungen gerne noch ausbeuten möchte. – Was soll ich nun machen? Du wirst jedenfalls gleich nach Schluß der Vorlesungen von Berlin fort wollen; und dieser Schluß ist dort, soviel ich von Martin weiß, schon *Anfang* August, also zu einer Zeit, wo hier noch gelesen wird. Ich glaube, der einfachste Ausweg ist: Du fährst statt über Eisenach, über *Göttingen*, – natürlich um mich in Eisenach ein *andermal* zu besuchen – u. bleibst da *ein* od. zwei Wochen – (wenn Du so lange Zeit hast), wodurch Du überdieß den Vortheil erreichst, auch noch andere Leute, außer mir besuchen zu können, (Stern u. Meyerstein würden sich gewiß höchlich darüber freuen). Ueberleg Dir diesen meinen Vorschlag einmal, und schreibe mir Deine Meinung. Sehen müssen wir uns, das steht fest, besonders nachdem Du selbst den Anstoß gegeben hast, und ich erwarte sehnlich den Tag, wo ich Dich wieder werde umarmen können. –

Was ich von Deinem Mißgeschick mit der Stipendien-Concurrenzarbeit höre, bedaure ich sehr; im Interesse unserer Kasse hättest Du Dich freilich auch besser vorsehen, d. h. früher anfangen müssen, um sicher zu sein, bis zur gesetzten Frist ein Resultat zu erreichen.[3] Nun – das nächste ⟨4⟩ Semester wird es besser gehen. –

– Was Meyerstein anbetrifft, so hat der die Beschreibung des Spectrometers ausgearbeitet und sie mir vorgestern zur Durchsicht gegeben, wobei er mich aufforderte, ihm recht offen meine

[3] Offenbar handelt es sich um eine Preisarbeit im Mathematischen Seminar zu Berlin, wo die besten Leistungen der Seminarteilnehmer prämiert wurden.

Aussetzungen mitzutheilen. Das habe ich denn auch gethan; ich habe die Abhandlung (die vielleicht 1 Bogen stark wird) sorgfältig durchgelesen, kleinere Verstöße gegen die Orthographie u. Grammatik (die wohl von dem Abschreiber herrühren mochten) gleich corrigirt, und ihm mehrfache Verbesserungsvorschläge gemacht, besonders was die Darstellung der *Methode*, die er vorschlägt, anbetrifft. Denn diese Darstellung ist mir möglichst ungeschickt vorgekommen, d. h. möglichst unverständlich, in dem er jene Darlegung der Methode mit ganz fremdartigen, das Practische des Instruments angehenden Bemerkungen, die zur nachfolgenden Beschreibung gehörten, untermengt hatte, so daß das Wesen der Sache möglichst verhüllt war. Die Einführung des *Hilfswinkels* hat übrigens ihre Stelle gefunden, in einer, jedoch lange nicht so eleganten Ableitung der Formel, wie die Deinige – die ich ihm nämlich, ohne von Deiner etwas zu wissen, gab, als er mich bat, die Formel einmal zu discutiren, und die Abhängigkeit des Werthes n von δ näher anzugeben. Sie scheint ihm besser zugesagt zu haben als Deine sehr kurze aber sehr abstract-analytische, u. er hat sie in seine Beschreibung aufgenommen. ⟨5⟩ Ich hoffe, daß ihn meine Bemerkungen veranlassen werden, die Einleitung besser zu machen, indem ich voraussetze, daß er es mir nicht übel genommen haben wird, wenn ich ihm meine Meinung offen gesagt habe. – Er gedenkt die Abhandlung auf *eigene Faust* drucken zu lassen [TV 74] – wofern ihm der Druck der *Tafel* dazu nicht zu kostspielig wird; sonst will er nur eine kürzere Notiz an Poggendorff geben [TV 73]. – Im ersteren Falle habe ich mich zur Correctur erboten, welches Anerbieten er auch angenommen hat.[4] – In Familie bin ich noch nicht bei ihm gewesen – was mir auch ganz angenehm ist, da ich mir daraus ein für alle Mal nichts mache; er hat *mich* aber am Sonntag in höchst eigener Person auf meiner Bude besucht. – Am Dinstag hat er mir auch, an einem kleinen improvisirten Apparate, die Bunsen-Kirchhoffschen Linien[5] bei den verschiedenen Stoffen gezeigt. Sie waren, trotz der

[4] In Meyersteins Veröffentlichungen über das neue Spektrometer [TV 73, 74] ist Abbes Hilfeleistung nicht erwähnt.

[5] Im heutigen Sprachgebrauch Spektrallinien oder Linienspektrum, wobei es sich um verschiedenfarbige Spaltbilder handelt, die von einem Spektralapparat (wie z. B. beim Pris-

kleinen Dimensionen des Apparats, im besond. des Fernrohrs, auf's schönste sichtbar. Wöhler, ⟨6⟩ dem er sie ebenfalls zeigte, hat sich bewogen gefunden, sogleich einen Apparat der Art zu bestellen, worüber der Inspector sich sehr freute. – Ende dieses Monats gedenkt er, wie er mir sagte, mit Familie seine Ferienreise vorzunehmen – nach Nürnberg, *München*, u. von da aus in kleineren Ausflügen ins bairische Hochland. –

Neuigkeiten weiß ich Dir sonst nicht mitzutheilen. – Riemann hat vorige Woche sein Colleg 4 Tage ausgesetzt, wegen Unpäßlichkeit, die jedoch so weit nicht hergewesen zu sein scheint. Heute morgen bin ich 2 Stunden bei ihm gewesen u. habe mich über Allerlei mit ihm unterhalten. Er theilte mir mit, daß er nächsten Winter über *bestimmte Integrale* zu lesen gedächte, *wenn* Stern nicht etwa es ebenfalls lesen wolle – welches letztere jedoch, wie ich weiß, *leider!* der Fall ist, so daß er wohl aus Bescheidenheit davon abstehen wird.[6]

Damit lebe recht wohl, mein lieber Harald, und erfreue bald mit einer angenehmen Nachricht Deinen

Ernst.

29 Abbe an Schütz — Göttingen, 14. Juli 1861

Göttingen, Juli 15, 1861.
Sonntag Mittag.[1]

Mein liebster Harald.

Ich freue mich sehr darüber, daß Du die Gründe, die mich abhalten, zu Anfang der Ferien in Eisenach zu sein, gelten läßt und bereit bist, auf eine andere Weise ein Rendezvous zu bewerkstel-

---

menspektrometer von Meyerstein) erzeugt werden, wenn der Eintrittsspalt des Kollimators mit monochromatischem Licht (verschiedener Wellenlänge) bestrahlt wird. So hat jedes Element sein charakteristisches Linienspektrum.

6 Riemanns Vorlesung kam nicht zustande, während Stern die Vorlesung über die Theorie bestimmter Integrale hielt.

1 Die Datumsangabe stimmt nicht, da Sonntag der 14. 7. 1861 war.

ligen. – Das Wann u. Wo zu bestimmen überlasse ich Dir, damit Du es so einrichten kannst, wie es Dir das Bequemste ist. Das Schönste wäre freilich, wenn Du mich zu Ende Deiner Ferien in Eisenach besuchen wolltest, wofern es mit der Zeit paßt. Ich werde nämlich, da meine Thätigkeit in Frankfurt, wie ich mittlerweile erfahren habe, erst mit dem 15ten October beginnt, bis zum 2ten od. 3ten October in Eisenach bleiben können. Vielleicht ist dies nicht weit von der Zeit, wo Du ohnedieß wieder in Berlin sein mußt (da ich gehört zu haben meine, daß das Wintersemester dort bedeutend früher beginnt als in Göttingen) u. dann würde es sich ja ganz gut machen, daß Du den letzten Theil der Ferien bei mir in Eisenach zubringst – so lange als Dich Dein Väterchen von zu Hause früher abreisen läßt. Und ich denke, er wird Dir, mir zu Gefallen, diese Zeit nicht gar zu knapp zumessen, sondern Dir Muße gönnen, Dich einmal recht ordentlich auszutreten, wozu die Jahreszeit an sich noch ganz günstig ist (wie wohl wir auch keine Langeweile haben werden, wenn ⟨2⟩ letzteres nicht der Fall wäre). Wenn also die angegebene Zeit in Deine Verhältnisse paßt, so bitte Dein Väterchen in *meinem Namen* recht angelegentlich, daß er Dich *mir* auf einige Zeit abtritt, und sage ihm, daß er mir dadurch eine große Freude machen wird. Sollte es aber zu Anfang October für Dich in Berlin noch zu früh sein, oder solltest Du es für besser und gerechter halten, mich zu besuchen, während sich Dein Vater in Halle befindet[2], so bist Du mir ebenso sehr hier in Göttingen willkommen, wenn Du mit den Unbequemlichkeiten meiner kleinen Bude fürlieb nimmst. Wenn wir nur wieder einmal zusammen sind – wo, ist ja im Grunde einerlei –

Deinen Vater u. Mutter grüße recht herzlich von mir, und vergiß nicht, mir zu schreiben, ob sie sich wohl befinden.

Ueber Frankfurt habe ich Dir mehre Einzelheiten zu berichten, die Dich interessiren werden. Am Freitag ist hier Dr. Lorey angekommen, um seinen Sohn zu besuchen, und hat mir einen Brief von Wallach überbracht, in welchem mir dieser über meine Anfragen Auskunft ertheilt. 1) daß die Vorträge am 15ten October

2 Es handelt sich offenbar um einen Verwandtenbesuch in Halle, wo sich 1804 der Philologe Christian Gottfried Schütz (1747–1832) niedergelassen hatte.

ihren Anfang[3] nehmen. 2) – was für mich das angenehmste ist: daß mir der Vorstand im Locale des Vereins neben dem physikal. Cabinet ein besonderes *Arbeitszimmer* (mit Heizung u. Beleuchtung) herrichten läßt, damit ich ⟨3⟩ ungestört für mich und von dem andern Docenten, Dr. Boettger, (der sein chemisches Laboratorium hat) möglichst unabhängig bin, der physikal. Apparat wird mir zur freien Disposition stehen, so daß ich auch in dieser Hinsicht von Boettger unabhängig bin – was mir um so erfreulicher ist, als ich grade in betreff dieses Punktes fürchtete, daß die nur provisorische Anstellung für mich den Nachtheil haben möchte, daß jener so quasi der Director bliebe, und ich mich ihm in der Benutzung der Hilfsmittel etwas unterordnen müßte.

– Außerdem schreibt mir Wallach, daß der Vorstand Prof. Boettger meine Anstellung officiell angezeigt habe und erwarte, daß er mir, so weit an ihm liege, förderlich sein würde. – Ich will mich freuen, wenn es mir gelingt, mich mit ihm auf guten Fuß zu stellen, – was jedoch wahrscheinlich nicht ganz leicht sein wird. –

Was meine Vorträge angeht, so ist dafür wöchentlich *ein* Abend (1–1½ Stunde) bestimmt, so daß für das ganze Semester 20 kommen. Außerdem werde ich auch an den *allgemeinen* Versammlungen des Vereins, die jeden Sonnabend statt finden und zu Referaten u. dergl. bestimmt sind, betheiligt sein. Der Vorstand will über die Art u. Weise hierbei keine Vorschrift machen, hält es jedoch für wünschenswerth, daß ich mit Boettger einen bestimmten Turnus verabrede, so daß abwechselnd einen ⟨4⟩ Sonnabend der, einen ich vortragen würde – was jedenfalls in unser beider Interesse liegt. – Nun der Gegenstand der regelmäßigen Vorträge: Ich habe dem Vorstande vorgeschlagen *Wärmelehre*, und wie mir Wallach schreibt findet diese Wahl allseitige Billigung. Es ist das ein Thema welches einmal einer allgemein verständlichen und doch bis zu gewissem Grade gründlichen u. wissenschaftlichen Darlegung sich leicht fügt und außerdem ein allgemeines Interesse gewinnt durch die vielen u. wichtigen practischen Anwendungen (die ich natürlich ganz besonders in den

---

[3] Abbes Vortragstätigkeit begann am 24. 10. 1861.

Vordergrund treten lassen werde) sowie auch durch die weitergreifenden theoretischen Ansichten, welche sich (durch Vermittelung der mechan. Wärmetheorie) daran knüpfen lassen, – wie es auch dem Umfange nach ein geeignetes Pensum darbietet. – Damit würde also meine Docentenlaufbahn beginnen! – Was meinst Du dazu? – Außerdem hat mir Lorey privatim noch mancherlei mitgetheilt, als ich gestern den ganzen Nachmittag bei ihm u. seinem Sohne zum Kaffee und Abends noch mit beiden bei Stern war: u. A. daß ich als Docent des Vereins mit Boettger unbedingtes Vorrecht in der Benutzung der ganz ansehnlichen Bibliothek des Vereins – die mit der Bibliothek des medicinischen Vereins der naturforschenden Gesellschaft u. des Senckenbergischen Stifts vereinigt ist – haben werde, – was auch recht angenehm ist. Ferner – was nicht so – daß ich eine Wohnung in Frankfurt nicht unter 140f. jährlich finden werde, wenn ich eine Kammer haben und nicht in die entlegensten Winkel der Stadt ziehen will – was beides natürlich sich nicht umgehen läßt – u. dergl., worüber wir uns hoffentlich bald mündlich werden unterhalten können.

⟨5⟩ Was Deine Frage anlangt, ob ich außer den Beobachtungen auch zu rechnen habe für Klinkerfues, so kann ich diese mit Nein beantworten. Es ist von Anfang ab nur von Hilfsleistung bei den wirklichen Beobachtungen die Rede gewesen. Indeß hat Klinkerfues allerdings versucht, mir die Berechnung einer Ephemeride der Hygäa (mit Berücksichtigung der Störungen durch Jupiter u. Saturn) für die Astronom. Nachrichten [TV 15] aufzupacken[4], (– die *er*, wie es scheint, übernommen hat); jedoch habe ich ihm damit abfahren lassen, weil ich jetzt keine Zeit mehr habe, 3 od. 4 Wochen auf eine solche Arbeit zu verwenden. Dagegen habe ich mich gleich von Anfang an bereit finden lassen, ihm auch die täglichen Vorbereitungen zu den Zonenbeobachtungen zu machen – nämlich die näherungsweise Zusammenstellung der Örter aller zu beobachtenden Sterne aus Argelander's Katalogen

---

[4] Ephemeriden: Tabellen vorausberechneter geozentrischer Örter von Himmelskörpern an der Himmelskugel in konstanten Zeitabständen. In den Astronomischen Nachrichten findet sich keine Veröffentlichung von Klinkerfues über die Ephemeride des Planetoiden Hygiea, dagegen ein Bericht von Merz, dem Nachfolger Abbes, über die Berechnung der Ephemeride Psyche für 1862 und einer späteren Ergänzung von Klinkerfues dazu.

[TV 24, 25] – weil er klagte, daß er mit der Reduction der gemachten Beobachtungen kaum fertig würde. – Und damit habe ich, wenn die Beobachtungen im Gange sind, genug zu thun, indem es alsdann für jeden Tag 2 Stunden Arbeit erfordert. – In den letzten 3 Wochen ist indeß beinahe gar Nichts in dieser Art zu thun gewesen, da erst das Wetter so lange schlecht war, und jetzt nun die hellen Abende benutzt werden zu Beobachtungen des Kometen. In den letzten Tagen bin ⟨6⟩ ich damit sehr beschäftigt gewesen, und nie vor 2 Uhr morgens nach Hause gekommen.

– Meyersteins Aufsatz ist druckbereit, u. zwar hat er den ersten Theil – die Beschreibung der neuen Methode – ganz nach meinem En[twur]fe abgeändert. Er braucht ihn *nicht* auf eigene Faust drukken zu lassen, sondern Deuerlich hat ihn *in Verlag* genommen [TV 74], so daß er gar keine Unkosten haben wird – was ihm sehr angenehm ist. – In den nächsten Tagen erwarte ich schon Correcturbogen, da Deuerlich versprochen hat, ihn bald drucke[n] zu lassen. – Auch in Poggendorffs Ann. wird etwas eingerückt. Poggendorff hat den Inspector kürzlich aufgefordert, das Electrogalvanometer in den Annalen zu beschreiben [TV 72], und er will daher die Gelegenheit benutzen, zugleich einen Auszug aus dem andern Aufsatze mitzuschicken – nämlich eine Darlegung der neuen Methode und, in Anschluß an die früher in den Annalen veröffentlichte Beschreibung des Spectrometers [TV 71], eine kurze Notiz über die daran vorgenommenen Aenderungen.

– Damit genug für heute. Es grüßt Dich herzlich Dein

Ernst.

30 Abbe an Martin Göttingen, 15. Juli 1861

Göttingen, Juli 15, 1861.

Lieber Martin.

Endlich komme ich dazu, meinen schon seit Wochen gefaßten Entschluß, Dir wieder ein mal zu schreiben, zur Ausführung zu bringen. Es wäre schon längst geschehen, wenn es mir nicht grade so gienge wie Dir, nämlich immer alle Hände voll zu thun zu haben. – Ich weiß nicht, ob auf Deiner Seite hierin eine Erleichterung eingetreten ist; doch glaube ich es nicht, da Du wohl im Augenblick noch mit den Vorbereitungen zu Deinem Doctor[1] beschäftigt bist. – Wie weit bist Du jetzt damit? – In Deinem letzten Briefe, den ich durch Schütz richtig erhalten habe, schriebst Du mir, daß Du eben im Begriffe seist, Dich zum Examen zu melden, schriebst aber auch von den vielen Weitläufigkeiten, die Deiner erst noch warteten, ehe es zur Promotion komme. Ich hoffe, daß Du diese bald überwunden haben wirst, und wünsche Dir dann von Herzen Glück für das Weitere.

Was meine Angelegenheiten anbetrifft, so habe ich Dir früher schon meine Aussichten, ⟨2⟩ beim Physikal. Verein in Frankfurt eine Anstellung zu finden, mitgetheilt; und Schütz wird Dir mittlerweile wohl auch schon erzählt haben, wie weit es damit gediehen ist. – Ich war kurz nach Pfingsten in Frankfurt, um daselbst einen Vortrag „über die physikalischen Grundlagen des menschlichen Erkennens" zu halten, wonach sich denn seit einiger Zeit die Sache dahin entschieden hat, daß ich *provisorisch* (für nächsten Winter, mit 400 Gulden Gehalt) als Docent beim Vereine angestellt bin. Durch mancherlei Rücksichten schien dem Vorstande des Vereins das vorläufige Provisorium geboten zu sein, und ich bin darauf eingegangen, da ich gegründete Aussicht habe, nächstes Frühjahr fest angestellt zu werden. – Anfangs October werde ich daher nach Frankfurt gehen; u. meine Thätigkeit wird darin bestehen, Vorträge über die Wärmelehre und ihre practischen

[1] Die medizinische Doktorpromotion von Martin fand am 10. 10. 1861 statt.

Anwendungen (wöchentlich einen) zu halten und außerdem alle 14 Tage in einer allgemeinen Versammlung des Vereins über specielle Themata vorzutragen, Referate zu erstatten u. dergl. Es steht mir dabei ein recht wohl ausgestatteter physikalischer Apparat zur Verfügung, den ich auch außer den Vorträgen ⟨3⟩ nach Belieben benutzen kann, da mir der Vorstand ein besonderes Arbeitszimmer einrichten lassen will. – Ich glaube allen Grund zu haben, mit der Stellung, die sich mir hier bietet, zufrieden zu sein. Die Thätigkeit, die mir in derselben bevorsteht, ist nicht nur gewiß viel angenehmer, als die Schulmeisterei sondern auch für meine weiteren (auf eine academische Thätigkeit abzielenden) Pläne jedenfalls förderlicher. Von den Leuten dort habe ich, nach den bei meinem Besuche in Frankfurt gemachten Erfahrungen, ein sehr wohlwollendes Entgegenkommen zu erwarten; und in mehren von ihnen (besonders zwei Aerzten, Dr. Wallach u. Dr. Lorey) habe ich überdieß Männer von hohem wissenschaftlichen Interesse kennen gelernt, mit denen in näheren Verkehr zu treten mir nur höchst erwünscht sein kann. – Auch die schöne große Stadt wird mir der Anregungen viele bieten; und so verspreche ich mir denn zunächst einen ganz angenehmen Winter und, wenn mir sonst das Glück nicht ungünstig ist, auch eine weitere Sicherung meines materiellen Fortkommens. –

Wenn ich auch in der ersten Zeit mannichfache Schwierigkeiten in meiner Aufgabe finden werde, was ich mir nicht ⟨4⟩ verhehle, so hoffe ich doch, sie zu überwinden, und dann in einer sorgenfreien Stellung, bei einer verhältnißmäßig geringen Arbeit, Muße zu wissenschaftlicher Thätigkeit zu finden. – Vorerst jedoch werde ich, wenn ich auch nur wenige Stunden vortragen muß, doch viel zu thun haben, um den Anforderungen, die man an die Vorträge stellt, zu genügen, da ich von Natur zu einer solchen Thätigkeit eigentlich schlecht geeignet bin. (Außer mir ist beim Verein, seit langer Zeit, ein anderer Docent angestellt, ein Dr. Boettger, ein alter Practicus, der als Chemiker einigen Namen hat (z. B. als (Mit)Erfinder der Schießbaumwolle). –

Dieß der Stand meiner Angelegenheiten. Einstweilen bin ich noch hier in Göttingen mit astronomischen Beobachtungen eifrig beschäftigt, und werde auch noch bis Mitte September hier

bleiben. Ich erinnere Dich daher wieder an Deinen schon zweimal verschobenen Besuch, indem ich anfrage, ob Du nicht diesen Sommer eine Reise vorzunehmen gedenkst, die Dich über Göttingen führt? – Sollte es nicht der Fall sein, so würde ich mich dann wohl gedulden müssen, bis Dich ein guter Geist einmal über Frankfurt führt, von wo Du dann aber, wenn ich mich dort erst niedergelassen haben werde, so bald nicht fortkommen sollst.
– Damit leb recht wohl. Herzlichen Gruß von Deinem

Abbe.

Was macht Dein Bruder Ernst? – Grüß' ihn von mir, so wie ich Dich auch sonstige Bekannte zu grüßen bitte. –

31 Abbe an Schütz — Göttingen, 23. Juli 1861

Göttingen, Juli 23, 1861.
Dinstag Nachmittag.

Liebster Harald.

Ich freue mich ob der schönen Aussicht, schon so bald Deine lange entbehrte Gesellschaft genießen zu können, von der ich nur hoffe, daß sie nicht allzu kurze Zeit dauern möge. Deinem Väterchen bin ich recht dankbar, daß er den astronomischen Beobachtungen so viel Theilnahme zollt, um einige Zeit auf Dich zu verzichten; weßhalb ich denn auch alles aufbieten werde, Dir etwas von der Kunst beizubringen, wofern Du während Deines hiesigen Aufenthaltes Lust dazu hast. Das wird wohl auch ganz gut gehen, da Klinkerfues jedenfalls nichts dagegen haben wird, daß Du mit mir beobachtest, so weit *er* dadurch nicht gestört wird.

Was Deine Bemerkung in betreff des Logirens angeht, so muß ich Dir darin Recht geben, daß es auf meiner kleinen Bude nicht nur für Dich sondern auch für mich viele Unbequemlichkeiten haben würde. Ich hoffe jedoch, daß einer meiner Hausgenossen (ein Jurist, der auf der 8 Louisdor-Bude neben der meinigen, nach vorne, wohnt) bald abreisen wird, so daß Du Dich darin einquartiren kannst; und dann werden wir beide es ganz bequem haben, ohne daß Du deßhalb in einem andern Hause ⟨2⟩ zu sein brauchst; sollte aber bei mir im Hause keine Stube frei sein, so würdest Du freilich auf Baumbachs angewiesen sein, und wenn auch damit Nichts ist, so mußt Du wohl oder übel mit meiner Stube zufrieden sein und Dir es so bequem zu machen suchen als es angeht.

Meyersteins verreisen *übermorgen*, und zwar, wie der Inspector sagte, um ca. 3 Wochen auszubleiben. Wenn Du also nicht gar zu schnell wieder von hier weg gehst, so wirst Du die guten Leutchen immer noch sehen können, wenn sie von ihrer Reise zurück sind. – Am Sonntag war ich – mit Stern und Arnold Meyerstein[1] – bei ihnen zu Tische, und habe mich dabei ganz wohl unterhalten. Auch Deiner wurde, wie natürlich, von allen Seiten rühmend gedacht. – Der Inspector hat mich beauftragt, ihn zu entschuldigen, daß er Dir auf Deinen Brief noch immer nicht geantwortet hat, er habe gar zu viel zu thun besonders jetzt, vor seiner Abreise; und er hoffe deßhalb, daß Du es ihm nicht übel nehmen werdest. Indeß hat er sich von mir (ich glaube zum dritten Male) Deine Adresse aufschreiben lassen, um Dir wenigstens ein Lebenszeichen, nämlich seine beiden Abhandlungen, über das ⟨3⟩ Electrogalvanometer [TV 72] u. über das Spectrometer [TV 73], zuzuschicken, die Du also, wenn er nicht auch das verbummelt, in der Kürze erhalten wirst. Deuerlich hat die letztere Abhandlungen auf Wunsch des Inspectors, vor seiner Abreise die Sache abgemacht zu sehen, rasch drucken lassen [TV 74], was sonst nicht die Gewohnheit der Buchhändler ist. – Auch den Auszug für Poggendorffs Annalen, sowohl von dem Galvanometer – als dem Spectrometeraufsatze [TV 72, 73], hat der Inspector fertig gemacht und ich habe beide gestern durchgelesen, wonach er sie gleich an Poggendorff schicken wollte.

Auf diese Mittheilungen beschränke ich mich für heute, erstens,

[1] Eine mögliche Verwandtschaft zwischen dem Inspektor Moritz Meyerstein und dem Studenten Arnold Meyerstein konnte nicht nachgewiesen werden.

weil ich jetzt noch Auszüge für die Beobachtungen heute Abend machen muß, u. 2tens, weil wir ja Alles übrige bald mündlich werden besprechen können. Also – leb recht wohl einstweilen, und schreibe mir bald genauer über die Zeit, wann Du herzukommen gedenkst, damit ich mich nicht mehr blos ins Blaue hinein zu freuen brauche, sondern meine Erwartungen auf einen bestimmten Tag concentriren kann. Und jedenfalls hoffe ich, daß dieser nicht mehr weit sein wird, da, wie Du ⟨4⟩ selbst schreibst, die Vorlesungen in Berlin schon Ende dieses Monats geschlossen werden, und Du nach dieser Zeit wohl nichts Mehr in Berlin zu thun haben wirst.

Auf baldiges Wiedersehen. – Es grüßt Dich herzlich Dein

Ernst.

32 Abbe an Schütz Göttingen, 28. Juli 1861

Göttingen, Juli 28.
Sonntag Nachmittag 4 Uhr.

Mein lieber herziger Harald.

So eben habe ich Deinen Brief erhalten; und damit Du siehst, daß ich auch einmal „umgehend" antworten kann, so setze ich mich sogleich hin, Dir wieder zu schreiben, und Dir meine Freude über Deinen in der Kürze zu erwartenden Besuch Kund zu thun. Indeß befinde ich mich noch in einem kleinen Dilemma, indem ich über Ort u. Zeit deßelben die definitive Entscheidung geben soll. Auf der einen Seite bestimmt mich meine Ungeduld, Göttingen zu wählen, da ich Dich alsdann schon nächste Woche bei mir haben werde; auf der andern Seite möchte ich Dich auch gern in Eisenach sehen, um Dich meinem Väterchen zeigen zu können und mit Dir dort in den Wäldern herum zu laufen, was auch wohl Dir mehr Angenehmes bieten dürfte als die dürre Göttinger Umgegend, die Du durch u. durch kennst. Dabei habe ich auch im Auge, daß Dein Aufenthalt selbst jedenfalls bequemer u. gemüthlicher sein würde als hier in Göttingen, wo Du wohl auf meine enge Bude angewiesen sein wirst –, da zu der Zeit, wo Du hier sein würdest, wohl kaum ein Student – weder bei mir im Hause noch bei Baumbachs – abgereist sein dürfte. (Der Hausknochen, auf dessen ⟨2⟩ Bude ich reflectirte, geht, wie mir mein Philister sagt, den 11ten od. 12ten fort). Dagegen fürchte ich anderseits wieder, Dir große Weitläufigkeiten zu machen, wenn ich Dich nach Eisenach kommen heiße, da Du alsdann einen größeren Umweg auf der Reise zu machen hast und überdieß vielleicht in Celle dann länger bleiben mußt, als Du sonst vielleicht thun würdest, und dadurch Deinem Vater auf längere Zeit, als beim andern Arrangement, entzogen wirst. Kurz, – ich bin so unschlüssig, wo zu ich Dich auffordern soll, daß ich darum würfeln könnte, wenn ich es nicht vorzöge, statt dessen *Dir* die Entscheidung wieder zuzuschieben, da Du sie vielleicht doch auf rationellerem Wege liefern kannst. Es soll also von Dir abhängen, das Wo u. Wann. Kömmst Du nächste Woche – gut, – kömmst Du nicht, sondern willst nach Eisenach kommen, so werde ich meine Sehnsucht durch den Gedanken beschwichtigen, daß alsdann unser Zusammensein um so mehr Annehmlichkeiten für uns beide haben wird – jedenfalls aber mußt Du mich besuchen, hier oder dort; und solltest Du Dich daher zum letzteren entschließen, so muß es in der Zuversicht geschehen, daß ich durch diesen Aufschub nicht um meine Hoffnung betrogen werden kann; sonst ist [es] sicherer, besser, und dann komme ja nach Göttingen.

⟨3⟩ Wie Du bei Deinem Wiedereinzuge in Berlin, nächsten Winter, nicht die Unbequemlichkeit eines Wohnungs*wechsels* haben wirst, so werde ich voraussichtlich bei meiner Ankunft in Frankfurt des Wohnung*suchens* überhoben sein. Gestern hat mir nämlich Dr. Wallach, – nachdem er mir schon früher seine Unterstützung in dieser Angelegenheit zugesichert hatte – durch die Sternschen Kinder, die aus Frankfurt zurück kamen, einen Brief zukommen lassen, in dem er mir meldet, daß er ein für mich sehr passendes Logis gefunden habe, schön möblirte Stube mit Kammer, beide nach vorn, in einer mäßig belebten Straße, örtlich für mich recht günstig gelegen, auf welches er mich aufmerksam machen wolle. (Es ist bei einem Bruder des Dr. Lorey (einem Sattler); und dieser hatte mir auch schon davon gesagt, wußte aber noch nicht, ob es frei sein würde). Die Miethe beträgt *monatlich 14 Gulden* (darin Aufwartung u. Bett inbegriffen) wozu Wallach bemerkt, daß ich „bei den Rücksichten, über die ich bei meiner Stellung nicht hinweg könne" schwerlich ein billigeres finden dürfte.[1] – Das ist freilich ein bitter böser Preis (nahe 1/4 meines ganzen Einkommens) – aber trotz dem werde ich nicht anstehen, – da Wallach es mir sehr empfiehlt u. hervorhebt, daß ich zu sehr biedern Leuten kommen würde, – es zu nehmen, da es jedenfalls sehr angenehm ist, gleich bei der ⟨4⟩ Ankunft ein sicheres Unterkommen zu haben, – um so mehr, als es in Frankfurt – wie mir Stern sagte – nicht ganz leicht sein soll, jeden Augenblick eine Wohnung, wie sie für mich paßt, zu *finden*.

Der kl. Valentin ist vor 3 Wochen, wie Du vermuthest, nach Hause gereist, und war gestern Abend noch nicht zurück, wird aber wohl heute gekommen sein, da morgen seine Schule wieder anfängt. – Mit meinen Stunden bin ich so sehr nicht mehr angestrengt wie zu Anfang des Semesters; der zweite Engländer hat schon seit längerer Zeit sie aufgesteckt, weil er zu viel zu thun habe, und „bei dem heißen Wetter zu müde sei"; und mit Bell habe ich auch nur noch 4 Stunden wöchentlich (Nachmittags 5–6 Uhr) – so daß, wenn Du hierher kömmst, diese (5) Stunden kein großes Hinderniß abgeben würden.

– Was Du mir über Weierstraß u. Kummer schreibst, interessirt mich sehr, und macht mich begierig, von Dir mündlich noch Näheres über sie zu erfahren. – Riemann u. Stern sind auf dem Damme (letzterer läßt Dich grüßen); Stern trägt als Schluß seines Collegs [VV 62] Etwas über die Kreistheilungsfunctionen vor, was mir ganz interessant ist, da ich trotz Schering noch so gut wie Nichts davon weiß; u. Riemann handelt eben von den Transformationen der elliptischen Integrale [VV 36], worüber er, da nur noch 14 Tage übrig sind, auch nicht weit hinauskommen wird. – Die

---

[1] Abbe bezog diese Wohnung in Frankfurt, Großer Kornmarkt 21.

Ausarbeitung seines Collegs macht mir zwar viel Vergnügen, ⟨5⟩ kostet aber auch redliche Anstrengung, – noch weit mehr als das Colleg vom vorigen Sommer [VV 34].

Als traurige Neuigkeit will ich Dir noch melden, daß gestern, wie mir mein Philister erzählt, die älteste Tochter Deiner ehemal. Hausleute – (die unverheirathete) am Nervenfieber gestorben ist. Ebenfalls gestern Morgen ist auch ein Student, ein Chemiker, (oder Mediciner) Namens Meyer, bei Schoppe ertrunken, oder genauer gesprochen, „im Wasser gestorben“, denn er ist, nachdem er bei Schoppe an der Leine geschwommen hat, im flachen Wasser, außerhalb der Kette, (vom Schlage gerührt) plötzlich lautlos umgesunken. – Morgen früh wird er wahrscheinlich begraben werden.

Damit genug für heute. – Ich lebe in gespannter Erwartung, welchen Beschluß Du in betreff Deiner Reise fassen wirst. Willst Du mich in Eisenach besuchen, so erwarte ich bis *Sonnabend* einen Brief von Dir; kömmst Du aber Anfang nächster Woche hierher, so kannst Du ihn mir selbst mitbringen. – Leb recht wohl, mein lieber Junge, und freue Dich über die Freude Deines

Ernst.

NB: *Der Nichts vergessen hat.*

33 Abbe an Schütz — Göttingen, 9. August 1861

Göttingen, August. (+) Da ich, schlechten Wetters wegen, mehre Tage nicht auf der Sternwarte gewesen bin, so weiß ich das Datum nicht.); 61, Freitag Mittag.[1]

Mein lieber Harald.

In der Meinung, daß Du nun wohl behalten in Bielefeld angekommen sein werdest, beeile ich mich, Dir und Deinen lieben Angehörigen recht vergnügte und angenehme Ferien zu wün-

[1] Als Datum kommt der 2. oder 9. August in Frage, wobei der 9. August zutreffen dürfte.

schen. – So schwer es mir auch ankömmt, noch 6–7 Wochen länger Dich entbehren zu müssen, so ist mir doch Dein Entschluß, mich in Eisenach zu besuchen, sehr angenehm, in dem ich hoffe, daß dadurch unser Zusammensein für uns beide noch genußreicher und angenehmer sein wird als hier; und so verkürze ich mir denn die Zeit des Wartens mit dem Gedanken an die Freude des ersehnten Wiedersehns. – Aber – Wort halten, und nicht zu spät kommen: denn ich muß längstens zum 3ten October von Eisenach abreisen. –

Deinen Auftrag in betreff des Lectionskataloges habe ich nicht so schnell erfüllen können, da, merkwürdiger Weise, derselbe erst am Dinstag heraus- ⟨2⟩ gekommen ist; da ich nun an die Möglichkeit denken mußte, daß Du um diese Zeit schon von Berlin fort sein könntest, so habe ich ihn direct an Martin geschickt.

Du wirst Dich wundern, wenn ich Dir mittheile, daß meine Vorlesungen hier auch schon geschlossen sind. Stern, der sonst immer bis zum 13ten gelesen hat, hat, unerhörter Weise, heute seine letzte Vorlesung [VV 62] gehalten (auch die Differentialrechnung hat er geschlossen) und desgleichen Riemann mit seinen beiden Collegien [VV 36, 37]. Bei ihm habe ich diesen Morgen von 10–11 Uhr das *letzte, sage allerletzte*, – Colleg gehört und damit also meine Studentenlaufbahn definitiv für dieses Leben geschlossen und bin unwiederbringlich ins Philisterium eingerückt – welche Betrachtungen mich ordentlich wehmüthig (!) gestimmt haben. S' ist wahr, es thut mir recht leid, daß ich nicht nächstes Semester noch hier sein kann, um Riemanns willen, der nämlich seine Vorlesung über Functionen complexer Variabeln [VV 38] nächsten Winter in 3 Stunden wöchentlich (unentgeldlich) fortsetzen will.[2] Voraus- ⟨3⟩ sichtlich gedenkt er da die specielle Theorie der elliptischen u. Abelschen Functionen näher zu entwickeln, da er hiervon nur sehr wenig in diesem Semester vorgetragen hat. Außer den allgemeinsten Sätzen über die Transformation der elliptischen Integrale und den Entwickelungen in ϑ-reihen hat er davon Nichts gebracht – von Abel'schen Functionen haben wir kein Wort gehört –; die ganze übrige Zeit hat er auf die Darlegung

[2] Die Vorlesung kam zustande. Es war die letzte vollständig gehaltene Vorlesung von Riemann.

einer ganz allgemeinen Theorie der Integrale (beliebiger) algebraischer Functionen und deren Inversen verwandt. – Daher möchte ich gar zu gern die speciellen Anwendungen dieser Theorie, wodurch dieselbe erst recht ins Licht treten muß, noch in Riemanns Darstellung kennen lernen, weßhalb ich mir alle Mühe geben werde, einen meiner Commilitonen zu bewegen, daß er mir am Schlusse nächsten Semesters ein Heft leiht.

Sterns Vorlesungen im Gegentheile werde ich nicht vermissen. Sie stehen mir grade bis in den Hals (in den Kopf ist wenig davon gekommen), auch die letzte nicht ausgenommen, von der ich anfangs größere Erwartungen hegte. ⟨4⟩ Sie sind bald geschwunden – Stern bleibt Stern! (+) Er hat auch richtig diesen Morgen vor 6 Zuhörern (von den 16 od. 18 die es Anfangs waren) geschlossen, während bei Riemann doch ca. 10 ausgeharrt haben.) – Ueberhaupt muß ich bekennen, – so sehr ich mich Stern, wegen seines wohlwollenden persönlichen Entgegenkommens zu Dank verpflichtet fühle – gelernt habe ich bei und von ihm verflucht wenig; während der ganzen 5 Semester bin ich nicht einmal im Stande gewesen, mich an dem Faden seines Vortrags in das behandelte Thema wirklich zu vertiefen. –

Weber hat am Mittwoch schon geschlossen, und wird morgen verreisen – nach Berlin u. Rügen, auf ca. 14 Tage, wie ich höre. – Hankel, der mich Dich zu grüßen beauftragt hat, ist schon vor 8 Tagen von hier fort, nach Leipzig, wo er den Doctor machen will, um dann den Winter nach Berlin zu gehen und sich zu Ostern zu habilitiren. Freust Du Dich nicht schon darauf, noch bei ihm Colleg hören zu können?

– Damit genug für heute. Leb recht wohl und unterhalte Dein Väterchen gut. Es grüßt Dich herzlich Dein

Ernst.

NB: Vergiß nicht mir den Seminaraufsatz[3] für Stern zu schicken, wenn Du es nicht vorziehst, ihm dens. direct zuzuschicken mit einem Begleitschreiben, – worüber er sich gewiß sehr freuen

[3] Gemeint ist offenbar ein Aufsatz von Schütz aus dem Mathematischen Seminar zu Berlin.

würde. – Woran ich Dich noch erinnern wollte: hast Du die Broschüre „Der Herzog von Gotha u. sein Volk“ [TV 85] gelesen, – resp. den Brief des Herzogs, der darin abgedruckt ist? – Wenn nicht, so suche Dir sie ja zu verschaffen, um sie Deinem Alten vorzulesen. Du wirst Dich dran erbauen, wie ich mich dran erbaut habe.

⟨1, Rand⟩ Meyersteins sind noch nicht zurück.

34 Abbe an Schütz — Göttingen, 19. August 1861

Göttingen, August 19, 1861.
Mittags. – beim 24ten bis?[1]

Mein lieber guter Harald.

Ich habe mit Freuden vernommen, daß Du wohlbehalten in Bielefeld bei Deinen Lieben eingetroffen bist, und daß Dir Bielefeld, par contraste, so ausnehmend gefällt. – Ich denke, es wird mir mit meinem alten Eisenach ebenso ergehen; denn es wird mir schon jetzt hier die Zeit zu lang (wie wohl ich zu thun genug habe), und das desto mehr, je weniger der Tage werden, die mich noch von Dir trennen. Trotzdem kann ich Dir keine genaue Datirung, hierauf bezüglich, geben, und ich weiß nicht, ob Dein, in einiges geheimnißvolles Dunkel gehülltes Project wird ausführbar sein, so verlockend es aus diesem Dunkel auch herausschaut. – Ich kann nämlich nicht wohl einen bestimmten Tag für meine Abreise von hier festsetzen, sondern werde mich darin nach den Umständen – d. h. im Wesentlichen nach dem Wetter – richten müssen. Ich habe zwar Klinkerfueß schon gesagt, ⟨2⟩ daß ich *Mitte*

[1] Bezeichnet die Zahl der Knoten, die nach dem zwischen Abbe und Schütz üblichen Brauch der Knotenzählung die Anzahl der Tage bis zum Zusammentreffen angab. Wegen der Ungewißheit des Besuchstermins von Schütz konnte Abbe die genaue Zahl nicht angeben.

September fort müsse, (unter dem Vorgeben, daß schon mit dem October meine Thätigkeit in Frankfurt beginne) und ich werde ihm auch *möglichst* bald durchzubrennen suchen; aber in Anbetracht, daß er dazu schon ein etwas schiefes Gesicht machte, und in Anbetracht, daß ich doch, durch eine, auf Beschluß Königlich. *Curatorii mir kürzlich zugekommene Remuneration von 20 r. (außer* dem Seminarstipendium)[2], gewisse Verpflichtungen habe, muß ich dieses Durchbrennen doch möglichst mild einfädeln. Tritt z. B. schon einige Tage vor Mitte des Monats schlecht Wetter ein, so ist das eine gute Gelegenheit, mich schon eher aus dem Staube zu machen; will es aber der Zufall, daß wir um diese Zeit grade eine Periode anhaltend guten Wetters haben, so werde ich wohl oder übel auch noch etwas länger aushalten müssen, da bei diesen Beobachtungen, in bezug auf das Fortschreiten der ganzen Arbeit, wie sie Klinkerfues vorhat, eine lückenlose Reihe, durch eine Anzahl Abende fortgeführt, von zu hohem Werthe ist, als daß ich ihn während einer solchen in Stich lassen ⟨3⟩ könnte. – Wenn daher Dein angedeuteter Plan eine pünktliche Reiseverabredung voraussetzt, so wird es damit wahrscheinlich nicht viel werden, fürchte ich. – Laß mich aber hören, worin er besteht. (– Zu Obigem noch die Bemerkung, daß für nächstes Semester *Merz* mein Amt übernommen hat und zu diesem Zwecke Ende September wieder hier sein will).

Schulz hat mich, ich glaube Freitag vor 8 Tagen, hier besucht, und es hat mir große Freude gemacht, wieder einmal Jemand zu sehen und zu hören, der etwas von Dir wußte und von Dir kam. Er hatte die ganze Reise (über Halle) zu Fuß gemacht, und sah – sehr im Gegensatz zu seiner früheren Gesichtsfarbe, – aus, als ob er die Sahara durchwandert hätte. – Von Reisetasche und Regenschirm, wovon Du mir schreibst, hat er kein Wort gesagt, und ich bezweifle, daß er beides aus Versehen zurück gelassen haben sollte. Gleich den ersten Abend da er hier war hat er, wie er mir sagte, mit einem Corpsburschen contrahirt – wie schlecht hast Du ihn gezogen! – und wird wohl gleich nach dem Commers noch haben

[2] Neben der einmaligen Vergütung für seine Hilfsbeobachtertätigkeit an der Sternwarte bezog er demnach noch die halbjährige Vergütung aus dem Mathematisch-Physikalischen Seminar.

los gehen müssen. – Ich habe ihn indeß nicht wieder gesprochen, da er kein bestimmtes ⟨4⟩ Logis hatte, und der einzige von seinen Genossen, den ich kenne, der kleine Lorey, schon abgereist war, als ich nach ihm fragen wollte. Hoffentlich wird er Nichts gekriegt haben. – Uebrigens hat er mich beauftragt, Dich zu grüßen.

Meyersteins sind auch am Donnerstag vorige Woche wohlbehalten hier eingetroffen, nach dem sie eine sehr angenehme Reise und sehr anziehenden Aufenthalt in Nürnberg, München, Baden-Baden etc. genossen haben. Besonders der Inspector ist sehr erbaut, da er viel in sein Fach einschlagendes gesehen und den Buckel voll Bestellungen (Spectrometer, Galvanometer pp) mitgebracht hat. – Auch er hat mir viele Grüße aufgetragen.

Damit genug für heute; denn wenn ich Dir zu viel schreibe, so bleibt mir nichts zum Erzählen mehr übrig, wenn wir zusammen kommen, – und dann könnten wir Langeweile haben. Deßhalb leb recht wohl, lieber Junge, und behalte lieb Deinen

Ernst.

Grüße Dein Väterchen von mir.
und, NB: wie wird's denn mit Stern's Heft? – er hat mich schon daran erinnert.

35 Abbe an Schütz — Göttingen, 4. September 1861

Göttingen, Sep. 4, 1861
Morgens.

Mein liebes Haraldchen.

Herzlichen Gruß zuvor, Dir und Deinem lieben Väterchen. – Ich habe mich sehr gefreut, zu hören, daß es bei Dir Allen wohl geht. Mir selbst ist es in der letzten Zeit nicht ganz nach Wunsch ergangen. Vor anderthalb Wochen habe ich mir, – was sonst gar nicht meine Sache ist, eine garstige Erkältung – wahrscheinlich auf der Sternwarte – geholt, die mich seitdem mit Husten und Schnupfen und dem unvermeidlichen Kopfschmerzen unsäglich geplagt hat und bis heute noch nicht ganz beseitigt ist, wiewohl ich mich auf das Sorgfältigste gehalten habe. Bis Sonntag war es noch so schlimm, daß ich aus keinem Auge sehen und das Schnupftuch nicht aus der Hand legen konnte, so daß ich natürlich zu jeglichem Thun unfähig war und mich gräßlich gelangweilt habe. – Hoffentlich wird es bald wieder gut sein, was ich um so mehr wünschen muß, als ich für Frankfurt hinreichend zu arbeiten habe.

⟨2⟩ Dein Reiseplan ist recht schön angelegt; nur hoffe ich, daß es Dir, resp. Deinen Eltern nicht allzu schwer ankömmt, wenn Du um meinetwillen so viel früher von Ihnen weg gehst und dann beinahe 14 Tage vielleicht überflüssiger Weise in Berlin sein mußt. – Was meine Abreise von hier anbetrifft, so gedenke ich sie *spätestens* zum 17ten[1] dieses Monats zu bewerkstelligen, da ich um diese Zeit deßhalb schon gern nach Hause kommen möchte, weil meine Tante und meine Schwester (die ich seit Jahresfrist nicht gesehen habe) auf 2 oder 3 Tage hin kommen werden, wahrscheinlich grade um diese Zeit. – Nun könnten wir ja zwar verabreden, uns am 17ten in Cassel zu treffen; da ich aber, wenn sich etwa früher schon eine günstige Gelegenheit, mich hier zu verabschieden, darbietet, nicht gern noch mehre Tage hier bleiben möchte, um den Termin einzuhalten oder einen andern zu verabreden; – und da wir ja doch *jedenfalls* 1 1/2 Woche oder länger zusammen sein können (indem ich vor dem 3ten October wohl nicht in Frankfurt zu sein brauche) – so denke ich, – wir sehen davon ab und ich empfange Dich in Eisenach, wohin Du, je eher desto besser kömmst.

⟨3⟩ Viel Neues weiß ich Dir von hier nicht zu berichten. – Stern u. Meyersteins lassen grüßen. Meyerstein ließ verlauten, daß er Dir etwas schicken wolle, und fragte reumüthig, ob Du etwa über sein Nicht-Schreiben ungehalten seist – worüber ich ihn natürlich beruhigt habe. – Ich habe in letzterer Zeit mehrfach mit

[1] Abbe reiste bereits am 13. 9. 1861 von Göttingen ab.

ihm conferirt über die zweckmäßige Construction seines Electrogalvanometers zum Zwecke *thermoelectrischer* Messungen, – wobei es sich handelt, die günstigste Construction des Multiplicators (der natürlich aus viel dickerem Drahte bestehen muß) auszumitteln. – Er scheint Lust zu haben, ein Instrument auch für solche Zwecke zu bauen, nach dem die Bestellungen von Seiten der Physiologen[2] massenhaft eingegangen sind und noch immer eingehen (Gestern war er in Begriff, eines nach Christiania zu schicken). –

Riemann ist vor 10 Tagen ca. verreist, wie verlautet, in ein Bad, von wo er hoffentlich gekräftigt zurückkehrt. – In der letzten Zeit sah er wirklich sehr leidend aus. –

Klinkerfues war auch eine Woche lang verreist, was meinem Katarrhe sehr zu Statten kam. Jetzt ist die Registriruhr endlich angekommen und sind die zur Aufstellung erforderlichen Umänder- ⟨4⟩ ungen im Werke, – wobei Meyerstein die sehr umständliche Arbeit hat, in dem Meridiankreisfernrohr ein complicirtes Fädensystem einzuziehen[3] – und ich kann mich daher auch in diesen Tagen noch etwas schonen, da ich wenigstens nicht stundenlang in Anspruch genommen bin. – Außerdem bin ich mit meinen Vorbereitungen für mein Frankfurter Amt beschäftigt. – Um mir die einschlagende Literatur auf hiesiger Bibliothek zugänglich zu machen, war Stern so freundlich, gestern mit mir auf die Bibliothek zu gehen, damit ich unter seiner Autorität ungehindert in den Katalogen und in den Fächern selbst mich orientiren konnte. – Stern wird auch bis zum 16ten hier bleiben, um dann seine Reise nach München und Frankfurt – wo ich ihn noch wiederfinden werde – anzutreten. – Vergiß also nicht, ihm bis dahin Deinen Brief zu schicken.

---

2 Um die Mitte des 19. Jahrhunderts trat die Physiologie in eine neue Entwicklungsphase, indem sie das bisherige naturphilosophische Prinzip einer „Lebenskraft" aufgab und alle Lebensvorgänge kausalanalytisch mit überwiegend experimentell-physikalischen und chemischen Arbeitsmethoden zu erforschen begann. Hierbei spielte vor allem die von Du Bois-Reymond damals entwickelte Elektrophysiologie eine besondere Rolle.

3 Es handelt sich um eine astronomische Pendeluhr in Verbindung mit einem Registrierapparat (Chronographen) und einem Meridiankreis zur genauen Zeitbestimmung durch graphische Registrierung des Durchganges eines Sternes – des Sternbildes durch ein System von Vertikalfäden im Fokus des Fernrohres – im Meridian.

– Damit leb recht wohl, mein Haraldchen. Ehe ich von hier abreise, schreibe ich Dir jedenfalls noch einmal. Dein

Ernst.

Morgen Abend um 8 Uhr werde ich auf dem Museum einen Schoppen *auf fröhliches Wiedersehn* trinken. Verstanden!

36 Abbe an Schütz — Eisenach, 15. September 1861

Eisenach, Sept. 15,
Sonntag Abends.

Mein lieber guter Harald.

Sei nicht böse, daß ich Deine Aufforderung zu umgehender Antwort so schlecht erfülle. Du wirst den Aufschub erklärlich finden, wenn Du hörst, wie sich mein Plan unerwartet geändert hat.

– Am Donnerstag Morgen, als ich Riemann besuchen wollte, hörte ich von Klinkerfues, daß an der Registriruhr eine Störung eingetreten sei, in Folge deren die Beobachtungen mehre Tage unterbleiben müßten. – Diese Gelegenheit nahm ich sogleich wahr, um mich zu verabschieden; und ich war froh, so bald davon gekommen zu sein. – Ich traf sogleich die Vorbereitungen zur Abreise, indem ich von Mittag ab den ganzen Nachmittag herumgieng und Besuche machte. – Als ich Abends nach Hause kam, fand ich Deinen Brief vor. ⟨2⟩ Den ich nur deßhalb nicht sogleich beantwortet habe, weil ich den Abend und den folgenden Morgen mit Einpacken u. dergl. vollauf zu thun hatte (wie ich denn, zum ersten Male in meinem Leben, *beinahe* den Zug versäumt hätte – so knapp war die Zeit geworden) – Den Inhalt des Packetchens, welches ich erst am Morgen abholen lassen konnte, habe ich daher auch nicht mehr selbst an seine Bestimmung bringen können, sondern habe dies durch die Spritze[1] besorgen lassen müssen.

Vorgestern Nachmittag bin ich denn wohlbehalten hier eingetroffen, bin aber vorgestern u. gestern noch nicht an's Schreiben gekommen; und ich habe mir daraus auch so viel nicht gemacht, da ein Brief von diesen Tagen Dich voraussichtlich doch nicht in Bielefeld angetroffen haben würde. – Jetzt ist es aber höchste Zeit geworden, da Du nun hoffentlich von Deiner Reise wieder zurück bist; und deßhalb schreibe ich Dir noch heute Abend, wie wohl ich ⟨3⟩ ziemlich müde von einem weiteren Spaziergang mit meinem Alten zurückgekehrt bin.

Die verschiedentlichen Grüße und Herzensergießungen, die mir Meyersteins, Stern pp für Dich mit auf den Weg gegeben haben, wirst Du mündlich erhalten, der Voraussetzung der Geber gemäß, denen ich von Deinem erwarteten Besuche erzählt hatte. Daher gehe ich gleich dazu über zu fragen: was Dir denn einfällt, erst am 24ten, „wenn nichts Besonderes dazwischen kömmt" zu mir kommen zu wollen? Deinen früher kund gegebenen Plänen gemäß, habe ich Dich viel früher erwartet, und thue das jetzt um so mehr, als ich so viel früher hierher gekommen bin. Ich denke daher, Du – oder Deine lieben Eltern – lassen hierüber noch etwas mit sich handeln, so daß Du *wenigstens* den *21ten* od. 22ten (Sonnabend od. Sonntag) hier eintriffst, damit wir doch mindestens anderthalb Wochen zusammensein können. – Mein Vater u. Mutter freuen sich sehr darauf, Dich ⟨4⟩ hier zu sehen; – ihre Befürchtung, daß es Dir vielleicht nicht besonders bei ihnen gefallen möchte, habe ich dadurch beseitigt, daß ich ihnen sagte, was für ein genügsames Männchen Du seist. –

Was ich von der Krankheit Deiner Schwester höre, betrübt mich sehr; ich will nur hoffen, daß sie bald vorüber geht, wenn es noch nicht der Fall ist. – Ich meinerseits bin wieder völlig auf dem Damm, und werde mich wohl hüten, mir selbst einen dummen Streich zu spielen. –

Für das Kummersche Heft [VV 25] danke ich Dir; ich werde morgen daran gehen, es näher anzusehen. Wenn Du hierher

---

[1] Gemeint ist offenbar ein Botendienst.

kömmst, wirst Du auch das Riemann'sche über die ellipt. Functionen [VV 36] bei mir vorfinden.

Indem ich alles Weitere bis zu Deinem Besuche aufspare wünsche ich Dir und Deinen Angehörigen recht wohl zu leben, und hoffe, daß Du mir nächstens Nachricht giebst, wann (mit *welchem Zuge*) ich Dich zu erwarten habe. – In freudiger Erwartung dieser Stunde hofft auf fröhliches Wiedersehn Dein

Ernst.

Brief Nr. 37–63: Dozent am Physikalischen Verein Frankfurt am Main 1861 bis 1862

37 Abbe an Schütz Frankfurt a. M., 6. Oktober 1861

Frankfurt, Octob. 6, 1861.
Sonntag Abend.

Liebes gutes Haraldchen.

Die schönen Tage von Aranjuez sind nun vorüber[1] – habe ich wehmüthig gedacht, als ich vom Eisenacher Bahnhof aus das letzte Dampfwölkchen des Dich fortführenden Zuges verschwinden sah, und ich bin recht niedergeschlagen nach Hause gegangen, um drei Stunden nachher ähnliche Betrachtungen im Eisenbahnwagen wieder aufzunehmen.[2] Indeß habe ich mich nach und nach in mein Schicksal ergeben und befinde mich jetzt den Umständen nach ganz behaglich auf meiner Bude, um Dir ausführlichen Bericht über meine Erlebnisse zu erstatten, damit Du gleich bei Deiner Ankunft in Berlin Unterhaltung hast. – Ich beginne also mit meiner Herreise, die sich vor andern Eisenbahnreisen dadurch auszeichnet, daß etwas Ungewöhnliches dabei vorkömmt. Nachdem ich nämlich zwei Stunden lang der unfreiwillige Zuhörer eines höchst musikalischen Kinderconcerts ([+]) 4 Soldatenfrauen, die mit 6 kleinen Kindern ihren von Erfurt nach Mainz versetzten Männern nachreisten, bildeten meine Reisegesellschaft) gewesen war, mußte der ⟨2⟩ Zug auf der letzten Station vor Guntershausen[3] 1 1/2 Stunde Halt machen, weil der entgegen kom-

[1] Nach dem Eingangsvers des Domingo in Schillers „Don Carlos" (1. Akt, 1. Auftritt).

[2] Der Abreisetermin von Schütz und damit auch der Termin der Fahrt nach Frankfurt a. M. war vermutlich der 3. 10. 1861 oder auch einer der vorhergehenden Tage.

[3] Nach der damaligen Linienführung der Bahnverbindung zwischen Eisenach und Frankfurt a. M. handelt es sich um Guxhagen.

mende Courirzug in Folge eines Unfalls an der Maschine mitten auf der Bahn liegen geblieben war, so daß die Maschine des Eisenacher Zuges erst ausgespannt werden und jenen Zug zurückschieben mußte, um den Weg frei zu erhalten. Das Ende vom Lied war, daß, als wir endlich um 1 1/4 statt um 12 Uhr nach Guntershausen kamen, der Frankfurter Zug schon abgefahren war und ich daher die Annehmlichkeit genießen mußte, bis um 6 Uhr in dem ledernen Neste liegen zu bleiben, um den Schnellzug zu erwarten, der erst um 3 1/2 Uhr von Eisenach abfährt. Da es regnete setzte ich mich in grimmen Aerger auf die Dorfkneipe, las 6 Nummern der Hess. Morgenzeitung [TV 6] und trank, weil das Bier schlecht war, in stiller Verzweiflung einen Schnaps nach dem andern, bis sich zuletzt Gelegenheit fand, mit einem Bauer, einem erfurter Soldaten u. einem hessischen Gendarmen *Skat* zu spielen, was ich bis 1/2 6 fortsetzte, wo ich zuletzt 2 Groschen u. 3 d. *gewonnen* hatte, die ich den ⟨3⟩ Mitspielern indeß durch ponirte[4] Schnäpse wieder zu Gute kommen ließ. – Endlich giengs fort, und ich kam um 11 1/2 Uhr, statt um 8, wie ich gerechnet hatte, nach Frankfurt. – Natürlich mußte ich in einen Gasthof fahren, so daß mir die dumme Verspätung netto 2 1/2 Gulden geschadet hat. –

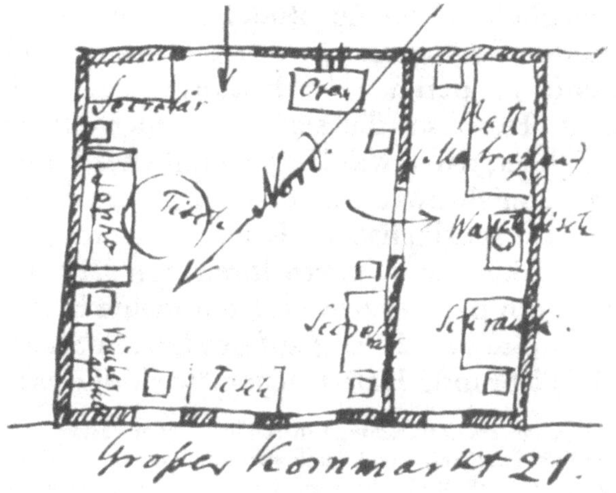

[4] Nach dem studentischen Ausdruck „ponieren" (für jemanden die Zeche zahlen).

Meine Wohnung, die ich am folgenden Morgen gleich in Augenschein nahm, hat meinen Wünschen vollständig entsprochen. Es ist eine geräumige, freundliche Stube, von den Dimensionen unserer Vorderstube auf der Burgmühle[5], mit 3 Fenstern nach der hübschen breiten Straße, die „der große Kornmarkt" heißt, (1 Treppe hoch), mit schönen Möbeln etc., und die Philister sind so freundlich und zuvorkommend, und machen mir so sehr den Eindruck kreutzbraver und biederer Leute, daß ich trotz der 14 Gulden monatlich sehr froh bin, diese Wohnung zu haben, um so mehr, als sie mir auch örtlich sehr vortheilhaft gelegen ist. Kurz, ich bin nach dieser Seite hin vollkommen befriedigt.

⟨4⟩ Nach der andern – u. wichtigeren – Seite hin bin ich es aber nicht weniger. Von Seiten der Vorstandsmitglieder[6], soweit ich mit ihnen in Berührung gekommen bin, ist mir, wie nach Allem Vorhergegangen nicht anders zu erwarten war, der wohlwollendste Empfang zu Theil geworden, und ich sehe, daß sie Alles mögliche gethan haben, um mir meine Stellung angenehm zu machen, besonders um mein Verhältniß zu meinem Collegen[7] zu regeln. So sehr er, als ein unglaublich eitler und eingebildeter Mann, wie ich höre, der ganzen Sache bisher feindselig gegenübergestanden und sie zu hintertreiben gesucht hat, so sehr macht er jetzt wenigstens gute Miene zum bösen Spiel, wie er mich denn gestern auf das Zuvorkommendste empfangen und mir jede Unterstützung zugesagt hat. – Ferner habe ich auch gestern schon meinen Gehalt für das erste Quartal (200 f.) praenumerando ausbezahlt erhalten, so daß ich, da auch der Russe 30 r.[8] geschickt hat, gleich heute 100 f. meinem Alten habe nach Hause schicken können und immer noch genug habe, um Dir, falls Du nöthig hast, 40–50 f. jeder Zeit schicken zu können (*nicht zu vergessen*).

---

[5] Wohnung von Abbes Eltern in Eisenach.

[6] Im Rechnungsjahr 1861/62 gehörten dem Vorstand Dr. Carl Fresenius, Georg Ettling, Friedrich Hessenberg, Julius Nestle, Dr. Johann Balthasar Lorey und Friedrich Wilhelm Quilling an. Den Vorsitz führte der Arzt Lorey.

[7] Der Chemiker Rudolf Christian Boettger war seit 1835 hauptamtlicher Dozent am Physikalischen Verein.

[8] Es handelt sich um das Honorar von Georg August Thieme für die Abschrift der Vorlesungsnachschrift Riemanns vom SS 1861 (vgl. Anm. 2 zu Nr. 22, S. 78).

⟨5⟩ Im Stift[9] (wo die Vereinslocale sind) bin ich noch wenig gewesen. Mein Arbeitszimmer, welches leider zwei Treppen hoch ist (mit Aussicht auf den botanischen Garten der Senckenbergschen Naturforschenden Gesellschaft) – während das Cabinet u. Auditorium parterre sich befinden, ist noch nicht ganz fertig eingerichtet, weil die Leute erst meine Wünsche hören wollten; doch soll es in den ersten Tagen fertig werden. – Morgen werde ich mich im Cabinet u. auf der Bibliothek näher umsehen.

Meine Vorträge sind auf Donnerstag Abend von 7–8 festgesetzt und werden erst den *24ten* d. M. anfangen, so daß ich noch hinreichend Muse habe, und mich sehr darüber ärgere, so früh von Eisenach fortgegangen zu sein, wo wir noch eine Woche hätten zusammen bleiben können, wenn mir Wallach nicht den 15ten als Anfangstermin genannt hätte.

– In der Stadt bin ich, da das Wetter die Tage her sehr günstig war, schon weidlich herumgelaufen und habe sie von allen Seiten und auch von oben, vom Paulsthurme, betrachtet. ⟨6⟩ Ebenso habe ich Bier- u. Weinkneipen frequentiert, und mich an dem prächtigen hiesigen Stadtbier (4 1/2 Kr. der Schoppen – aber *größer* als die Eisenacher Gläser) delectirt, von dem ich 5 Seidel habe trinken können, ohne am andern Morgen auch das geringste zu spüren. Der kleine Lorey hat mir eine recht gemüthliche Kneipe, „Der goldene Pfau" verrathen, wo ich auch gleich am Freitag Abend mit ihm und einer Anzahl Studenten (zum Theil Göttinger Neu-Braunschweiger[10]) bis um 12 Uhr geknippen habe. Ich habe dabei den Stud. Eysen, der mit Dir in Berlin verkehrt, kennen gelernt, sowie auch einen Dr. Schmidt, Mediciner, der auch früher in Göttingen, zuletzt aber in Wien war, und ebenfalls nach Berlin geht, u. der ein sehr gemüthliches Haus zu sein scheint. – Dabei habe ich auch erfahren, daß aus Schulzes Mensur in Göttingen gar nichts geworden ist, Du Dich also über sein Schicksal beruhigen kannst.

– Meinen Mittagstisch halte ich in einer Restauration ganz in

[9] Mit dem Stift ist das Gebäude des Naturhistorischen Museums der Senckenbergischen Naturforschenden Gesellschaft gemeint, wo der Physikalische Verein seit 1834 den Hörsaal, das chemische Laboratorium und andere Räume mitbenutzte.

[10] Studentische Verbindung an der Universität Göttingen.

⟨7⟩ meiner Nähe, für 24 Kr. – was wohl das Billigste hier sein dürfte. – Morgens trinke ich jetzt, entgegen meinem früheren Gebrauche, Kaffe[e], den meine Hauswirthin vortrefflich liefert. Stern ist einen Tag vor mir hier angekommen, doch habe ich ihn erst heute gesehen, da er „wie ein Jagdhund" hier gehetzt ist. – Er läßt Dich freundlichst grüßen. – Morgen Abend werde ich mit ihm u. Wallach zusammen bei Lorey sein.

Damit genug für heute; nächstens mehr u. Ausführliches. – Grüße Schulz von mir, und sprich ihm mein Bedauern aus, daß ich ihn in Göttingen nicht noch einmal habe sehen können; und wenn Du Martin siehst, so grüße ihn ebenfalls und sage ihm, daß ich ihm auf seinen (heute erhaltenen) Brief in der Kürze antworten werde.

Damit leb recht wohl, guter Junge, u. behalte lieb Deinen

Ernst.

38 Abbe an Schütz — Frankfurt a. M., 27. Oktober 1861

Frankfurt, Octob. 27, 1861.
Sonntag Morgen

Mein lieber herziger Harald.

Ich kann mir sehr lebhaft vorstellen, wie ungehalten Du sein wirst, daß ich Dich ganze 14 Tage auf ein Lebenszeichen von mir warten lasse. Ich gebe Dir aber die Versicherung, daß es nicht geschehen ist, um mich an Dir zu rächen daß Du mir erst Sonntag den 13ten Nachricht von Deiner am Dinstag vorher erfolgten glücklichen Ankunft in Berlin gegeben und mich dadurch in die Besorgniß versetzt hast, Du möchtest etwa auf dem Wege von Weimar nach Berlin abhanden gekommen, – vielleicht gar auf der Leipziger Messe unter der Hand in einen nach Nuka-Hiwa oder

Timbuctu bestimmten Waarenballen eingepackt worden sein, um die dortigen liebenswürdigen Völker mit einem so seltenen Vogel zu beglücken – sondern im Gegentheile; ich wollte Dir gleich den Tag nach Empfang Deines Briefes einen rechten Rüffel ob dieser Saumseligkeit ertheilen, als mir plötzlich zu meiner Bestürzung mein verehrter Herr College Boettger ⟨2⟩ die erste (gestrige) Sonnabendsversammlung des Vereins zur Ausfüllung in die Schuhe schob, so daß ich mich nun gleichzeitig auf *zwei* dicht hintereinander liegende Abende vor zubereiten hatte. Da Du nun weißt, wie ich erst zu arbeiten anfange, wenn es mir unter den Nägeln brennt, – ich also bei dem schönen Wetter u. dem guten Bier, vorige Woche noch gar nicht an Vorbereitung gedacht hatte – und ferner weißt, wie langsam ich arbeite, so wirst Du es begreiflich finden, wie es kam, daß ich zuerst mein Rüffelproject auf ein paar Tage verschob, um mit meiner Arbeit zu beginnen, und es dann von Tag zu Tag verschieben *mußte*, in dem Maaße, als meine Arbeit immer dringender wurde – auf welche Weise es denn bis auf heute verblieben ist. – Nun – ich tröste mich damit, daß Du in der letzten Woche so viel Zerstreuung und Bummelei gehabt haben wirst, daß Du meine Unterhaltung wohl kaum vermißt hast und außerdem kann ich Dich für Dein langes Warten mit der Mittheilung belohnen, daß ⟨3⟩ mir mein Auftreten an beiden Abenden, letzten Donnerstag u. gestern, ganz gut gelungen scheint und einen durchaus günstigen Eindruck gemacht hat – nicht nur nach meinem eigenen Gefühle, sondern auch nach dem Urtheile der maaßgebenden Leute, welche mir gesagt haben: daß ich meine hiesige Stellung *schon jetzt als gesichert betrachten möge* (insofern nämlich die materielle Schwierigkeit, welche immer noch vorlag, durch den Zutritt von ca. 70 neuen Mitgliedern – die jährlich um 700 f. die Einnahmen erhöhen – beseitigt scheint). – Zu Deiner wie zu meiner eigenen Verwunderung habe ich mit großer Ruhe u. Sicherheit gleich am Donnerstage vor dem vollen Auditorium gesprochen, und wenigstens so weit auch glücklich experimentirt, als mir kein Versuch fehl geschlagen ist. Ich bin weit entfernt davon zu meinen, daß an meinem Vortrage nicht noch sehr Vieles auszusetzen gewesen sei; im Gegentheil haben mich Wallach u. Lorey mit dankenswerther Aufrichtigkeit auf gar Manches aufmerksam gemacht, – beinahe so unumwunden, als Du es thun würdest; aber ich habe doch die Genugthuung, hoffen zu dürfen, ⟨4⟩ daß ich die noch vorhandenen Mängel, die wesentlich nur durch die mangelnde Uebung bedingt sind, in verhältnißmäßig kurzer Zeit überwinden werde, – leichter, als ich mir es selbst früher vorgestellt habe. – Und was mir selbst noch mehr werth ist, ist, daß mich die verschiedenen Leute, mit denen ich bekannt geworden bin, ermuntert haben, in der Art der Darstellung der Wärmelehre grade in der Weise fortzufahren, wie ich begonnen habe (trotz der etwas abstracten, wie sie hier sagen „philosophischen", Einleitung) und dabei sehr wohl wissen, daß ich gleich mit den ersten Worten in einen principiellen Gegensatz zu der bisher im Vereine gangbaren Manier getreten bin. – Um Dir hiervon eine entfernte Vorstellung zu verschaffen, muß ich Dir etwas von Boettgers Vorlesung über unorganische Chemie[1] (2stündig) erzählen, die er am vorigen Montag begonnen hat, und die ich natürlich höre. – Er beginnt ohne jede Vorbereitung mit einer Reihe von *Namen*erklärungen: chemische Verbindung, nähere u. entferntere Be- ⟨5⟩ standtheile, Elementarstoffe, und kömmt in dieser Weise endlich zum Grundbegriffe der ganzen Chemie, dem Begriffe des Aequivalents, den er mit folgenden denkwürdigen Worten abfertigt: „Die **kleinste** Menge eines Stoffes, ich sage nochmals, die *kleinste* Menge, die sich mit einer *kleinen* Menge eines andern Stoffes chemisch verbinden kann, nennen wir sein Aequivalent od. seine Aequivalentzahl", und diese nämlichen Worte wiederholt er nochmals (à la Weber) um diesen gedankenschweren Satz seinen Zuhörern recht eindringlich zu Gemüthe zu führen. – Das ist seine Einleitung, nach welcher er zur Beschreibung des Sauerstoffs, und damit zu einer eklatanten Feuerwerkerei übergeht, die ihm glanzvoll gelingt, etc. – Da hast Du den Mann, wie er geht u. steht, wenn Du Dir dazu noch ein gehöriges Maaß von Dünkel u. Eitelkeit hinzu denkst. – Uebrigens muß ich hinzusetzen, daß ich bis jetzt noch äußerlich ganz gut mit ihm stehe, und er mir behülflich ist, so weit ich es nur verlangen kann.

[1] Nach dem Jahresbericht lautet der genaue Titel „Experimentalchemie der unorganischen Körper".

Was meine Vorträge ihrem Inhalte nach betrifft, so habe ich am Donnerstag, nachdem ich erst so quasi ein Programm vorausgeschickt habe, wo ich u. A. (auf Wallachs Veranlassung) den Leuten ganz ⟨6⟩ unumwunden gesagt habe, das „Hören u. Sehen allein keine Vorstellung von Physik geben könnten", sondern daß man dabei auch dem Verstande ein gewisses Maaß von geistiger Arbeit zumuthen müsse, zuerst den Kreis von Wahrnehmungen hingestellt, der zur Wärmelehre Veranlassung bietet dann die Aufgabe präcisirt, zu welcher er führt, und dann gezeigt, wie der *einzige* Weg zu deren Lösung darin liegt, „an den Körpern andere physische Veränderungen zu entdecken, die mit den Temperaturänderungen verbunden sind" u. s. f., wodurch ich endlich zu den *Ausdehnungs*erscheinungen kam, die ich durch die bekannten Versuche demonstrirte. – Für nächsten Donnerstag, wo ich an die Thermometrie komme, habe ich mir ein recht geeignets Vorlesungsexperiment zurecht gemacht: nämlich einen Fühlspiegel, mit dessen Hülfe ich die Ausdehnung von Stäben in Meyersteins Manier dadurch sichtbar mache, daß das durch eine Linse concentrirte Licht einer Lampe, vom Spiegel reflectirt, an der Wand (bei verdunkeltem Zimmer) einen großen Bogen beschreibt. ⟨7⟩ Gestern Abend habe ich Meyersteins Electrogalvanometer[2] vorgeführt, und das Princip desselben dadurch erläutert, daß ich an einem großen, an einem Faden aufgehangenen Magnet mit einem plumpen Multiplikator, den Entladungsstrom einer Leydner Flasche[3] sichtbar machte, wenn ich einen Magnetstab darunter legte, welcher Versuch mir auch ganz gut gelang.

Nun aber genug mit diesen Geschichten, u. zu was Anderem. – Ich habe mich hier in jeder Beziehung völlig eingewohnt, und finde die hiesigen Verhältnisse je länger je angenehmer. Die Stadt u. Umgegend, die ich bei dem guten Wetter noch gehörig habe in Augenschein nehmen können, gefallen mir ausnehmend; und vor Allem sind die Leute – so weit ich wenigstens mit

---

[2] Ein von Moritz Meyerstein in seiner Empfindlichkeit weiter gesteigertes astatisches Galvanometer zur Messung kleinster Ströme auf der Grundlage des heute ältesten Meßprinzips, wonach ein beweglicher Magnet sich im Innern einer feststehenden Spule (Multiplikator) bewegt. Meyerstein hat das von ihm entwickelte Galvanometer 1861 beschrieben.

[3] Die Leidener Flasche – der erste Kondensator, auch Verstärkerflasche genannt – wurde 1745 von E. G. Kleist und kurz darauf von P. van Musschenbroek in Leiden erfunden.

ihnen in Berührung gekommen bin – ganz famose Kerle, – so gemüthlich, vertraulich – nichts von dem Steifen, Zugeknöpften, was bei uns im Norddeutschland grade die reichen und vornehmen Leute characterisirt.

– Ich bin schon mit vielen, durch den Verein, bekannt geworden, vor Allem mit den Vorstandsmitgliedern, ⟨8⟩ u. Alle haben den nämlichen Eindruck auf mich gemacht. – Auch in kleineren Gesellschaften bin ich schon mehrfach gewesen – bei Lorey, Wallach, etc – bei welchen ich, wie bei Stern in Göttingen, eingeladen bin, nach Belieben Abends zu kommen. – Stern hat mich ferner während seines Hierseins mit dem (Dir bekannten) Mathematiker Reiß bekannt gemacht, einem wie es scheint, sehr gescheidten Manne, der nur sehr kränklich ist. – Er ist furchtbar reich, hat ein prachtvolles Haus und treibt nichts als mathemat. Studien.

Ehe ich schließe, bitte ich Dich noch, Deine Eltern von mir herzlich zu grüßen, so wie Schulz u. Hankel, wenn Du letzteren schon gesprochen hast. – Es ist mir außerordentlich fatal, daß ich weder ihm noch Dir die gewünschten Hefte bis jetzt habe schicken können, weil mir sie der verdammte Hattendorff trotz brieflicher Mahnung noch immer nicht geschickt hat. – Sage Hankel dies. – So wie ich sie erhalte, schicke ich sie Dir. In der Hoffnung, daß Du mir nicht Gleiches mit Gleichem vergelten, sondern mir recht bald recht viel schreiben werdest, umarmt Dich Dein

Ernst.

NB: Was soll der geheimnißvolle Satz am Ende Deines letzten Briefes?

39 ABBE AN MARTIN FRANKFURT A. M., 27. OKTOBER 1861

Frankfurt a/M. Octob. 27, 1861.

Lieber Martin.

Zuvörderst meinen herzlichen Glückwunsch zu dem glücklich zurückgelegten Weg zum Doctor, – der Euch in Berlin, wie es scheint, herzlich sauer gemacht wird – und meinen Dank für Deine freundliche Zusendung von Dissertation [TV 70] u. Diplom.[1] – Wenn beides, Glückwunsch und Dank, etwas spät kömmt, so wirst Du es mir hoffentlich nicht übel nehmen. Dein Brief vom *3ten* d. M. gelangte erst in Frankfurt in meine Hände, da ich bei seiner Ankunft schon von Eisenach fort war. Ich antwortete nicht sogleich, weil ich Dir doch gern auch von Frankfurt Etwas mittheilen wollte; und mußte dann das Schreiben noch länger hinausschieben, weil die Vorbereitung auf meine Vorträge mich sehr in Anspruch nahm. – Ich will das Versäumte nun aber nachholen.

Ueber die Art meiner hiesigen Stellung habe ich Dir schon von Göttingen aus mehrfach geschrieben. Ich bin jetzt in dieselbe eingerückt, indem ich am vergangenen Donnerstag und gestern Vorträge gehalten habe – am ersteren Tage den Anfang der „Wärmelehre, mit ⟨2⟩ besonderer Rücksicht auf die technischen Anwendungen", die den Gegenstand einer regelmäßigen Vorlesung (1stündig) bildet, – gestern, als in der wöchentlichen allgemeinen Versammlung des Vereins, Mittheilungen über neue Entdeckungen u. Erfindungen. Ich kann, ohne mich zu rühmen, sagen, daß mein erstes Auftreten hier für mich günstig ausgefallen ist, wie mir denn auch die maaßgebenden Leute hier an die Hand gegeben haben, daß ich meine hiesige Stellung schon jetzt als gesichert ansehen, d. h. zu Ostern auf eine definitive Anstellung rechnen könne, indem nämlich auch die finanziellen Schwierigkeiten, die bisher immer noch im Wege standen, dadurch beseitigt sind, daß durch den Zutritt von ca. 70 neuen Mitgliedern

[1] Das Diplom für die Verleihung des medizinischen Doktorgrades an Martin wurde am 10. 10. 1861 ausgefertigt.

die Einnahmen des Vereins um 700 Gulden jährlich gewachsen sind. So habe ich denn Aussichtigen, zu denen ich mir nur Glück wünschen kann: eine sehr angenehme Thätigkeit, die, wenn ich mich erst etwas eingearbeitet habe, mir hinreichend Muse zu eigenen Arbeiten lassen wird – eine sorgen freie Stellung, indem man mir, hoffe ich, nicht unter 800 f. jährlich bieten wird, (wie ich für diesen Winter ⟨3⟩ auch schon 400 f. bekomme) – außerdem wissenschaftliche Hilfsmittel, wie man sie sonst nur bei Universitäten findet. Aber auch abgesehen hiervon gefällt mir der Aufenthalt hier ausnehmend gut. Die Stadt u. die Umgegend – die das bisher so günstige Wetter mich schon gehörig haben durchforschen lassen – ist sehr anziehend, und vor Allen sind die Leute, so weit ich bis jetzt mit ihnen in Berührung gekommen bin, so gemüthlich und freundlich, wie man sie in Norddeutschland gar nicht findet. Der gesellige Ton ist durchaus süddeutsch. – Nichts von dem Steifen u. Ceremoniellen, was bei uns grade die reichen u. vornehmen Leute so unangenehm characterisirt. Ich bin schon mit manchen Männern hier in Berührung gekommen, besonders Aerzten, und habe darunter viele tüchtige, wissenschaftlich-strebsame Leute gefunden – und alle haben den nämlichen Eindruck auf mich gemacht – Doch genug hiervon, damit ich endlich dazu komme, von etwas Anderem zu sprechen. – Daß Du den Doctoratsschwindel hinter Dir hast, freut mich sehr, u. ich hoffe, daß auch die Staats-Examengeschichten [2] gut von Statten gehen mögen, damit Du dann frei über Deine Wünsche ⟨4⟩ und Deine Muse verfügen kannst. – Zu Deinen Reiseplänen [3] wünsche ich Dir von Herzen Glück, und es soll mich freuen, wenn ich Dir bei Deinen Vorbereitungen irgendwie behilflich sein kann. Gelegenheit zu mündlicher Besprechung findet sich vielleicht von selbst, da ich vielleicht im nächsten Frühjahre schon einmal nach Berlin komme (etwa zwischen Ostern u. Pfingsten, wo ich voraussichtlich hier Ferien

---

2 Für die Erteilung der ärztlichen Approbation war die Ablegung des medizinischen Staatsexamens notwendig, dem sich Martin Anfang 1862 unterzog. Die Approbationsurkunde datiert vom 9. 4. 1862.

3 Martin wünschte sich den Einsatz als Arzt in außereuropäischen Ländern und hatte sich bei dem Forschungsreisenden Karl Klaus von der Decken, der für eine Reise in das Innere Afrikas aus der Berliner Studentenschaft einen Naturwissenschaftler mit Kenntnissen in der Heilkunde suchte, gemeldet, wurde aber nicht angenommen.

haben werde), und dann könnten wir ja Vieles miteinander besprechen.

Was Deine Fragen in betreff Eisenachs betrifft, so kann ich Dir, wie wohl ich kürzlich 3 Wochen dort war, wenig mittheilen. – Der Verein[4] lebt noch, soviel ich weiß, habe es in Eisenach wenigstens gehört; daß er noch in so lebendiger Thätigkeit, wie früher sei, bezweifle ich indeßen. Ich selbst kenne kein einziges seiner Mitglieder, habe daher auch keine Veranlassung finden können, mich näher um die Sache zu bekümmern. – Senft u. seine Frau befinden sich beide wohl; er lügt noch wie früher, sie war vor einem halben Jahre sehr krank, ist aber wieder hergestellt. – Funkhänel hat, nachdem seine Frau vor einem Jahre, glaube ich, gestorben ist, – wieder geheirathet (eine Eisenacherin, deren Namen ich nicht kenne) und stolziert wie ein Grenadier mit ihr in den Straßen herum. Kunze ⟨5⟩ ist natürlich noch am Gymnasium, und ist ebenfalls, – schon seit 2 Jahren ca. mit einer Döbnerin (od. Deubner) verheirathet. – Weiteres weiß ich nicht von ihm. – Damit genug für dießmal – Ich wünsche Dir Glück zu Deinem bevorstehenden Examen, und bitte Dich, Deinen Bruder sowie auch Toberentz und wer sonst etwa noch von früheren Bekannten in Deiner Nähe sein sollte, bestens von mir zu grüßen.

Es wünscht Dir recht wohl zu leben Dein

Abbe.

Nicht Docent bei der Akademie in Frankfurt, sondern blos „Doc. beim physikalischen Verein" – welcher Titel übrigens nicht nöthig ist, sondern nur meine Adresse

F. a/M. Großer Kornmarkt 21

---

[4] Naturwissenschaftlicher Verein zu Eisenach.

40 Abbe an Schütz Frankfurt a. M., 4. November 1861

Frankfurt, Nov. 4.
Montag Abend.

Liebstes Haraldchen.

Ich habe nun schon 6 Briefbogen von Dir erhalten, ehe ich dazu komme, Dir wieder zu schreiben. Da Du indeß selbst auf völlige Gegenseitigkeit in dieser Hinsicht verzichtet hast, so mache ich mir darüber keine Sorge sondern freue mich ob der angenehmen Lage, viel empfangen zu können und wenig geben zu müssen. Im besondern freue ich mich, daß Du so freundlich bedacht bist, daß mir der Genuß des Collegienhörens nicht ganz entzogen wird; und ich finde es eine ganz gute Idee, die Du ersonnen hast, mich in 50 Meilen Entfernung Weierstraß's [VV 71, 72] u. Kroneckers Vorlesungen [VV 23] mithören zu lassen, so gut, als ob ich, wie in Göttingen an Deiner Seite säße. – Was Du mir bis jetzt hiervon geschrieben hast, läßt mir diesen Vortheil so werthvoll erscheinen, daß ich beinahe froh bin, daß Du nicht auch in Frankfurt sondern in Berlin bist, – oder tröstet mich doch wenigstens einigermaaßen darüber. Nach dem Anfange zu urtheilen verspreche ich mir sehr viel von den beiden Vorlesungen Weierstraß's [VV 71, 72], – besonders aber ⟨2⟩ von der über Functionentheorie [VV 72], da mich von der andern, über algebr. Flächen, wohl nur die beiläufig gegebene Determinantenlehre stark interessiren wird. – Was Du mir von dieser schreibst, habe ich völlig verstanden und finde es ganz ausgezeichnet, wie ich überhaupt vor Weierstraß allen Respect bekommen habe. – Ich bin froh, dieses wichtige Capitel, dessen Mangel ich nachgerade zu empfinden angefangen habe, welches aus den Büchern zu studiren ich aber immer zurückgeschreckt bin, so unter der Hand beigebracht zu erhalten. Was indeß die Art und Weise angeht, in der Du mir diese Vorlesungen übermitteln willst, so möchte ich Dich doch darauf aufmerksam machen, ob es nicht vortheilhafter wäre, wenn Du Dir ein mal die Mühe des Ausarbeitens machst, sie so auszuarbeiten, daß nicht ich allein, sondern auch Du von dem *Ausgearbeiteten* Nutzen hast. *Mir* kann es natürlich nur angenehmer und bequemer sein, die Vorlesungen in kleinen Parcellen frisch von der Quelle zu erhalten (abgesehen davon, daß ich auf diese Weise zweimal in der Woche von Dir höre); aber wenn Du statt dessen ⟨3⟩ ein Heft machen wolltest, dessen einzelne Bogen Du mir vielleicht alle 2–4 Wochen schickst, so würdest Du sie auch für Deinen eignen künftigen Gebrauch in einer bequemeren Form zur Hand haben, ohne daß ich darunter leide. – Das überleg Dir doch ein mal. – Und falls Du sie *nur* in meinem Interesse ausarbeitest, d.h. um Deinetwillen es gar nicht brauchst, so glaube ich, daß für mich dann auch die Kladde ausreichen wird, wenn Du beim Nachschreiben etwas darauf Rücksicht nimmst und gleich nach der Vorlesung etwaige Unvollkommenheiten ergänzt. Aus der Kummer'schen Flächentheorie [VV 24] vom vorigen Sommer bin ich wenigstens ganz gut herausgekommen.

Was Deinen sehr gerechtfertigten Wunsch, Dir etwas physikalische Nahrung zufließen zu lassen, anbetrifft, so werde ich dem mit Freude willfahren. Nur wirst Du mir es nicht verdenken, wenn ich keine rechte Lust habe, das, was ich vor den Vorträgen ausgearbeitet habe, noch einmal nach denselben in einem Auszuge brieflich auszuarbeiten. Ich denke vielmehr, es ist besser, wenn ich Dir meine erste Ausarbeitung *in extenso* selbst schicke, indem Du dadurch eine vollständigere Einsicht in Inhalt und ⟨4⟩ Form gewinnen, besser beurtheilen wirst, in wie weit Deine neulich geäußerten Befürchtungen begründet sind, und mich vor Allem bestimmter auf Allerlei aufmerksam machen können wirst als durch einen Auszug das möglich ist. – Ich werde diesen Winter wenigstens Alles ausarbeiten, was sich in allgemeineren Betrachtungen bewegt d. h. nicht blos Beschreibungen von Erscheinungen, Apparaten u. dergl. betrifft, so daß Dir gar nichts Wesentliches entgehen kann; und ich würde schon heute den Anfang damit machen, Dir meine beiden ersten Vorträge zu schicken, wenn ich nicht Grund hätte, sie noch zurückzuhalten, in Rücksicht darauf, daß ich vielleicht selbst noch in der Kürze davon Gebrauch machen kann. Dieser Grund ist folgender: Wenn Deine geographischen Kenntnisse besser sind als die meinigen, so weißt Du vielleicht, (was ich erst hier erfahren habe) daß die bekannte Fabrikstadt Offenbach nur 1 1/2 Wegstunde von Frankfurt entfernt liegt. In dieser nun existirt auch eine Art von „naturwissenschaftlicher Gesellschaft“[1], oder wie das Ding sonst heißt, und solche hat den erleuchteten Gedanken gefaßt, von *meiner* Anstellung hier auch Nutzen ziehen zu können, indem sie sich auch physikalische Vorträge von mir halten ließe, ⟨5⟩ was sehr gut gehen würde, da zwischen hier und Offenbach täglich nicht weniger als 14 Eisenbahnzüge (à 12 Kr.) hin u. her gehen. Die Gesellschaft hat, wie ich höre, schon diesen Sommer, bevor ich noch hier war, beim Vorstande des Vereins diese Ansicht kundgegeben, u. letzterer kein Bedenken dagegen geltend gemacht sondern das für meine persönliche Angelegenheit erklärt. Vergangenen Donnerstag nun ist in cognito eine Deputation von Offenbach in meiner Vorlesung gewesen, und es ist mir privatim hinterbracht worden, daß mir auf Grund dieser Beaugenscheinigung in der Kürze mündliche oder schriftliche Anträge von dort aus [gestellt] werden würden. Ob das nun begründet ist oder nicht, weiß ich nicht. Was aber die Sache selbst angeht, so wäre sie, wenn begründet, gar nicht so ohne. – Ich habe freilich, wie ich sehe, hier grade genug zu thun, da mich meine paar Vorträge vollständig in Anspruch nehmen, und ich könnte deßhalb auf keinen Fall einen Auftrag annehmen, der mir merkliche Arbeit mehr macht. Falls aber die Leute den guten Einfall haben sollten, auch Wärmelehre hören zu wollen (da es doch grade Winter ist), so würde ich gern zugreifen, ⟨6⟩ und mich über die gute Gelegenheit freuen, unsere Casse zu Gunsten der Frankfurter und Berliner Studien auf den Damm zu bringen. – Denn ich würde auf diese Weise, da ich mich nur einmal vorzubereiten brauchte, keine merkliche Vermehrung der Arbeit haben; es würden eben nur die paar Stunden zwischen der Hin- u. der Rückreise in Anspruch genommen werden. – Das ist der Grund, weßhalb ich die Sendung der Vorträge noch vertage. – Was meinst Du dazu?

– Was sonst mein Leben hier betrifft, so ist darüber nicht viel zu sagen. – Ich stehe gegen 7 Uhr Morgens auf – wenn ich mich nicht verschlafe, – arbeite bis Mittag zu Hause, wenn ich

---

[1] Gemeint ist der 1859 gegründete Verein für Naturkunde zu Offenbach/Main.

nicht auf dem Cabinet[2] zu thun habe; bummle Nachmittags, und lese im „Bürgerverein" Zeitungen – wenn ich nicht grade Nöthigeres zu thun habe; und arbeite Abends wieder – wenn ich nicht irgendwo eingeladen bin oder einen Schoppen Wein (à 10 Kr. – famoser Suf[f]) oder Bier auf Dein Wohl trinke. – Den Mittagsfraß habe ich seit einigen Tagen bei meiner Hauswirthin erhalten, und denke dabei zu bleiben, aus Billig- u. Bequemlichkeitsrücksichten.

⟨7⟩ – Der Bürgerverein ist das hiesige Museum[3], – sehr reichhaltig u. großartig eingerichtet. – Ich bin einstweilen für 3 f. auf 2 Monate als außerordentliches Mitglied eingetreten. – Natürlich lese ich die Volkszeitung [TV 10] sehr eifrig, und ärgere mich recht weidlich über den alten, dummen Gamaschenknopf, Euren König, und seinen Gottesgnadenschwindel[4].

– Mit Wallach bin ich schon mehrfach (natürlich in anständigerer Weise, als mit Dir) in Disput gerathen über philosophische Dinge, sintemal er ein eingefleischter „Realist"[5] ist, und von Kant und Schopenhauer sehr geringschätzig denkt. Mit Lorey beobachte ich häufig auf dem Paulsthurm[6] (wo er vor meiner astronomischen Weisheit einen fabelhaften Respect bekommen hat) und bin kürzlich von ihm mit einem hiesigen Kaufmanne bekannt gemacht worden, der mir zur Beobachtung des am 12ten d. M. bevorstehenden Merkurdurchgang[es] sein schönes Fraunhofer'sches Fernrohr (– er ist auch astronomischer Dilettant –) zur Verfügung stellen will, während ein hiesiger Uhrmacher, den Lorey kennt, einen Chronometer dazu borgt.

⟨8⟩ Beifolgend erhältst Du die beiden Riemann'schen Hefte [VV 36, 37], die der Esel von Hattendorff mir erst vorgestern geschickt hat: er habe so lange Abhaltung gehabt und sie doch gar zu ungern entbehren mögen, und habe gedacht, daß Hankel

---

2 Sammlungsraum des Physikalischen Vereins zur Vorbereitung der Experimente.

3 Bezieht sich auf das Göttinger Literarische Museum.

4 Gemeint ist die am 18. 10. 1861 in Königsberg vollzogene Krönung des preußischen Königs Wilhelm I., bei der dieser die Heiligkeit und Unantastbarkeit der Krone betonte.

5 Wallach war vermutlich ein Vertreter des naiven Realismus, wonach die sinnliche Erkenntnis zur vollständigen Erfassung der objektiven Realität ausreicht.

6 Astronomische Beobachtungsstation auf dem Turm der Paulskirche (1789–1833 als Rundkirche erbaut), die 1848/49 Sitz des deutschen Parlaments (Vorparlament und deutsche Nationalversammlung) war.

sie doch nicht so nöthig brauchen werde, – u. dergl. alberne Ausreden. – Ich muß Dich bitten, Hankel beide unverzüglich zu geben, d. h. ihm die Wahl zu lassen, welches er zuerst gebrauchen will, da ich sie ihm früher versprochen hatte, als ich wußte, daß *Du* auch gleich sie benutzen wolltest. Entschuldige mich nochmals bei ihm, und sage ihm, daß ich mich nur dadurch habe verleiten lassen, sie Hattendorff auf 14 Tage zu leihen, weil *er* mir dagegen versprochen hatte, mir das Riemann'sche Colleg [VV 38] von diesem Semester zukommen zu lassen, und ich ihn dadurch fester an diese Zusage zu binden hoffte. – Uebrigens grüße ihn von mir: ich gratulire ihm zum Doctor und danke für die zugesandte Preisarbeit. Sag ihm, ich würde ihm nächstens selbst schreiben. –

Damit leb recht wohl, mein guter Harald. – Es ist schon 11 Uhr geworden, so daß ich müde bin, und mich sehne, etwas von Dir zu träumen. – Behalte lieb Deinen

Ernst.

NB: Mein Vater u. Mutter lassen Dich herzlich grüßen. – Sie schrieben mir vor 14 Tagen, daß sie sich so vereinsamt fühlten, seit wir *beide* weg seien – viel mehr als sonst.

41 Abbe an Schütz — Frankfurt a. M., 22. November 1861

Freitag, Nov. 22, 61.
Morgens.

Mein liebes herziges Haraldchen.

Ich habe schon zwei inhaltreiche Briefe von Dir und habe Dir noch immer nicht geantwortet. Du wirst recht böse auf mich sein, und mich unverzeihlicher Nachlässigkeit und Rücksichtslosigkeit anschuldigen. Aber, bitte, habe Nachsicht mit mir armen Teufel. Ich habe seit anderthalb Wochen zu arbeiten gehabt, daß ich nicht wußte wo mir der Kopf steht. – Vortrag Donnerstag – Sonnabend – Donnerstag (gestern) und jedesmal 1 oder 2 Tage mit den Vorbereitungen der Experimente, welche Vorbereitungen, so einfach sie oft sind, bei meiner mangelnden Uebung und überflüssigen Ungeschicklichkeit mir sehr viel Zeit rauben. – Dazu noch häufige Abhaltungen, durch Besuche, Einladungen u. dergl. – Kurz, ich bin die letzte Woche kaum zu mir selbst gekommen – nicht einmal den Bürgerverein habe ich besuchen können, so daß ich ganz aus der Politik herausgekommen bin. So komme ich denn erst heute dazu, Dir zu antworten, während Du wohl schon seit 8 Tagen auf ein Lebenszeichen von mir wartest.

Was meine Vorträge hier anbetrifft, so stehe ich in der Wärmelehre noch immer bei den Anwendungen der Ausdehnungserscheinungen. Gestern Abend habe ich über die Compensation der Maasstäbe u. der Uhren gesprochen, nachdem ich volle 2 Tage dazu gebraucht habe, um einige lumpige Modelle aus Holz u. Draht zusammen zu bauen zur Veran- ⟨2⟩ schaulichung der verschiedenen Compensationsvorrichtungen, weil ich außerdem gar Nichts von Apparaten auf dem Tisch gehabt hätte. – Am Sonnabend habe ich vorgetragen über das von Dove angegebene neue photometrische Verfahren [TV 35] mittelst des Mikroskops[1] – wo das Bunsen'sche Princip des verschwindenden Stearinfleckes in der Weise in Anwendung kömmt, daß letzterer durch eine mikroskopische Photographie ersetzt wird, deren Nuancirungen von Hell u. Dunkel unter dem gleichzeitigen Einflusse von reflectirtem und durchscheinendem Lichte ganz ähnliche Erscheinungen hervorrufen – Diese werden durch das Mikroskop betrachtet, indem man die zu vergleichenden Lichtquellen die eine von oben, die andere von unten auf die Photographie einwirken läßt.

Die Offenbacher Angelegenheit ist noch nicht im Reinen. In

---

[1] Ein Meßinstrument zum Vergleich der Lichtstärken zweier Lichtquellen. Das von Dove angegebene Verfahren soll äußerst empfindlich, auf helle und schwach leuchtende, gleich oder verschieden farbige Objekte beliebiger Größe anwendbar und zur Bestimmung der Lichtstärke optischer Instrumente geeignet sein.

voriger Woche waren allerdings zwei Abgeordnete von dort bei mir (ein reicher Seifenfabrikant und ein Firnißfabrikant) und hielten in der erwarteten Weise Nachfrage. Indeß stellte sich zunächst heraus, daß sie es nicht, wie ich hoffte, auf Wärme- sondern auf Elektricitätslehre u. was ⟨3⟩ damit zusammenhängt, abgesehen hatten. Trotzdem habe ich mich, nach einigem Bedenken bereit erklärt. Ich werde dadurch allerdings eine merkliche Vermehrung der Arbeit haben. Aber erstens calculire ich, daß diese Vermehrung nicht in dem Maaße groß ist, wie von den Frankfurter Vorträgen sich folgern ließe, weil ich dort viel weniger Rücksichten zu nehmen und mich viel weniger vorzubereiten brauche; dann aber auch denke ich, was ich diesen Winter mehr arbeite, kömmt mir nächsten Winter vielleicht hier in Frankfurt wieder zu Gute, da ich doch binnen Kurzem auch hier das nämliche Kapitel zu behandeln haben werde. Und da ich doch diesen Winter zu andern Arbeiten nicht kommen werde, so habe ich gedacht: gut, schindest Du Dich einmal diesen Winter recht ordentlich ab, damit Du später dafür mehr Muse hast. Und so habe ich mich denn bereit erklärt. Ich war Ende voriger Woche in Offenbach, um mir die Apparate dort anzusehen. Der naturwissenschaftl. Verein, der noch in den ersten Anfängen ist und nur 20 Mitglieder zählt, besitzt keine Apparate; sie haben aber das Cabinet der dortigen Realschule zur Verfügung. Dieses ist nun zwar keineswegs reichhaltig, ⟨4⟩ hat aber doch wenigstens die nöthigsten Apparate, grade für diesen Theil der Physik, ziemlich vollständig; und was etwa an kleineren Hilfsmitteln noch fehlt, kann ich leicht aus dem hiesigen Cabinet mit hinnehmen, – was gar keinen Anstand hat, – wie ich mich durch eine Anfrage beim Vorstande versichert habe. – Als Honorar habe ich, bei 15–16 Vorträgen, die sie haben wollen, pro Vortrag 1 Frdds. gefordert, was mir nicht zu viel scheint, in Anbetracht, daß die Leute auf eine große Betheiligung des außer dem Vereine stehenden Publicums rechnen und eine solche auch bei früheren Vorträgen über Geognosie und über Geographie in den beiden letztvergangenen Semestern statt gehabt hat. – Ich habe indeß seitdem keine Nachricht wieder erhalten, was mich um so mehr wundert, als der nächste Dinstag (von 7–8) schon als Anfang verabredet war. Sollte es die Leute wieder gereut haben? – oder sollten sie das Honorar zu hoch finden? – Nun, mir ist's auch recht, wenn Nichts daraus wird, – da, offengestanden, die viele Arbeit, die ich in der letzten Woche allein hier gehabt habe, ⟨5⟩ mir selbst schon einige Bedenken gemacht hat, ob es nicht doch besser gewesen sei, wenn ich die Sache abgelehnt hätte. – Indeß macht mir das gar keine Sorge, und ich erachte es vielmehr eine ganz angenehme Lage, die wohl nicht häufig vorkommt, von zwei, direct entgegen gesetzten Entscheidungen beide gleich wünschenswerth zu finden – auf der einen Seite 15 Frddr. – mit denen man schon 1/2 Semester studiren kann – auf der andern mehr Muse und Bequemlichkeit.

Was übrigens Deine Befürchtungen von wegen Erkältung u. dergl. anbetrifft, so darfst Du Dich dieser vollkommen entschlagen. Was willst Du nur? – Ich habe ja einen Ueberzieher, schon seit vorigem Winter; und wenn ich ihn auch für gewöhnlich nur als Rock getragen habe, so ist er doch hinreichend weit, um auch einen andern Rock darunter zu ziehen. Wie ich das schon in Göttingen bei Gelegenheit gethan habe, so werde ich es natürlich auch diesen Winter thun, wenn ich nach Offenbach fahre. – Für gewöhnlich freilich lasse ich mich nicht bestimmen, aus Mode-Rücksichten meine Bequem- ⟨6⟩ lichkeit aufzugeben. So lange ich nicht friere, benutze ich den Überzieher (– als welcher er vor 1 Jahre wirklich angefertigt ist) nur als bequemen und warmen Winterrock, da mir zwei Röcke unsäglich lästig sind; und befürchte dabei gar nicht, mit Listing in Parallele zu kommen, da dessen lächerliches Einherlaufen nicht daher rührt, daß er keinen Ueberzieher hatte, sondern daher, daß er bei 15° Kälte einen *dünnen Sommerrock* trug.

– Unter allen Verhältnissen aber fürchte nicht, daß es mir an Geld mangle. Denn wie wohl ich schon meine Miethe bis Weihnachten vorausbezahlt, und mir überdieß kürzlich eine neue Uhr (Ankeruhr mit Sekundenzeiger) für 28 f. gekauft habe, habe ich doch noch über 40 f. baar in Casse, und Weihnachten von Neuem 200 f. zu erwarten.

Mein Schwesterchen in Gotha, befindet sich wohl, und ich habe sie von Dir gegrüßt. – Der Koffer, der Dir, wie es scheint, großen Kummer macht, ist, – was ich ganz vergessen hatte, Dir zu schreiben – zwei Stunden vor meiner Abreise, grade als ich nach Deiner Wegfahrt vom Bahnhof kam, ⟨7⟩ angelangt, und ich habe ihn 2 Tage später in Frankfurt erhalten.

Was nun endlich den wissenschaftlichen Inhalt Deiner Briefe betrifft, den Du mit wirklich rührender Aufopferung mir zuführst, so kann ich Dir nicht genug sagen, wie wohltuend es mir ist, unmittelbar an Deinen Studien Theil zu nehmen, und wie sehr ich Dir dafür danke. Während ich sonst ganz aus der Mathematik herausgerissen wäre, bleibe ich durch Deine Fürsorge nicht nur in Connex damit, sondern erfahre auch, was ich auf anderem Wege gar nicht lernen und erfahren könnte.

Du weißt selbst, welche geringe Achtung ich bisher immer von dem wissenschaftlichen Sinn der Mathematiker im Ganzen gehabt habe. Jetzt sehe ich, daß ich meine Ansicht doch wesentlich modificiren muß, wenigstens so weit sie die Berliner Mathematiker betrifft. – Besonders Weierstraß flößt mir allen Respect ein; und dabei gereicht es mir zu nicht geringer Genugthuung, viele Ansichten, wie ich sie Dir gegenüber in Göttingen schon ausgesprochen habe, (u. A. die über den Unterschied, resp. wesentlichen Gegensatz ⟨8⟩ zwischen den Vorstellungen von Größen u. von Zahlen) bei ihm genau so wieder zu finden. Ich hatte mir vorgenommen, Deine Mittheilungen über diesen Theil der Functionentheorie von Weierstraß mir Veranlassung sein zu lassen, meine Ansichten über diese Fragen vollständig u. zusammenhängend auszuarbeiten, wenigstens in Anschluß an die von Weierstraß vorgetragenen Lehren, mit denen ich nämlich keineswegs ganz übereinstimme. Aber leider sehe ich, daß ich jetzt dazu nicht kommen kann, und daß ich diesen guten Vorsatz wohl auf später verschieben muß, so leid es mir ist. – Fahre aber nur bald in Deinen Mittheilungen hierüber fort; Weierstraß hat in mir einen sehr eifrigen und begeisterten Zuhörer.

– Von der Determinantentheorie [VV 71], so weit ich sie bis jetzt inne habe, habe ich schon in dieser Woche einen guten Nutzen gezogen. – Am Montag nämlich kam ein mir unbekannter Herr auf meine Stube, der sich als Dirigent der preußischen Telegraphenlinie in Thüringen u. Hessen herausstellte, als welcher er in Frankfurt seinen Sitz hat.[2] ⟨9⟩ Er kam, um sich bei mir, als Physiker, Rath zu erholen, über einige galvanische Probleme, die ihm in seinem Fache vorgekommen seien, und mit welchen er durch die ihm zu Gebote stehenden Mittel nicht fertig werden könne, – nämlich Fragen über die Verhältnisse der Stromvertheilung in den Leitungssystemen der Telegraphen, in besondern dann, wenn unbeabsichtigte Nebenschließungen zwischen den Drähten eintreten. Er stellte mir die nöthigen physikalischen Bedingungen, und ich habe sodann die Aufgabe gelöst. Dabei kam ich aber auf ein System von 6 Gleichungen mit 6 Unbekannten, bei dessen Auflösung ich mich zum ersten Male der Hilfsmittel bedient habe, welche die Determin. bieten; und ich habe dadurch die Sache in 2 Stunden abmachen können, während ich sonst wenigstens 1 Tag zur Elimination der 6 Unbekannten ge-

braucht hätte. Probatum est. Uebrigens ist diese Angelegenheit, die durch die einmalige Anfrage, wie ⟨10⟩ es scheint, noch nicht erledigt ist, – da der Mann wieder kommen u. noch mehr wissen will, – Veranlassung, Dich zu bitten, mir das Riemannsche Heft über die Potentialtheorie [VV 32] wieder *auf 1 oder 2 Tage höchstens* zukommen zu lassen. – Ich habe meine Kladde davon nicht hier, – sei es daß ich sie überhaupt verloren habe, oder sie in Eisenach liegen geblieben ist, und muß, um über weitere Fragen Auskunft geben zu können, nothwendig die allgemeine Theorie, wie sie Riemann gegeben hat, nachlesen. Schicke mir also das Heft um-

2 In Preußen wurden die ersten fünf größeren Telegraphenlinien 1848/49 von Berlin aus angelegt, wobei eine über Halle, Erfurt, Kassel nach Frankfurt a. M. und weiter führte und am 1. 4. 1849 eingeweiht wurde. Öffentliches Verkehrsmittel wurde der Telegraph in Preußen ab 1. 10. 1849.

gehend, (wofern es Hankel nicht schon hat); ich werde es Dir auf das Schnellste zurückbefördern. Oder willst Du es nicht ganz entbehren, so schneide blos diejenigen Bogen heraus, auf welchen die *reine* Electricitätslehre, im besond. die Gesetze der Stromvertheilung abgehandelt sind, um mir diese zu schicken, – wonach Du dieselben ja leicht wieder einnähen kannst.

Damit leb' recht wohl, mein lieber Junge, und sei nicht böse auf, sondern behalte recht lieb Deinen Dich langewartenlassenden

Ernst.

Beifolgend die ersten 4 1/2 Wärmevorlesungen[3] und Duhamel's Mechanik [TV 37].

42 Abbe an Schütz — Frankfurt a. M., 3. Dezember 1861

Dinstag, Dec. 3, 1861, Mittag.

Mein lieber Harald.

Da ich bis heute Nachmittag um 4 Uhr, wo ich wieder nach Offenbach fahren muß, noch ein paar Viertelstunden Muse habe, so will ich Dir endlich meine umgehende Antwort auf Deine zwei Briefe, (die beide richtig angekommen sind) zukommen lassen. Ich nenne sie umgehend, wiewohl 4 Tage dazwischen liegen, weil ich in diesen 4 Tagen keinen Augenblick für mich gehabt habe. – Gleich nach Absendung meines letzten Briefes nämlich erhielt ich Nachricht von Offenbach, daß meine Bedingungen acceptirt seien und sie auf Dinstag den Anfang meiner Vorlesungen erwarteten. Ich habe also schnell die nöthigen Vorbereitungen getroffen und richtig am Dinstag[1] angefangen: vor ca. 120–130 Zu-

[3] Es handelt sich um das Manuskript zu Abbes Vorlesungsreihe über Wärmelehre.

[1] Beginn der Vorlesungen in Offenbach am 26. 11. 1861.

hörern worunter 1/4 *Damen* – horribile dictu – wovon mir nämlich die guten Leute wohlweislich kein Wort gesagt hatten. – Es gieng im Allgemeinen gut, da ich durch meine Vorträge hier schon alle Befangenheit verlernt habe und gewohnt bin, einen sehr probaten Rath zu befolgen, den mir gleich nach meiner ersten Vorlesung hier ein angesehner Mann und erfahrener Redner, Dr. Varrentrapp ertheilte: um recht ungenirt vor vielen Leuten sprechen zu können, müsse man („wie er es mache") bei ⟨2⟩ der Anrede „Hochgeehrte Herren", nur gleich hinzudenken: Leckt mich allesamt im Arsch! –

– Nur einige von den feineren Experimenten (Electrisirung einer Metallkugel pp) sind mißlungen, deßhalb, weil die Leute so albern gewesen waren, den Tisch, an dem ich experimentiren sollte, den ganzen Tag lang im Regen stehen zu lassen, während das Auditorium (ein Turnsaal) an sich schon feucht genug ist.

Das war am Dinstag. Am Donnerstag habe ich hier Wärmevorlesung gehabt, am Sonnabend wieder die Referate (über Wassermeßinstrumente, das Analogon der Gasuhren – wozu ein hiesiger Pumpenmacher, der solche in Commission hat, die Hand bot) und heute Abend wieder in Offenbach. – Dazwischen habe ich am Freitag und den ganzen Sonntag hindurch als Mitglied einer vom Vorstande des Vereins ernannten Commission zu thun gehabt, um ein Gutachten an den Senat auszuarbeiten über ein albernes Luftschifffahrtsproject, zu dessen Ausführung ein hiesiger verbummelter Mechanikus vom Senate 500 f. haben will.[2] – Der Mann (der von den physikalischen od. mechanischen Grundsätzen, die dabei in Frage kommen, so viel versteht wie die Kuh vom Sonntag) hat die große Idee gefaßt, den Luftballon zu regieren, resp. zu lenken, durch die Reactionswirkung ausströmender Luft. ⟨3⟩ Er will einen Wasserstoffgas-Ballon herstellen, und in die Gondel einen sogenannten Centrifugal-Ventilator setzen, und durch dessen Drehung in einem Gefäße Luft comprimiren, um diese dann nach beliebiger Richtung ausströmen zu lassen.

---

[2] Der Mechaniker Johannes Hermann hatte sich an den Senat gewandt, ihm für die Erprobung seiner Erfindung den benötigten Betrag aus der Staatskasse zur Verfügung zu stellen. Der Senat erbat am 18. 11. 1861 ein Gutachten des Physikalischen Vereins, ob das angewendete Prinzip neu sei und einen praktischen Erfolg verspreche.

Dadurch soll so wohl die vertikale Bewegung als auch die horizontale Lenkung gegen Wind und Wetter bewirkt werden. – Die Sache ist unausführbar, wie Du leicht finden wirst, (soweit wenigstens ein Mensch in der Gondel die Triebkraft abgeben soll.); trotzdem aber hat der Mann, der von der Brauchbarkeit und Wichtigkeit seiner Idee maurenfest überzeugt ist und sehr bestimmt auftritt, hier schon großen Anhang gefunden, 300 f. zusammen subskribirt und den Bau des Ballons angefangen und in den Lokalblättern wird großes Wesen von der wichtigen Erfindung[3] gemacht, deren Wiege Frankfurt sei. – Die Commission hat mir die Berichterstattung aufgepackt, und da über die durchaus negirende Entscheidung voraussichtlich großes Geschrei entstehen wird, so war es nöthig, Alles recht gründlich zu motiviren, wodurch ich viele Mühe mit der sehr unangenehmen Sache gehabt habe.[4] –

Gestern habe ich mit meiner Vorbereitung auf heute zu thun gehabt, und morgen werde ⟨4⟩ ich noch mehr zu thun haben für übermorgen. – Du wirst mir also nicht übel nehmen, wenn ich Dir heute erst antworte. Ich muß es selbst am meisten entbehren, mich nicht öfter mit Dir, meinem einzigen Freunde, unterhalten zu können, und wenn ich endlich ein mal daran komme, es nur in aller Eile thun muß. – Aber es geht nun ein mal nicht anders. Für diesen Winter muß ich auf Teufelholen losochsen und mich mit der Hoffnung trösten, nächsten Sommer (und schon zu Ostern) mich dafür erholen zu können; und ich bin nur froh, daß es mir recht gut bekömmt, das angestrengte Arbeiten, und ich mich sehr frisch und wohl dabei befinde. – Ich ärgre mich nur, daß ich die 3 f. für den Bürgerverein ausgegeben und mir dafür nicht lieber die Volkszeitung [TV 10] gehalten habe; denn sie sind ganz

---

[3] Es handelte sich zunächst nur um Versuche mit einem Modell des Luftballons von ca. 12 Fuß (=3,9 m) Durchmesser.

[4] Der Kommission gehörten neben Abbe noch der Dozent Boettger, der Oberlehrer Poppe und die Vorstandsmitglieder Ettling und Fresenius an. Nach einer Besprechung am 29. 11. 1861 erstattete Abbe den gutachtlichen Bericht an den Vorstand, den dieser am 11. 12. 1861 dem Senat zuschickte. Im gedruckten Jahresbericht 1861–1862 ist er verzeichnet als „Begutachtung eines Unterstützungsgesuchs des Mechanikers Johannes Hermann zur Lösung des Problems, den Luftballon willkürlich zu leiten, resp. ihn auch nach jeder Himmelsgegend fliegen zu lassen".

vergeblich hingegeben; ich bin seit 1 1/2 Wochen nicht hingekommen (und überhaupt erst 3mal vielleicht seit 1 Monat) und erfahre auch nicht einen Schwanz von Allem was in der Welt vorgeht. – Das letzte was ich gelesen habe war die große That Napoleons[5] und die energische Wahlbewegung in Bielefeld[6], worüber ich mich sehr gefreut habe. – Was seitdem weiter geschehen ist, im besondern, wie es mit den Wahlen aussieht, habe ich nicht erfahren. – Deinen letzten Determinantenbrief [VV 71] habe ich, trotz der mangelhaften Adresse, richtig erhalten, bin aber noch nicht dazu gekommen, seinen Inhalt näher anzusehen. ⟨5⟩ Dein Weierstraß'sches Heft [VV 72] habe ich flüchtig durchgesehen, werde es aber noch ein paar Tage behalten, in der Hoffnung, daß sich eine freie Stunde für eine nähere Einsichtnahme finden werde; dann werde ich es Dir mit der Riemannschen Potentialtheorie [VV 32] zurückschicken (Was ich aus der Weierstraß'schen Begründung der Differentialrechnung machen soll, weiß ich noch nicht; sehr sonderbar kömmt sie mir aber vor).

Die Antwort auf die Frage wegen des Kantschen Begriffs von Recht ist folgende. Methaphysische Anfangsgründe der Rechtslehre [TV 62], Einleitung, steht nach einer längeren Erörterung wörtlich: „Das Recht ist also der Inbegriff der Bedingungen, unter welchen die Willkühr des Einen mit der Willkühr des Andern nach einem allgemeinen Gesetze der Freiheit zusammen vereinigt werden kann.“ – u. ferner, unter der Aufschrift: Allgemeines Princip des Rechtes, (unmittelbar nach obigem): „Eine jede Handlung ist *recht*, die oder nach deren Maxime die Freiheit der Willkühr eines Jeden mit Jedermanns Freiheit nach einem allgemeinen Gesetze zusammenbestehen kann.“ – Hoffentlich genügt diese blose Definition und verlangt Schulz nicht etwa die nähere Ent-

---

5 Abbe bezieht sich auf den Verzicht Napoleons III. auf die „Prärogative der Krone“, hier als Vorrecht zur Bewilligung zusätzlicher Kredite, um der Staatsverschuldung zu begegnen.

6 Es handelt sich um die Wahlen zum preußischen Abgeordnetenhaus, die im November/Dezember 1861 in allen preußischen Provinzen stattfanden. In Bielefeld gab es eine starke Wahlagitation der liberalen Kräfte. Hier errang im November bei den Urwahlen die Liste der Fortschrittspartei in allen Bezirken und in allen drei Klassen die Mehrheit der Wahlmänner. Bei der Abgeordnetenwahl im Dezember erhielt ihr Kandidat Benedikt Franz Leo Waldeck die meisten Stimmen.

wickelung ders. zu haben, die so leicht nicht zu resümiren ist. – Wenn es nöthig, kann ich Dir ja das nächste Mal den betreff. Band von Kant [TV 63, 64] mitschicken.

– Von Kant zu Schopenhauer ist nur ein Schritt; daher denke ich daran, daß ich das letzte Mal vergessen habe, Dir mitzutheilen, was ich über letzteren hier gehört habe. ⟨6⟩ Es ist nur sehr wenig. Ich habe nur einen Mann gesprochen, der mit ihm verkehrt hat, einen gewissen Schnyder von Wartensee, einen 80jährigen theoretischen Musiker u. Componisten, Schweizer, eine sehr biedere und humoristische Haut. Der ist früher viel mit ihm zusammen gekommen, hat sich jedoch vor einigen Jahren mit ihm gezankt. Er erzählte mir u. A., daß sich Schopenh. allen Ernstes für einen besondern Menschen, d. h. für ein Unicum einer besondern *höheren Abart* der Species homo gehalten habe und darin so weit gegangen sei, daß er auch einen Unterschied von andern Menschen in der körperlichen Organisation dafür geltend gemacht habe: er habe in der obern Kinnlade 2 Zähne mehr gehabt, und auf diesen Umstand großes Gewicht gelegt! – Außerdem habe ich einen Philosophen von Fach (wie es scheint, Realist) kennen gelernt, einen Dr. Cornill, früher Privatdocent in Heidelberg, der sich jetzt als Privatier hier aufhält. Der hat zwar Sch. nicht gekannt, kennt aber Einen, der hat ihn gekannt und ihm sogar näher gestanden (seinen Namen habe ich vergessen). – Dieser, der ebenfalls Philosoph, ist daran, *eine Biographie Sch's* [TV 55] abzufassen – wie mir Cornill sagt, der sich viel davon verspricht. – So wie sie erscheint, wirst Du sie sogleich erhalten.

Damit muß ich heute aufhören, da es Zeit ist, mich zur Reise fertig zu machen. Grüß' Deine lieben Eltern von mir, sowie Schulz, Martin u. Hankel und denke an Deinen

Ernst.

43 Abbe an Schütz Frankfurt a. M., 14. Dezember 1861

Frankfurt, Dec. 14, 1861.
Sonnabend Abend 9 Uhr

Mein lieber Harald.

So eben komme ich von meiner Sonnabendsvorlesung (für welche ich heute wieder an der Reihe war) wo ich, anschließend an einen vor 4 Wochen (od. 6?) gehaltenen Vortrag[1] über Meyersteins Galvanometer eine Reihe Versuche zur Nachweisung schwacher galvan. Ströme mit dem von mir nach diesem Principe construirten Instrumente (großer Dimension) angestellt habe. Die Vorbereitungen dazu (zur Beobachtung des Stromes der Electrisirmaschine, des Entladungsstromes der Leidner Batterie, des vom Erdmagnetismus inducirten Stromes u. endlich thermoelectrischer Ströme) haben mich gestern Nachmittag und heute den ganzen Tag in Anspruch genommen, so daß ich heute Abend todt müde war, als ich zu sprechen anfing. Indeß bin ich dadurch auch wieder munter geworden, und freue mich, daß ich nun wieder einmal eine freie Stunde habe um ein paar Worte mit Dir lieben Jungen plaudern zu können. Ich würde Dir schon am Mittwoch auf Deinen Brief geantwortet haben, wenn ich nicht in Offenbach das Mißgeschick gehabt hätte, mir drei Finger der rechten Hand durch brennenden Siegellack zu verbrennen, so daß ich 2 Tage über die Hand verbunden tragen mußte und daher physisch am Schreiben verhindert war. Ich ärgere mich um so mehr darüber, als ich mich ⟨2⟩ über die ganze Offenbacher Commission recht gründlich ärgere. Ich habe in der That einen dummen Streich gemacht, mich damit zu befassen; ich muß mich deßwegen abhetzen wie ein Kutschpferd, um der zwiefachen Thätigkeit, hier und in Offenbach, zu genügen und das hätte ich mir voraus sagen können, da mich die Frankfurter Vorträge schon genug in Anspruch nehmen. Dazu kömmt aber noch die Schwierigkeit des Gegenstandes, was die Experimente angeht, die ich mir gar nicht so groß vorgestellt

[1] Der Vortrag wurde am 26. 10. 1861, also sieben Wochen zuvor, gehalten.

hatte und die hier noch größer wird wegen der mangelhaften Apparate und vor Allem wegen des ungünstigen Lokals, das die Leute haben. – Wenn ich hier in Frankfurt Alles noch so sorgsam vorbereite, und dann Dinstag Nachmittag dorthin komme versagen die Apparate, die hier glanzvoll giengen, weil der Saal so feucht ist, daß, besonders bei dem Sauwetter, wie wir es die letzten Wochen hier haben, eine geriebene Glasstange z. B. in 1/4 Minute schon vollkommen unelectrisch wird. Da habe ich denn alle erdenklichen Vorkehrungen zu treffen, damit die Versuche mir einigermaßen gelingen, und habe trotzdem oft genug den Aerger gehabt, welche fehlschlagen zu sehen. – Kurz, ich gäbe jetzt was drum, wenn ich mir nicht die Last auf den Hals gepackt hätte. – S'ist nun aber ein mal geschehen, und so muß ich mich denn für diesen Winter in mein ⟨3⟩ Schicksal fügen und mich auf den Sommer trösten. Ich werde mir übrigens große Mühe geben, mir mit den Offenbacher Vorträgen möglichst *wenig* Mühe zu geben, damit die Frankfurter nicht darunter leiden – Mühe kostet mich das, weil ich, wenn ich einmal was thue, es doch auch ordentlich thun möchte, so daß ich mich ordentlich überwinden muß, bei Etwas der leichteren Arbeit willen zu bleiben, von dem ich sehe, daß es bei weiterem Nachdenken noch besser gemacht werden kann. –

Doch genug davon, um nun von angenehmeren Dingen zu reden. – Dahin rechne ich vor Allem eine *mathematische* Bekanntschaft, die ich vorige Woche gemacht habe –. Ich habe Dir wohl schon früher geschrieben, von dem Dr. Reiß (dem Verfasser des Aufsatzes über das von Dir behandelte combinator. Problem, in Crelle's Journal [TV 82]) der als ein steinreicher Privatmann hier lebt, und, soweit ihn seine perpetuirliche Kränklichkeit nicht hindert, ausschließlich mathemat. Studien obliegt. – Stern, der ihm sehr befreundet ist, und bei seinem Hiersein immer bei ihm logirt, hatte mich persönlich schon bei ihm eingeführt, und ich habe ihn auch nachdem ein paar Mal besucht. Indeß weiß ich Nichts rechtes mit ihm anzufangen, da er, obwohl allem Anschein nach ein sehr feiner u. scharfsinniger ⟨4⟩ Kopf u. ein sehr gelehrtes Haus, doch ein gewaltiger Specialitätenkrämer, der sich mit allerlei schwierigen Problemchen abmüht, und nicht weiß warum. –

Diesen meine ich nicht; ich habe vielmehr kürzlich unter meinen Zuhörern noch einen *andern* Mathematiker kennen gelernt, einen gewissen Dr. Crailsheim, Arzt, einer der 4 hiesigen Stadtphysici, der neben seinem ihn viel beschäftigenden Amte mit unermüdlichem Eifer Mathematik treibt. Und er ist darin nichts weniger als Dilettant, sondern besitzt wie es scheint gründliche Kenntnisse in allen Theilen. Was mir aber seine Bekanntschaft schätzenswerth macht, das ist die Art und Weise, *wie* er darin arbeitet – daß er ganz die gleichen Interessen mit *uns* verfolgt (wie ich mit Stolz sage) – daß seine Bestrebungen wesentlich darauf gerichtet sind, nicht blos Lehrsätze zu finden, sondern auch daraus in seinem Kopfe ein Ganzes zu machen. Sein Nachdenken ist besonders auf das Methodische gerichtet, und er geht dabei ohne Furcht auf die letzten Gründe der Einsicht zurück, wie er mir denn sehr interessante Ansichten über die Stellung der verschied. mathemat. Disciplinen gegen einander ausgesprochen hat. – Er hat sich u. A. mit einer methodischen Durcharbeitung der Arithmetik beschäftigt, deren Resultate kennen zu lernen ich sehr begierig bin. – Kurz, ich freue mich sehr, ⟨5⟩ in ihm einen Mann gefunden zu haben, mit dem man wieder ein mal ein vernünftiges Wort über Mathematik *reden* kann – was ich ja, seitdem ich nicht mehr bei *Dir* bin, gänzlich habe entbehren müssen; und ich bedaure deßhalb um so mehr, so sehr mit Arbeiten überladen zu sein, daß ich die Gelegenheit dazu wohl nur wenig werde benutzen können. – Ihm seinerseits scheint es auch Vergnügen zu machen, in mir einen Gesinnungsgenossen zu haben; er hat mich wenigstens dringend eingeladen, ihn häufiger zu besuchen. – Es ist ein ganz gemüthlicher alter Hahn, der, für Frankfurt, sehr zurückgezogen lebt, weßhalb ich nicht zu befürchten habe, durch ihn in Gesellschaftsschwindel hineingezogen zu werden. – NB: Snell kennt er persönlich (von einem Besuche desselben in Frankfurt vor 15–16 Jahren) und schätzt sein Buch [TV 92] sehr hoch. – Auch philosophischen Bestrebungen ist er nicht fremd, wie sich aus seinem Verhalten zur Mathemat. schon nicht anders erwarten läßt.

Hoffentlich werde ich Dir bald Mehres über ihn schreiben können, was Dich sicher interessiren wird, wenn schon Du in

Deiner unmittelbaren Nähe Männer genug hast, an denen Du Dich erbauen kannst.

Meinem Bedürfniß nach politischer Nahrung trage ich jetzt dadurch einigermaaßen Rechnung, daß ich für diesen Monat noch als Mitleser zum Frankfurter Journal [TV 3] bei einem meiner Hausgenossen (den ich sonst gar nicht kenne) eingetreten bin, um mir dann ⟨6⟩ vom 1ten Jan. ab die Volkszeitung [TV 10] zu halten. – Die Ereignisse der letzten Wochen sind mir also bekannt geworden – besonders auch die Wahlresultate in Preußen.

– Man kann wohl, in der Hauptsache wenigstens, damit zufrieden sein, wenn ich auch eine größere Majorität der eigentlichen Fortschrittspartei (die ja nur ca. 100 Vertreter haben soll) erwartet hätte. – Epoche machend sind jedoch die Berliner Wahlen, so wie die völlige Niederlage der Reactionäre, und darüber habe ich mich königlich gefreut.[2]

Was Du mir über Schulz schreibst, ist mir sehr leid. Der arme Kerl dauert mich sehr; doch hoffe ich, es wird nicht gleich so schlimm sein, daß es sich, wie Du schreibst, um Sein u. Nichtsein handelt.

Wenn Du Hankel siehst, so kannst Du ihm sagen, daß ich seine Dissertation [TV 57] richtig erhalten habe, und ihm dafür danke. In meinen Weihnachtsferien werde ich ihm sicher auch ein mal schreiben.

Da es gleich 11 Uhr ist, und ich Morgen schon wieder drauflos arbeiten muß, um mich für Dinstag u. Donnerstag sattelfest zu machen, so schließe ich hiermit meinen Brief und setze die Unterhaltung mit Dir lieben Knittelversmacher[3] im Bette fort. – Es grüßt Dich also herzlich, und wünscht Dir recht *wohl zu leben* Dein schwer geplagter

Ernst

---

[2] Die Deutsche Fortschrittspartei, 1861 auf Initiative demokratischer und linksliberaler Politiker entstanden, konnte bei den Wahlen zum preußischen Abgeordnetenhaus im Dezember 1861 durch die uneingeschränkte Unterstützung aller Linkskräfte einen eindeutigen Sieg erringen und insgesamt 109 Parlamentssitze einnehmen, während die Zahl der konservativen Abgeordneten auf 14 zusammenschmolz.

[3] Schütz verfaßte Gedichte, die später auch gedruckt wurden. Aus der Göttinger Studienzeit gibt es ein Gedicht „An Ernst Abbe".

Beifolgend die Fortsetzung der Wärmevorles.[4], sowie das Riemannsche Heft [VV 32] und Deine Weierstraß'sche Functionentheorie [VV 72], welch letztere ich mir später, wenn ich mehr Muse habe, nochmals ausbitten werde.

44 Abbe an Schütz — Frankfurt a. M., 21. Dezember 1861

Frankfurt, Dec. 21. 1861.
Sonnabend Abend.

Liebstes Haraldchen.

Aus der Sitzung des Phys. Vereins kommend, und hier einen Vortrag meines Collegen „über die entfärbenden (bleichenden) Eigenschaften des Ozons"[1] angehört, sodann aber erst an einem Schoppen guten Stadtbiers im „Pfau" mich gestärkt habend, mache ich mich an die angenehme Unterhaltung, Dir meinen Weihnachts- u. Geburtstagsbrief zu schreiben. Denn da Du einmal so ein Pechvogel bist, zwei Tage nach dem Weihnachtsfest geboren zu sein, so mußt Du es Dir auch gefallen lassen, daß ich, bei meiner bekannten Schreibökonomie, die Gelegenheit nicht vorübergehen lasse, zwei Fliegen mit einem Schlag zu klappen – woraus ich mir gar kein Gewissen mache.

Wie ich aus Deinem Briefe ersehe, bist Du für den Weihnachtsabend schon in Sicherheit gebracht, so daß ich keine Sorge zu haben brauche, Du werdest Dich wieder in Tagebuchstudien und schachphilosophische Gedanken verlieren. – Um nicht wieder, wie in Göttingen, das Nachsehen zu haben und auf meiner

[4] Abbes Vorlesungsreihe über Wärmelehre im Physikalischen Verein.

[1] Der Vortrag von Boettger handelte „Über die Bereitung des Ozons durch Induktionselektrizität, und seine Benutzung zum Reinigen alter vergilbter Kupferstiche, Drucksachen und dergleichen".

Bude allein an den Weihnachtsfreuden zehren zu müssen, habe ich mich dießmal auch in Gesellschaft ziehen lassen, – nämlich zu Wallach, – und werde, Dir zum Trotz, recht vergnügt an dem Bescheerungsschwindel theil nehmen. – Daß Du es also weißt: Deine Gedanken hast Du Dinstag Abend zu adressiren: Frankf. a. M. *Hochstraße № 8*, – aber merk' Dir die Nummer, damit Du nicht etwa zum ⟨2⟩ Kurfürstl. hessischen Bundestagsgesandten Dich verirrst, der im Hause neben an wohnt.

Indem ich Dir zum Feste nun recht viel Freude und Wohlleben wünsche, bemühe ich mich, meinerseits auch ein Unendlichkleines der 13ten Ordnung dazu beizutragen, und übermittle Dir beifolgend zwei nützliche und ein angenehmes Ding, – „auf geneigte Bestellung" – den Snell [v. TV 93], und zur „gefälligen Ansicht" ein Buch, das mir, kürzlich neu erschienen, unter die Hände gekommen ist, von Durège, über ellipt. Functionen [TV 38], von dem ich gleich dachte, daß es was für Dich sei, indem es, durch die mehr dem historischen Entwickelungsgang sich anschließende Behandlung eine, wie es mir scheint, recht gute Ergänzung der Weierstraß'schen und Riemannschen Darstellungen giebt, – weßhalb ich hoffe, Du werdest gelegentlich einmal davon Gebrauch machen können. – Das Angenehme soll vertreten sein durch die Photographie des 34-zähnigen[2]. Wie wohl ich weiß, daß Du nicht solch ein Bildernarr bist, wofür ich die Ehre habe von Dir gehalten zu werden, so denke ich doch, Du werdest in diesem Falle eine Ausnahme machen, und Dich auch einmal über ein Bildchen ein klein wenig freuen, – in betreff dessen ich von Augenzeugen die Versicherung außerordentlicher Aehnlichkeit habe. – Einfassen mußt Du Dir es aber selbst lassen – da ich solches, in Anbetracht des um diese Zeit im Postverkehr herrschenden Drunter u. Drüber für vergebliche Mühe gehalten habe, wenn ich es nicht ⟨3⟩ in einem massiven Kasten verpacken wollte. –

Indem ich mich nun zum „zweiten Abschnitte meines Themas" wende, nämlich Dich unter dem Gesichtspunkte des Geburtstages zu betrachten, bin ich in einiger Verlegenheit, was ich da machen soll. – Von Rechts wegen gehörte sich natürlich ein salbungsvolles

[2] Gemeint ist ein Foto des Philosophen Arthur Schopenhauer, der am 21. 9. 1860 in Frankfurt a. M. verstorben war.

Gedicht, mit unzähligen Wünschen in schöne Verse gefaßt – Du weißt aber – dazu bin ich zu prosaisch. Oder es gehörte sich wenigstens eine etwas witzige Ansprache, anknüpfend an irgend welche Umstände, z. B. an die dreifache böse sieben in 21[3], – dazu aber bin ich wieder zu dumm. – Kurz, das beste ist, ich schweige ganz still, damit ich nicht zum Zielpunkte eines „si tacuisses" werde – und überlasse es *Dir*, alle die frommen Wünsche, deren Du mich bei dieser Veranlassung für fähig hältst, selbst in irgend welcher Gestalt recht hübsch zusammen zu formuliren, so daß es mir Ehre machen würde, wenn *ich* es gethan hätte. Also – Punktum (oder „Pumptum", wie ich vor 12 Jahren zum Scherze meiner Mutter immer sagte) – Du erhältst hierbei als Dedication einen *Operngucker „in effigie"* – den ich Dir bei einem hiesigen Mechani-

kus schon ausgesucht habe – den ich aber leider Gottes zu meiner Schande noch nicht habe acquiriren können, weil mir meine Gelder ausgegangen sind und der Begriff „Pump" hier nicht bekannt ist, – weßhalb Du denn wohl oder übel warten mußt, bis meine 200 f. aus der Vereinskasse mir zufließen, – was hoffentlich gleich nach Neujahr geschehen wird. – Male Dir aber mittlerweile alle seine Vollkommenheiten und die Vortheile, ⟨4⟩ die er Dir verschaffen wird, recht lebendig aus – wie er Dir im Theater und Concert die schönen Tänzerinnen und Sängerinnen auf den Brettern und die Angebetete in einer Loge auf 4 Fuß nahe rückt,

[3] Schütz wurde 21 Jahre alt.

so daß Du trotz Deiner kurzsichtigen Mißäuglein[4] Alles recht genau sehen kannst – wie er Dich, wenn Du ihn nur recht zu handhaben weißt, selbst bis Bielefeld und Frankfurt über Berge u. Thäler hinweg blicken läßt – u. dergl. – was Du alles finden wirst, wenn Du Dir die Theorie des Galileischen Fernrohrs in's Gedächtniß zurückrufst. –

Nach diesem durch die Zeitverhältnisse veranlaßten officiellen Theile gehe ich zum Nicht-Officiellem über. Ich vermelde Dir zuerst die Behaglichkeit, die mir die Aussicht auf 14tägige Muse macht. Donnerstag habe ich meine letzte Vorlesung hier gehabt (Dinstag vorher in Offenbach) und habe erst Donnerstag den 2ten Januar wieder anzufangen, da hier *eine*, in Offenbach aber wegen der Fest–Dinstage *zwei* Vorlesungen ausfallen. – Die freie Zeit werde ich benutzen, theils um mich zu erholen durch Spazierengehen, und den bis jetzt ganz vernachlässigten Besuch des Theaters und der verschied. Kunstanstalten – theils, um die versäumte Lectüre im Bürgerverein nachzuholen – theils aber auch, um etwas vorzuarbeiten für die Vorlesungen nach dem Feste, damit ich dann mich nicht so sehr anzustrengen brauche wie in der letzten Zeit; – und bei dem Allen wird hoffentlich noch Zeit genug übrig bleiben, ⟨5⟩ um mich eines lebhaften Verkehrs mit Dir zu erfreuen (was ich aus der Erholung noch besonders heraushebe) und auch etwas mathematische Nahrung einzunehmen, indem ich den Dr. Crailsheim ein paar Mal besuche. – Indem ich hierbei an Deine Bemerkungen über die Weierstraß'sche Einleitung in die Functionentheorie [VV 72] erinnert werde, erkläre ich meine Zustimmung dazu und bemerke, daß sich meine schon früher angedeutete Nichtübereinstimmung mit der Weierstraß'schen Exposition sich ganz auf den nämlichen Einwand gründet, den Du jetzt hervorhebst: Daß eine solche Verallgemeinerung der Zahlvorstellung, durch welche W. die Realität der compl. Zahlen begründen will, durch die *Natur* der Zahlvorstellung ausgeschlossen ist, und daher W. die fragliche Schwierigkeit nicht hebt sondern nur scheinbar versteckt. – Ich nehme aber dabei zugleich Veranlassung, Dich auf ein Buch aufmerksam zu machen, welches mir

[4] Schütz war stark kurzsichtig.

durch Crailsheim bekannt geworden ist. Es behandelt zwar unmittelbar nicht die obige Frage, enthält aber doch sehr beachtenswerthe Untersuchungen über die allgemeinen Probleme, die die Mathematik darbietet: Grassmann, *die lineale Ausdehnungslehre* [TV 50]. – Ich bin darauf aufmerksam geworden zuerst durch eine kürzlich mir zugeschickte neue Publication [TV 51] des Verfassers, – aus der ich mit dem besten Willen nicht klug zu werden vermochte, wie wohl mir, der Vorrede nach, der Inhalt bedeutsam zu sein schien. Dabei fand sich eine Verweisung auf das oben genannte Buch, welches denselben Gegenstand in anderer (heuristischer) Form ⟨6⟩ behandele, und dieses bestellte ich mir vom Buchhändler. Gleich darauf gab es mir Crailsheim mit dem Lobe einer ausgezeichneten Arbeit, die leider Gottes, wie es so oft geht, beinahe gar nicht be- u. anerkannt worden sei. – Ich habe es mit wahrem Genusse vor einigen Tagen kurz durchgesehen, die ersten Capitel wenigstens, und bin mit Crailsheim der Ansicht, daß es eine höchst bedeutsame Arbeit ist. – Der Grundgedanke, den der Verfasser durchführen will ist (wenn ich ihn recht gefaßt habe) der: aus dem Gesamtcomplex der geometrischen Lehren einen Theil *auszusondern*, der aus Einsichten bestehen soll, viel allgemeiner als die geometrischen Sätze, indem sie ganz unabhängig gelten von den räumlichen Anschauungen, auf welche sie vielmehr erst, als auf *specielle* Fälle, *angewandt* werden um die Geometrie zu bilden. – Das scheint mir ein großartiger Gedanke; und wie wohl ich noch nicht weiß, *wie* ihn der Verfasser durchführt, hat mich die Idee desselben schon begeistert, so daß ich sehr begierig bin, das Buch näher zu studiren. Vorerst aber habe ich schon eine große Befriedigung gefunden in den einleitenden Capiteln, in welchen der Verf. die Stellung der mathemat. Disciplinen gegen einander untersucht, und zu Resultaten kömmt, die mir nach einigem Nachdenken wirklich den Nagel auf den Kopf zu treffen scheinen. –

Sie zu lesen und durchzudenken hat mir wahren Genuß verschafft, und da ich Dir diesen auch möglichst bald gewähren möchte, so schicke ich Dir beifolgend das eben aus der Buchhandlung erhaltene Exemplar, welches ich doch nicht nöthig habe, da mir das von Crailsheim zur ⟨7⟩ Verfügung steht und ich überhaupt an ein weiteres Studium für den Augenblick doch nicht denken kann. – Lies vor Allem die Einleitung und das erste Capitel, wo Du die systematische Gliederung der mathemat. Lehren ausgeführt findest. – Das Verhältniß, in welches die Zahlenlehre und die Combinatorik gestellt werden, scheint mir eine gelungene Erledigung dieser Frage, mit der ich mir schon lange den Kopf zerbrochen habe ohne ins Klare gekommen zu sein. – Die Unterscheidung zwischen Zahl u. Größe, die ich immer vertreten habe, finde ich hier wohl*begründet* durchgeführt, – und dann die Stellung der Geometrie u. Phoronomie zu den übrigen Theilen sehr einleuchtend characterisirt. – Ich bin begierig zu erfahren, wie Du bei näherer Einsichtnahme darüber denkst. –

Damit aber genug für heute, mein lieber guter Harald – es ist schon 12 Uhr geworden, so daß ich anfange, müde zu werden. – Ich wünsche Dir also nochmals recht angenehme Weihnachten und einen glücklichen Uebergang in Dein 22tes Jährchen, und hoffe dabei, daß es uns bald wieder vergönnt sein möge, beides *zusammen* zu feiern, da mir die 40 Meilen Zwischenraum[5] gar nicht zur Freude gereichen. – Es umarmt Dich Dein

Ernst.

45 Abbe an Schütz — Frankfurt a. M., 1./4. Januar 1862

Frankfurt a/M. Januar 0, 1861.

Prosit Neujahr!

Mein lieber, lieber Harald.

So eben schlägt es draußen zwölf und es erhebt sich ein gräuliches, ohrenzerreißendes Gejohle. – Die Fluthwelle des Freudentaumels, die in ihrem Laufe um den Erdball vor 18 m[in] 51 s auch

[5] Vermutlich ist die Entfernung zwischen den beiden Aufenthaltsorten Frankfurt und Berlin gemeint, die jedoch mehr als 40 Meilen beträgt.

über Berlin[1] hinweggebraust ist, – wenn dort die Uhren so pünktlich gehen, wie es hier unter *meiner* Obhut der Fall ist (+) denn ich bin derzeit der Frankfurter Stadtastronom i. V., für Lorey, für dessen alte Beine die 248 Stufen des Paulsthurms etwas zu anstrengend zu werden anfangen). – In diesem bedeutsamen Augenblick bin ich ganz bei *Dir*, Harald; denn ich sitze allein auf meiner Stube, froh, daß ich mit Einladungen für heute verschont geblieben bin und die letzte Stunde des scheidenden wie die erste des jungen Jahres ungestört mit *Dir* verbringen kann. Schmerzlich vermisse ich zwar die trauliche Umarmung, die uns in Göttingen umfing; trotzdem aber habe ich mich diesen Abend nicht weniger innig mit Dir unterhalten, als wenn ich an Deiner Seite säße und statt auf Dein Bildchen in Dein liebevolles Antlitz blickte. Wie seiner Zeit der Disputirende und gestikulirende so ist jetzt dieser *stumme* Verkehr mit Dir mein schönster Genuß – mein Trost – meine ⟨2⟩ Erholung, auf die ich mich an Tagen angestrengter Arbeit, den Feierabend erwartend, freue – während ich mir die Aussicht in die Zukunft versüße, indem ich mir die langersehnte Wiedervereinigung mit Dir recht nahe gerückt denke. Heute Abend haben mich solche Betrachtungen lebhafter denn je erfüllt, wenn ich an unsere Göttinger Sylvesterabende zurückdachte. In wehmüthig-freudiger Stimmung habe ich die schöne Zeit unseres Beisammenseins in der Erinnerung an mir vorüberziehen lassen und mir wieder und wieder die glücklichen Stunden zurück gerufen, die ich mit Dir und durch Dich verlebt habe. – Möchte sie doch bald wiederkehren, diese schöne Zeit, wo wir wieder zusammen studiren können – Kant u. Schopenhauer und Weber u. was sonst – und uns mannichmal ein wenig in aller Freundschaft zanken können, (was ich jetzt so sehr vermisse). – Es ist mir ein schlechter Trost, wenn Du diese Hoffnung immer daran knüpfst, daß einer von uns Professor sei. Wenn ich Dir auch viel zutraue, das Interesse der Firma nach diesem Ziele hin zu vertreten, so scheint es mir bis dahin doch ein schwindelig-langer Zeitraum für mein ungeduldiges Herz, und ich suche deßhalb einen tröstlicheren Ausweg in der still ge- ⟨3⟩ nährten Hoffnung, es werde sich, wenn

---

1 Die Zeitangabe bezeichnet die genaue astronomische Zeit auf Grund der Längengraddifferenz zwischen Berlin und Frankfurt a. M.

ich dauernd in Frankfurt Unterkommen finde, unbeschadet unserer Professorenpläne, auch für *Dich hier* eine angemessene Stellung finden. Freilich wünsche ich in erster Reihe, daß es Dir gelingen werde, Dich gleich nach Beendigung Deiner Universitätszeit zu habilitieren; falls das aber nicht so gleich geht, und Du doch zuerst in die Schulmeisterei hinein mußt, werde ich, nachdem ich selbst hier fest sitze, obigen Gedanken gewiß näher ins Auge fassen; – daß Du's weißt.

Doch genug von solchen Plänen, die ja einstweilen doch ganz in der Luft schweben und zu näher liegenden Dingen. – Vor allem danke ich Dir für Dein schönes Weihnachtsgeschenk, das mir große Freude macht und das Du mit großem Tacte für mich ausgesucht hast. Ich habe mir schon lange den Faust [TV 49] als Eigenthum gewünscht, um mir das mathematische oder physikalische Brod gelegentlich mit etwas Poesie würzen zu können, und Du hast diesen Wunsch richtig errathen. – Ich habe auch gleich den ganzen ersten Theil in einer Reihe durchgelesen, und werde mich unter der Hand an den zweiten machen, den ich noch niemals ganz gelesen habe. –

Deine Anordnung, erst am 25ten das Packet zu öffnen, habe ich *ohne* mein Zuthun (+) was auch nöthig war, da der betreffende Befehl *darin* lag! o, Du Schlauberger!) erfüllt, denn ich habe es erst am zweiten Feiertag Nachmittags erhalten, trotzdem Du es schon am Sonnabend in Berlin aufgegeben hast. – Ich fürchte daher, daß meine Sendung, ⟨4⟩ die ich erst am Sonntag abgeschickt habe, ganz post festum würde gekommen sein, wenn nicht Dein Geburtstag in dieser Hinsicht so vortrefflich gelegen wäre.

Ich hoffe, daß Du die Feiertage recht angenehm verlebt hast. – Ich habe sie auch ganz gut hingebracht – habe, wie in Göttingen, einen großen Wecken von zu Hause zu verzehren gehabt – der mir freilich nicht so gut geschmeckt hat als voriges Jahr – und bin mehrfach in angenehmer Gesellschaft gewesen. – Am Dinstag Abend war ich bei Wallach zur Bescherung, wo mir ebenfalls Was zu Theil geworden ist: ein Cigarrenetuis und ein Bund ganz excellenter Cigarren, von denen ich auch jetzt eine mit Wohlgenuß rauche. – Am Mittwoch war ich bei Lorey, am Donnerstag Abend bei Crailsheim, mit dem ich mich ganz angenehm unterhalten habe – mathematisch und unmathematisch. – Es ist wirklich ein vortrefflicher Mann, dieser Crailsheim, – persönlich sehr liebenswürdig und von einem wissenschaftlichen Eifer beseelt, wie man in solchen Stellungen wenig Leute findet. Was ich erst kürzlich erfahren habe: er hat auch umfassende philosophische Studien gemacht, und nimmt auch jetzt lebhaften Antheil an philosophischen Bestrebungen, wennschon die Mathematik ⟨5⟩ gegenwärtig seine Muße ganz absorbirt. Er ist ein Schüler Hegels (aus der Zeit als dieser in Berlin war) und auch – mit mancherlei Rückhalten allerdings – ein Verehrer von ihm – zwar nicht blindlings aber doch so, daß er seinen philosophischen Arbeiten einen bleibenden Werth beilegt. – Dies also das *zweite* Beispiel, daß ein sehr besonnener und an ernstes Denken gewöhnter Mann, der nicht einseitig in einem eingepaukten System befangen ist – der vielmehr *Kant* genau kennt und vollkommen würdigt – Hegel nicht verachtet; ein Beispiel, welches mir von neuem die Vermuthung aufdrängt, es möge doch vielleicht auch hinter dem abstoßenden „Gallimathias" dieses „Philosophasters" ein gesunder Kern im Hintergrunde stecken – und mich von Neuem auffordert, ein mal ernstlich darnach zu suchen.

– Von Schopenhauer spricht er auch mit einer gewissen Anerkennung, wie wohl er dem wesentlichen Inhalt seiner Lehre (der Willenstheorie) fernsteht, und andrerseits von den wenig achtbaren menschlichen Eigenschaften des Mannes zu nahe unterrichtet ist, als daß diese nicht das Urtheil trüben sollten.

Eigenthümlich ist der Weg, auf dem Crailsheim zur Mathematik gekommen ist: Das Ziel seines Strebens sind ihm, dem Mediciner, die Probleme der Physiologie gewesen, die er in ähnlicher Weise exact hat behandeln wollen, wie es jetzt durch Du Bois, Helmholtz u. A. begonnen ist. Dazu hat er sich an das Studium der mathemat. Physik verwiesen gesehen und diese hat ihn wieder auf die Mathematik geführt. Er ist ⟨6⟩ an deren Studium gegangen mit der bestimmten Absicht, sie nur als Mittel sich anzueignen – seine Gründlichkeit und sein Streben nach einer wirklichen Durchdringung der dargebotenen Lehren hat ihn bis heute darin zurückgehalten, so daß er nicht einmal zur Physik, geschweige denn zur Physiologie gekommen ist und jetzt auch ganz darauf verzichtet, je dahin zu kommen, in dem er sich mit dem Genusse tröstet, den ihm die Mathematik gewährt hat. – Darin arbeitet er nun mit unermüdlichem Eifer die wenigen Stunden, die ihm sein ärztlicher Beruf übrig läßt. – Er hat als Ergebnisse seines Nachdenkens eine ganze Menge Manuskripte liegen, aus denen er mir gelegentlich dies oder jenes mittheilt, wenn ich ihn besuche, und ich muß sagen, daß mir das bis jetzt kennen gelernte alle Achtung einflößt. Unter andern hat er mir aus einer Darstellung der Grundlehren der Arithmetik einige Abschnitte vorgelesen, die mich sehr bedauern lassen, daß der Mann das Alles für sich geschrieben hat, und keine Lust zeigt, etwas davon zu veröffentlichen. – Mir gegenüber ist er jedoch keineswegs zurückhaltend sondern scheint sich vielmehr zu freuen, Gelegenheit zu haben, einmal etwas aus sich herausgehen zu können.

⟨7⟩ Januar 4, 1862, Morgens 9 Uhr.

Erst heute komme ich dazu meinen Neujahrsbrief an Dich zu vollenden. – Ich hatte bis zum Mittwoch gewartet mit dem Abschicken, weil ich das beifolgende Buch über Schopenhauer [TV 55], von dessen Erscheinen ich am Dinstag Kenntniß erhielt, erst Mittwoch Morgen aus der Buchhandlung bekam und es erst selbst gern durchlesen wollte. – Der Grund des Aufschubs bis jetzt ist kein erfreulicher: – ich sitze jetzt vermummt bis über die Ohren in einer brühend warmen Stube, nachdem ich 2 1/2 Tag habe zu Bett liegen müssen, aus dem ich erst jetzt habe aufstehen dürfen. – Am Neujahrstage war es mir beim Erwachen schon nicht ganz wohl – ich hatte etwas Kopfschmerz und keinen Appetit nachdem ich die halbe Nacht, wegen des vermaledeiten Lärmens auf der Straße – das hier wirklich jedes Maaß des Anständigen übersteigt – schlaflos zugebracht hatte. Indeß gieng der Tag so hin; als ich aber Nachmittags von einem Spaziergange nach Hause kam wurde mir es plötzlich mit Macht schlecht: ich mußte mich mehrmals erbrechen, verfiel in heftiges Fieber, so daß ich mich schleunigst zu Bett legen mußte – kurz es eröffnete sich die angenehme Aussicht, zum neuen Jahre recht ordentlich krank zu werden. Donnerstag habe ich so gelegen, mit Kopfschmerz, abwechselnd Fieber u. Erbrechen und ohne Appetit, bis es gestern nach u. nach wieder besser wurde u. heute Morgen hat mir Dr. Lorey, der sich sehr eifrig um mich bekümmert hat, ein paar Stunden aufzustehen erlaubt, indem er die Krankheit – ein katarrhalisches Fieber, wie es hier jetzt grassiren soll – als gehoben erklärt und mir blos ansagt, noch einige Tage das Zimmer zu hüten. – Wie er u. Wallach sagen, könne ich froh sein, so glimpflich durchgekommen zu sein, da die Leute meistens härter davon angegriffen würden als es bei mir der Fall gewesen. – Meine Vorlesung am Donnerstag hat natürlich ausfallen ⟨8⟩ müssen; die Herren haben – da eine Anzeige im Blatte nicht mehr möglich war – wieder nach Hause gehen müssen und es haben mich gestern mehre von den mir näher bekannten besucht. – Für heute Abend, wo ich auch an der Reihe wäre habe ich Prof. Boettger für mich einzutreten ersucht – wofür ich dann die beiden nächsten Sonnabende übernehmen muss.

Das war dann – so gut es noch verlaufen ist – ein garstiges Intermezzo, das mir 3 Tage gradezu geraubt hat und mich noch einige Tage beschränken wird; – ein schlechter Anfang zum neuen Jahr. –

Ich hoffe, daß Du, liebes Haraldchen, es besser begonnen hast. – Warum erhalte ich aber keinen Brief von Dir? – Ich habe in diesen Tagen recht darauf gewartet, um wenigstens einen Trost in meinem Mißgeschick zu haben. – Du bist doch nicht etwa auch krank? Das wäre doch die Sympathie zu weit getrieben – und wäre ganz gegen das Interesse der Firma.

Ich hoffe bald von Dir zu hören, und zwar Gutes – und in dieser Hoffnung schließe ich für heute, da ich mich, wiewohl ich keinerlei Beschwerden mehr habe, mich doch etwas angegriffen fühle.

Leb also recht wohl, lieber Junge, und bedaure ein wenig Deinen lieben Pechvogel

Ernst.

Beifolgend Snell's Newton [TV 91] (von dem Du aber nicht sagen mußt, Du hättest ihn aus Frankfurt verschrieben – sonst lachen Dich die Leute aus) und die schon angekündigte Biographie

Schopenhauers [TV 55], deren Verfasser ich übrigens hier nicht grade als das lumen mundi rühmen höre – wiewohl er sehr schön schreibt, abgesehen von dem hochtrabenden Dünkel in der Polemik, den er dem Schopenhauer abgesehen hat. – Schicke das Buch, wenn Du es gelesen hast, ⟨Forts. 6⟩ Deinem Väterchen, welches ich bei dieser Gelegenheit ehrerbietigst von mir zu grüßen bitte. – Ich habe es gelesen und brauche es nicht mehr, da ich es hier auch von Andern erhalten kann.

Martin u. Hankel, wenn Du sie siehst, grüße schönstens von mir –

⟨Rand 3⟩ Waldeck steckt an meinem Spiegel, – zur Verwunderung derer, die auf meine Stube gekommen sind.

46 Abbe an Schütz — Frankfurt a. M., 17./19. Januar 1862

Frankfurt, Jan. 17, 1862.
Freitag Nachmittag

Mein lieber Harald.

Ich laborire richtig wieder seit 8 Tagen daran Dir auf Deinen am vorigen Sonnabend erhaltenen Brief zu antworten. Ich bin wenigstens 6mal mit dem Vorsatze Abends nach Hause gekommen oder Morgens aufgestanden, Dir unverzüglich zu schreiben; jedesmal wurde ich wieder davon abgehalten – entweder durch den Gedanken, daß ich für meine nächste Vorlesung noch so nothwendige Arbeiten hätte – oder durch Ermüdung, die mich von Dir *träumen* ließ, wenn ich mich Abends aufs Sopha legte, um zu meditiren, was ich Dir Alles berichten wolle – oder endlich durch Unwohlbefinden, von dem ich auch in den letzten 1 1/2 Wochen nicht verschont geblieben bin: der Krippanfall, der mich vor 14 Tagen bald wieder verließ, hat mir einen nicht loszuwerdenden

Katarrh zurückgelassen, der mich mehre Tage so hart mitgenommen hat, daß ich buchstäblich aus keinem Auge sehen konnte und selbst zum Briefschreiben unfähig war. –

So habe ich denn die ganze letzte Woche, – oder eigentlich die ganze Zeit von Neujahr ab, sehr schlecht hingebracht – immer in der unbehag- ⟨2⟩ lichsten Stimmung – dabei viel zu thun, ohne den animus zum Arbeiten und natürlich auch ohne ordentlich vorwärts zu kommen damit. Meine Vorlesungen habe ich indeß gehalten, wie wohl mehre recht schlecht ausgefallen sind, – ich war die beiden Dinstage in Offenbach, an den beiden Donnerstagen und am Sonnabend habe ich hier vorgetragen und morgen habe ich wieder in der Sonnabendversammlung den Vortrag.

In der Wärmelehre stehe ich gegenwärtig bei den Gesetzen der Dampfbildung und komme das nächste Mal zur Erörterung der Erscheinungen der specif. Wärme und zur Begründung des Begriffs der Wärme*menge* – Am Sonnabend habe ich über eine neue Vorrichtung zur Speisung der Dampfkessel gesprochen, die auf einer sehr sinnreichen Combination verschiedener physikalischer Gesetze beruht. Das Princip ist das, welches dem Montgolfier'schen Stoßheber (Hydraul. Widder) zu Grunde liegt: Das Wasser überwindet den Druck im Kessel und dringt durch das Ventil ein, vermöge der Stoßwirkung, nachdem durch eine sinnreiche Vorrichtung der Dampf im Kessel das Speisewasser in eine rasche Wurfbewegung versetzt worden ist. – Ich habe die verschiedenen Einrichtungen durch Versuche mit dem Montgolfier'schen ⟨3⟩ Stoßheber u. a. erläutert und konnte dann den Apparat (injecteur

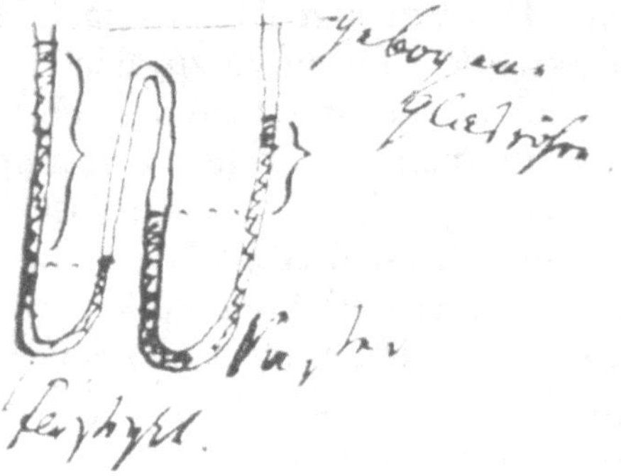

automoteur, von Giffard erfunden)[1] in natura vorzeigen, da er compendiös genug ist, um von der Dampfmaschine abgenommen werden zu können. – Morgen Abend werde ich über eine Methode zur Bestimmung des specif. Gewichts von Flüssigkeiten reden, die auf die hydrostatischen Gesetze basiert – und die neuerlich in den Annalen der Chemie u. Pharmacie [TV 13] empfohlen wurde [siehe Skizze auf S. 168] – außerdem über die Bestimmung der electromotor. Kraft der Becquerel'schen (Zink-Blei-) Kette, in einer kürzlich angegebenen Modification.[2] –

Sonntag, Morgens 10 Uhr.

Liebstes Haraldchen.

Vor einer halben Stunde erst bin ich aufgestanden (o der Tagedieb! – wirst Du denken) und setze mich jetzt hin, um endlich den vorgestern begonnenen Brief zu beendigen, auf den Du wahrscheinlich schon lange warten wirst. Ich würde es gestern Abend schon gethan haben, aber ich war ⟨4⟩ als ich um 9 Uhr aus dem Cabinet nach Hause kam, so müde, daß ich über dem Lesen des Frankfurter Journals [TV 3] auf dem Sopha einschlief und erst gegen 1 Uhr wieder erwachte, um mich zu Bett zu legen und einen langen Schlaf zu thun.

Ich habe zwei Briefe von Dir vor mir liegen, die ich noch nicht beantwortet habe, weil sich der erstere davon mit meinem kreuzte. In dem ersten erzählst Du mir von Deinen Weihnachtstagen, und Deiner Geburtstagsfeier. – Ich habe mich sehr darüber gefreut, daß Du die Festtage angenehm und vergnügt verlebt hast und auch recht viel an mich gedacht hast; ich muß aber feierlich protestiren gegen die dort eingestreute Bemerkung, ich hätte es vorm Jahre in Göttingen Dir übel genommen, daß Du am Weihnachtsabend zu Meyersteins giengst; denn dies ist ganz gewiß

[1] Beim Montgolfierschen Stoßheber handelt es sich um eine Wasserhebemaschine, die zufließendes Wasser durch den Rückstoß des Wasserdrucks eines selbsttätig arbeitenden Stoßventils auf eine größere Höhe bringt. Der Injektor ist eine Dampfstrahlwasserpumpe, die Wasser mittels eines Dampfstrahls in einen Dampfkessel zu dessen Speisung drückt. Die erste Konstruktion stammt von Giffard aus dem Jahre 1858.

[2] Siehe den Vortrag vom 18. 1. 1862 im Vortragsverzeichnis.

nicht wahr – ich würde Dich im Gegentheile sehr gescholten haben, wenn Du damals, um bei mir zu bleiben, Meyersteins Einladung abgeschlagen hättest; und ich weiß wirklich nicht, wodurch ich Dir Veranlassung gegeben habe, das Gegentheil anzunehmen.

Deinen Geburtstag habe ich „in aller Stille" gefeiert – den ganzen Tag über von Morgen bis Abend, indem ich unter mathematisch-physikalischen Meditationen ⟨5⟩ immer zugleich auch *an Dich* gedacht und mich *mehr als gewöhnlich* darüber geärgert habe, daß Du in Berlin bist und ich in Frankfurt.

Aus Deinem Anliegen in betreff der Dir bestimmten Dedication wird *Nichts*. Eine Photographie von mir hast Du, – und wenn ich bis jetzt vergessen habe, Dir noch eine zweite zu geben, (+) Ich bin immer in dem Glauben gewesen, ich hätte Dir schon von Göttingen aus eine geschickt –) so kann ich das jede Stunde wie figura[3] zeigt – und es wäre ganz überflüssig, nochmals den Photographen in Nahrung zu setzen. Du erhältst also beifolgend Deinen Operngucker[4] von dem ich – auch wenn Du meinst, ihn wenig benutzen zu können, – schon um deßwillen nicht abgehe, weil er eine sehr angemessene Ergänzung zu Deinem Railway-Companion in Absicht auf unsere Herbstreisen bildet. – Wenn er auch nur dazu gut ist, so ist das schon genug; ich habe ihn expreß mit auf den Paulsthurm[5] genommen und mich überzeugt, daß er bei einer Rundschau ganz gute Dienste leistet. Also – Du freust Dich pflichtschuldigst darüber und machst Dich *nicht* darüber *lustig*, daß die Dedication statt auf ⟨6⟩ Deinen, auf meinen Geburtstag kömmt – denn das kömmt ja bei uns beiden auf Eins heraus: Du erhältst sie eben zu *Deinem Frankfurter* Geburtstag[6]. Was diesen weiter betrifft, so finde ich es sehr angemessen, daß Du Dir Etwas von Schopenhauer nach Frankfurt schicken willst, da Du von ihm dort noch gar Nichts hast; und wenn ich meine Meinung unmaßgeblich kund thun soll, so glaube ich, daß „der Satz vom Grunde" [TV 88] oder die „Grundprobleme der Ethik"

---

3 Abbe schickte eine Fotografie von ihm mit.
4 Vgl. Nr. 44, S. 158.
5 Astronomische Beobachtungsstation auf dem Turm der Paulskirche.
6 Bezieht sich auf Abbes Geburtstag am 23. 1. 1862.

[TV 89] Deinen dortigen Bedürfnissen am meisten entsprechen werden.

Du verlangst in Deinem letzten Briefe von mir eine Angabe, wie lange ich Ostern bei Dir zu bleiben gedenke. – Lieber Junge – ich weiß gar nicht, daß ich Dir etwas geschrieben hätte, daß ich Ostern kommen wolle, – und es muß wohl auch nur die Sympathie der Seelen sein, die Dir Kunde verschafft hat, daß ich mich in der That mit diesem Gedanken getragen habe. Jedoch habe ich dabei nicht sowohl auf Ostern reflectirt – als in welcher Zeit Du ja selbst gar nicht in Berlin bist – sondern mehr auf die Zeit vor Pfingsten, ⟨7⟩ *und* Pfingsten inclus., in dem ich nämlich der Meinung war, daß während der 50 Tage hier gar keine Vorlesungen sein würden. Wie ich aber jetzt höre, ist dem nicht so, – die Ferien hier sind vielmehr die Zeiten der Messe, die hier mit dem 9ten April beginnt, so daß meine Ferien ca. von hier ab 4–6 Wochen dauern würden – das genauere habe ich noch nicht erfahren können. Ich weiß daher gar nicht ob dabei eine passende Zeit für einen *längeren* Aufenthalt in Berlin übrig bleibt, – denn um ein paar Tage geht man nicht nach Berlin – und jedenfalls hängt die Ausführung noch von so vielen Umständen ab, daß sich jetzt noch Nichts Bestimmtes entscheiden läßt. Auf alle Fälle aber kömmt erst die Zeit nach Deiner Rückkehr aus den Ferien in Betracht.

Damit für heute genug, lieber Sympathetiker und alter ego. Ich gratulire Dir zu Deinem nahe bevorstehenden Frankfurter Geburtstage, mit dem Wunsche, daß Dir die Wärme-Vorlesung an diesem wichtigen Tage[7] den Kopf nicht allzu *warm* machen möge –

Zunächst aber muß noch für Dinstag und Donnerstag verdammt gearbeitet werden.

Es umarmt Dich Dein

Ernst.

⟨8⟩ NB: Bald hätte ich's ganz vergessen: ich gratulire schönstens zur zweiten Auflage des *Onkels*[8], indem ich dem neuen Nichtchen

[7] Abbes Geburtstag fiel auf einen Donnerstag, an dem er seine Vorlesung über Wärmelehre im Physikalischen Verein hielt.

[8] Geburt der zweiten Nichte Alma Naumann am 26. 12. 1861 in Celle.

gutes Gedeihen wünsche. – Was macht Dein Väterchen – und Deine Mutter? und wie befindet sich der arme Teufel von Weierstraß?[9] – Mit ihm bist Du doch diesen Winter recht angeführt. Ist Hankel wieder in Berlin?

47 Abbe an Schütz Frankfurt a. M., 26./27. Januar 1862

Frankfurt, Jan. 26 – Sonntag Nachmittag

Mein theures Bruderherz!

Dein Geburtstagsbrief hat mich – zur Strafe! – wieder im Bette angetroffen, in solcher Verfassung, daß ich ihn kaum habe lesen können und mein Verlangen, Dir umgehend wieder zu schreiben bis jetzt habe unbefriedigt lassen müssen. – Du armer Junge! Das zu hören wird Dir so wenig Balsam sein, wie der Inhalt Deines Briefes für mich solcher war; denn ich erinnere mich noch sehr deutlich, wie Du mir einst auf dem Göttinger Walle beim Spazierengehen von einer Philippika gegen den Spruch: solamen est miseris socios habuisse malorum, in einem Schulaufsatze, erzählt hast, dessen Unwahrheit ich selbst in diesen Tagen recht lebhaft empfunden habe. Da aber in diesem Falle dem Unangenehmen auch gleich das Tröstliche nachkömmt – nämlich, es glücklich überstanden zu haben, so sehe ich keinen Grund, damit zurückzuhalten. – Nachdem ich mich schon seit Wochen – (wovon ich Dir auch schrieb) mit einer beharrlichen Unpäßlichkeit herumgetragen habe, indem ich mich immer so unbehaglich und abgespannt fühlte und es mir, unter Appetit- u. Schlaflosigkeit, abwechselnd mit Kopfweh, immer wie Blei in den Gliedern lag, hat das ⟨2⟩ seit Mittwoch, – nachdem ich noch am Dinstag in Offenbach war – einen akuten Character angenommen. Ich habe Mittwoch, Don-

[9] Weierstraß hatte unter heftigen Schwindelanfällen seine Vorlesungen aufgeben müssen.

nerstag u. Freitag Fieber gehabt, mit unsäglichen Kopfschmerzen und Schmerzen in allen Gliedern, – ohne Appetit und ohne Schlaf. Ich fürchtete wirklich, auf dem Wege zu einer ordentlichen Krankheit zu sein; doch ist diese tröstliche Aussicht glücklicherweise nicht in Erfüllung gegangen, sondern ich bin noch mit einem blauen Auge davon gekommen; wie es scheint, war es nichts weiter als ein wiederholter Krippanfall, oder ein gastrisches Fieber, wie Lorey sagt. – Ich befinde mich wieder so weit wohl, daß ich diesen Mittag habe aufstehen dürfen und mir das Herz erleichtern kann, indem ich zu Dir eile, meinem treuen Bruder. – Wie habe ich an Dich gedacht, Harald, trotz der Schmerzen, die mich kaum einen Gedanken fassen ließen. Dich im Leide[1] zu wissen, ohne Dir ein tröstendes Wort sagen zu können, hat mir fast das Herz abgedrückt. Wenn ich die Trennung von Dir bitter empfunden habe, so lange ich Dich in Berlin wohlauf und glücklich glaubte, so wird sie mir jetzt noch tausendmal bitterer, da dieser Glaube zerstört ist; und wenn ich Dich nun gar von Stunden der Verzweiflung reden höre, der ich Dich nie anders als gelassen ⟨3⟩ und selbstvertrauend gesehen habe, so will mir der Gedanke daran das Herz brechen. Wenn ich bei Dir gewesen wäre, Harald, würdest Du nicht dahin gekommen sein; – und könnte ich doch jetzt wenigstens bei Dir sein! um selbst wieder Ruhe zu finden, indem ich mich überzeuge, daß Du Deine Ruhe wieder hast. Es kann leider nicht sein; aber, innig geliebter, einziger, Freund, – welches auch Ursachen und Folgen der unglückseligen Lage sein mögen, in die Du Dich hast fortreißen lassen – sei ein *Mann*! schüttele ab die trüben Gedanken und gewinne die Zuversicht wieder, die mich immer an Dir erquickt hat. – Bei unsrer Freundschaft bitte ich Dich darum, daß Du Dir und mir nicht das Leben bitter machst – wenn ich Dich nicht froh weiß, kann ich es auch nicht sein. –

Ich bin der Hoffnung, daß diese Ermahnungen nicht mehr

---

[1] Der unmittelbare Anlaß für den schwermütigen Zustand von Schütz ist nicht bekannt Vielleicht besteht ein Zusammenhang mit der Aufgabe der Vorlesungen von Weierstraß (in der Folge des körperlichen Zusammenbruchs vom 16. 12. 1861). Dadurch zerschlugen sich offensichtlich die weiteren Studienpläne von Schütz in Berlin. Aber auch persönliche und familiäre Belastungen sind denkbar.

nöthig sein werden; der Schluß Deines Briefes läßt mich diese Hoffnung schöpfen, daß Du wieder zu Dir gekommen bist durch eigene Kraft. Ich tröste mich mit der Zuversicht, daß Du jetzt schon wieder die bösen Geister der Schwermuth gebannt hast und Deinem *Streben* zurückgegeben bist, – und daß kein dunkler Schatten mehr übrig bleibt. – Bestätige mir bald diese Hoffnung, damit ich nicht das Schicksal des ⟨4⟩ armen Schulz – dessen Unglück mir jetzt noch mehr zu Herzen geht, da ich Dich selbst so knapp daran sehe – für Dich zu befürchten brauche.

Montag Morgen. 9 Uhr.

Ich kann erst heute den gestern begonnenen Brief fertig schreiben. Ich fühle mich von den paar Tagen Bettliegen ganz unglaublich angegriffen – der Kopf brummt mir noch und alle Glieder sind mir wie zerschlagen; wenn ich zehn Schritte in der Stube gegangen bin, muß ich mich niedersetzen und wenn ich eine Viertelstunde gesessen habe, mich legen, – so außer ordentlich bin ich entkräftet. Und dabei habe ich noch immer keinen Appetit und noch nicht die ordentliche Nachtruhe wieder, so daß es wahrscheinlich nicht so schnell geht mit der völligen Wiederherstellung. Morgen nach Offenbach zu gehen, ist natürlich kein Gedanke; ich habe wohl od. übel aufgeschrieben und will froh sein, wenn ich bis Donnerstag wieder auf dem Damm bin, so daß nicht von Neuem eine Vorlesung auszufallen braucht – was mir um so widerwärtiger wäre, als ich mit der Zeit so kaum auskommen werde. – Ich habe mich, wie das einem Anfänger so geht, mit der Vertheilung der Zeit ⟨5⟩ etwas verrechnet und mich bei dem Capitel über die Ausdehnungserscheinungen und die darauf bezüglichen Anwendungen zu lange aufgehalten; ich habe jetzt erst die Gesetze der Dampfbildung vorgenommen und zu allem Uebrigen nur noch 10 Stunden übrig, nachdem bis jetzt 2 ausgefallen sind. – Ich habe auch diesen Winter rechtes Mißgeschick hier; sonst bin ich immer so gesund gewesen, und grade jetzt, wo ich die Gesundheit am nöthigsten brauchen könnte, habe ich immer an Unwohlsein zu laboriren. Ich will nur hoffen, daß jetzt Alles herauskömmt und das Herumhängen wie in den letzten Wochen, wo man nicht gesund und nicht krank ist, endlich aufhört; denn das ist zum Toll werden, wenn man dabei nicht faullenzen kann sondern tüchtig arbeiten muß.

Die Fortsetzung meiner Wärmevorträge – die übrigens nicht mehr so vollständig ausgearbeitet sind wie die ersten – werde ich Dir nächstens schicken, wenn Du sie willst; ich muß sie erst zusammensuchen. – Dafür wirst Du mir auch schreiben, womit *Du* Dich die letzte Zeit in Deinen Studien beschäftigt hast.

Daß mein letzter Brief noch einen Tag später angekommen ist als es wegen des Schreibens hätte sein können, hat seinen Grund in der Sparsamkeit meiner Wirthin. ⟨6⟩ Ich schickte das Packetchen schon Sonntag Nachmittag zur Post, indem ich den Brief wegen der Photographie in ein Freicouvert einschloß, in dem Glauben, daß blos der Rest hinzu bezahlt zu werden brauche wie es in Preußen und Hannover ist. In Thurn u. Taxis[2] aber ist man noch nicht so weit; bei einem Gepäckstück gilt kein Freicouvert. Das Laufmädchen meiner Phileuse hat es, um die 9 Kr. zu sparen, zurückgebracht, und da ich ausgegangen war, mußte die Absendung bis Montag verbleiben. – Du erhältst jetzt das corpus delicti[3], welches die Veranlassung der Verzögerung gewesen ist. – Doch, denke ich, müßte die Zusendung immer noch Dinstag Nachmittag an Dich gelangt sein, da sie mit dem Abendzuge am Montag hier abgegangen ist.

Die Nachricht, die Du mir über Schulz mittheilst, gewährt mir große Freude. Ich bin froh, daß Du doch wieder Jemand in Berlin haben wirst, mit dem Du näher verkehren kannst und Dich nicht mehr so vereinsamt und allein in dem Trubel der großen Stadt fühlen wirst. Bitte, grüße den guten Kerl recht freundlich von mir, wenn er kommt, und sag ihm, daß ich ihm zu seiner Genesung herzlich Glück wünsche.

– Ueber mein Thun hier kann ich Dir natürlich aus der letzten Zeit nichts mehr berichten, da ich mich ganz passiv ⟨7⟩ habe verhalten müssen. Ich kann nur rühmend anerkennen, daß mir

---

[2] Die Thurn- und Taxissche Post besorgte in den meisten Kleinstaaten des Deutschen Bundes den Postdienst. Dazu gehörten auch Sachsen-Weimar-Eisenach und die Freie Stadt Frankfurt a. M.

[3] Gemeint ist die Sendung mit dem Opernglas, die er erst jetzt abschickte.

die Leute hier alle mögliche Theilnahme zeigen. Lorey hat mich, was gewiß ganz überflüssig war, zweimal jeden Tag besucht – Wallach und Crailsheim u. noch einige Andere haben ebenfalls nach mir gesehen und – denk Dir! – mein Herr College Boettger schickt mir sogar so eben ein Töpfchen Himbeergelée zur Labung. –

Mein Vater und Mutter befinden sich, ihrem letzten Briefe nach, sehr wohl und beauftragen mich, Dir freundliche Grüße auszurichten; meine Schwester in Gotha ist ebenfalls wohlauf und hat mir zu meinem Geburtstag – den ich dießmal sehr trübselig im Bett gefeiert habe – geschrieben.

⟨8⟩ Grüße Martin von mir. – Ist Hankel wieder in Berlin angekommen? –

Was macht Weierstraß? [VV 71, 72] und was die übrigen Collegien bei Kummer [VV 26], Kronecker [VV 23] etc, die Du hörst?

Damit leb' wohl, mein guter, mein einziger Harald! Schade, daß ich nicht mehr beten kann, – ich würde es so gern thun für Dein Wohlergehen.

– Denke recht oft an den, der Dich so lieb hat, Deinen treuen

Ernst.

48 Abbe an Schütz — Frankfurt a. M., 2. Februar 1862

Frankfurt, Feb. 2, 1862.
Sonntag Morgen.

Liebster Harald.

Deine beiden Briefe, die ich am Mittwoch auf einmal erhalten habe, haben mich über Dein gegenwärtiges Befinden etwas beruhigt, insofern mir Deine eignen Worte die Zuversicht geben, daß Du die unheilvolle Geschichte überwunden und Deinen Gleichmuth wieder erlangt hast. Es ist nun die Reihe an mir, Dich über mein Befinden zu beruhigen, und ich bin froh, daß ich solches mit gutem Gewissen thun kann. Seit ich Dir zuletzt schrieb habe ich mich mehr und mehr wieder erholt, so daß ich zur Zeit mich nur noch etwas angegriffen fühle, aber sonst unter keinerlei Beschwerde zu leiden habe. Am Mittwoch bin ich wieder ausgegangen und am Donnerstag, – sowie gestern Abend – habe ich hier wieder meine Vorträge gehalten – muß freilich gestehen, nicht aufs beste, indem grade hierbei die Nachwehen des Krankseins sich noch empfindlich geltend machten. Doch gieng es gestern Abend schon besser, so daß ich mit Grund hoffen darf, von nun ab wieder vollkommen auf dem Damm sein zu können.

Gestern Abend habe ich unter dem Titel „über die neueren Hilfsmittel zur Beobachtung ⟨2⟩ des Erdmagnetismus" über das Weber'sche Magnetometer[1] (die Anwendung des Collimators an Stelle des Spiegels) und über den Erdinductor zur Messung der Inclination vorgetragen. – Ich habe natürlich dabei allerhand Versuche über Inductionsströme gemacht und unter andern auch (was Weber, soviel ich mich erinnere, in seiner Vorlesung nicht gethan) mittelst eines astatischen Galvanometers und einer improvisirten Inductionsrolle von 2′ Durchmesser die Inductionsstöße durch die Erde sichtbar gemacht – was, als etwas ganz Neues, wie es schien, großes Interesse erweckt hat.

Was meine Lebensweise hier, nach der Du fragst, betrifft, so bietet diese keine solche Mannichfaltigkeit dar wie bei Dir. Ich stehe regelmäßig gegen 8 Uhr auf (da es doch nicht eher hell wird

[1] Ein von Weber auf der Grundlage der Induktionswirkung einer Spule konstruiertes Instrument zur Bestimmung des Inklinationswinkels des Erdmagnetismus.

und mir das Lichtarbeiten Morgens nicht gefällt) – da lese ich zuerst die Zeitung (das Frankfurter Journal [TV 3] vom Abend vorher mit Morgenbeilage, das ich noch mit einem der Hausbewohner und dem Philister zusammen halte) und mache mich ans Kaffee trinken, nachdem ich mir, als das *Erste*, sowie ich aus dem Bett komme, eine *Pfeife* angezündet habe, – die ich mir des Abends schon stopfe, um gleich frisch anfangen zu können. – Das Kaffee-⟨3⟩ trinken, an das ich mich erst hier gewöhnt habe, und, da meine Phileuse recht gutes Gebräu liefert, sehr gemüthlich finde, dauert meistens bis gegen Mittag, da ich nichts dazu esse sondern blos rauche und dazwischen gegen 10 Uhr – wenn ich es nicht ganz vergesse – etwas frühstücke. Dabei arbeite ich bis 1 Uhr, wo mir die Hauswirthin das Essen bringt (sehr gut – aber theuer 24 Kr., beinahe 7 sg.) – Gegen zwei Uhr gehe ich dann aus, wenn ich nicht grade sehr nothwendig zu thun habe, – besorge etwaige Wege, oder besuche Jemand, oder trinke irgendwo ein Glas Bier od. Wein, oder gehe auf den Bürgerverein um die Volkszeitung [TV 10] u. Anderes zu lesen – und gehe schließlich in den die Stadt umgebenden Promenaden spazieren, so daß ich gewöhnlich erst gegen Abend wieder nach Hause komme. Der Abend, bis gegen 12 Uhr, ist meine eigentliche Arbeitszeit; es fleckt mir da die Arbeit meistens besser als in den Frühstunden, wo ich, ich weiß nicht warum – gar nicht die rechte Sammlung finden kann, sondern gar zu leicht auf irgend etwas Fremdes zu simuliren komme und dadurch oft ganze Stunden hindurch gar Nichts fertig bringe. – Das ist mein gewöhnlicher eintöniger Tageslauf, der, abgesehen von gelegentlichen Einladungen zu Wallach, Lorey etc., die mir den Abend rauben, nur an den Tagen eine ⟨4⟩ wesentliche Aenderung erleidet, wo ich hier oder in Offenbach vorzutragen habe, da ich als dann schon Vormittags nach dem Cabinet muß und meistens auch den ganzen Tag dort zu thun habe. – An den Abenden nach den Vorträgen bin ich dann stets zu abgespannt, um etwas Ernstes weiter vornehmen zu können – ich gehe dann früh zu Bett, nachdem ich vielleicht eine Stunde auf einer Kneipe gesessen oder bei Wallach oder Crailsheim gewesen bin.

Deine Rückäußerung von wegen des Rendezvous zu Ostern befremdet mich insofern, als ich mich wirklich nicht erinnern kann, während unseres Zusammenseins in Eisenach[2] von Dir gehört zu haben, daß Du die Ferien in Berlin bleiben wollest und ich überdieß auch gar den Grund nicht einsehe, weßhalb Du das solltest, da sich doch Deine Eltern zu Hause so sehr freuen, wenn Du nach langer Trennung ein paar Wochen bei ihnen bist. – Wenn jenes übrigens Dein Entschluß ist, so kömmt allerdings dann die Zeit meiner Ferien bei meinem Besuche nicht mehr in Frage, und in der Hoffnung, daß sonst kein Hinderniß dazwischen kömmt, darf ich mich also wohl darauf freuen, – Dich bald wieder an die Brust drücken zu können und ein paar Wochen wieder mit Dir vereint zu verleben.

⟨5⟩ Nun komme ich aber auf Deine feindselige Stimmung gegen die Offenbacher Vorträge zu sprechen, die sich zu der Forderung versteigt, diese ohne Weiteres aufzustecken. Daraus aber, liebes Haraldchen, wird denn doch Nichts, so sehr ich auch Deine Fürsorglichkeit für mein Wohl anerkenne. Du bist nämlich unzweifelhaft im Irrthum, wenn Du ihnen die Schuld oder Mitschuld an meinem Krankwerden zuschreibst. Es ist gewiß nicht übermäßiges Arbeiten, welches dieses hervorgerufen hat; davon kriegt man doch kein gastrisches Fieber oder die Kripp, welches die alleinige Form meines Unwohlseins gewesen ist, indem die Kopfschmerzen keineswegs etwa die *nervösen* waren, die ich sonst dann u. wann hatte. Es ist vielmehr das Ganze – wie auch Lorey u. Wallach sagen – wesentlich klimatischen Einflüssen und einem *epidemischen* Auftreten jener Krankheit hier in Frankfurt zu zuschreiben – es ist eben seit Neujahr alle Welt hier daran krank, – so daß gar nichts Befremdliches dabei ist, wenn ich auch an die Reihe gekommen bin wie Hundert Andere, *die nichts arbeiten.* Das ist freilich wahr, daß in der Zeit, da ich am Unwohlsein laborirte und in Folge dessen die Frische ⟨6⟩ und Energie entbehrte, die zu andauerndem Arbeiten nöthig ist, der daraus entspringende Zuwachs im letzteren mir sehr peinlich war und mich wünschen ließ, der Sache überhoben zu sein; aber nachdem ich wieder hergestellt bin und hoffentlich ebenso gut wie vor Weihnachten thätig sein kann, ist wirklich kein Grund mehr da, einmal übernommene

[2] Bezieht sich auf den Besuch von Schütz in Eisenach im Sept./Okt. 1861.

Verbindlichkeiten mit Gewalt abzuwerfen – wo ich sie doch ohne persönlichen Nachtheil erfüllen kann. Es entspringt daraus keine andere Unannehmlichkeit als die, daß ich den ganzen Winter zu keiner wissenschaftlichen Thätigkeit komme, sondern alle Zeit vom „Geschäfte" in Anspruch genommen wird. Das empfinde ich freilich hart – aber darein habe ich mich gleich von Anfang an ergeben und werde es auch noch die paar Monate durch aushalten können. – Ich könnte es deßhalb nicht verantworten, wenn ich jetzt durch mein Zurücktreten dem Verein in Offenbach seine Thätigkeit für diesen Winter durchkreuzen wollte; und es würde mir solches gewiß auch sehr übel ausgelegt werden. – Ich glaube, lieber Harald, Du wirst diesen Gründen Gewicht einräumen, wenn Du besonders die übertriebenen Befürchtungen wegen Ueberarbeiten u. dergl. auf ein billiges Maaß ⟨7⟩ zurückführst – und wirst deßhalb nicht bös sein, wenn ich Dir dießmal *ungehorsam* bin.

Zum Schluß noch die Mittheilung, daß mir Hankel gestern geschrieben und das Heft über ellipt. Functionen [VV 36] zurückgesandt hat, mit der Bitte, ihm die Riemannsche Potentialtheorie [VV 32] *auf wenige Wochen* verabfolgen zu wollen. – Wenn Du dieselbe entbehren kannst, sei so gut, und schicke sie ihm (unter Adresse: Prof. Hankel) indem Du ihm zugleich bemerkst, ob er sie Dir oder mir zurücksenden soll; und wenn Du nicht selbst etwa grade Gebrauch davon machst, so thue es bald, um ihn für sein langes Warten diesen Herbst zu entschädigen. – In den nächsten Tagen werde ich ihm auch einmal schreiben, da er mich wiederholt darum tritt. –

Er erzählt mir in seinem Briefe, daß er – weil er in Berlin nicht zum ernstlichen Arbeiten kommen könne, – „bis Ostern" in Leipzig[3] bleiben wolle, und theilt mit großer Befriedigung mit, daß er, um sich in die Riemannsche Functionenlehre recht hineinzuarbeiten, seit Weihnachten ein 4stündiges Privatkolleg über complexe Functionen lese, wobei es ihm gelungen sei, sich 8 regelmäßige Zuhörer zu erhalten.

⟨8⟩ Martin grüße von mir angelegentlich; ich freue mich sehr zu

---

[3] Hankels Rückkehr nach Leipzig kann ebenfalls mit der Aufgabe der Vorlesungen von Weierstraß im Zusammenhang stehen.

hören, daß seine lange genährten Pläne[4] ihrer Verwirklichung so nahe zu sein scheinen, und wünsche ihm in diesem Falle Glück dazu.

Damit genug für heute. – In der Hoffnung, daß es Dir recht wohl geht umarmt Dich Dein ungehorsamer

Pylades.

49 Abbe an Schütz Frankfurt a. M., 19. Februar 1862

Frankfurt Febr. 19,
Mittwoch Nachmittag.

Glückauf!

Herzliebster Harald.

In Aller Eile setze ich mich hin, um Dir noch vor Abgang der Berliner Post das Resultat meiner Anfrage bei Banquier Franz Schuster zu berichten. Ich bin so eben bei dem Manne gewesen, nachdem ich diesen Mittag um 12 Deinen Brief erhalten hatte; und zu meiner Freude sage ich Dir, daß die sehr getheilte Stimmung, mit der ich den Schritt that, einer vollkommenen Befriedigung Platz gemacht hat. Der Herr Schuster ist ein sehr freundlicher u. leutseliger Mann, der mich (*als Mitglied des Physikal. Vereins*) auf das Zuvorkommenste empfangen und mir die gewünschten Aufklärungen gegeben hat. – Die Stelle ist *noch nicht* besetzt, wiewohl er seit kurzem mit einem Heidelberger cand. theol. in Unterhandlung steht. Er hat Deinen Antrag gut aufgenommen, mit dem Be-

[4] Martins Reisepläne erfüllten sich durch die Annahme einer Stelle als Gesandtschaftsarzt in Brasilien im Frühjahr 1862.

merken, er ziehe einen *Nord*deutschen vor, und sagte mir, ⟨2⟩ daß er deßhalb die Entscheidung in betreff jenes hinaus schieben wolle. – Als die Bedingungen theilte er mir mit: *vollkommen* freie Station und ca. 500 f. Gehalt. – Du sollest *selbst schriftlich mit ihm* in Verbindung treten – einer definitiven Zusage, die ich nach Anhörung dieser Bedingungen herbeizuführen suchte, wich er aus, – wahrscheinlich weil er erst auch von seinem Schwager erst Bericht über Dich einholen will. – Jedoch scheint er meiner angelegentlichen Empfehlung und der Berufung auf Prof. Stern einiges Gewicht beizulegen, so daß ich der besten Hoffnung bin, Du werdest die Stelle, die mir verhältnißmäßig günstig zu sein scheint, erhalten, wenn *der Schwager in Berlin zu Deinen Gunsten spricht*. Den suche also vor Allem auf Deiner Seite zu halten, daß er nicht einen Andern vorschlägt – und dann schreibe bald selbst an Schuster, – was, das weiß ich freilich ⟨3⟩ nicht. – Ich habe ihm gesagt, daß Du zwar nicht speciell u. ausschließlich Philosophie studirt habest, aber so umfassende Kenntnisse in diesen Fächern, als Sohn eines Gymnasiallehrers und durch fortgesetzte Studien, besitzest, daß Du seinen Anforderungen vollkommen genügen werdest. – Als ich ihm sagte, daß Du nächstes Semester zu promoviren u. gelegentlich das Oberlehrerexamen zu machen gedachtest, sagte er, daß er darauf rechne, nicht *schon nach einem Jahre* den engagirten Lehrer zu verlieren, sondern ein längeres Bleiben voraussetze, wenn er *darüber* auch grade keine *bindenden* Bedingungen stelle. – Darauf also Rücksicht genommen!

Er fragte mich über Deinen confession. Standpunkt, – worauf ich ihm unumwunden erklärte, daß Du in dieser Hinsicht einer *freisinnigen* Richtung huldigest – was ihm zuzusagen schien, insofern er wenigstens bemerkte: er wünsche zwar seinen Kindern eine *religiöse* Erziehung zu geben, aber wolle ja nichts von „Muckern u. Pietisten" wissen.

⟨4⟩ So steht die Angelegenheit. – Hoffnungs- u. erwartungsvoll sehe ich den Resultaten der weiteren Schritte entgegen, die zunächst von Dir selbst ausgehen müssen – nachdem ich ihm gesagt habe, daß ich nicht zweifle, Du würdest die Stellung annehmen – Wollen sehen, was daraus wird. Ich würde mich königlich freuen, wenn meine sehnlichsten Wünsche so bald in Erfüllung giengen,

– vorausgesetzt, daß sich nicht günstigere Aussichten hinsichtlich Deines Verbleibens in Berlin, resp. Habilitation, Dir eröffnen.

Nächsten Freitag mehr.

Einstweilen lebe wohl und behalte lieb Deinen

Ernst.

Martin hat mir geschrieben. Sein afrikan. *Reiseplan*[1] *ist ja* aufgegeben.

Adresse: Banquier Fr. Schuster.

Taunusanlage № 4

50 Abbe an Schütz Frankfurt a. M., 24. Februar 1862

Frankfurt, Febr. 24.
Montag Nachmittag. 4 Uhr.

Mein lieber guter Harald.

Ich habe Dir noch nicht wieder geschrieben, weil vor einigen Tagen *unsere* Angelegenheit[1] hier in ein neues Stadium getreten ist und ich jeden Augenblick erwartete, Dir ein Resultat mittheilen zu können. Am Freitag nämlich hörte ich von Crailsheim, bei dem ich mich unter der Hand nach der Familie Schuster erkundigte, daß Dr. *Reiß*, der Mathematiker-Millionär, der Freund *Sterns*, ein Schwager dieses Schuster sei. Ich hatte natürlich nichts Eiligeres zu thun, als gleich zu Reiß zu laufen und diesen dem Schuster auf den Hals zu schicken, um Deiner Bewerbung Nachdruck zu verschaffen. Da Reiß selbst nicht ausgeht hat seine Frau in zuvorkommenster Weise es übernommen, und wie ich jetzt eben höre,

[1] Für eine Forschungsreise unter Karl Klaus von der Decken nach Afrika war ein anderer Bewerber berücksichtigt worden.

[1] Gemeint sind die Bemühungen, für Schütz eine Anstellung in Frankfurt a. M. zu finden.

auch etwas gefördert damit. Vor einer Viertel Stunde ist Schuster in eigener Person bei mir gewesen, um mich über einige Punkte zu fragen. Er hat nämlich in Deinem Briefe zweierlei ⟨2⟩ Bedenken gefunden: erstens, daß Dir das Honorar nicht genug zu sein scheine, was er aus der Wendung „da ich weniger auf hohes Honorar sehe, als etc." in Deinem Briefe abnimmt, und als ich ihm bemerkte, daß es Dir doch genügen müsse, da Du Dich sonst nicht gemeldet haben würdest, entgegnete er: ja, er wolle, daß Jemand, der zu ihm komme, auch *völlig* befriedigt sei, – wobei ich zweifelhaft bin; ob er damit seine Bereitwilligkeit andeuten wollte, eventuell *mehr* zu zahlen, *oder* aber, daß, wenn es Dir nicht genug, Du eben weg bleiben mögest. – Das zweite Bedenken entspringt daraus, daß Du in Deinem Briefe wiederholentlich auf die „freie Zeit" Gewicht legst. Er scheint zu fürchten, daß Du zu viel an Dein Examen[2] denken und Dich zu wenig um seine Jungens bekümmern würdest. In betreff des letzteren gab ich ihm beruhigende Zusicherungen; fragte jedoch näher nach, wie ⟨3⟩ weit Du wohl in seinem Hause in Anspruch genommen sein würdest. Er sagte: Bestimmt sagen, wieviel Stunden Du täglich frei haben würdest, das könne er nicht – das werde zu verschied. Zeit sehr verschieden sein. Er mache aber darauf aufmerksam, daß *zwei* von den Jungen fortwährend in der Schule blieben, die Du daher nur in ihrem Thun etwas zu beaufsichtigen brauchest (sogar ihre Arbeiten werden *alle in der Schule* gemacht) und daß auch der dritte (älteste) in der ersten Zeit (1/2–1 Jahr lang noch) noch einen *Theil* der Stunden in seiner bisherigen Schule fortbesuchen solle – daß Dir daher wohl *außer* den völlig freien Abenden mehrfach Zeit zur Verfügung bleiben werde.

Da Du in Deinem Briefe sehr eilig gethan hast, wollte er Dir heute noch selbst schreiben, – was zu thun *ich* mich erboten habe. – Er scheint Deiner Bewerbung sehr günstig gestimmt zu sein, wiewohl er noch nicht definitiv zugesagt hat. ⟨4⟩ Wie es scheint, will er nur erst die Aeußerung *Stern's* über Dich entgegennehmen, *an welchen Frau Dr. Reiß heute schon deßhalb geschrieben hat*; und da

[2] Schütz mußte noch das Staatsexamen für das Lehramt an einer höheren Schule (Oberlehrerexamen) ablegen.

diese gewiß höchst befriedigend ausfallen wird, so zweifle ich nicht, daß Du mit Deiner Bewerbung durchdringen werdest. *Wenn er sich aber entschieden hat*, sagte er mir, *werde er Dich, in beiderseitigem Interesse, bitten, Dich zunächst einmal persönlich hier einzufinden*, um die Angelegenheit definitiv abzuschließen und Alles Nähere mündlich zu besprechen – „natürlich auf meine Kosten" setzte er hinzu. – Uebermorgen, *spätestens Donnerstag* will er Dir hierüber selbst die entgiltige Nachricht zukommen lassen; bis dahin mögest Du ihm Bedenkzeit lassen.

So steht also die Sache, mein liebes Haraldchen: vielleicht, daß ich Dich schon *Sonntag* hier empfangen kann – vorausgesetzt, daß *Du* nicht etwa wieder ⟨5⟩ andern Sinnes geworden bist. – Und in der That, so sehr ich bei der Angelegenheit direct interessirt bin, so ermahne ich Dich doch, Dir die Sache wohl zu überlegen. Wenn Du freilich auf jeden Fall eine Hauslehrerstelle übernehmen zu müssen glaubst, dann wirst Du schwerlich günstigere Chancen zu erwarten haben: weder was Gehalt, noch was freie Zeit u. dergl. betrifft. – Aber ist denn das so absolut unabwendbar? – Kannst Du nicht auch noch ein Jahr so in Berlin bleiben? – Wenn ich hier, was ich hoffe, angestellt werde, würde ich Dir doch wohl im nächsten Jahre 80–100 r. geben können; und für diesen Winter bekömmst Du (von den Offenbachern) 40–50 r. Wenn Du dann nur etwas von Deinem Schwager auftreibst und außerdem noch eine kleine Summe durch Stundengeben erschwingst, so wirst Du Dich doch wohl halten können – und dann jedenfalls in einer für das Studiren günstigeren Lage als Du sie als Hauslehrer irgend ⟨6⟩ erwarten kannst. – Ueberlege Dir das also wohl.

Was die Familie Schuster anbetrifft, so besteht, was ich über sie durch Augenschein oder von Wallach (der Hausarzt dort ist) erfahren habe darin: daß sie ungeheuer reich sind, zu den ersten Geldhäusern hier gehören, – und erst vor wenigen Jahren *getauft* sind. – Ueber *seinen* Character habe ich nichts erfahren können; – *sie* (die sehr kränklich ist u. leidend aussieht) wird mir von Wallach u. Crailsheim als eine äußerst gutmüthige Frau gerühmt. – Die drei Jungen (der älteste 12 Jahre) sollen ebenfalls gutmüthige Kerle sein; einen davon, den jüngsten, habe ich selbst zufällig gestern beim Dr. Getz, dem Schwiegersohn von Reiß, getroffen,

– wo er sehr *befangen* war, – ein Zeichen, daß es jedenfalls keine *allzu wilden* Jungens sind.

⟨7⟩ Da der Brief bis 5 Uhr zur Post sein muß, so muß ich für jetzt schließen. – Ich hoffe, daß die Angelegenheit sich *Deinen Wünschen* gemäß abwickeln werde; die Deinigen sind auch die meinen. – In freudiger Erwartung umarmt Dich und küßt Dich Dein

Ernst.

Halte Dich also von Freitag an bereit, Dich auf die Eisenbahn zu setzen und hier herzukommen, – da Dein persönliches Erscheinen dann jedenfalls je eher desto lieber gesehen wird. – Ich freue mich königlich über die Aussicht, so bald und unerwartet Dich wiederzusehen –

NB: Antritt nicht vor Anfangs April gewünscht.

51 Abbe an Schütz — Frankfurt a. M., 9./10. März 1862

Frankfurt a/M März 9.
Sonntag Abend.

Mein lieber Harald.

Daß mein Brief um einen Tag später kömmt als Du ihn erwartet haben wirst, wird Dich etwas auf seinen unangenehmen Inhalt vorbereitet haben. Es kostet mich in der That einige Ueberwindung, auch heute noch, Dir zu schreiben um Dir eine schöne Zuversicht zu nichte zu machen. Da es aber doch ein mal sein muß, so wisse also: Die Generalversammlung hat gestern Abend den Antrag des Vorstandes[1] auf meine Anstellung mit einer Majorität von 4 Stimmen *abgelehnt*. Die Sache ist also abgemacht, ich bin

[1] Auf der Generalversammlung am 8. 3. 1862 wurde über den Antrag des Vorstandes abgestimmt, Abbe für ein Jahr als hauptamtlichen Dozenten für Physik mit einer Besoldung von 800 Gulden einzustellen.

durchgefallen. So wenig ich mich eigentlich selbst über dieses Resultat wundere, wenn ich's recht überlege, so unerwartet ist es allen gekommen, die das Gegentheil gewünscht haben. Der Vorstand, der den Vorschlag einstimmig gestellt (und dann auf das Nachdrücklichste vertreten) hat, ist, wie mir Lorey sagt, seiner Sache ganz sicher gewesen, und ebenso Wallach u. die übrigen, die mich näher kennen – wie denn z.B. Wallach mich auf gestern Abend zum Essen eingeladen hatte, um gleich als der Erste mir Glück wünschen zu können. Und nach Allem, was ich über den Verlauf der Sache höre, muß ich sagen, daß die Leute eigentlich mit ihren Erwartungen viel mehr im Rechte gewesen sind als ich selbst mit ⟨2⟩ meiner Befürchtung. Wenn es trotzdem anders gekommen ist, so behaupten wenigstens Wallach u. Lorey, daß dies nur die Wirkung einer vorher abgekarteten Intrique, d. h. einer tendenziösen Opposition, die gar nicht vorauszusehen gewesen sei. Lorey, als Präsident, hat den Antrag auf meine Anstellung so nachdrücklich und vielseitig motivirt, sagt Wallach, daß Alle etwa zweifelhaften vollständig zu Gunsten hätten gestimmt sein müssen – da sind auf ein mal ein paar erst ganz kürzlich eingetretene Mitglieder mit Widerspruch gekommen – erst ganz im Allgemeinen, gegen das Project selbst – dann in immer engeren Kreisen gegen meine Person. Kurz, es hat sich eine heftige, zum Theil leidenschaftliche (+)Wallach war, als er nach Hause kam, wo ich seiner schon wartete, ganz echauffirt und furchtbar aufgebracht) Debatte erhoben, in der ich von der einen Seite gottsjämmerlich zerhackt, von der andern auf das wärmste vertheidigt und in Schutz genommen worden bin. Die sachliche Opposition ist dadurch in eigenthümlicher Weise characterisirt, daß der Gegenvorschlag der ursprünglichen Opponenten darauf gegangen ist: daß es gerechter und besser u. dergl. sei, die erhöhten Geldmittel des Vereins dazu zu verwenden, dem Prof. Boettger, der den Verein 28 Jahre ⟨3⟩ lang ruhmvoll geleitet habe, einen höheren Gehalt zu zahlen (NB: 1500f. bekömmt er für seine paar Vorlesungen) – woraus eben Lorey u. Wallach folgern, daß Boettger direct oder indirect hinter den Coulissen gesteckt habe. Daß die Opposition eine tendenziöse gewesen sei, wollen sie aber vor Allem aus der Art und Weise der persönlichen Kritik, die geübt worden ist, abnehmen. Wallach bezeichnete sie gestern Abend in seiner Hitze als eine den Verein entehrende – so sehr seien alle schicklichen Rücksichten dabei von der Gegenparthei außer Augen gelassen worden; und in der Versammlung selbst hat, um diese Art der Diskussion endlich abzuschneiden, Jemand gesagt: sie sollten doch bedenken, daß, auch ganz abgesehen von mir, kein anständiger Mann sich wieder in ähnlicher Art mit dem Vereine einlassen würde, wenn er sich der Gefahr aussetzen müsse, in solcher Weise durchgehechelt zu werden. – Nach einer 1 1/2 stündigen Debatte solcher Art haben endlich die Stimmzettel die angeführte Entscheidung gebracht. Die geringe Majorität (bei ca. 80 Stimmenden) zeigt, wie verhältnißmäßig günstig meine Chancen gestanden hätten, wenn nicht die erste, (wohlvorbereitete) Gegenrede dazwischen gekommen wäre: Selbst dabei noch, behauptet Wallach, wäre das Resultat ein anderes geworden, wenn nicht Viele von den mir günstig Gesinnten weggeblieben wären in der Meinung, daß ⟨4⟩ ihre Stimmen gar nicht nöthig seien – oder wenn nur die Anwesenden irgendwie auf diese Art der Opposition gefaßt gewesen wären, um ihr gerüstet entgegen treten zu können. – Wie dem auch sei – jedenfalls habe ich die Genugthuung, *alle die urtheilsfähigeren Mitglieder des Vereins ohne Ausnahme auf meiner Seite gehabt zu haben*, – und nicht durch das Gewicht sondern blos durch die Zahl der Stimmen überstimmt worden zu sein – und das tröstet mich noch einigermaaßen über den Ruin meiner Hoffnungen, die mir grade seit der letzten Woche, seit sie sich so eng mit *uns* verknüpft haben, mehr denn jemals nahe gerückt waren. – Nun – hin ist hin, verloren ist verloren; ich werde mich durch Alles das nicht niederschlagen lassen, sondern die paar Vorlesungen, die ich hier noch zu halten habe, sina ira et studio (wenn auch in einer etwas peinlichen Situation) halten und dann sehen, was sich weiter thun läßt. So viel steht fest: *hier* bleibe ich nächsten Sommer; ich will mich jedenfalls nicht umsonst darauf gefreut haben, wieder einmal mit Dir zusammensein zu können, und Du sollst auch nicht umsonst Dich dadurch zu Deinem Hofmeisteramte[2] haben bestimmen lassen. Und in diesem Vorsatze scheine ich

[2] Hofmeister ist die alte Bezeichnung für Hauslehrer bzw. Privatlehrer.

auch schon ohne mein Zuthun bereitwilliges Entgegenkommen zu finden: wenigstens haben mir Getz, ⟨5⟩ Crailsheim u. mehre Andere gleich von der Sitzung aus durch Wallach den Gruß bestellen lassen „*sie rechneten darauf, mich noch länger hier in Frankfurt zu behalten*", und auch Lorey, bei dem ich heute zu Mittag war, hat diese Frage ganz aus eigenem Antriebe zu ventiliren angefangen. – Das sind schon gute Auspicien – wenigstens ist der gute Wille da, und ich werde ihn nach Kräften zu benutzen wissen. – (Der Trotz, das Votum der Gegenparthei möglichst abzuschwächen, indem sie mich dennoch in Frankfurt zu halten suchen, wird gewiß dazu beitragen, unsere beiderseitigen Wünsche zu verwirklichen.)

– Vielleicht, daß schon in der Kürze irgend ein Project von bestimmteren Umrissen auftaucht. – Morgen werde ich mit Crailsheim, womöglich auch mit Reiß u. Getz, darüber sprechen.

Doch nun genug von dieser Geschichte, die Dir leider so wenig erfreulich sein wird, wie mir.

Warum hast Du mir noch nicht geschrieben, resp. das Buch geschickt, wie Du doch versprochen hast? – Wenn ich Dir sowohl in diesem Briefe gute Nachricht zu melden gehabt hätte, würdest Du sicherlich ohne einen ganz ausgesuchten Rüffel nicht davon kommen; so freilich muß ich still sein. ⟨6⟩ Du bist aber doch ein böser Junge, daß Du gar nicht daran gedacht hast, wie wohl mir ein Brief von Dir in voriger Woche gethan hätte.

Nach ein paar freudig mit Dir verlebten Tagen[3] wieder trübselig allein zu sein, – dazu die Nöthigung, angestrengt zu arbeiten – und eine gewisse Unruhe, wegen der herannahenden Entscheidung – alles das konnte mich gewiß nicht in die rosigste Stimmung versetzen; um so sehnlicher habe ich schon von Mittwoch an auf ein paar Worte von Dir gehofft – habe aber Tag für Tag dem vorbeirasselnden Postkarren vergeblich nachzusehen gehabt; und die Determinantentheorie [VV 71] hätte ich am Freitag u. Sonnabend auch gar gerne gehabt; Du bist doch nicht etwa krank geworden? – oder bist wieder wegen Deiner berliner Geschichte in Schwermuth verfallen? oder was ist sonst. Ich erwarte, daß Du mir baldigst Rede stehst und das Versäumte nachholst.

[3] Schütz war vermutlich Anfang März für zwei Tage in Frankfurt a. M. gewesen, um sich bei der Familie Schuster vorzustellen.

Damit genug für heute. Ich bin heute mehre Stunden spazieren gegangen (da es, wie gestern, wahres Sommerwetter hier ist) und daher müde. – Hoffentlich kann ich Dir bald Angenehmeres schreiben. –

Grüße Martin und Schulz freundlichst von mir; theile ersterem den Ausgang meiner ⟨7⟩ Angelegenheit mit und sag ihm, daß ich ihm nächstens selbst schreiben werde. –

Ich wollte, es wären die paar Wochen, die uns noch trennen, herum; die erste ist mir ganz unsäglich lange geworden.

Leb' recht wohl, herziger Harald und behalte lieb Deinen

Ernst Pechvogel

Montag Morgen 11 Uhr.

So eben erhalte ich Deinen Brief und das Buch, und freue mich darüber, daß sich wenigstens meine Befürchtungen in betreff Deines Wohlbefindens nicht bestätigen. – Wenn Du bei Trendelenburg [VV 65] bis zum Schluß aushalten willst, wirst Du wohl darauf verzichten müssen, erst nach Hause zu reisen, besonders wenn Du in Göttingen ein paar Tage Dich aufhalten willst.

Was Du mir über Martin schreibst, freut mich, indem ich sehe, wie seine Wünsche sich mehr und mehr der Erfüllung nähern. Sag' ihm, daß ich mich sehr freuen würde, wenn er auf die eine oder andere Weise es mir möglich macht, ihn vor seiner Abreise nochmals zu sehen.

52 Abbe an Schütz Frankfurt a. M., 13. März 1862

Frankfurt a/M. März 13, 1862
Donnerstag Abend 9 Uhr

Mein lieber Harald.

So eben komme ich aus meiner Vorlesung, und setze mich sogleich hin, um Dir auf Deine gestern erhaltene Epistel zu antworten. – Es ist wirklich ein tragicomisches Geschick, das unsere Bestrebungen, wieder zusammen zu kommen, verfolgt. Du kömmst nach Frankfurt und ich gehe an demselben Tage nach Berlin! So ist's recht, – da hat doch jeder das schöne Bewußtsein, die Luft einzuathmen, von der der andere gelebt hat. Aber daraus wird nichts. Eher will ich mich in den Jesuitenorden aufnehmen lassen, als daß ich es geschehen lasse, daß wir uns gegenseitig so an der Nase herum führen. – Ich bleibe in Frankfurt; wenn Du auch sagst, wir würden diesen Sommer doch nicht viel von einander haben, so bin ich doch ganz andrer Meinung – ich will grade recht viel von Dir haben. Das allein würde mich bestimmen, nicht nach Berlin zu gehen, sondern es ruhig drauf ankommen zu lassen, was hier zu machen sei; auch wenn ich dabei ganz ins Unbestimmte hinein ⟨2⟩ speculiren müßte. Aber glücklicher Weise stehen unsere Sachen viel besser als Du vielleicht glaubst, – wie ich Dir zu Deiner Beruhigung gesagt haben will. Für nächsten Sommer wenigstens kann ich mein Unterkommen hier schon als gesichert betrachten. Ich schrieb Dir von den Aeußerungen, die am Sonnabend gleich nach der verdammten Generalversammlung mir zugekommen waren; Aeußerungen, die den guten Willen der Leute bekundeten, mich hier in Frankfurt zu behalten. Die Aussichten, die sich mir daran knüpften, haben schon am Montag eine bestimmtere Gestalt angenommen: gleich nach Abgang meines Briefes hat mir Wallach im Auftrage vieler meiner bisherigen Zuhörer den schmeichelhaften Antrag überbracht, im nächsten Semester weitere *physikalische Vorlesungen* außerhalb des Vereins zu halten, – mit dem Bemerken, daß, wenn ich darauf eingehen wolle, für mein materielles Auskommen grade so gesorgt werden würde, wie wenn mich der Verein angestellt hätte. Ich habe Anfangs diese Aufforderung mit etwas zweifelhaften Empfindungen aufgenommen – einmal wegen des demonstrativen Charackters, den mir ein derartiges Project, ⟨3⟩ in Hinsicht auf die Vorgänge im Vereine, zu haben schien, andrerseits auch insofern, als ich keine Lust habe, mich unter einem solchen Vorwande etwa von jenen Leuten unterstützen zu lassen, – indem die Vermuthung nahe liege, daß vielleicht viele nur auf dieses Project eingegangen seien, um mich nicht in eine bedrängte Lage versetzt zu sehen. Wallach und Lorey haben diese Bedenken, die ich ihnen nicht verhehlt habe, zu beschwichtigen versucht – Das erste durch die Behauptung, daß nur das Interesse an der Sache, resp. der Wunsch, noch weiter von mir Vorträge zu hören, die Triebfeder sei, – das letztere durch die allerdings sehr wenig sagende Bemerkung: „es sei Alles so arrangirt, daß ich mir darüber absolut gar keine Bedenken zu machen brauche“. – Nebenbei habe ich gemerkt, daß die Leute dabei auch noch weiter speculiren: nämlich darauf, im nächsten Herbst, nach dem ich vor den Augen des Vereins meine Thätigkeit fortgesetzt, auf irgend welche Weise einen neuen Beschluß der Generalversammlung zu provociren, durch welchen ich trotz des jetzigen Votums wieder zum Verein kommen möchte – was mir selbst freilich sehr utopische Hoffnungen zu sein scheinen. –

⟨4⟩ Gestern Abend habe ich Wallach den Antrag des Dr. Krönig[1] gezeigt (den erhalten zu haben mir auf alle Fälle sehr erwünscht war, wenn ich auch nie daran gedacht habe, darauf einzugehen). – Er hat mir consequent davon abgerathen, mit dem Bemerken, daß, wenn ich einmal keine dauernde Stellung gewinne, die provisorische, die ich hier in Frankfurt haben würde, wohl besser sei, sowohl materiell als auch in sonstiger Hinsicht; er gab mir indeß anheim, einen oder zwei Tage meine Entscheidung aufzuschieben, um hier erst ein bestimmteres Resultat zu erwarten. Was er thun wollte und gethan hat, weiß ich nicht; nur daß er mir heute Abend nach der Vorlesung in der Eile mit kurzen Worten sagte, ich solle nur getrost in Berlin aufschreiben, „*ich dürfe nicht fortgehen*“. – Morgen wolle er Näheres mit mir darüber besprechen.

[1] Krönig hatte Abbe offensichtlich eine Hauslehrerstelle angeboten.

So stehen unsere Angelegenheiten hier. Damit Dr. Krönig nicht lange in Ungewißheit bleibt, schreibe ich Dir gleich heute Abend. Sage also dem Dr. Krönig, daß ich hier schon ein weiteres Engagement einge- ⟨5⟩ gangen sei und ihm daher für das Vertrauen, welches er mir durch sein Anerbieten bezeugt, danken müsse. (+)Wie ich eigentlich dazu komme, daß mir der Mann ohne Weiteres gleich jenes Anerbieten macht, ist mir etwas räthselhaft. Du mußt mich angelegentlich herausgestrichen haben, wie es scheint – wahrscheinlich so, daß Du recht blamirt werden würdest, wenn ich wirklich hinkäme zu ihm.)

Den Verlauf, den die Sache hier nimmt, werde ich Dir allsogleich melden. Bis jetzt weiß ich über den Modus, in dem das ganze Project ausgeführt werden soll, so gut wie gar nichts. – Ich weiß blos, daß ich baldigst für 10f. *Mitglied* des Vereins werden soll, um das Anrecht auf die Benutzung des Auditoriums und des Physikal. Apparates für die fraglichen Vorlesungen zu erlangen. Was das Thema betrifft, so denke ich daran, ein ganz allgemeines zu wählen (womit auch Wallach übereinstimmt) – keinen speciellen Abschnitt der Physik, sondern ein solches, das das *Ganze* der Physik umfaßt – etwa: die Wechselbeziehungen unter den Naturkräften.

⟨6⟩ Dieß genug für heute, liebes Haraldchen. Ich freue mich der Zuversicht, nächsten Sommer wenigstens in aller Gemüthsruhe mit Dir verbringen zu können – und verlange, daß Du Dich auch darüber freust. Hoffentlich kann ich Dir baldigst die Aussichten für die nächste Zukunft bestimmter darlegen. Bis dahin lebe wohl, und denke an Deinen

Ernst.

53 Abbe an Schütz Frankfurt a. M., 22. März 1862

Frankfurt a/M. März 22, 1862.
Sonnabend Mittag.

Mein liebes Bruderherz.

Sei nicht ungehalten darüber, daß ich Dich so lange auf Antwort auf Deinen letzten Brief warten lasse. Der Grund der Verzögerung ist die mir sehr ärgerliche Verspätung der von Offenbach erwarteten Zahlung[1], vor deren Eintreffen ich Dir das gewünschte Geld nicht schicken konnte. Ich habe schon am Dinstag den Cassier des Offenbacher Vereins um die baldige Uebermittelung einer Abschlagszahlung gebeten und er versprach mir auch, es am andern Tage gleich zu thun, hat mich aber unverantwortlicher Weise bis heute Morgen warten lassen. Da ich stündlich auf das Eintreffen hoffte, wollte ich nicht vorher schreiben, und muß es daher jetzt in aller Eile thun, da ich heute Abend wieder Vorlesung habe und dazu noch Vorbereitungen treffen muß. –

Da Du schreibst, Trendelenburg wolle bis zum 26ten lesen, und ich aus Deinen Aeußerungen über sein Colleg [VV 65] schließe, Du werdest bei ihm ⟨2⟩ bis zuletzt ausharren, so hoffe ich, daß mit der Zusendung der beifolgenden 25 r. (+)Ich schicke Dir nicht mehr, weil Du bei Deinem Hiersein bestimmt gesagt hast, Du brauchest nur ca. 20 r.) noch nichts verspätet ist – Du nicht etwa schon darauf gewartet hast.

Was mich betrifft, so kann ich Dir über mein Befinden nur Gutes melden. Ich habe meine Vorlesungen hier und in Offenbach regelmäßig gehalten und mir besonders hier (wo ich nächste Woche schließe) noch rechte Mühe gegeben.

Meine Stellung im nächsten Semester ist mir zwar immer noch nicht ganz klar, insofern ich noch gar nicht recht herausgekriegt habe, unter welchem Modus die Leute mir durch die Vorlesungen die ich halten soll, die Subsistenzmittel verschaffen wollen; meine darauf bezüglichen Fragen sind immer ausweichend beantwortet

[1] Teil des Honorars für seine Vorträge im Verein für Naturkunde.

worden: – ich solle mir deßhalb gar keine Scrupel machen – daß sei Alles abgemacht u. dergl. Redensarten. – Da ich ein mal doch hier bleiben *will*, um jeden Preis. so kümmere ich mich vorerst darum auch nicht weiter, ⟨3⟩ sondern begnüge mich mit der Versicherung, „daß ich im nächsten Sommer hier ganz sorgenfrei würde leben können". – Ueber das Thema, worüber ich vortragen soll, sind auch noch keine näheren Verabredungen getroffen; – was *ich* dazu im Sinne habe, habe ich Dir schon geschrieben. – Sowie meine Thätigkeit beim Vereine hier zu Ende ist, werde ich mich beim Vereine als Mitglied[2] melden. –

Von Frau Dr. Reiß höre ich, daß Schuster seine Jungen sich sehr auf Deine Ankunft *freuen* – so gut hast Du Ihnen gefallen. – Außerdem hat sie mir auch erzählt, daß Stern Dich außerordentlich empfohlen, und seinen Eifer für Dich auch durch eine beispiellos *rasche* Antwort auf den an ihn gerichteten Brief bekundet hat, so daß seine Empfehlung doch schon hier gewesen zu sein scheint, als Schuster Dich herzukommen einlud.

Stern selbst hat mir vor einigen Tagen geschrieben, und seine Freude darüber ausgesprochen, *daß wir nun wieder zusammen wären*, wenn Du die Stelle erhalten und angenommen habest – worüber er entweder von mir oder von Dir baldigst benachrichtigt sein ⟨4⟩ will. – Da Du, Deinem letzten Briefe nach zu schließen, nicht nach Göttingen gehst, so setze ich voraus, daß *Du* ihm baldigst selbst schreibst. Obschon ich auch in der Kürze an ihn schreiben werde, so ist es doch nicht mehr als billig, daß Du Dich auch selbst bei ihm bedankst. – Dabei setze ihm dann auch auseinander, weßhalb Du Deine Habilitationsprojecte zunächst vertagt hast; er schreibt in seinem Briefe, daß er sich gewundert habe, als er von Deiner Bewerbung um die Hauslehrerstelle gehört, da Du immer die Absicht ausgesprochen hättest, Dich zu habilitiren.

Hast Du mit Schuster schon verabredet, wann Du hier eintreffen wirst? – Ich denke, Du wirst Deine Ankunft nicht über den 1ten April *hinaus* verschieben dürfen, da er Dir schon den Wunsch zu erkennen gegeben hat, Dich möglichst bald hier zu

[2] Da Abbe nicht mehr vertraglich angestellt war, mußte er als Mitglied in den Physikalischen Verein eintreten, um die Einrichtungen benutzen zu können.

haben. – Eben, weil ich glaube, daß Du eine Verspätung Deines Antritts über den gebräuchlichen Termin vermeiden müssest, bin ich ⟨5⟩ auch der unmaßgeblichen Ansicht, daß Du um der 2 od. 3 Tage willen, welche Dir so übrig bleiben, nicht hättest nach Hause gehen, sondern lieber über Göttingen reisen sollen, um dort für spätere Unternehmungen (zunächst für die Promotion[3]) hättest vorzuarbeiten. – Was hat Dich veranlaßt, Deinen Entschluß in bezug hierauf, plötzlich zu ändern, da doch die Anregung dazu nicht von Deinen Eltern ausgegangen zu sein scheint? – Hast Du etwa Heimweh gekriegt, zu guter Letzt? –

Da ich eilen muß, meine Vorbereitungen für heute Abend zu Ende zu bringen, so schließe ich meinen Brief, der veraussichtlich der letzte sein wird, den ich Dir nach Berlin zu schicken habe. – Ich hoffe baldigst von Dir zu hören, wann Du von Berlin abreisen wirst und wann ich Dich hier zu erwarten habe, damit ich genau weiß, wieviel Tage und Stunden ich noch meine Sehnsucht nach Dir beschwichtigen muß. Die nächste Woche ⟨6⟩ wird mir unsäglich lange werden, daß sehe ich schon kommen – aber dann! Freude im Himmel und auf Erden, wenn ich Dich wieder bei mir habe. – Ich werde wohl zu Ostern ganz hier bleiben, und meinen Besuch zu Hause bis dahin verschieben, wo Du nicht hier sein wirst, damit uns die Zeit unseres Zusammenseins nicht noch mehr verkürzt wird.

Grüße Martin und Schulz von mir, und vor Allem Deine lieben Eltern, wenn Du nach Hause kömmst. –

Leb' recht wohl und denke an Deinen Dich sehnlichst erwartenden

Ernst.

NB: Du kömmst doch ja nicht etwa an einem Dinstage, wo ich grade in Offenbach bin! –

---

[3] Schütz promovierte 1867 in Göttingen.

54 Abbe an Martin Frankfurt a. M., 27. April 1862

Frankfurt a/M. April 27, 1862.

Mein lieber Martin.

Es ist wirklich unverantwortlich von mir, daß ich so lange zögere, Dir auf Deine beiden freundlichen Briefe zu antworten – und das um so mehr, als ich Dir noch für Deine schöne Cigarren-Dedication zu danken habe, die mir, als einem leidenschaftlichen Raucher, der dadurch zum ersten Male den rechten Hochgenuß der Raucher zu kosten bekommen hat, große Freude gemacht hat. Seit einem Monat schon habe ich Dir von Woche zu Woche zu schreiben vorgehabt, und weiß selbst nicht, warum ich immer noch nicht dazu gekommen bin; – es hat sich eben immer so hingezogen. Nun – ich hoffe, Du wirst mir meine Saumseligkeit auch dieß mal durch die Finger sehen, wenn ich jetzt das Versäumte durch einen recht ausführlichen Brief nachzuholen mich bemühe.

Um zunächst, bescheidenheitshalber, von mir zu reden, so weißt Du schon im Allgemeinen, welchen Verlauf meine Angelegenheiten hier genommen haben. Das abweisende Votum der Generalversammlung des Physikal. Vereins betreffs meiner Anstellung, (das mit 3 Stimmen Majorität erfolgt ist) war mir ein arger Strich durch die Rechnung und hat mir schöne Aussichten für die Zukunft rasch zu Wasser gemacht; ⟨2⟩ die Enttäuschung war um so niederschlagender je unerwarteter sie kam. Doch darf ich mich im Grunde über das Resultat nicht wundern, auch ohne anzunehmen, daß persönliche Machinationen dabei im Spiele gewesen seien. Ich muß mir selbst gestehen, daß es mir schlecht gelungen ist, die Bedürfnisse und Anforderungen des hiesigen Publicums in seiner Majorität gehörig zu würdigen: eines Publicums, von dem wenigstens die Hälfte aus purer langer Weile in wissenschaftliche Vorlesungen geht, während von der anderen Hälfte auch noch der größere Theil sich blos ein wenig an hübschen Experimenten u. dergl. amüsiren will, so daß nur ein sehr kleiner Bruchtheil Etwas von einem tieferen Interesse an der Sache selbst mitbringt. Darauf hätte ich eben mehr Rücksicht nehmen müssen; daß ich es nicht gethan habe, hat sich durch die Entscheidung gerächt. Nun – an der Sache war nichts zu ändern; ich habe mich etwas darüber geärgert, mich aber schließlich mit dem Gedanken getröstet, daß ich, wie ich mir schmeicheln darf, grade die einsichtsvolleren Männer, die den Verein eigentlich tragen, alle auf meiner Seite gehabt habe.

Das ist denn auch der Grund, weßhalb ungeachtet jenes Zwischenfalles, meinem Bleiben ⟨3⟩ in Frankfurt nicht rasch ein Ende geworden ist. Wie Dir Schütz wohl schon mitgetheilt hat, bin ich von einem Theile meiner bisherigen Zuhörer aufgefordert worden, noch weitere physikalische Vorträge während des Sommers vor einem kleineren Kreise, unabhängig vom Vereine zu halten. Ich bin auf dieses Anerbieten mit Vergnügen eingegangen, da es mir die Aussicht bot, noch einige Zeit unter ganz angenehmen äußeren Verhältnissen in einer mir selbst anregenden und förderlichen Thätigkeit zu verbleiben und da durch die Seite von welcher es kam und die Art, in der es an mich gebracht wurde etwaige sonstige Scrupel sich beseitigten.

Ich habe mich auch durch den Antrag des Dr. Krönig von Berlin aus davon nicht abhalten lassen, da auf diesen einzugehen mir doch manche Bedenken entgegentraten, wie es denn auch ernstliche Schwierigkeiten gehabt haben würde, mich zu der verlangten Zeit (1. April) hier frei zu machen. Die Vorträge nämlich, die ich, – wie ich Dir wohl schon berichtet habe – in Offenbach übernommen hatte, haben mich bis in die Osterwoche[1] in Anspruch genommen, und es würde schwerlich angegangen sein, die hier übernommenen Verpflichtungen auf anständige Weise zu lösen.

⟨4⟩ So werde ich also in diesem Sommer noch meine bisherige Thätigkeit fortsetzen. Von Mitte Mai ab werde ich in wöchentlich einer Stunde eine Reihe von Vorträgen halten zu deren Thema die neueren physikalischen Lehren von der Aequivalenz der Actionen – den Wechselbeziehungen zwischen den Naturkräften und Naturprozessen – in Abrede genommen ist – ein etwas allgemeines

[1] Ostern war am 20. 4. 1862.

und abstractes Thema zwar, von dem ich aber doch glaube, daß sich ihm ein weiteres Interesse abgewinnen läßt –, wie es sich auch durch die Mannichfaltigkeit des Darzubietenden und den freien Spielraum, den es darin dem Vortragenden läßt, empfiehlt. – Die äußeren Umstände werden für mich dabei die nämlichen sein wie während des Winters. Die Vorträge werden, wie wohl nicht im Namen des Vereins, doch in dessen Auditorium und mit Benutzung der physikalischen Apparate gehalten werden, – wozu ich vom Vorstande desselben die Erlaubniß erhalten habe, nachdem ich dem Vereine als *Mitglied* beigetreten bin.

Was mir in Anbetracht meiner Verhältnisse diese letztere Wendung angenehm macht, ist, daß ich dadurch einen sorgen- ⟨5⟩ freien Spielraum gewinne, um mich in Muse nach einer anderweitigen definitiven Stellung umzusehen, die ich – abgesehen von dem Krönig'schen Antrage – schwerlich so in aller Eile gefunden haben würde. Die Fortsetzung meiner Lehrthätigkeit hier ist natürlich nur auf diesen Sommer beschränkt, da, in Ermangelung eines eigentlichen Bedürfnisses beim hiesigen Publicum, an ein dauerndes Interesse daran nicht zu denken ist. Ich muß daher sehen, bis zum Herbste anderweitig ein Unterkommen zu finden – in welcher Beziehung allerdings meine Aussichten keineswegs glänzende sind. Hier in Frankfurt, – wo ich ganz gern noch länger bleiben würde – dürfte sich schwerlich eine passende Gelegenheit für mich finden, wenn ich mich auch der Gunst mancher angesehenen Leute zu erfreuen habe. – Was hat ein einseitiger Mathematicus und Physicus für ein Feld offen? Wenn seine Verhältnisse ihn nicht in Stand setzen, unbekümmert um äußere Rücksichten seiner Neigung nachzugehen – so muß er eben Schulmeister werden. Dazu werde ich mich denn wohl auch bequemen und alle weitergehenden Pläne vorerst ad acta legen müssen, und ich will ⟨6⟩ nur sehr froh sein, wenn ich einen Platz finde, wo ich nicht gänzlich meine Neigungen und Bestrebungen verläugnen muß. Einem Haufen unartiger Jungen in den Flegeljahren in 30 Stunden wöchentlich das wissenschaftliche ABC einzupauken – davor graut mir wahrlich, wegen des Unbefriedigenden, welches für mich ein solches Thun haben würde und weil ich weiß, wie schlecht ich mich dazu eignen werde. Worauf ich meine Hoffnung setze, das ist, womöglich eine, wenn auch noch so bescheidene Stellung an einer technischen Lehranstalt zu finden, wo wenigstens die Schulmeisterei *als solche* etwas in den Hintergrund tritt. Freilich ist auch dazu die Aussicht nur eine schwache.

Nun habe ich Dir aber genug von meinen Angelegenheiten geschwatzt als daß es nicht Zeit wäre, auch den Deinigen ein Wort zu gönnen, um so mehr, als diese einen viel erfreulicheren und tröstlicheren Aspect bieten. – Ich werde Dir nicht zu sagen brauchen, wie sehr es mir zur Freude gereicht, daß Deine lange und eifrig genährten Reisepläne sich so rasch ihrer Verwirklichung nahen. – Daß es aus dem africanischen Projecte Nichts geworden ist, bedaure ich nicht, da Du selbst dazu keinen ⟨7⟩ Grund findest, und jedenfalls in der Ausführung des ursprünglichen Planes, betreffs Brasilien, genugsamen Ersatz dafür findest. Ich glaube in der That, daß Dir der letztere, durch die größere Selbständigkeit, die er Dir läßt, größere Befriedigung gewähren wird. –

Nachdem zu schließen, was Du mir in Deinem letzten Briefe über den Stand Deiner Examina[2] mittheilst, wirst Du jetzt hoffentlich alle diese, gewiß nicht angenehmen Schererereien (deren Umfang mir über alle Begriffe geht) überstanden haben – natürlich zu Deiner und noch mehr der andern Betheiligten Zufriedenheit. Ich denke mir also, daß Du jetzt ganz Dir selbst gehörst und Dich mit allem Eifer auf die Ausführung Deines Vorhabens vorbereiten kannst. Ich stelle mir sehr lebhaft vor, welchen Genuß Du jetzt von Deinem Thun haben wirst, wo es unmittelbar auf die Erreichung eines lange ersehnten Zieles gerichtet ist.

Daß ich Dir meine herzlichsten Glückwünsche mit auf die Reise gebe, versteht sich von selbst. Aber ich hoffe, daß Du mir noch Gelegenheit bieten wirst, das mündlich abzumachen, ehe Du Deutschland, wer weiß auf wie viel Jahre verläßt. ⟨8⟩ Da Deine Reise über Wien geht, und also Frankfurt ganz am Wege liegt, so rechne ich bestimmt darauf, daß Du mich für das Nichtzustandekommen früherer Verabredungen zu persönlichem Zusammentreffen (von Deiner wie von meiner Seite) entschädigen wirst, und ich hoffe, daß Du diese Gelegenheit, wenn nicht sehr gewichtige

[2] Martins medizinisches Staatsexamen fand erst 1862 statt, nachdem er bereits 1861 promoviert hatte.

Gründe entgegentreten, nicht vorübergehen läßt.[3] Wenn ich auch natürlich gar nicht hoffen kann, Dir etwa durch Rath für Dein Unternehmen nützlich werden zu können, so würde es mich doch sehr schmerzen, wenn wir nach 4jähriger Trennung, und vor bevorstehender noch längerer vielleicht, nicht noch ein paar Stunden wenigstens fänden, um alte schöne Erinnerungen an früheres gemeinsames Streben wieder einmal im persönlichen Verkehr aufleben zu lassen und in gemüthlicher Unterhaltung Erfahrungen der Vergangenheit wie Pläne und Hoffnungen der Zukunft auszutauschen. Dabei hoffe ich denn auch, die Ziele und Absichten Deiner Reise, die ich bisjetzt nur ganz im Allgemeinen kenne, mehr im Einzelnen kennen zu lernen. Also –.

Schütz, der seit dem 1. April hier ist, läßt Dich herzlich grüßen. Er befindet ⟨9⟩ sich ganz wohl in seiner Stellung, in der er es, außer mit drei muntern und gescheiden Jungen auch – was nicht allzuhäufig der Fall unter ähnlichen Verhältnissen – mit recht verständigen Alten zu thun hat. – So weit es seine Zeit erlaubt verkehrt er – als Fachgenosse – häufig mit mir, der ich mich sehr freue, in ihm einen mir näher stehenden und gleichgestimmten Cameraden hierherbekommen zu haben, mit dem ich – was ich diesen Winter sehr vermißte – engeren Umgang haben kann. Nächstens wird er Dir ebenfalls schreiben, wie er mir sagt. Wie ich freut auch er sich, Dich noch einmal hier zu sehen, – wofern er bisdahin nicht mit der Familie zu längerem Aufenthalt auf ein Gut in Baiern[4] schon abgereist ist.

Von den Frankfurtern, über welche Du mich in Deinem früheren Briefe fragst, kenne ich nur den Dr. Fresenius, der früher in Eisenach Dein Lehrer war. Ich bin mit ihm als einem Mitgliede des Vorstandes vom Physikal. Ver. zusammengekommen und habe ihn auch bei einer Gelegenheit von Dir *gegrüßt* – ohne Auftrag zu haben – worüber er sich sehr freute und in lobenden ⟨10⟩ Aeußerungen über Dich und Deinen Bruder ergieng. Er ist ein recht netter, gemüthlicher Mann. – Hier ist er Lehrer an der höheren Bürgerschule. – Die andern Herren, nach denen Du fragst,

---

[3] Über ein etwaiges Zusammentreffen von Abbe und Martin in Frankfurt a. M. ist nichts bekannt.

[4] Das Landgut der Familie Schuster befand sich in Brückenau/Unterfranken.

– Banquier Hauck, Dr. Bagge u. Prediger Bagge sind mir unbekannt. –

Was Du mir über Emil Schmidt, unsern Jenaischen Vereinsgenossen[5] schreibst, freut mich sehr. Wenn er noch in Berlin ist, grüße ihn freundlich von mir und sage ihm, daß ich ihm – wie auch Dir – herzlich Glück wünsche zu seinem Examen.

Ebenso bitte ich Dich, Deinen Bruder von mir zu grüßen, und wer sonst noch von alten Bekannten in Deiner Nähe sein sollte.

Damit leb' recht wohl für Heute. In der Hoffnung, auf baldiges persönliches Zusammentreffen grüßt Dich herzlich Dein

Abbe.

Meine Adresse ist nach wie vor: Großer Kornmarkt 21. Für die Cigarren, die mir köstlich geschmeckt haben – und noch schmekken – meinen besten Dank.

55 Abbe an Schütz — Frankfurt a. M., 16. Mai 1862

Frankfurt Mai 16, 1862.
Freitag Abend.

Mein liebes Haraldchen.

Ich freue mich sehr, noch ehe ich erwartete, Nachricht von Dir erhalten zu haben; Dank Deinem Eifer und Dank der raschen Beförderung der Post habe ich Deinen Brief schon gestern Nachmittag erhalten; und aus lauter Erkenntlichkeit dafür setze ich mich denn auch schon heute Abend hin, Dir zu antworten; damit Du schon zum Sonntag die Gewißheit erhältst, daß ich noch lebe.

Was Du mir von Eurem verwässerten Empfang auf dem Gute[1]

[5] Er gehörte wahrscheinlich dem während des Studiums von Abbe und Martin in Jena gebildeten naturwissenschaftlichen Verein an.

[1] Schütz war mit der Familie Schuster auf das Gut nach Brückenau gefahren.

schreibst, kömmt mir, so sehr ich es bedaure, nicht unerwartet. Denn auch hier, resp. in Offenbach, hat der Himmel – wohl aus Kummer über Deine schnöde Abreise und um *mich* zu rächen – am Sonntag seit Mittag seinen Thränendrüsen freien Lauf gelassen, wonach ich, in Anbetracht des herrschenden Westwindes, richtig calculirt habe, Du werdest auch nicht trocken davon kommen. – Daß es aber auch nach dem an den folgenden Tagen dort noch geregnet hat – während hier bis gestern fast ausnahmslos schönes Wetter war – das ist offenbar nur zur Strafe für Euch, und Du solltest nicht so verstockt sein, diese so leicht hin zu nehmen.

⟨2⟩ Nach dem was Du mir schreibst scheint Deine Beschäftigung bisher sehr in allotriis verlaufen zu sein. Doch kann ich Dir darüber keine Vorwürfe machen – was ich, um Dich etwas zu ärgern, so gerne möchte – weil es mir selbst nicht anders gegangen ist. –

Am Sonntag Mittag bin ich, wie Du erwartest, nach Offenbach gefahren – nicht grade in der besten Festlaune und einigermaaßen in der Gefahr, einem unbestimmten Zuge folgend, mich nach der Hanauer Eisenbahn zu verirren. Nun, ich bin aber glücklich hingekommen und habe mich in die Versammlung des Vereins für Naturkunde[2] verfügt, indem ich unterwegs alle 10 Schritte nach der Rocktasche fühlte, ob auch das Manuskript des Vortrags, den ich Sonnabend Abend noch mit Mühe u. Noth unter den wechselndsten Eindrücken fertig gemacht hatte – noch sicher darin sei. In der verhältnißmäßig zahlreichen Versammlung gab es nun zuerst den Rechenschaftsbericht über das verflossene Jahr zu hören, den der Secretär, schön stylisirt vorlas: Einnahme u. Ausgabe, Mitglieder, Vermehrung der Sammlung und Bibliothek, – Thätigkeit des Vereins u. was sonst noch zu einem Rechenschaftsbericht gehört. Das war alles ganz schön, – dauerte aber von 1 an bis 3/4 2. Nun kamen die Vorträge. ⟨3⟩ Zuerst ein Offenbacher Chemiker, Dr. Petersen, „Die Chemie von sonst und jetzt“[3] – eine kurze Geschichte der Chemie seit den ältesten Zeiten – in höchst tiefsinniger Betrachtungsweise, Muster von culturhistorischer Auffassung,

---

[2] Es handelt sich um die Jahresversammlung des Vereins für Naturkunde in Offenbach am 11. 5. 1862.

[3] Nach dem Offenbacher Intelligenzblatt vom 17. 5. 1862 hieß das Vortragsthema „Einst und Jetzt in der Chemie“.

indem der Reihe nach die *Namen* und Stichworte der verschiedenen „sonderbaren Ansichten" und „verschrobenen Theorien" der früheren Zeiten, untermischt mit etlichen nichts sagenden Phrasen, hergesagt und dann mit einem gewaltigen Trumpf auf die heutige unvergleichlich hohe Ausbildung der Chemie, in der sie alle andern Wissenschaften ins Dunkel stelle, geschlossen wurde. Während dessen wurde schon vielfach mit den Uhren geliebäugelt, auch erklangen gegen Ende schon etliche tiefe Seufzer aus den knurrenden Mägen und beim Schluß lichtete sich das Auditorium um ein merkliches.

– Ich ärgerte mich bei diesen bedeutsamen Zeichen recht ordentlich, daß die Offenbacher so unartig, nicht einmal den Vortrag eines Gastes denen der Einheimischen vorausgehen zu lassen. Aber ich kam noch immer nicht an die Reihe, sondern erst noch ein Vortrag „Geschichte der Telegraphie" von einem dortigen Telegraphenbeamten – recht schön ⟨4⟩ und gründlich, nur in Einleitung und Schluß etwas gar zu salbungsvoll. Er dauerte bis 3/4 3; abgesehen davon, daß die etwas eintönige Redeweise meinen Hunger bedenklich steigerte, hat er mir sehr gut gefallen. Aber grausig war der Anblick des Auditoriums (das zum größten Theile vom Inhalte wenig oder nichts capirte) – verzweiflungsvolle Gesichter – alte Glatzköpfe wischten sich alle Minuten den Schweiß von der Stirne (der Raum war etwas eng und warm) – dazwischen mitleiderweckendes Stöhnen und sogar ungeduldiges Rücken mit den Stühlen, wenn der Vortragende mit hartherzigem Gleichmuthe eine neue Periode begann, während schon Alle dachten, er sei bei den letzten Worten. Endlich war er fertig, und während viele der Zuhörer sich eilig nach der Thüre drückten, lud mich nun der Vorsitzende mit zaghaftem Blicke und widerspenstiger Zunge ein, jetzt meinen (schon vorher laut angekündigten) Vortrag zu beginnen. – Ich habe mich aber natürlich schönstens bedankt; ich hätte grade Lust gehabt, leeres Stroh zu dreschen, indem ich den Rest der Versammlung, der, ob aus Anstandsgefühl oder was sonst für Gründen – sicher nicht ⟨5⟩ aus Wißbegierde – mit schwermüthiger, resignirter Miene noch ausharrte, noch länger peinigte. Als ich darauf aufmerksam machte, daß die Zeit schon etwas vorgeschritten sei, und mich erbot, zurückzutreten, belohnten mich die dankbaren Blicke der wiederauflebenden Gesichter von allen Seiten und der Vorstand nahm, scheinbar zögernd, aber doch unverkennbar mit Freuden, meinen Rücktritt an, unter Bedauern über den Verlust, Entschuldigungen, daß sie mir nicht zuerst das Wort gegeben und Vorwürfen gegen die Vorredner, daß sie die ihnen bestimmte Zeit so sehr überschritten hätten. – So hatte ich denn die Genugthuung, mich für nichts und wieder nichts den Tag vorher geplagt zu haben; – die Aufforderung, den Vortrag für den Jahresbericht, trotzdem er nicht gehalten worden, zum Druck zu geben, habe ich natürlich abgewiesen.[4]

– Von der Sitzung gieng es nun schnurstracks zum Festmahle, das in einem hübsch decorirten Saale gehalten wurde. Der arme Wirth hat meinen Zorn über dieses alberne Gebahren zu tragen gehabt: ich habe wenigstens für ⟨6⟩ *zwei* Mann gefressen, – zum Theil aus Hunger (ich hatte seit 9 Uhr nichts über die Zunge gebracht), zum Theil aus Aerger, zum Theil auch zum Zeitvertreib, denn es war, wie bei einem Zweckessen nicht anders zu erwarten, besonders Anfangs, recht herzlich langweilig – ein paar steife Toaste, und gleichgiltige Unterhaltung. Erst später wurde es lebendiger, als der Wein seine Wirkungen geltend machen konnte – da wurden etliche gute Trinksprüche ausgebracht und den Gläsern gehörig zugesprochen – sogar ein besonders zu dem Zwecke „angefertigtes" Lied – nach der Melodie des „Doctor Eisenbard" gesungen. Gegen 6 Uhr habe ich mich mit noch etlichen andern aus Frankfurt herübergekommenen Gästen gedrückt, bin wieder herüber gefahren und über eine Stunde spazieren gegangen um meinen Aerger, Wehmuth und den Geist von 3 Schoppen in der freien Luft verrauchen zu lassen. – Das war der Tag von Offenbach – Am Montag war ich sehr katzenjämmerlich gestimmt, und weiß nicht mehr recht, was ich da gethan habe; viel wird es, außer dem Zeitungslesen ⟨7⟩ auf dem Bürgerverein, nicht gewesen sein. Am Dinstag aber habe ich – was Du Dir gewiß nicht hast träumen lassen – eine große That unternommen: *ich bin an den Rhein*

---

[4] Nach dem Bericht über die Jahresversammlung im Offenbacher Intelligenzblatt lautete der Vortrag Abbes „Über die Förderung der Wissenschaften durch die Praxis", der jedoch nicht gehalten wurde und nicht in den seit 1860 jährlich erscheinenden „Berichten des Offenbacher Vereins für Naturkunde über seine Tätigkeit" im Druck erschien.

gefahren: mit der Taunusbahn nach Mainz, von hier mit dem Dampfschiff nach Bingen und nach ein paar Stunden Aufenthalt nach Mainz zurück, und Abends wieder nach Frankfurt. Dieser kurze Ausflug, – den zu unternehmen mir erst am Dinstag Morgen um 9 Uhr, als mir das Arbeiten noch immer nicht recht schmecken wollte, einfiel – hat mir recht wohl gethan. Vom prachtvollsten Wetter begünstigt, haben die wechselnden Eindrücke, die mir so viel Neues zeigten – meine Stimmung um 30° gehoben, so daß ich mich während der schönen Rheinfahrt, (wo ich bei einem Schoppen Wein auf dem Verdecke saß und die Ufer und die Schiffe dahin gleiten sah) mich beinahe hätte freuen können – wenn Du bei mir gewesen wärst. – Von Mainz selbst habe ich übrigens nicht viel gesehen, da wegen der späten Abreise von Frankfurt mein Aufenthalt dort nur ein ganz kurzer sein konnte. Aber der ganze Aus- ⟨8⟩ flug hat mir genug gezeigt, um in mir den felsenfesten Entschluß hervorzurufen, daß *wir* in diesem Sommer noch eine *ordentliche* Rheinreise, bis Coblenz wenigstens, unternehmen werden. Da hilft Dir kein Gott vor. Daß Du's weißt.

Seit vorgestern u. gestern habe ich in leidlicher Laune wieder gearbeitet – (Vorbereitung zu meiner Vorlesung) und nur des Abends, wenn die Zeit nahte, wo ich *Dich* sonst erwartete, hatte ich Noth, sie zu wahren.

Damit genug für diesmal. Ich erwarte bald mehr von Dir zu hören – wie es Dir gefällt – und wie es *Andern* gefällt, – was zu erfahren mir beinahe noch wichtiger ist. – Zum Schluß noch die gewünschte Auskunft, um Deine hypsometrischen Gelüste zu befriedigen:

Höhe von Frankfurt: *Eschenheimer Anlage* ist *315'* pariser Maaß über dem mittleren Spiegel der Nordsee (nach Lorey's Angabe das Resultat eines bis Frankfurt erstreckten *Nivellements* bei der Landesvermessung des preuß. Generalstabs) *Barometerstand* am 16ten (heute) Morgens um 7h 56 m: 27'' 9,94''' paris. M. – Dabei ⟨9⟩ Temperatur des Barometers 13,0 ° Ré; äußere Lufttemperatur 13,4 ° R. – eigenhändig beobachtet, an den Instrumenten der meteorol. Station.[5] Uebrigens wirst Du hoffentlich nicht aus *einer* solchen

[5] Die in heutige Maßeinheiten umgerechneten Werte lauten: Höhe von Frankfurt a. M.

Angabe eine Höhenberechnung ableiten wollen. Bei so großer Entfernung der beiden Orte können (selbst bei ziemlicher Windstille, wie heute Morgen war) die *zufälligen* Unterschiede des Luftdrucks groß genug sein, um Fehler von 100–200′ zu bedingen. Vielmehr mußt Du, wenn Du überhaupt die Sache der Mühe werth hälst, eine längere Beobachtungsreihe anstellen, um sie mit der hier angestellten zusammen zu nehmen. Dazu brauchst Du nur die Stunden 6 h Morgens, 2 h Mittags u. 10 h Abends zu nehmen, um die correspond. Beobachtungen *des Physikalischen Vereins* in der *Neuen Frankfurter (Handels) Zeitung* [TV 2] oder der *Postzeitung* [TV 5] zu finden[6] – von denen doch wohl Hr. Schuster eine auf seinem Gute hält – Ist dies aber nicht der Fall, so werde ich sie Dir, wenn Du willst, brieflich mit theilen. –

Es umarmt Dich und grüßt Dich herzlich Dein

Ernst.

56 Abbe an Schütz Frankfurt a. M., 30. Mai 1862

Frankfurt a/M, Mai 30, 62
Freitag Morgens.

Mein guter lieber Harald,

oder vielmehr: Du Himmelschwerenöther, Millionensakramenter, Du! – Was fällt Dir denn ein, daß Du mir gar nicht schreibst, – auf einen 6 Seiten langen Brief nach vierzehn Tagen noch kein Sterbenswörtchen antwortest. Seit länger als einer Woche laure ich Tag für Tag auf ein paar Worte von Dir, die mich in meiner Einsamkeit und Verlassenheit trösten und erfreuen möchten; es

---

102,2 m; Barometerstand 753,3 mm Hg=1004,2 mbar=1004,2 hPa; Temperatur des Barometers 16,25 °C und äußere Lufttemperatur 16,75 °C.

[6] Seit 1826 wurden vom Physikalischen Verein meteorologische Beobachtungen durchgeführt, deren Ergebnisse in den Jahresberichten, aber auch in Frankfurter Tageszeitungen veröffentlicht wurden.

kömmt aber Nichts: während ganzer drei Wochen beinahe nur ein einziges winziges Oelblättchen. Entweder geht Dir's so wohl auf diesem verdammten Einraffshof, daß Du gar nicht dazu kömmst, an mich zu denken und zu schreiben – oder es geht Dir so schlecht, daß die Sorge für Dein Seelenheil Alles in Anspruch nimmt – oder Du hast gar schon dieser albernen Welt Valet gesagt und Dich in Abraham's Schooß zurück gezogen – was freilich, ohne mich davon benachrichtigt zu haben, erst recht unverantwortlich wäre. –

Um dieses unmotivirte Stillschweigen endlich zu brechen, schicke ich Dir jetzt den folgenden kategorischen Befehl zu: Sowie ⟨2⟩ Du diesen Brief erhältst, nimmst Du die Dove'sche Abhandlung [TV 35], die Du von hier mitgenommen hast, packst sie gut in Papier ein, und schickst sie mir mit *umgehender* Post zu – mit oder ohne Brief, wenn Du keine Zeit hast, ohne Aufenthalt einen zu schreiben. – Es ist nämlich – woran ich früher nicht gedacht hatte – der 31te Mai, also *Morgen* Termin für die Ablieferung sämmtlicher Bücher bei der Bibliothek der vereinigten Vereine. (zum Zwecke der Revision). – Bis *Montag Vormittag* muß ich daher *jedenfalls* das Heftchen haben, um es abgeben zu können, ohne weiterer Ausflüchte zu bedürfen; denn, daß ich es nicht hier habe, darf ich nicht sagen, da das Weiterverleihen von Büchern überhaupt verboten ist. – Darnach also zu richten! – Ich würde schon vor mehren Tagen deßhalb geschrieben haben, wenn ich nicht immer von Tag zu Tag auf Brief von Dir gehofft hätte; nun, da es die höchste Zeit ist, kann ich darauf nicht länger warten, auch auf die Wahrscheinlichkeit hin, daß – wie ich sogar sehr hoffe – mein Brief sich mit einem von Dir kreuzt.

Die drei Wochen, die Du nun beinahe von hier weg bist, sind mir redlich lange ⟨3⟩ geworden; und die Aussicht, daß dieser Zeitraum nur ein kleiner Bruchtheil von der ganzen Zeit des Wartens und Entbehrens sein soll, ist nicht sehr geeignet, mir letztere leicht zu machen. Indeß habe ich seit vierzehn Tagen zum Theil wieder ordentlich gearbeitet: gestern vor acht Tagen habe ich meine Vorträge[1] begonnen – mit einer sehr weitschichtigen Einleitung, besonders über die Rolle, welche die mathematische Be-

[1] Abbe begann seine Vorträge außerhalb der Vorlesungen des Physikalischen Vereins am 22. 5. 1862 und beendete sie im August 1862. Die Thematik ist lediglich aus dem vor-

trachtungsweise in der Physik spielt und die Anforderungen, welche daraus für eine wissenschaftliche Darstellung ihrer Lehren entspringen. Ich bin bei der Ausarbeitung in diese Betrachtungen hinein gekommen, ohne daß ich recht weiß, wie; und ich ärgerte mich eigentlich sehr darüber; doch scheint es nicht grade mißfallen oder gelangweilt zu haben, wie ich fürchtete; Getz wenigstens – der in seinen Urtheilen immer sehr aufrichtig ist und den ich deßhalb so quasi als das Barometer der öffentlichen Meinung zu betrachten geneigt bin – hat mich sehr darüber gelobt. –

Es waren einige 20 Zuhörer da – meistens die Elite des Vereins; wenn der größere Theil davon bleibt, will ich sehr froh sein. – ⟨4⟩ Gestern, als Himmelfahrt, war natürlich Nichts; nächsten Donnerstag aber werde ich, indem ich auf das Thema selbst eingehe, den Anfang machen, die mechanischen Grundlehren, als die Basis des Ganzen, zu entwickeln – (die Galileischen Gesetze), wobei ich natürlich nicht vergessen werde, mir zu Nutze zu machen, was ich von Weber gelernt habe.

Sonst bieten die letzten Wochen in meinen Lebensläufen nichts Bemerkenswerthes dar – höchstens das, daß ich mittlerweile zweimal im Theater gewesen bin, – zum Kaufmann von Venedig (der, bis auf den Juden, herzlich schlecht gegeben wurde) und den Barbier von Sevilla, – worin die Hauptrollen durch Gäste vertreten, recht gut waren. – Mit Reiß, Wallach, Crailsheim, bin ich gelegentlich auch zusammengekommen; bei Wallach war ich gestern zu Mittag, und bin dann mit ihm und seiner Frau auf den Paulsthurm gestiegen. Reiß hat heute vor 8 Tagen silberne Hochzeit gefeiert und da mich Getz darauf aufmerksam gemacht hatte, habe ich wohl oder übel auch zur Gratulation hingehen müssen.

Damit leb' recht wohl, lieber Harald, u. erfreue mich bald durch eine recht ausführliche Epistel, die mir über Alles, was ich wünsche und hoffe und vermuthe ordentlich Auskunft giebt, u. denke gelegentlich an Deinen einsamen Ernst.

Was macht Dein Väterchen? – u. was Deine Schwester, – von der Du letzhin schriebst, sie sei noch krank?

---

liegenden Briefwechsel bekannt: Die neueren physikalischen Lehren von der Äquivalenz der Aktionen, den Wechselbeziehungen zwischen den Naturkräften und Naturprozessen.

57 Abbe an Schütz Eisenach, 10. Juni 1862

Eisenach, Juni 10, 1862
Dinstag Abend.

Mein lieber Hof-Mausefänger.

Vielleicht kömmt die Aufschrift meines Briefes Deiner Vermuthung entgegen, daß Du mich die Pfingsten[1] nicht in Frankfurt sondern in Eisenach zu suchen haben würdest. – Es war mir in Frankfurt etwas gar zu einförmig geworden, als daß ich mich nicht hätte sehnen sollen, einmal heraus zu kommen; und da ich seit 8 Monaten nicht zu Hause gewesen war, so habe ich diesem Wunsche durch einen Ausflug hierher Rechnung getragen. Nachdem ich am Donnerstag noch meinen Vortrag gehalten hatte, bin ich Freitag Morgen abgeschoben und nun seit Freitag Nachmittag hier bei meinen Alten. Morgen Nachmittag 3 Uhr geht's aber schon wieder fort, da ich, zu meinem und meines Vaters Leid Donnerstag wieder Vorlesung habe.

Ich habe die paar Tage recht angenehm hingebracht und habe nur immer schmerzlich bedauert, daß Du nicht auch wieder mit hier warst. Am Sonnabend bin ich in der Stadt herum gebummelt und habe ⟨2⟩ die verschiedenen Kneipen inspicirt; am ersten Feiertag sind wir zusammen – d. h. ich, meine Alten u. meine Schwester – per Werrabahn nach Meiningen gefahren und haben uns daselbst die Stadt und das nahe gelegene herzogliche Schloß Landsberg (eine schöne ziemlich neue Burg) besehen sowie die verschiedenen Felsenkeller aufgesucht, die ein sehr gutes Bier führen; erst gegen Abend sind wir, ziemlich müde, zurückgekommen. – Am Montag haben wir, trotz schlechten Wetters, Vormittags u. Nachmittags Spaziergänge unternommen, auf denen wir freilich gelegentlich von einem Gewitterregen überrascht und etwas begossen wurden. – Heute aber war wieder sehr schönes Wetter, wie gemacht zum Spazierengehen, und da haben wir denn von Morgens 5 Uhr an bis über Mittag hinaus eine Waldtour unternom-

[1] Pfingsten fiel auf den 8./9. 6. 1862.

men, über Wartburg, Hohesonne u. s. w. Nachmittags sind wir dann noch in der nächsten Nähe etwas herumgestiefelt. Kurz – Du siehst daraus, daß mir die Zeit hier nicht lang geworden ist – und wirst es damit auch erklärlich finden, daß ich erst heute Abend dazu komme, Dir zu schreiben, da ich natürlich auch mit den ⟨3⟩ Vorbereitungen zu meinem nächsten Vortrage während der Zeit zu thun gehabt habe.

Deine beiden Briefe habe ich erhalten; den ersten, in dem Du mir die Beschreibung Deiner mäusefängerlichen Lebensweise giebst – am Samstag oder Sonntag – den letzten erst am Mittwoch Morgen, so daß ich wegen des Buches von Dove [TV 35] vielerlei Schererei gehabt habe.

Was Du mir wegen der Ankündigung meiner Vorträge vorwirfst, finde ich etwas sonderbar u. unmotiviert. Sag' mir doch einmal einen anderen Titel, der den Gegenstand, um den es sich handelt, in verständlicherer Weise bezeichnet. Er ist einmal ein solcher, der zu neu, als daß eine auch nur ungefähre Vorstellung davon in's gewöhnliche Leben Eingang gefunden hätte; für die Leute daher, die eine solche nicht haben, giebt es überhaupt gar keine Bezeichnung. Ein Vorwurf kann mir damit gemacht werden, daß ich ein derartiges Thema von so neuem Inhalte genommen habe, nicht aber damit, daß ich keinen allgemeinfaßlichen, d. h. handgreiflichen Titel hingesetzt habe. – Uebrigens hat die Ankündigung, so wie ich sie gegeben habe, die volle Billigung von Wallach u. Lorey (der doch gewiß kein ausnahmsweise ⟨4⟩ großes Verständniß von physikal. Theorien hat) erlangt, indem beide glaubten, daß durch den hinzugefügten umschreibenden Zusatz jede Erläuterung, die *vor* der Darstellung möglich, gegeben sei; – u. dann ist wohl zu bedenken: die Vorträge sind von vornherein gar nicht für den großen Haufen bestimmt; was also Leute daraus darüber sagen, kann nicht in Betracht kommen; ich bin grade froh, daß ich in diesem Sommer ein zwar kleines aber ausgewähltes Publicum vor mir habe.

Dies zur Rechtfertigung gegen Deine Ausstellungen, die Dich, denke ich, beruhigen werden. Ueber den Gang u. den nähern Inhalt der Vorlesung werde ich Dir berichten, wenn ich erst ein größeres Stück als die 2 Stunden (bis jetzt) hinter mir habe.

Auf Deine Anfrage betreffs der Privatstunden kann ich Dir *nichts* erfreuliches melden – es hat sich bis dato Niemand noch gemeldet, und sind daher die Aussichten nach dieser Seite hin sehr wenig tröstliche.

Weiter will ich Dir für heute Nichts schreiben, da ich jetzt müde bin und Morgen vor der Abreise noch mancherlei zu besorgen habe. Ich wünsche Dir daher nur noch recht viel Jagdglück und sonstiges Vergnügen in Haus und Wald und auch recht viel Muse, damit ich bald wieder etwas von Dir zu hören bekomme.

Es grüßt Dich und umarmt Dich Dein

Ernst.

Mein Vater u. Mutter u. Schwester lassen Dich herzlich grüßen.

58 Abbe an Schütz — Frankfurt a. M., 21. Juni 1862

Frankfurt a/M. Juni 21, 1862.
Sonnabend Abend

Lieber herziger Harald.

„Ich sitze noch immer ganz ruhig auf dem Einraffshof und fange Mäuse" – so schreibt der Kerl in aller Gelassenheit und Behäbigkeit, als ob dieser Einraffshof das Paradies selber wäre und das Mäusefangen die größte Lust auf Erden. – O, wüchsen doch über Nacht Millionen dieser lieblichen Thierchen aus der Erde und krabbelten in allen Zimmern herum, und liebkosten Euch und brächten Euch Tafelmusik – so daß Ihr allesammt fortlaufen müßtet von diesem Mäusehof, um nicht das Schicksal Hatto's[1] zu

[1] Nach sagenhafter Überlieferung wurde Hatto wegen begangener Untaten von Mäusen aufgefressen.

theilen. Dann käme ich doch zu meinem Recht, – indeß ich so wer weiß noch wieviel Wochen allein in diesem ledernen Neste hocken muß. – Diese Ausdauer im Landaufenthalt – und noch dazu bei solchem Hundstagswetter, wie ich es kaum hoffen konnte – die macht doch all' meine Berechnungen zu Schanden. – Wirklich bis in den August hinein? – Nun, dann sind wir mit unseren fein ausgedachten Plänen für's Zusammensein recht ordentlich angeführt – viel mehr, als wenn ich von hier fortgekommen wäre, als Du herkamst – da wäre ich doch jetzt mit Krönig auch auf dem Lande, z. B. in der Schweiz oder sonst wo.[2] – Ich sehe aber wohl, ich muß mich auch in mein Schicksal fügen, da es nicht zu ändern ist; denn die Mäuse werden wahrscheinlich doch nicht kommen – und wenn sie es thäten, so möchte es vielleicht passiren, daß, während Alles fortgeht, Du auf dem Hofe zurückgelassen wirst, um sie durch Deine Kunst wieder zu vertreiben, nachdem Du Dich ein mal darin producirt hast. – Ich will mich lieber damit trösten, daß es Dir wenigstens dort so leidlich gefällt, jedenfalls besser als mir hier. – Aber das will ich Dir gleich sagen – damit Du zeitig Vorbereitungen dazu treffen kannst: so wie Du hierherkömmst – binnen 8 Tagen ⟨2⟩ jedenfalls – wird eine Rheinfahrt bis Bonn u. Cöln unternommen. Lorey hat mir wiederholt eingeschärft, doch ja die Gelegenheit, so lange ich hier sei, nicht zu versäumen. Vor kurzem erzählte ich ihm und seiner Frau von unserer Harzreise – wobei ich auch (um uns nicht zu blamiren) angegeben habe, wir seien in ein Bergwerk bei Clausthal eingefahren, und diese Einfahrt mittelst der „Kunst"[3] – wie sie uns Stetefeld damals auseinandersetzte – haarsträubend beschrieben habe; – und da kam er denn auf seine Rheinreisen zu sprechen, deren er, mit seiner Frau u. allein, mehre unternommen hat. Sie haben mir Alles gar schön geschildert und haben uns sogar einen Reiseplan entworfen, nach dem wir binnen 4–5 Tagen (wenn wir einen *ganzen* Tag in *Bonn* bleiben) – ja selbst in noch kürzerer Zeit – alle Hauptpunkte zwischen Mainz und Cöln mitnehmen können. – Das wird also gethan, ohne Widerrede – und deßhalb baue zeitig bei Schuster vor – der sicher weder indirect

[2] Die Angabe läßt den Schluß zu, daß ihm Krönig eine Hauslehrerstelle angeboten hatte.
[3] Bergbau- oder Fahrkunst: Vorrichtung zur Ein- und Ausfahrt der Bergleute.

noch direct Hindernisse in den Weg legen wird. – Denn es wird mir jetzt immer mehr einleuchtend, daß ich auf ein längeres Bleiben in Frankfurt nicht rechnen kann, und daher dieser Sommer voraussichtlich die einzige Gelegenheit zu jenem Ausfluge bietet. Von Stunden ist nicht die Rede – es hat sich noch Niemand gemeldet – und ich wüßte keine andere Aussicht, noch länger hier bleiben zu können. – Wenn sich deßhalb nur anderwärts eine Stellung darböte, daß ich die nicht sehr erfeuliche Aussicht loswürde, den Winter vielleicht zu wartend in Eisenach hinbringen zu müssen; davon hat sich bis jetzt aber auch noch Nichts zeigen wollen, obschon ich mich nach mehren Seiten hin umgethan habe. –

Was meine Beschäftigung während der letzten Wochen anlangt, so habe ich die mir frei bleibende Zeit darauf verwandt, das Buch von Graßmann, „Ausdehnungslehre" [TV 50] – nachdem ich es früher nur oberflächlich angesehen hatte - ernstlich durchzustudiren, – wobei ich auch gegenwärtig noch bin und noch mehre Wochen zu thun haben werde. ⟨3⟩ Ich muß sagen, daß mir dieses Studium einen ausnehmenden Genuß bereitet. Es ist wirklich ein großartiges Werk, das der Mann hier vorlegt, und ich kann nicht begreifen, wie es so ganz unbeachtet hat bleiben können. Mit jeder Seite die ich weiter lese, wächst meine Befriedigung. In dem Maaße als es mir gelingt, mich nach und nach hineinzudenken in die ganz eigenthümliche und dem gewöhnlichen mathematischen Gedankenkreise in der That sehr fremde Auffassungsweise, in dem Maaße erscheint sie mir auch immer treffender und berechtigter. Es geht mir ein ganz neues Licht auf über die Bedeutung, den inneren Grund und den Zusammenhang der verschiedenen mathematischen Lehrgebiete; für viele Probleme allgemeinerer Natur, die mir bisher durchaus Räthsel waren, finde ich hier entweder die unmittelbare Lösung, oder sehe doch den Weg einer solchen sich öffnen; und andrerseits muß ich eine ganze Menge von Ansichten und Vorstellungen, die ich mir bislang selbst in meinem dummen Kopfe gebildet hatte und die ich für sehr fest und richtig hielt, gründlich reformiren. Es ist aber das gar nicht das Einzige etwa – die Erleuchtung des mehr philosophischen Hintergrundes der Mathematik – sondern es hängt damit auch ein sehr positiver

Gewinn zusammen, den der Verfasser auch sehr einleuchtend aufzeigt. Er wendet die Principien seiner „neuen Analyse“ auf die verschiedensten concreten Probleme – geometrische, mechanische und auch rein arithmetische – an, und überall ergeben sich ganz neue *Methoden*, die auf einem unglaublich kurzen und übersichtlichen Weg zu Lehrsätzen führen, die, soweit sie überhaupt bekannt, bei ihrer gewönlichen Entwickelung einen ganz complicirten Apparat von Begriffen und Formeln voraussetzen. Zum Exempel nur: Graßmann bringt als ein Beispiel der Anwendung die Elimination der Unbekannten aus einem Systeme linearer Gleichungen – eine Ueberlegung, die sich in 10 Zeilen ausdrückt, führt unmittelbar zu der Darstellung der Unbekannten als Quot. zweier Determinanten. Gr. scheint ⟨4⟩ damals (1844) von der Theorie d. Det. Nichts gewußt zu haben, er sagt wenigstens Nichts darüber; aber ich sehe, daß sich aus dem Begriff der Det., wie er sich hier unmittelbar darbietet, nach den Grundsätzen dieser Analyse ohne Weiteres alle die Haupteigenschaften fließen, auf welche man die Theorie d. Det. gründet. – Ich meine, es ist gewiß der schlagendste Beweis für die Berechtigung und den Werth einer neuen Auffassungsweise, wenn sie in solcher Art den Schlüssel für die mannichfachsten und verwickeltsten Aufgaben liefert. – Ich denke, bis Du zurückkömmst, werde ich – was aber sehr langsam und mühsam geht – mit dem Ganzen soweit zur Klarheit gekommen sein, daß ich Dir ein Resumé der Hauptgedanken geben kann.

– Außerdem habe ich in letzter Zeit noch die schöne Arbeit von Kirchhoff „Untersuchungen über das Sonnenspectrum“ [TV 65] gelesen. Sie ist in einem (erweiterten) Abdruck aus den Abhandl. d. Berl. Akad. besonders erschienen und Du wirst sie bei mir vorfinden, wenn Du kömmst. –

Sonst verhalte ich mich in meinem Thun wie gewöhnlich. Nachmittags gehe ich gewöhnlich nach dem Bürgerverein und dann spazieren – ein Glas Bier drinkend. Ich lese regelmäßig die – freilich sehr spärlich fließenden – Kammerberichte aus Berlin – Volkszeitung [TV 10] – Kreuzzeitung [TV 9] etc. – Sehr viel gehe ich auf den Paulsthurm, weil sich grade jetzt Gelegenheit am Himmel zu einer von Lorey sehr gewünschten – im Grunde freilich ziemlich zwecklosen – Beobachtungsreihe bietet; – mehr Lorey zu Gefallen als aus Interesse zur Sache. –

Hast Du die Berichte über die Vorbereitungen zum Schützenfeste[4] verfolgt? – Die Bauten auf der Bornheimer Heide haben Dimensionen angenommen, die ans Unglaubliche grenzen; imposant ist besonders die Riesenküche mit ihren langen Reihen gewaltiger Kessel und Bratpfannen.

Vergiß nicht die letzte Frankfurter Laterne [TV 4] zu lesen – allwo berichtet wird, daß der Redacteur nach Wetzlar vor ein preuß. Gericht geladen ist – wegen des Spottgedichtes auf die Krönung[5]. Damit leb' recht wohl, guter Harald – und behalte lieb Deinen verlassenen u. einsamen

Ernst.

59 Abbe an Schütz — Frankfurt a. M., 7./8. Juli 1862

Frankfurt Juli 7, 1862.
Montag Abend.

Mein lieber guter Harald.

Du wirst Dich sehr wundern, daß ich Dir so lange nicht schreibe, und wirst mich deßhalb großer Nachlässigkeit zeihen. Jedoch ist die Ursach dieser Zögerung nicht subjectiver Natur, – sondern, – in gewissem Sinne sehr objectiv, wenn sie auch in mir selbst gelegen hat. Du wirst mich entschuldigt finden und, statt mich abzurüffeln, mich noch obendrein etwas bemitleiden, wenn Du hörst, daß ich vorige Woche wieder ein mal – nach langer Zeit – von meinem alten Leiden, den Kopfschmerzen, heimgesucht worden bin, und daran fast die ganze Woche hindurch laborirt habe.

---

[4] Deutsches Schützenfest in Frankfurt a. M. vom 13.—20. 7. 1862.
[5] Gemeint ist die Krönung des preußischen Königs Wilhelm I. am 18. 10. 1861.

Vorigen Dinstag schon wollte ich Dir schreiben; indeß war mir schon da nicht recht, und deßhalb gedachte ich es bis Mittwoch zu verschieben. Mittwoch aber waren die Schmerzen schon so stark, daß ich an Schreiben nicht denken konnte. Von Mittwoch Nachmittag bis Freitag bin ich nun unsäglich geplagt gewesen – den ganzen Tag über die greulichsten Schmerzen, die nur gegen Abend allemal etwas nachließen, doch kaum genug, um Nachts ein paar Stunden Schlaf zu haben. Ich bin fast verrückt dabei geworden, keines Gedanken fähig, im verhängten Zimmer sitzend, sind mir die Minuten lang geworden wie Stunden und Stunden wie Tage. – Sonnabend endlich wurde es wieder besser; Sonntag bin ich wieder ausgegangen, habe indeß an diesen Tagen ⟨2⟩ Lorey's Anordnung zu Folge, nicht lesen oder schreiben dürfen, da ich – wie zum Theil auch jetzt noch – mich sehr angegriffen fühlte. – Jetzt endlich komme ich dazu und es ist wohl auch höchste Zeit, wenn ich nicht des Schreibens fürs Erste ganz überhoben sein soll. Denn – ich gebe mich schon der gelinden Hoffnung hin, daß mein Brief Dich beim Einpacken zur Reise nach Frankfurt antrifft, da ich mich nicht mit dem Gedanken vertraut machen kann, Schuster werde wirklich seinem Entschlusse getreu bleiben und während des Schützenfestes Frankfurt meiden. Darum habe ich Dich nun schon lange interpelliren wollen; und ich denke, nun, da es so spät geworden ist, Du wirst die Antwort darauf gleich mit der That geben. Es wäre doch wahrlich höchst unpatriotisch wenn Hr. Schuster nicht wenigstens seine Jungen herschicken wollte, um das Fest mit anzusehen. Und nach den Berichten über die Vorbereitungen dazu, und was man selbst davon sieht, zu schließen, wird die Sache sicher der Mühe werth. Die ganze Stadt ist schon seit mehren Tagen in rühriger Aufregung – überall Zurüstungen. Wo man hinkömmt, sieht man Guirlanden flechten und Fahnen nähen; die ganze Stadt, bis in die letzten Straßen hinein (nicht etwa blos der Weg des Festzuges) wird im schönsten Schmucke prangen: – Vom Festzuge und den Empfangsfeierlichkeiten verspreche ich mir sehr viel, (wofern das Wetter günstig) wie ich mich überhaupt auf das ⟨3⟩ Ganze aufrichtig freue, so wenig ich auch über den passiven Zuschauer hinauskommen werde.

Freilich hängt ein großer Theil dieser Freude an der Hoffnung, daß *Du* auch da sein wirst, und damit zu dem geräuschvollen Vergnügen des bunten Festes das stille eines gemüthlichen Zusammenseins mit Dir hinzu kommen werde. – Wenn Du nicht schon auch ohne die Dir vor 8 Tagen zugedachte Mahnung im Stillen „mit allen gesetzlichen Mitteln" darauf hingearbeitet, d. h. die Stimmungen auf dem Einraffshof in diesem Sinne bearbeitet hast, – so bist Du ein rechter Strick, der verdiente, 10 Jahre lang auf diesen Mäusehof consignirt zu werden. Aber ich zweifle nicht daran; und glaube selbst nicht, daß Du es sehr nöthig gehabt hast. Denn der große Menschenkenner Lorey hat mir in voriger Woche schon mit apodictischer Zuversicht angesagt, daß Hr. Schuster, resp. Du, hierherkommen werdest; als ich ihm, auf seine Frage bemerkte, daß früher das Gegentheil beschlossen worden sei und Du nichts von einer Aenderung dieses Beschlusses wissen wollest, hat das kleine Männchen zum Entsetzen seiner Frau auf den Tisch gepocht und im höchsten Eifer betheuert, „er wolle eine Wette, um so viel ich wolle, darauf eingehen, daß dieser Entschluß geändert werde". Also –.

Von dem ungeheuerlichen Zwischenfall, dem grausigen „Elementarereigniß"[1] am Sonntag Nachmittag werden Dir schon die Zeitungen ⟨4⟩ eher gemeldet haben, als mein Brief ankommt. Ich brauche Dir daher nur nachzutragen, was zu Deiner Beruhigung in bezug auf mich dient, daß ich nicht unter den in der Schützenhalle Erschlagenen oder Verwundeten bin, sondern – von einem guten Sterne geleitet – das Unwetter in meiner Stube habe vorübergehen lassen. Fehlte aber wenig, so wäre ich auch in den Tumult hinein gekommen; denn am Sonnabend hatte ich mir schon eine Festkarte für 1 r. gelöst, in der Absicht, Sonntag Nachmittag hinauszugehen; und nur der Umstand, daß ich um 3 Uhr beim Nachhausekommen, – eben im Begriff, dort hinzugehen, – ein Buch aus der Buchhandlung vorfand, das ich nicht unterlassen konnte, erst zu durchblättern, hat mir Arme und Beine heil – oder doch wenigstens die Kleider trocken und ganz erhalten. Aber das kann ich als Augenzeuge sagen – es war, selbst

[1] Der Jahresbericht des Physikalischen Vereins erwähnt unter den Meteorologischen Notizen für den 6. 7. 1862 nachmittags 4 Uhr ein Gewitter aus West und Südwest mit furchtbar zerstörendem Orkan, wolkenbruchartigem Regen und strichweise starkem Hagel.

vom Zimmer aus betrachtet – ein entsetzlicher, grauenhafter Sturm. – Mit Donnergepolter kamen dicht in meiner Nähe außer unzähligen Dachschiefern zwei ganze Schornsteine auf die Straße herab – die rothen Schilder am Hause gegenüber „Austern & Trüffeln", „Seefische und Gänseleberpasteten" – wirbelten wie Blätter Papier die Straße hinunter, hundert Schritt weit fort – u. dergl. entsetzliche Dinge mehr. – Nachdem der Sturm sich gelegt gieng ich nach der Festhalle und dann durch die Promenaden um die Stadt. Ueberall die kläglichste Zerstörung. – Die Festhalle – ein Theil ein Trümmerhaufen, – ein anderer um 10° schief gebogen. ⟨5⟩ Die Theerpappe, mit der die Dächer gedeckt waren, allenthalben in Fetzen zerrissen, die überall herum lagen. Alle Decoration, so weit sie Tags vorher schon angebracht war, total rasirt. Die vielen Buden, die auf der Bornheimer Heide schon aufgerichtet und decorirt waren, zum Theil nieder geworfen –. Die Anlagen waren an vielen Stellen ganz ungangbar – überall aber mit Aesten und Zweigen, und Dachschiefern von den benachbarten Häusern besät. – Die Blumenbeete u. dergl. neben den Wegen fast überall niedergepeitscht. Vorm Bockenheimer Thor, auf der Chaussee war ein förmlicher Verhau entstanden, der mehre Stunden alle Passage unter brach. Auf der Pfingstweide, – wo ich heute war – liegen 5 der größten Pappeln und Linden mit den Wurzeln ausgerissen da. – Bei Herrn Schuster habe ich im Vorübergehen weder im Garten noch am Hause Verwüstungen bemerkt, – wenn nicht auf der Hinterseite solche angerichtet sind, die nach der Wetterseite hin gekehrt ist.

Doch genug von diesem Unheil, dessen Spuren Du noch selbst sehen wirst, wenn Du hier herkömmst.

Dinstag Morgen.

Da mich gestern Abend die Dunkelheit überraschte, beendige ich jetzt meinen lange erwarteten Brief. – Ich bin jetzt, nach der peinlichen Woche, wieder völlig auf dem Damm, und will hoffen, daß mir so ein Zwischenfall nicht so bald wiederkömmt. – Vorige Woche habe ich ⟨6⟩ natürlich meine Vorlesung nicht halten können, so daß ich nun auch hier Versäumtes nachzuholen habe.

Ich mache mich jetzt an die Vorbereitung für nächsten Donnerstag, und denke dabei, daß ich am nächstfolgenden *Dich* unter meinen Zuhörern habe.

In der Hoffnung hierauf, und, als Folge, auf hinreichende Gelegenheit zu mündlichem Verkehr, unterlasse ich, Dir über Weiteres zu schreiben. – Mit herzlichem Gruße umarmt Dich Dein

Ernst.

60 Abbe an Schütz — Frankfurt a. M., 20. Juli 1862

Frankfurt Juli 20, 1862
Sonntag Abend.

Lieber Harald.

Deinen Brief habe ich gestern erhalten (erst Abends spät, weil ich von Mittag an nicht nach Hause gekommen bin) und freue mich, Dich wohlbehalten wieder auf Deinem Rattenhofe zu wissen. – Daß Du es gewagt hast, den Weg nach dem Gute zu Fuße zurückzulegen und dabei nicht gehörig ausgewaschen worden bist, wundert mich sehr, da es hier von Mittag an bis zum Abend hin fast ununterbrochen geregnet hat, und zum Theil so heftig, daß auf dem Festplatze z. B. (wo ich Nachmittags war) das Wasser in Strömen floß und es in der *Halle* sogar durchgeregnet hat.

Deine Mittheilung in betreff der Sternschen Aufgabe ist recht schön. – Ich schicke Dir keins von den Büchern, weil es wohl überflüssig sein dürfte, die Methode der Auflösung der Pellschen Gleichung durch die Näherungswerthe pp näher auseinanderzusetzen. Die Methode ist ja allgemein bekannt, so daß man sich ohne Weiteres darauf berufen kann; Stern selbst hat sie vorigen Sommer im Seminar[1] – als er über „Kettenbrüche" las, – gleichfalls in extenso vorgebracht.

[1] Mathematisch-Physikalisches Seminar in Göttingen.

Dagegen glaube ich, daß was Du mittheilst, nach einer andern Seite hin Stern noch nicht genügen wird. – Offenbar giebt nicht *jede* Lösung der Gleichung
$x^2 - Dy^2 = 1$ auch eine solche der Gleichung $3n^2 - n = 2y^2$ od. $= 4y^2$ (je nachdem $D = 24$ od. $= 48$) ⟨2⟩ sondern nur eine solche, bei welcher

$$\frac{x+1}{6} = n = \text{intg.}$$

also $x + 1 \equiv 0 \pmod{6}$ – Es fragt sich, ob sich eine Regel aufstellen läßt für das Eintreten dieser Congruenz unter der Reihe der Werthe von x, welche der Pellschen Gl. genügen – und ich denke wohl, daß Stern *dies* meint, da doch sonst die Aufgabe allzu einfach wäre. – Ferner: Du sagst, der Ausdruck

$$\frac{3n^2 + n}{2}$$

gebe nur *doppelte* Quadrate; d. h. die Gleichung $3n^2 + n = 2y^2$ habe *keine* Lösung; *warum* denn das? – Da sie durch die Substit[ution] $6n + 1 = x$ auf die Pellsche Gleich. für $D = 24$ zurückkömmt, so müßte also unter den Werthen von x, zu welchen diese führte, *keiner der Bedingung* genügen; $x - 1 \equiv 0 \pmod{6}$ während für $D = 48$ die Werthe von x ihr genügen. Beziehst Du Dich dabei auf einen Satz, der mir nicht gegenwärtig ist?

Wenn Du Lust und Zeit hast, mir Näheres darüber noch zu schreiben, so wird es mir sehr angenehm sein – Ich bin zu unbewandert in diesem Gebiete, als daß ich hoffen dürfte, ohne allzugroßen Aufwand von Zeit und Mühe was erhebliches herauszubekommen – und überdieß habe ich dieser Tage das Project von wegen des Collimators auf dem Paulsthurm[2] in Angriff genommen, was mich vielfach *practisch* beschäftigt; (ich bin in den letzten 3 Tagen mindestens 10 mal oben auf dem Thurm gewesen).

[2] Das damals auf dem Paulsturm befindliche Universalinstrument — ein kleines Winkelmeßgerät — mußte bei jeder Beobachtung in seiner Einstellung gegen den Meridian überprüft werden. Abbe ersetzte das am Dachstuhl eines etwa ein Kilometer entfernten Hauses angebrachte Meridianzeichen (Mire) durch eine auf dem Turm angebrachte beleuchtbare Kollimator-Mire, eine im Brennpunkt einer Sammellinse befindliche geschwärzte Glasplatte mit einem eingeritzten Kreuz. Eine Beschreibung der neuen Einrichtung gab er im Jahresbericht des Physikalischen Vereins.

⟨3⟩ Soll ich indeß Stern in meinem *nächsten* Briefe noch *Weiteres* mittheilen, so müßte ich spätestens bis Donnerstag von Dir wieder Nachricht haben, da *Freitag Morgen* Sterns Kinder wieder von hier abreisen und ich diesen den Brief mitgeben will.

Alfred war kürzlich bei mir und hat mich beauftragt, Dich zu grüßen.

Ueber den weiteren Verlauf des Schützenfestes brauche ich Dir wohl nicht zu schreiben, da Du darüber durch die Zeitungen Nachricht erhältst. Also nur das, daß ich seit Du fort bist, noch etliche Male draußen gewesen bin, und in aller Stille und Einsamkeit ein Glas Bier getrunken habe.

Am Freitag Abend war Feuerwerk draußen, und das war wirklich prachtvoll. Darin stimmen Alle überein, auch solche, die mehr der Art schon gesehen haben als ich. An diesem, wie am Abend vorher und den nachfolgenden Abenden bis heute waren ungleich mehr Leute auf dem Festplatze als am Sonntag und Montag. Am Donnerstag Abend soll die Zahl der *gleichzeitig* Anwesenden 30.000 – und die Gesamtheit für den ganzen Tag 100.000 betragen haben. Es ist aber auch seit Donnerstag prachtvolles Wetter.

Heute Nachmittag ist es mir endlich auch gelungen, in den Gabentempel zu kommen, nachdem ⟨4⟩ ich es mehrmals vergeblich versucht hatte. Die Ausstellung ist wirklich sehenswerth; – eine Mannichfaltigkeit und ein Reichthum der Gaben, von dem man sich keine Vorstellung macht. – Da habe ich denn auch noch die erst heute Morgen angekommene Spende der Berliner Abgeordneten gesehen, die unter den reichsten und prachtvollsten prangt.

Damit genug für heute – Leb recht wohl und behalte recht lieb Deinen

Ernst.

61 Abbe an Schütz Frankfurt a. M., 11. August 1862

Frankfurt Aug. 11, 1862.
Nachmittag.

Liebster Harald.

Nicht wahr, ich lasse Dich einmal recht lange auf [einen] Brief von mir warten? Das ist recht unartig von mir; jedoch bin ich nicht selbst daran Schuld. Daß Du nicht schon bei Deiner Ankunft in Brückenau Nachricht von mir vorgefunden, liegt daran, daß ich Dich nicht so früh dort glaubte – ich dachte, Eure Reise würde wenigstens eine Woche dauern, denn das vermeinte ich von Dir hier gehört zu haben. Daß ich aber seit Sonnabend erst heute zum Schreiben komme, hat seinen Grund in den vielen Geschäften, die ich in diesen Tagen gehabt habe – Das wird Dir sehr sonderbar vorkommen, da Du weißt, wie wenig ich im Ganzen jetzt hier zu thun habe. Aber doch ist es so; wenn auch die Geschäfte nicht von allzugroßer Bedeutung waren, so ließen sie sich doch nicht verschieben. Am Samstag habe ich den ganzen Tag auf dem Paulsthurm gesteckt, um endlich die Einrichtung[1] dort herzustellen, von der ich Dir kürzlich erzählte. Der Mechanikus hatte so lange auf das Bestellte warten lassen, daß Lorey schon ganz ungeduldig geworden war, und ich deßhalb, als die Sachen endlich kamen, gleich daran gieng. – Ich gedachte Dir nun Sonntag Morgen zu schreiben, – auf Mittag war ich nach Offenbach zum Dr. Walter, dem Präsidenten des dortigen Vereins[2], zum Essen eingeladen. Da kam in aller Frühe ⟨2⟩ als ich noch nicht einmal Kaffee getrunken hatte, ein Vereinsmitglied von hier zu mir, und forderte mich auf, einer Prüfung einer Lenoirschen Gasmaschine[3] in einem hiesigen Fabrikgeschäfte beizuwohnen. Ich gieng natürlich mit; die Geschichte dauerte aber wider mein Erwarten, bis 12 Uhr

[1] Gemeint ist die Einrichtung einer Kollimator-Mire für die Beobachtungsstation auf dem Turm der Paulskirche (vgl. Anm. 2 zu Nr. 60, S. 221).

[2] Verein für Naturkunde zu Offenbach.

[3] Der Pariser Techniker Lenoir konstruierte 1860 den ersten betriebsfähigen Verbrennungsmotor, der mit Leuchtgas und elektrischer Zündung betrieben wurde und nach dem Zweitaktprinzip arbeitete.

und ich mußte so lange – mit nüchternem Magen noch – ausharren, weil der Besitzer der Maschine durch die fragliche Prüfung (auf Arbeitsleistung und Gasverbrauch) constatiren wollte, daß sie dem Contracte des Fabrikanten nicht entspreche, und deßhalb meine Unterschrift für ein Protokoll über die angestellten Versuche haben wollte. – Ich habe dabei Gelegenheit gehabt, zu sehen, wie außerordentlich gering die Leistungen dieser Gasmaschinen, wenigstens in dem fraglichen Exemplare, sind – sehr geringe Arbeitskraft, große Unregelmäßigkeit und außer ordentlich kostspielig im Gasverbrauch.

Mittags war ich in Offenbach; ich hatte kaum noch Zeit den Zug zu erreichen u. war noch nüchtern, daher ich denn den Dr. Walter furchtbar abgestraft habe. Nachmittags mußte ich noch einen Spaziergang mitmachen, so daß ich erst Abends um 7 Uhr nach Hause kam – u. zwar sehr müde, da ich dem Weine ordentlich zugesprochen und dann auch noch Bier getrunken hatte. –

Diesen Morgen endlich war ich kaum aufge- ⟨3⟩ standen – da kam der Telegrapheninspector, mit dem ich schon mehrmal verhandelt habe, wieder mit einer Anfrage in bezug auf ein galvanometrisches Problem. Da er nach Cassel versetzt ist und Morgen abreisen will, mußte ich ihn heute noch befriedigen – und da habe ich denn bis jetzt zu thun gehabt.

– Hierin hast Du die Gründe meines verspäteten Schreibens – und zugleich auch einen Bericht über meine Beschäftigungen während der letzten Tage.

Sonst habe ich, außer meinen Vorlesungen, in der letzten Zeit wenig gethan, wenigstens Nichts im Zusammenhang unternommen, wozu mir seither der Animus gefehlt hat; – ich habe abwechselnd im Graßmann [TV 50] studirt und dies u. jenes gelesen – Auf dem Bürgerverein habe ich mich viel aufgehalten.

Daß Du eine angenehme Reise gemacht hast – wie aus Deinem Berichte wenigstens hervorzugehen scheint – hat mich sehr gefreut; die Aussichten aber, die Du mir in bezug auf Deine Hierherkunft machst, sind mir sehr nieder schlagend. Da wird es denn richtig so kommen, daß Du hier herkommst, wenn ich von hier fortgehe (wohin? weiß ich freilich selbst nicht). Der verdammte Dr. Stiebel; ich behaupte, es ist blos Politik von ihm, daß er ein so großes Geschrei macht, von wegen der Paar lumpigen Scharlachfieberfälle, ⟨4⟩ die hier noch vorkommen; der Schlaukopf denkt, wenn die Mad. Schuster hier ist, muß er sie täglich besuchen; wenn sie in Brückenau bleibt, braucht er das nicht und bekömmt sein Geld doch. Auf diese Manier kann er sie und Dich ein ganzes Jahr lang im Exil halten, wenn's ihm Spaß macht; denn ich wette, wenn ein paar Wochen herum sind und jede Spur von Scharlach verschwunden ist, dann kömmt mit dem Herbst was Anderes, das ebenfalls für die Kinder gefährlich ist; die Wahrscheinlichkeit dessen nimmt immer mehr zu, je näher die winterliche Jahreszeit heranrückt. So wirst Du vielleicht das Vergnügen haben, auch den Winter auf dem Lande zuzubringen und die schöne Gelegenheit, Studien in Winterlandschaften zu machen. – Wohl bekomms! – Ich aber möchte dabei aus der Haut fahren.

– Was soll's da aus unsrer Rheinreise werden? – Nicht wahr, wenn Schnee fällt, und der Novemberwind durch die dürren Blätter saust, dann unternehmen wir sie.

Nachrichten, die ich kürzlich von zu Hause erhalten habe (NB: Grüße von meinen Alten an Dich) entwerfen mir ein sehr betrübendes Bild von den Folgen der großen Wasserfluth, die am Mittwoch vor 8 Tagen Thüringen heimgesucht hat[4] (von der Du wohl auch schon in den Zeitungen gelesen hast). Eisenach ist, wie auch Gotha ⟨5⟩ und das ganze Land dazwischen, furchtbar mitgenommen. Mein Alter schreibt mir: das ganze schöne Thal, von der Stadt bis zu den nördlich gelegenen Bergzügen sieht aus wie ein riesiges Flußbett – überall weite Sand- u. Geröllbänke; alles Ackerland fortgeschwemmt; so daß den armen Leuten nicht nur die diesjährige Aernte völlig verloren ist sondern auf viele Jahre hinaus die Ländereien verdorben sind. Alle Brücken in der Umgegend, mit Ausnahme derer der Eisenbahn, – sowohl hölzerne als steinerne sind stark beschädigt, viele ganz zerstört, so z. B. die großen Steinbrücken, die östlich u. westlich von der Stadt über den Fluß führen. Die Burgmühle[5] hat dabei natürlich ganz im Wasser drin gesteckt, und ist einen ganzen Tag lang von der

[4] In der Nacht vom 30. zum 31. 7. 1862 ging in Westthüringen und in der Rhön ein schwerer Wolkenbruch nieder mit anschließenden Überschwemmungen.

[5] Wohnung von Abbes Eltern in Eisenach.

Stadt abgeschnitten gewesen; das Wasser ist mehre Fuß hoch durch den Hausflur hin geströmt u. hat in Küche u. Keller umgeworfen, was nicht niet- u. nagelfest war. Mein Alter selbst ist in wirklicher Gefahr gewesen, als er, (was seines Amtes ist) das Wehr hinter der Mühle öffnen mußte. Mehre Leute sind ertrunken; eine Anzahl Häuser in der Nähe der Stadt sind eingestürzt und viele in der Stadt selbst (im Orttheile, durch welchen ein Bach fließt) sehr beschädigt. –

⟨6⟩ An den Prof. Stern hatte ich geschrieben einige Tage nach Deiner Abreise, und ihm auch das mitgetheilt, was Du mir mittlerweile über die bewußte Aufgabe geschrieben hattest. – Er wird sich sehr gefreut haben über die ausführliche Lösung, die Du ihm nachher noch zugeschickt hast. Frl. Khym u. seine Kinder haben mich vor ihrer Abreise (vor 14 Tagen) beauftragt, Dich von ihnen zu grüßen.

Laß bald hören, liebes Haraldchen, wie Dir es in Brückenau gefällt und wie es überhaupt dort aussieht, damit ich doch wenigstens etwas weiß von Deinem Aufenthalte, wenn ich nicht daran theil nehmen kann. Und dabei hoffe ich denn auch, etwas weniger unerfreuliche Nachrichten in betreff Deiner Hierherkunft zu hören wie die letzten.

Es umarmt Dich Dein der Dich sehnlichst erwartet

Ernst.

62 Abbe an Schütz — Frankfurt a. M., 20. August 1862

Frankfurt Aug. 20, 1862

Mein liebster Harald.

Ich freue mich, aus Deinem vorgestern erhaltenen Briefe zu ersehen, daß es Dir wohl geht, und es tröstet mich einiger maaßen über die lange Trennung, daß der Aufenthalt in Brückenau wegen der schönen Umgegend Dir wohl gefällt. – Und auch noch ein anderer Umstand – von dem zu hören, Dir zur Freude gereichen wird – trägt bei, mich Deine verlängerte Abwesenheit weniger schmerzlich empfinden zu lassen – das ist nämlich: daß die Aussicht auf mein längeres Hierbleiben in Frankfurt etwas günstiger sich gestaltet. Freilich habe ich keine gesicherte Stellung, doch aber scheint sich die Möglichkeit bieten zu wollen, für den Winter wenigstens mich noch hier zu halten, die ich natürlich mit beiden Händen ergreife, um noch weiter mit Dir zusammen sein zu können. Der Director Classen, den ich durch Dr. Lorey kennen gelernt habe, hat mir Aussicht gemacht, mir Privatunterricht zu weisen zu können, und zwar in solcher Weise, daß ich wohl an dem guten Willen dazu nicht zweifeln darf. Daß sich Gelegenheit dazu finden wird, wird vielleicht noch durch den Umstand begünstigt, daß der Prof. Oppel am Gymnasium (der selbe, dem für den Winter Vorlesungen beim Vereine übertragen sind)[1] welcher bisher viel Privatstunden gegeben haben soll, kürzlich sehr krank gewesen ist und wahrscheinlich in nächster Zeit an derartiges nicht denken kann. – Auch habe ich durch den jungen Lorey (den Gymnasiasten) gehört, daß sich nächstens schon einer seiner Cameraden (ein Sohn des baierischen Gesandten, v. d. Pfordten) bei mir in dieser Absicht melden werde. – Wenn nur ein Anfang gewonnen ist, – hoffentlich findet sich dann ⟨2⟩ noch mehr, so daß ich diesen Winter noch zuwartend hier sein kann. – Daß damit nicht der Boden für ein längeres Bleiben hier gegeben sein wird, versteht sich von selbst. Es handelt sich mir nur um weitere Frist, um eine anderweitige meinen Neigungen entsprechende Stellung abzuwarten, und darum, dieses Abwarten in Frankfurt und nicht z. B. in Eisenach aushalten zu können. Was ich als Ziel vor Augen habe, ist, wie ich Dir schon gelegentlich gesagt, eine Lehrstelle an einer polytechnischen Schule[2] als Vorstufe zu einem akademischen Lehramt. Ich habe darüber Stern geschrieben, und angefragt, ob er mir nicht einen Fingerzeig in dieser Richtung geben könne. Der

---

[1] Oppel übernahm als Nachfolger von Abbe die Vorlesungen über Physik im Wintersemester 1862/63, war aber ebenfalls nur provisorisch angestellt.

[2] Polytechnische Schulen (Fachschulen) waren im 19. Jahrhundert Vorläufer der Technischen Hochschulen.

junge Lorey hat mir vor einigen Tagen einen Brief von ihm überbracht, (der den hier beiliegende[n] an Dich enthielt) in dem mir Stern versichert, daß er mein Interesse nicht aus den Augen verlieren werde. Er habe mich sogar vor Kurzem, gelegentlich einer an ihn gerichteten Anfrage zu einer außerordentlichen, „resp. ordentlichen" Professur vorgeschlagen(!!) – wiewohl ohne Aussicht auf Erfolg, da er natürlich auch andere, literarisch schon bekannte Leute habe nennen müssen – nur um bei einer solchen Gelegenheit meinen Namen zu nennen und mich zu empfehlen. (Der gute Papa Stern, – wenn er sich nur nicht lächerlich machen wollte! Ich möchte es für Ironie halten, wenn er nicht zu gutmüthig dazu wäre). – Im Augenblick habe er leider keine Aussicht, mir in dem Gewünschten zu verhelfen, doch kenne er mehre der Directoren polytechn. Schulen, und wenn sich eine Gelegenheit finde, werde er mich ⟨3⟩ empfehlen. Einstweilen räth er mir, wenn es irgend angehe, in Frankfurt zu bleiben und zu sehen, ob ich nicht hier eine Stellung finde, die mir auf einige Zeit eine sorgenfreie Existenz und Muße zu ernsten Arbeiten gewähre.

Nun – wir wollen sehen, was daraus wird. – Vorerst begnüge ich [mich] mit der Hoffnung, nächsten Winter noch mit Dir zusammen bleiben zu können. – Kömmt Zeit, kömmt Rath.

Deinen Wunsch in betreff des Schachbuches [TV 36] habe ich besorgt.[3] Es ist jedoch nicht vorräthig und wahrscheinlich auch nicht gebunden in Leipzig zu erhalten. So wie ich es bekomme, will ich es gleich meinem Philister geben, um es elegant einzubinden. – Es wird doch nicht zu spät werden?

Damit genug für heute. Ich muß in einer halben Stunde nach dem Paulsthurm, um für Lorey eine Beobachtung zu machen, da der in seiner Gewissenhaftigkeit es gleich für eine Pflichtvergessenheit hält, wenn seine Uhr einmal um eine Sekunde falsch geht. – Leb recht wohl, lieber Harald, und erfreue mich bald mit der angenehmen Nachricht von Deiner bevorstehenden Rückkehr. Es umarmt Dich Dein

Ernst.

[3] Es handelte sich um ein Geschenk für den Sohn von Schuster.

NB: Hast Du, so lange Schuster noch bei Euch war, schon etwas vorgearbeitet für unsere beabsichtigte Rheintour? – Ich denke, wir lassen den Plan nicht einschlafen, wenn es auch etwas spät wird.

63 Abbe an Schütz Frankfurt a. M., 31. August 1862

Frankfurt, Aug 31, 62.

Liebster Harald.

Das wird also hoffentlich die letzte Epistel sein, die ich Dir nach Brückenau zu schicken habe; und das ist nachgerade Zeit. Ich hätte große Lust, Dir schon gar nicht mehr zu schreiben, grade weil ich Dir Viel mitzutheilen habe und, – wie der weise Stern kürzlich dem Dr. Wallach geschrieben hat – brieflicher Bericht sich zu mündlichem verhält wie Cichorienkaffee[1] zu Mocka. Ich will's aber doch thun, damit Du nicht bös u. ungeduldig wirst und mich bei Deiner Ankunft mit einem gewaltigen Schweinehund bewillkommst. Also – die Ohren gespitzt:

Erstens – Unsern Finanzen steht für diesen Winter von meiner Seite die beste Aussicht bevor, so daß, wenn an meinem Hierbleiben seit 14 Tagen noch ein Zweifel gewesen wäre, er vollends beseitigt wäre. Abgesehen nämlich, von den wöchentlich 2 Stunden (à 1 f.) die ich von nächster Woche ab dem jungen v. d. Pfordten zu geben habe und abgesehen von andern, die mir, wie ich höre, von Seiten Classen's bevorstehen habe ich dieser Tage auf eine sehr sonderbare u. unerwartete Weise Privatstunden vollauf bekommen. Mein früherer Lehrer nämlich, der Director des Eisenacher Realgymnas. schrieb mir vor einigen Tagen: Es habe sich bei ihm ein 22jähriger Architect zum Examen bei der Schule

[1] Kaffeezusatz oder auch Kaffee-Ersatz aus der gerösteten Wurzel der Wegwarte.

gemeldet (das die Voraussetzung für Zulassung zum Staatsdienste ist), seine Schulbildung in Mathematik, Naturwissenschaften u. Sprachen habe sich aber als so mangelhaft erwiesen, ⟨2⟩ daß er jetzt die fragliche Prüfung unmöglich bestehen könne. – Es sei ihm nun Alles daran gelegen, wenigstens bis Ostern dazu zu kommen. Ob ich ihm die nöthige Vorbereitung dazu geben wolle – dann werde er hier herkommen, sich hier einmiethen und bei mir Unterricht nehmen – wenigstens 3 Stunden pro Tag. – Ich erklärte natürlich sogleich meine Bereitwilligkeit dazu, den Auftrag zu übernehmen, wenn der Mann nicht auf einfachere u. weniger kostspielige Weise sein Ziel erreichen könne. Als Honorar erklärte ich, auf seine Anfrage hin, 2 f. pro Tag beanspruchen zu wollen. Vorgestern erhielt ich vom Director Köpp Antwort, worin angekündigt ist, daß der Betreffende dieser Tage schon hier eintreffen werde und ich mich einstweilen nach einer Wohnung für ihn umsehen möchte, so wie ferner, daß er, Köpp, ihm angedeutet habe, ich würde 3 f. pro Tag verlangen. – So steht es; ich erwarte jeden Augenblick seine Ankunft, um die Schulmeisterei mit ihm zu beginnen, – auch über Dinge, von denen ich selbst so viel verstehe wie die Kuh vom Sonntag, wie z. B. über deutsche Literatur – Anleitung zu deutschen Aufsätzen, – Chemie u. Mineralogie etc. – Gott gebe, daß es nicht ein gar zu großer Ochse ist, wozu leider einige Aussichten vorhanden sind.

Zweitens – Ein Plan gefaßt, um zur Unsterblichkeit zu gelangen. Die Muse, die mir diesen Winter – hoffentlich! – noch bleibt, gedenke ich dazu zu verwenden, ein großes literarisches Opus[2] abzufassen, nämlich eine Darstellung der theoretischen u. experimentellen Untersuchungen, ⟨3⟩ die Bezug haben auf die sog. Lehre von der Erhaltung der Kraft od. von der Aequivalenz der Actionen – in Form einer Monographie, mit der Tendenz, das Studium dieser neueren Lehren der Physik durch eine Sichtung des vorliegenden – sehr zerstreuten u. zum Theil schwer zugänglichen – Materials zu erleichtern – wobei, denke ich, auch Gelegenheit sich finden wird zu einigen eigenen kleinen Zuthaten. Den Anstoß zu diesem gewaltigen Vorsatze hat mir eine Auf-

[2] Die von Abbe geplante Monographie kam nicht zustande, da er bereits im Herbst 1862 in Frankfurt am Main mit der Arbeit an seiner Habilitationsschrift begann.

forderung Crailsheims u. einiger anderer meiner dermaligen Zuhörer gegeben, eine Ausführliche *populäre* Darstellung dieser Lehren, so wie ich sie diesen Sommer vortrage, zum Druck zu geben. Dazu fehlt mir Neigung u. Vertrauen auf Erfolg. Ich habe aber dabei daran gedacht – u. wundere mich jetzt höchlich, warum ich das nicht schon längst gethan – daß eine gründliche *wissenschaftliche* Darstellung dieses Gegenstandes keine nutzlose u. unersprießliche Arbeit sein dürfte, da der Gegenstand sich allgemeiner Theilnahme erfreut, eine derartige Monographie (wie in letzter Zeit so viele über die verschiedensten Theile der Mathematik erschienen und sehr gut aufgenommen worden sind) noch nicht existirt und es deßhalb, wie ich aus eigener Erfahrung weiß, schwierig ist, sich hineinzuarbeiten. Die erforderlichen literarischen Hilfsmittel dazu bietet mir zum Glück die Bibliothek des Vereins ziemlich vollständig. – Was sagst Du zu dem Vorhaben, Haraldchen? Aus unseren projectirten gemeinschaftlichen Studien würde dann freilich diesen ⟨4⟩ Winter nicht viel werden. Laß' Deine Meinung hören, – in Chichorienkaffee, wenn es mit dem Mocka zu lange werden sollte.

Stern wird, wie mir Wallach sagt, in den ersten Tagen Septembers hier eintreffen. Eile also, daß Du auch herkömmst.

Mehres schreibe ich Dir heute nicht; die verschiedentlichen Allotria, die ich Dir noch zu erzählen hab, mögen warten bis Du hier bist. Wenn ich Dir Alles zuschicke, hast Du gar keinen Sporn, der Dich nach Frankfurt zurück treibt, und giebst vielleicht Schusters den Rath, bis Weihnachten in Brückenau zu bleiben, oder womöglich den Winter auf dem Finsteraarhorn zu zubringen – wo eine sehr schöne Gegend sein soll – um gegen das Scharlachfieber gesichert zu sein.

Auf baldiges Wiedersehen also – Es umarmt Dich Dein

Ernst.

Brief Nr. 64–91: Privatdozent an der Universität Jena 1863 bis 1865

64 Abbe an Schütz Eisenach, 8. April 1863

Eisenach, April 8, 1863.

Liebster Harald.

Am Sonnabend od. Sonntag habe ich Dir schon schreiben wollen, und jetzt ist Mittwoch darüber herangekommen. Meine guten Vorsätze von wegen Arbeitens sind während der Tage, die ich hier bin, sehr zu Schanden geworden, die Feiertage[1] haben fortwährend Veranlassung zum Bummeln gegeben, so daß ich mit dem von Reiß entliehenen Buche erst heute zu Ende gekommen bin. – Sonst gar *Nichts* gethan, Nichts als gebummelt und Bier dazu getrunken – d. h. mit dem Alten spaziern gegangen und in den Kneipen gesessen. – Ich mache mir nachgerade Vorwürfe über diese Zeitverschwendung, da ich vollauf zu thun habe, wenn ich meine Habilitationsarbeit [TV 23] zu rechter Zeit vollenden will. Doch tröste ich mich damit, daß Du dafür um so mehr ⟨2⟩ gearbeitet haben wirst, und es daher nicht anders als recht und billig ist, wenn der Andere von der Firma faullenzt. – Doch soll's damit nun ein Ende haben und ordentlich ans Ochsen gegangen werden – zur Ablösung. –

Meine Reise vorigen Donnerstag hat keinerlei Abenteuer dargeboten; das Wetter war angenehm und die Fahrt ist mir nicht allzu lang geworden. In Guntershausen habe ich, um mein Kreuzergeld los zu werden, eine Flasche Bairisch auf Dein Wohl getrunken; und nach 2 Uhr habe ich zu Hause am Kaffeetisch

[1] Ostern: 5./6. 4. 1863.

gesessen. – Meine Alten habe ich recht wohl gefunden; besonders ist mein Vater jetzt allem Anscheine nach besser auf dem Damm als während der letzten beiden Jahre – was mich natürlich sehr freut. – Sie lassen Dich schönstens grüßen, ⟨3⟩ und wünschen, daß Du bald wieder einmal nach Eisenach kommen möchtest. Mir selbst ist das Nichtsthun der vergangenen Woche auch recht wohl bekommen; und fehlt mir zur vollkommenen Zufriedenheit nur die Kleinigkeit, daß Du hier wärst.

Beifolgend schicke ich Dir das Buch von Reiß, „Gauss, Theoria comb. etc." [TV 46], mit der Bitte, es ihm – sammt dem andern Heftchen (Correspondance mathémat. etc. von Quetelet) [TV 80] *möglichst* bald zurückzugeben – wenn es angeht, *ohne* ihm davon zu sagen, daß ich es mitgehabt habe; willst oder mußt Du es ihm aber sagen, so ist es auch kein Unglück. – Ich lege auch gleich 2 Stück von den Separatabdrucken des astron. Aufsatzes [TV 21] bei, für den Fall, daß Du keine erhalten hast. Ich hatte zwar bestellt, daß Dir direct 4 Stück sammt der Rechnung, verabfolgt würden; ich habe aber vorgestern 20 Stück erhalten, grade so viel, als ich überhaupt bestellt hatte. ⟨4⟩ Weiter weiß ich Dir im Augenblick gar Nichts weiter zu erzählen. Ich verabschiede mich also für heute, mit dem Wunsche, bald von Dir etwas zu hören – ob Dich das maaßlose Arbeiten der letzten 14 Tage nicht krank gemacht hat – ob Du Nachricht von den Kerlen in Münster erhalten hast[2] – (resp. einen großen Rüffel) – ob Du schon bei Lorey gewesen bist u. dergl. mehr. – Leb' recht wohl, liebes Brüderchen, und denke manchmal an mich. – Mit herzlichem Gruß Dein

Ernst.

An Meyerstein habe ich auch ein Exemplar des Aufsatzes geschickt.

[2] Schütz mußte seine Staatsprüfung in Münster (Hauptstadt der preußischen Provinz Westfalen) absolvieren.

65 ABBE AN SCHÜTZ JENA, 21. APRIL 1863

Jena, April 21, Dinstag Abends.

Mein liebster Harald.

Was lange währt, wird gut. Deßhalb erfährst Du mit meinem heutigen Brief manches, was Du noch nicht gehört hättest, wenn ich Dir früher geschrieben hätte. Also räsonnire nicht, daß ich Dich lange habe auf Antwort warten lassen. Ueberdieß habe ich erst heute mich häuslich eingerichtet, so daß ich gestern noch gar nicht habe schreiben können, mangelnder Tinte wegen.

Nun höre also, was mein Lebenslauf bis jetzt gewesen ist. Bis vorigen Sonnabend bin ich noch in Eisenach geblieben, mit guten Vorsätzen, recht fleißig zu arbeiten, aus denen jedoch nach wie vor nicht viel geworden ist. Am Sonnabend, Morgens, habe ich mich auf die Eisenbahn gesetzt und bin Nachmittags 4 Uhr wohlbehalten hier eingetroffen, nachdem ich in Apolda ein paar Stunden in langweiligster Situation auf die Post[1] habe warten müssen. Ich habe mich vorübergehend bei *Pfeiffer* ein- ⟨2⟩ quartirt, der von vorige Ostern ab noch hier ist, um in diesem Semester den Doctor[2] zu machen; und der jetzt fabelhaft solid und fleißig geworden – nebenbei auch Bräutigam eines recht hübschen und sehr wohlhabenden Mädchens, einer Fleischerstochter in dem benachbarten Lobeda. – Seit gestern habe ich eine Wohnung[3], – eine recht nette Bude, an einer breiten freundlichen Straße, 2 Treppen hoch, hübsch möblirt, schöner als meine Frankfurter Wohnung, für 19 Thlr. pro Semester (Aufwartung inbegriffen). Heute habe ich mich darin häuslich eingerichtet und gefällt es mir sehr wohl darin. Bei Snell, wo ich schon am Sonnabend war, wie auch bei Schaeffer, bin ich auf das allerherzlichste empfangen worden. Am Sonntag war ich mit Schaeffer bei Snell zu Mittag, und gestern Nachmittag mit beiden auf einem der benachbarten

---

[1] Gemeint ist die Postkutsche als Verkehrsverbindung nach Jena.
[2] Pfeiffer promovierte am 21. 9. 1863 zum Dr. med. in Jena.
[3] Abbes Wohnung bei dem Fleischermeister Donat in der Saalgasse in Jena.

Bierdörfer, ⟨3⟩ wo mich Snell mit großem Biereifer den anwesenden Professoren als „College in spe“ vorgestellt hat. –

Bis zur Pfingstwoche[4] werden meine Angelegenheiten voraussichtlich abgewickelt sein, so daß ich gleich nach dem Feste als Mitglied des corpus academicum zu lesen anfangen kann. Privatim früher anzufangen, was ich erst im Auge hatte, hat mir Snell abgerathen. In der nächsten Woche werde ich meine Abhandlung [TV 23] fertig bringen; so wie dann die Genehmigung der verschiedenen Regierungen[5] eingelaufen ist, kann ich disputiren und eine Probevorlesung halten; und dann bin ich fertig. Ein Colloquium werde ich nicht nöthig haben, sagt Snell, da ich in Göttingen examinirt worden bin. Was aber die Disputation anbetrifft, so hat es mir Snell zur moralischen Pflicht gemacht, dazu beizutragen, daß es jetzt *nicht* eine leere Formalität werde. Ich sei der erste, der nach dem neuen Ritus[6] sich habilitire, (der Göttinger,

[4] Pfingsten: 24./25. 5. 1863.

[5] Die Erhalterstaaten der Universität Jena im 19. Jahrhundert waren das Großherzogtum Sachsen-Weimar-Eisenach und die Herzogtümer Sachsen-Altenburg, Sachsen-Coburg-Gotha und Sachsen-Meiningen.

[6] Die Philosophische Fakultät beschloß im Juli 1863, bei künftigen Habilitationen ein Kolloquium in den vom Habilitanden gewählten Lehrfächern stattfinden zu lassen. Die Disputation war schon Bestandteil der Fakultätsstatuten von 1829. Da die Fakultät aber auf ein Kolloquium von Abbe verzichtete, hatte er nur die Disputation (Verteidigung seiner Habilitationsschrift) und die Probevorlesung zu absolvieren.

Gaedechens, glaube ich, heißt er, wird es wahrscheinlich erst später thun) und da müßte ich für die Recht- ⟨4⟩ fertigung derer sorgen, die mit großer Mühe die neue Einrichtung in der Facultät durchgesetzt haben. – Grade keine angenehme Aussicht für mich; ich passe mich schlecht zum Paradepferd. Nun, es wird auch dieser Kelch vorübergehen.

Was Du mir in Deinem Briefe über die Erfolge mit Deinen Zöglingen schreibst, macht mir große Freude; das bringt der Firma einen Stein ins Brett. – Ich will nur hoffen, daß nicht auf der andern Seite, nämlich bei Deinem Examen[7], ein Schaden nachkömmt.

Die 1 1/2 f. für die Separatabdrucke hast Du doch berappt? – als Frankfurter Procura-Träger der Firma. – Daß Du meine Abhandlung [TV 21] lobst, ist mir sehr schmeichelhaft; doch kann ich nicht umhin, aus dem Argumente, das Du dafür beibringst, den Schluß zu ziehen, daß Du dieselbe entweder nicht gelesen oder doch, horribile dictu, nicht verstanden hast; denn ich habe mich vergeblich bemüht, darin etwas von einem Gegensatz zwischen ⟨5⟩ „beschütztem" oder „unbeschütztem Spiegel" zu entdecken, wie es mir denn auch ganz unerfindlich ist, was ein solcher bedeuten und wie er einen Unterschied oder Vortheil in der Einrichtung begründen sollte. Du mußt meinen Aufsatz also wohl noch einmal lesen – hilft Alles Nichts, denn ich lege auf meine Erfindung einiges Gewicht – aber nicht jetzt, sondern erst, wenn Du völlig freie Zeit hast, nach zurückgelegtem Examen. Für diesen Zweck bemerke ich Dir: daß das Wesentliche der vorgeschlagenen Einrichtung der Collimator *in* der Drehungsaxe und die vollständige Lostrennung des Beobachtungsrohrs vom Meßapparate ist – wie auch am gehörigen Orte in der Abhandlung selbst hervor gehoben ist. –

Nun noch einige Anfragen zur Beantwortung in Deinem nächsten Briefe, liebes Haraldchen, – den ich hoffentlich bald erhalten werde.

1). Wie stehst Du jetzt mit Schuster? – in welcher Weise hat er das Resultat ⟨6⟩ des Examens seiner Buben aufgenommen?

[7] Staatsprüfung pro facultate docendi (für Lehrer an Höheren Schulen) in Münster.

2). Warst Du schon bei Lorey – und etwa auch schon mit ihm auf dem Paulsthurme? Ich hoffe, Du hast nicht unterlassen, meine darauf bezügliche Bitte zu erfüllen, wenn Du vorerst auch gar keine überflüssige Zeit hast. – Du brauchst ihm ja einstweilen nur den guten Willen zu zeigen.

3). Ist der Jahresbericht [TV 17] noch nicht fertig? Wenn Du Witzel nicht siehst (er wohnt übrigens: kleine Gallusgasse 11.) so frage doch baldigst Lorey, und bitte ihn, Dir *so bald als möglich* einige Exemplare zu verabfolgen, damit Du sie mir *sogleich* schikken kannst. Denn ich möchte ihn gern als Document über meine Frankfurter Thätigkeit beilegen, da ich mir sonst vom Vorstande des Vereins ein besonderes Zeugniß ausstellen lassen müßte.

4). Hast Du einmal bei meinem Hauswirthe vorgesprochen, um zu erfahren, ob die paar Bücher, die ⟨7⟩ der + + + Koch noch von mir hatte, eingegangen sind, oder sonst noch etwas? Du könntest nächstens einmal hingehen und meine dermalige Adresse abgeben, für den Fall, daß etwa ein Brief an mich kömmt:

Jena, Saalgasse bei Donat.

Wenn Du mir was zu schicken hast, so schicke auch gleich die Mappe mit den Briefen u. Bildern mit – aber gut eingepackt. Lorey u. Reiß wirst Du von mir grüßen, und ihnen erzählen, was ich Dir mittheile, so weit Du es für gut findest – was ich *ein für alle male* schreibe. – Auch Wallach und Crailsheim, falls Du sie sehen solltest, oder wen ich sonst in Frankfurt gekannt habe. Meinen Hausphilister grüße auch schönstens von mir, wenn Du hinkömmst.

Damit genug für heute. Leb recht wohl und denke manchmal an Deinen

Alter E-go.

66 Abbe an Schütz Jena, 12. Mai 1863

Jena, Mai 12. 63.
Dinstag Abend.

Lieber Harald.

Ich habe Dich ein mal furchtbar lange auf [einen] Brief von mir warten lassen, nicht wahr. Du wirst mir es aber für diesmal durch die Finger sehen, wenn ich Dir sage, daß ich bis heute noch an meiner Dissertation [TV 23] zu arbeiten gehabt habe und dabei während der letzten Woche in der äußersten Hast war. Heute Mittag endlich habe ich die Arbeit, mit sammt den übrigen Documenten[1] an den Dekan abgeliefert, so daß ich nun das Weitere in Ruhe erwarten kann. – Die Abhandlung heißt: Ueber die Berücksichtigung der Fehlervertheilung bei Anwendung der Methode d. kleinst. Quadrate [TV 23]. Ich bin sehr wenig zufrieden damit; es hat mir nicht gelingen wollen, die Sache zu dem Abschluß zu bringen, der mir als Ziel vor Augen stand; und die Resultate lohnen nicht die Mühe und Zeit, die ich darauf verwandt habe. Doch kömmt glücklicher Weise Nichts drauf an, und deßhalb habe ich sie, ⟨2⟩ so gut es eben gehen wollte, fertig gemacht, da ich keine Lust habe, noch länger dran zu arbeiten und dadurch den Abschluß meiner Angelegenheiten noch weiter hinauszuschieben. – Ein paar neue Integrationsbeispiele mit Hülfe discontinuirlicher Factoren (verschieden von den Dirichlet'schen) sind darin; doch wird Dich das Ganze verflucht wenig interessiren. – Mit meiner Habilitation wird es nun, in Folge der Verzögerung meinerseits, doch nicht so schnell gehen, als ich erst dachte und wird wohl erst in der ersten od. zweiten Woche *nach* Pfingsten Alles fertig werden. Denn nachdem die Arbeit in der Facultät coursirt u. Snell darüber Bericht erstattet hat, geht das Ganze erst an *sämtliche* Regierungen, von denen Jena abhängt: Weimar, Gotha, Meiningen u. Altenburg, die alle erst ihre verfluchte Ge-

[1] Neben der Habilitationsschrift mußte er ein Ansuchungsschreiben, einen Lebenslauf (Curriculum vitae) und die Versicherung seines Vaters, für den Unterhalt des Sohnes einzustehen, einreichen.

nehmigung geben müssen. Dann erst darf ich, nachdem auch die Abhandlung *gedruckt* ist, disputiren und Antrittsrede halten. Doch kömmt auf diese Verzögerung ⟨3⟩ nicht viel an; denn gleich nach den Pfingstferien werde ich doch zu lesen anfangen, privatim so lange ich es noch nicht öffentlich darf, in dem Privat-auditorium Schaeffer's oder Snell's; und zwar denke ich: über bestimmte Integrale, besonders über die Fourier'schen Methoden [VV 1] 4stündig. Das Andere, Potentialtheorie [VV 2], will ich für diesen Sommer aufstecken, weil zu wenige da sind, die Mechanik gehört haben. Für die best. Int[egrale] werde ich wohl 4 od. 5 Zuhörer haben, mehr nicht, trotzdem zur Zeit ca. *12–14* Mathematiker hier sind, weil die Mehrzahl davon Füchse sind, die erst Differentialrechnung hören. Doch sind für die nächsten Semester die Aussichten günstig: es sind viele Mathematiker neu hergekommen, und Snell hofft, daß sie jetzt etwas länger hierbleiben werden, wenn ihnen ein wenig mehr als bisher geboten werden kann.[2]

Zu Pfingsten werde ich hier bleiben, um den Druck der Abhandlung [TV 23] zu besorgen; vielleicht jedoch gehe ich am 2ten Feiertage mit Snell u. Schaeffer auf 2 Tage nach ⟨4⟩ Halle, zum Stiftungsfeste des thüringischen Vereins für Naturkunde[3], der dort seinen Sitz hat; – für morgen u. übermorgen habe ich vor, mit Snell u. Schaeffer und noch einigen Andern einen Ausflug in's Saalethal zu machen, wenn's Wetter gut bleibt.

Mit Snell verkehre ich auf einem sehr cordialen Fuße, und macht mir die Unterhaltung mit ihm auf häufigen Spaziergängen u. dergl. großes Vergnügen. Auch bin ich schon mit vielen andern hiesigen Docenten (Geuther, Schleicher, Stöckhardt, Bezold etc.) bekannt geworden; mit denen allen sich recht gut verkehren läßt. – Mit dem Dr. Gaedechens, dem Verbindungsgenossen von Schulz, komme ich auch oft zusammen; er wird wahrscheinlich ziemlich gleichzeitig mit mir disputiren.

---

[2] Die beiden von Abbe im SS 1863 gehaltenen Vorlesungen sind im Lektionskatalog und in den Quästurakten nicht enthalten.

[3] Es handelt sich um den Naturwissenschaftlichen Verein für Sachsen und Thüringen (gegründet 1848 für Halle, 1853 erweitert für Sachsen und Thüringen) in Halle, der am 26./27. 5. 1863 das zehnjährige Stiftungsfest beging.

Snell sein Vortragsproject in betreff Frankfurts ist definitiv aufgegeben; in einigen Wochen erscheint die Geschichte im Druck [TV 94], wo ich sie Dir sogleich schicken werde.

⟨5⟩ Die Anerkennung, die Dir Schuster hat zu Theil werden lassen, ist mir sehr erfreulich. Bei Verwendung der 50 f. wirst Du nicht unterlassen, auf die *gemeinschaftlichen* Interessen der Firma zu sehen: also z. B. kein größeres Werk kaufen, welches *hier* auf der Bibliothek ist; denn ein solches kannst Du, so lange Du willst, durch mich von hier aus erhalten. Also z. B. *nicht* Whewell's History [TV 97], auch nicht Legendre [TV 68], u. Newton's Principia [TV 75] *sondern* z. B. ein Werk wie *Cauchy's* Exercises de mathématique [TV 30], das eine reiche Fundgrube ist für die ganze neuere Mathematik, und das ich hier sehr vermisse. – Antiquarisch werden dieselben (eine ganze Reihe von Bänden) für ca. 30 f. zu haben sein; – oder auch Lagrange, Mécanique [TV 66], denn das ist auch ein ganz werthvolles Buch, besonders in der Bertrand'schen Ausgabe, wo sehr viel neue Nachträge aufgenommen sind. (Doch weiß ich im Augenblick nicht, ob dieses nicht vielleicht *hier* ist).

⟨6⟩ Was ich bei dieser Gelegenheit fragen will: hast Du denn aus der Hermannschen Buchhandlung *Gauss Disquis.* [TV 44] noch nicht erhalten u. *Weber* Galvanometrie [TV 96], Deine verspäteten Weihnachts- und Geburtstagsdedicationen. Ich habe dort Deine genaue Adresse angegeben und sie in betreff meiner an die hiesige Frommannsche Buchhandlung verwiesen. Wenn Du Nichts erhalten hast, so frage doch einmal dort nach. –

Ferner: Ist denn *unsere* Determinantentheorie von Baltzer [TV 26] vielleicht bei Dir in Frankfurt? ich vermisse sie sehr und habe schon nach Hause geschrieben darum; da findet sie sich aber nicht; dann hoffte ich sie in der Mappe bei den Bildern zu finden. – Frage doch einmal bei Lorey's nach, ob sie etwa dort liegen geblieben ist. Ich brauche sie sehr nothwendig und muß sie sogleich kaufen, wenn sie sich nicht wiederfindet.

Ob Du mit Lorey auf dem Thurme warst oder überhaupt einmal bei ihm, hast Du mir noch immer ⟨7⟩ nicht geschrieben, trotzdem ich Dich darum gebeten habe. – Du Himmelsacramenter! – Nicht wieder zu vergessen!

Zu Deinem Examen[4] am 5ten Juni wünsche ich Dir nun recht viel Glück, wiewohl Du eigentlich keines dazu nöthig haben wirst. – Laß' bald hören, wann Du von Frankfurt abreisen, wie lange Du zu Hause bleiben wirst, etc., und wenn Du nach Hause kömmst, so vergiß nicht, Deinen Alten schönstens von mir zu grüßen.

Nun leb' recht wohl, liebes Haraldchen, bleib' hübsch gesund und denke oft an Deinen

Ernst.

67 Abbe an Schütz — Jena, 21. Mai 1863

Jena, Mai 21, 1863
Donnerstag Nachmittag.

Liebstes Haraldchen.

So eben lese ich Deinen letzten Brief, den ich Sonnabend erhalten habe, ein mal durch, und da denke ich denn mit Schrecken dran, daß es schon Donnerstag geworden ist, und ich Dir ja *bald* schreiben sollte. Hoffentlich wirst Du Deine Pfingstreise mit den Buben noch nicht angetreten haben – da voraussichtlich in Frankfurt eben so schlecht Wetter ist wie hier –; sonst muß ich mich auf einen ausgesuchten Rüffel gefaßt machen. –

Ich befinde mich zur Zeit sehr bene und wünsche, daß es mit Dir eben so der Fall ist. Indeß habe ich nach wie vor sehr viel zu thun mit Vorbereitungen für meine nach Pfingsten zu beginnenden Vorlesungen[1] [VV 1, 2], Vorbereitungen zu einem nächstens in der mathemat. Gesellschaft zu haltenden Vortrag[2], und auch

---

[4] Die Staatsprüfung fand am 5. 6. 1863 in Münster statt.

[1] Vorlesungsbeginn war der 11. 6. 1863.

[2] Abbe sprach am 6. und 11. 6. 1863 in der Mathematischen Gesellschaft (siehe Vortragsverzeichnis).

noch mit meiner Arbeit [TV 23], da, wenn ich dieselbe von der Facultät zurückerhalte, ich vor dem Drucke noch manches darin ändern will. – Deßhalb bin ich an Briefschreiben nach Frankfurt ⟨2⟩ noch nicht gekommen und werde wohl auch in den nächsten 14 Tagen nicht dran kommen. Wenn ich den Kopf voll von allen möglichen Dingen habe, kann ich einmal keine Briefe schreiben, wie etwa an Wallach, Lorey, Reiß; nicht grade der Zeit willen – denn so nothwendig ist ja jede einzelne Arbeit nicht, – sondern weil ich nicht zu der dazu erforderlichen Stimmung kommen kann. Es ist mir rein unmöglich, in der Situation, in der ich jetzt bin, Knall u. Fall auszubrechen und einen Tag lang Briefe zu schreiben. Uebrigens habe ich auch den Leuten in Frankfurt – auch Reiß – gesagt, daß ich ihnen schreiben wolle, *sowie* ich mit meinen Angelegenheiten hier im Reinen sei; sie werden mir es auch gewiß nicht übel nehmen, wenn ich nicht in den ersten 4 Wochen schreibe, da ich ja gar nichts besonderes mitzutheilen habe. – Wenn Du den Einen oder den Andern siehst, so gieb es Ihnen zu verstehen, daß ich sehr viel zu thun habe.

⟨3⟩ Deiner dringenden und abermals dringenden und **dringenden** Bitte, vor vollendeter Habilitation kein Colleg anzufangen (d. h. in diesem Semester überhaupt nicht zu lesen) kann zu meinem großen Leidwesen diesmal nicht gewillfahrt werden – so gern ich sonst Deinen dringenden Bitten nachgebe. Aber Du mußt bedenken, so dringende und **dringende** Gründe Du auch für Deinen Wunsch haben magst, daß Nichts auf der Welt zweckmäßig oder unzweckmäßig ist absolut und an sich selbst, sondern immer nur in bezug auf bestimmte Umstände. Nun trifft es sich, daß, wie Snell sagt, 2 Studenten wesentlich in Rücksicht auf die mein[en], von ihm mündlich angekündigten Vorlesungen für dieses Semester hier geblieben sind. Da bin ich denn moralisch verpflichtet, Wort zu halten, d. h. Snell nicht für seinen Guten Willen gegen mich, Vorwürfen auszusetzen, ⟨4⟩ d. h. also, ich muß noch in diesem Semester lesen. Wollte ich aber warten, bis Alles förmlich fertig ist, mit der Habilitation, so würde vielleicht der Juli halb durch sein, daß Semester sich also auf 4 Wochen reduciren. Folglich muß ich jetzt anfangen. A. E. D. – Uebrigens hat mir der Curator, als ich bei ihm war und um Beschleunigung bat, selbst mir an die Hand gegeben, früher anzufangen, wenn ich in diesem Semester gern lesen wolle. Wenn ich zu Ende habilitirt sei, seien die Vorlesungen doch testirfähig.

– Die Oben angeführten Gründe nöthigen mich sogar zu 2 Vorlesungen [VV 1, 2], wenigstens war es Snell nicht recht, als ich ihm sagte, ich wolle die Potentialtheorie [VV 2] für diesen Sommer lieber aufstecken – eben wegen der angeführten 2. – Deßhalb werde ich sie wenigstens 2–3stündig lesen, (nur die Grundbegriffe) wenn ich auch ⟨5⟩ wahrscheinlich nur 3, vielleicht gar nur 2 Zuhörer haben werde. – Die best. Integrale [VV 1] 4stündig. – Ich lese in Snell's Auditorium; und in der Potentialtheorie [VV 2] will Snell sogar selbst mit zuhören. – Also, beruhige Dich, lieber Harald.

– Was Du mir über Deine Unterredung mit Selchow schreibst, ist mir sehr angenehm zu hören gewesen. Nun halte mir Schuster beim Wort.

Deine Bücherankäufe, resp. Projecte billige ich vollkommen. – Meine Aeußerung im vorigen Briefe bezog sich – selbstverständlich – gar nicht auf solche Bücher, die man als Handbücher gebraucht oder sonst zu gelegentlicher Lectüre bei der Hand haben will, sondern nur auf größere u. kostspielige Opera. – Whewell's History [TV 97] z. B. gehört aber zu der *ersten* Classe jedenfalls nicht, in Hinsicht auf Kosten aber wohl zur zweiten.

⟨6⟩ Wenn Du mit Frankfurter Antiquaren zu thun hast, so angle doch einmal für mich nach *Serret, Algèbre supérieure* [TV 90], aber womöglich die neue (2te) Auflage (Reiß hat die ältere). Das Buch muß ich nothwendig haben. – Im Buchhandel kostet es jetzt 10 f.

Von der Bibliothek des Vereins könntest Du mir die *Resultate d. Magnet. Vereins* (mit Atlas) [TV 83] einmal schicken, weil ich die Gaussischen Abhandlungen [TV 47, 48] darin wegen meines Collegs wieder einmal lesen möchte. Frage übrigens gleich auf der Bibliothek, wann die *Revisionszeit* ist, wo alle Bücher eingeliefert sein müssen; wenn das noch im Juni ist, so schicke mir sie lieber später. – In Frankfurt benutzt sie ja doch Niemand. – Sage aber Niemand, daß Du sie mir schickst; dem Lorey wird es sonst doch Skrupel machen.

⟨7⟩ Damit genug für diesmal. – Bleib' hübsch wohl, Haraldchen, und halte angenehme Feiertage. Besonders gut Wetter zu Deiner project. Pfingstreise. – Es grüßt Dich herzlich Dein

Ernst.

Wie ich Dir schon geschrieben habe, wenn ich nicht irre, gedenke ich zu Pfingsten, (d. h. den 3ten u. 4ten Feiertag) mit Snell u. Schaeffer nach Halle zu gehen, zum 10jähr. Stiftungsfeste des Hallischen Vereins für Naturkunde – nur auf 2 Tage, zur Abwechselung. Snell wird dort einen Vortrag[3] halten, zu dem er gepreßt worden ist. –

Wenn Lorey od. der Secretair des Vereins etwa wegen der Meteorol. Tagebücher[4], die ich mit hierher genommen habe, etwas bemerkt, so sage, ich würde sie in der Kürze schicken. Im Augenblick brauche ich sie noch. Adieu.

68 Abbe an Schütz Jena, 13. Juni 1863

Jena, Juni 13, 1863.

Herzliebster Harald.

Ich komme erst heute, Sonnabend Nachmittag daran, Dir zu schreiben, nachdem ich Deinen Brief aus Münster schon Donnerstag erhalten habe. Du wirst es mir aber durch die Finger sehen, daß ich mich so saumselig zeige, Dir zu Deinem überstandenen Exa-

[3] Nach dem Bericht im Correspondenzblatt des Naturwissenschaftlichen Vereins für Sachsen und Thüringen hielt Snell am 27. 5. 1863 einen populären Vortrag über einzelne Momente der Entwicklungsgeschichte mit besonderer Berücksichtigung auf die Darwinsche Theorie.

[4] Es handelt sich um die schriftlichen Aufzeichnungen des Physikalischen Vereins zu den meteorologischen Beobachtungen.

men[1] zu gratuliren: Ich habe in dieser Woche mit Vorlesungen so vollauf zu thun gehabt, daß ich wirklich seit mehren Tagen jetzt die erste ordentlich freie Stunde habe; Donnerstag 2 Stunden, Freitag 2, und heute Mittag 1. Da habe ich, wie Du leicht begreifen wirst, mich ordentlich daran halten müssen, um meine Sache – besonders da es die *erste* Woche ist – einigermaßen erträglich zu machen.

Nun aber vor allen Dingen meine Freude darüber kund gethan, daß Du das alberne, einfältige Examen hinter Dir hast. – Denn ich habe mich jedes mal weidlich geärgert, ⟨2⟩ wenn ich dran gedacht habe, daß ein Mensch wie Du sich mit solchem Kram abgeben muß, wie Du es die Zeit über gethan hast, um sich dann von wer weiß was für Tröpfen von Pfaffen und reactionären Schulräthen bemäkeln zu lassen. Nun bist Du doch wieder ein freier Mann und kannst Deinen Neigungen nachgehen. Dazu also meinen aufrichtigen Glückwunsch und Segen. Und nun gebe ich Dir den guten Rath, baldmöglichst an irgend eine eigne Arbeit in Mathematicis zu denken, damit Du gleich Etwas bei der Hand hast, für den Fall, daß über kurz oder Lang Veranlassung für Dich eintreten sollte, den Doctor zu machen – außerdem natürlich auch, um, je eher desto lieber, ein berühmter Mann zu werden. – Da Du ja hoffentlich in diesem Sommer manche freie Zeit hast, so hoffe ich gelegentlich zu hören, womit Du Dich zunächst beschäftigen willst.

⟨3⟩ Was meine Angelegenheiten hier in Jena anlangt, so hat Dir der Eingang meines Briefes schon kund gethan, daß meine Vorlesungen in dieser Woche ihren Anfang genommen haben; wobei ich denke, daß Du die Gründe, die mich bestimmt haben, Deinen früheren Rath nicht zu befolgen, billigen wirst. – Ich lese also Potentialtheorie [VV 2] zweistündig (Mittwoch und Freitag von 10–11) und bestimmte Integrale [VV 1] in 4 Stunden, 2mal von 5–6, 2mal von 12–1. In dem ersten habe ich zur Zeit nur 2 Zuhörer, so daß ich, um das tres faciunt collegium zur Geltung zu bringen, mich selbst mit zurechnen muß; ein dritter der hören wollte ist unglücklicher Weise jetzt krank, und muß, wenn das

[1] Schütz legte am 5. 6. 1863 in Münster die Staatsprüfung pro facultate docendi ab.

nicht zu lange dauert, später noch zutreten. – In der andern Vorles. aber sind es 5, also schon eine erträgliche Zahl, mit der ich zufrieden sein kann, wofern sie nicht zu viel schwänzen. – Ich lese Alles in Snell's Auditorium, theils ⟨4⟩ unmittelbar vor, theils nach Snell seinen Stunden.

Vom Curator ist, von wegen des Regierungsconsens[2], noch keine Antwort eingelaufen, so daß auch keine weiteren Schritte für die Habilitation haben geschehen können. Einstweilen ist der Druck der Abhandlung im Begriff begonnen zu werden, deren Titel lautet: „Ueber die Berücksichtigung der Fehlervertheilung bei Anwendung der Methode der kleinsten Quadrate" [TV 23].

Während der Pfingstferien bin ich hier gewesen, mit Ausnahme von drei Tagen, wo ich mit Snell und Schaeffer in Halle zum Stiftungsfeste des Naturwissensch. Vereins für Thüringen u. Sachsen war. Am Dinstag (dritten Feiertag) bin ich mit Snell gefahren, Mittwoch sind wir dort geblieben bis Abend und haben dann Schaeffer bis Weimar zurückbegleitet. Am Donnerstag sind wir beiden, d. h. Snell u. ich dann auf einem Umweg ⟨5⟩ zu Fuß nach Jena gegangen – unter vielfachem Einkneipen auf den Dörfern, so daß wir einen ganzen Tag dazu gebraucht haben, um von Weimar hierher zu kommen. – Das war meine Pfingstreise, für welche Du als Ersatz Deine Rheinfahrt gehabt hast, die ich sehr gern mitgemacht haben möchte.

Sonst weiß ich Dir nicht viel weiter zu berichten, da hier Alles in gewohntem Gleise bleibt, und ich in der letzten Zeit, besonders der letzten Woche fast nur mit den Vorbereitungen für die Vorlesungen (und 2 Vorträge in der mathem. Gesellschaft) zu thun gehabt habe. Die Vorlesungen machen mir aber wirkliche Freude. – Doch noch Eins: ich bin in einen *Turn*verein eingetreten, der hier unter ca. 30 Leuten, meist jüngeren und älteren Docenten aller Facultäten, u. dergl. Leuten, besteht, um womöglich meine steifen Knochen noch ein wenig gelenk zu machen und früher Versäumtes nachzuholen. Zwei bis dreimal wöchentlich ist von 7–8 Abends Turnen, wo ich mich redlich abschinde. Den Vorturner macht ⟨6⟩ Prof. Schleicher (den Du vielleicht, oder wohl

[2] Die Genehmigung der Erhalterstaaten, datiert vom 25. 7. 1863, ging am 29. 7. 1863 ein.

eher Dein Vater, per renom. kennen wird), und er vollführt dieses Amt nicht nur mit riesigem Eifer sondern auch mit solcher Meisterschaft, daß im Laufe einer Stunde jedes Glied vom Nacken bis zu den Fußzehen zur Thätigkeit gekommen ist und ich ordentliches Interesse an der Sache bekommen habe. Außerdem kneipen wir dann Sonnabend Abends zusammen.

Damit genug für diesmal. – Grüße Dein Väterchen u. Mütterchen schönstens von mir, und sei Du herzlich gegrüßt von Deinem

Alter ego.

NB: Die beiden Stücke aus der Hermannschen Buchhandlung [TV 26, 90] habe ich erhalten. Du schreibst aber nicht! Hast Du sie etwa bezahlt, oder haben sie Dir gesagt, daß sie es – wie ich mit Diesterweg verabredet habe – durch die hiesige Frommannsche Buchhandlung von mir entnehmen wollen. Jedenfalls nicht doppelt bezahlen. – Die Disquisitiones scheint das dumme Volk also nicht schaffen zu können. – Ich habe hier jetzt Auftrag gegeben, und werde sie Dir hoffentlich bald schicken können.

O, wie gräulich siehts in der Politik aus; – daß sich die Leute in Preußen[3] das ruhig gefallen lassen!

69 Abbe an Schütz — Jena, 14. Juli 1863

Jena, Juli 14, 1863.
Mittags.

Liebster Harald.

Du bist, Deinem Briefe nach, schon über eine Woche wieder in Frankfurt und hast noch immer keine Antwort von mir – wirst eine schöne Moralpredigt für mich in Bereitschaft haben. Die

[3] Abbe bezieht sich hier auf den in Preußen ausgetragenen Heeres- und Verfassungskonflikt zwischen der Regierung und dem Bürgertum, der großen Widerhall in der Bevölkerung fand.

mußt Du jedoch diesmal ad acta legen und lieber eine Trostepistel schicken. Denn der Grund meines langen Stillschweigens ist nicht Saumseligkeit, sondern eine causa major sehr unliebsamer Art; ich habe wieder einmal meine verdammten Kopfschmerzen gehabt, die, wie es scheint, kein Jahr mich ungeschoren lassen wollen. Den ganzen Sommer wohl und munter gewesen, wie ich es nur wünschen konnte; da gehts mit einem Male wieder los. Seit beinahe 14 Tagen habe ich daran laborirt; erst weniger schlimm und vorübergehend, die ganze vorige Woche hindurch bis Freitag aber ohne Unterbrechung, so daß ich, in Folge von Schmerzen und mangelnder Nachtruhe ⟨2⟩ jetzt ganz auf den Hund bin. Erst seit Sonntag habe ich wieder Ruhe. – Der Teufel weiß, woher mir diese Landplage immer kömmt; in diesem Falle kann ich nicht den geringsten Anlaß finden; denn in den letzten Wochen habe ich Nichts weniger als angestrengt gearbeitet, vielmehr ungewöhnlich wenig gethan; andrerseits ist auch keine Abweichung von der üblichen Lebensweise vorgekommen. S' ist rein zum Verzweifeln. Die vergangene Woche hindurch habe ich absolut gar nichts unter nehmen können. Am Montag und Dinstag habe ich mit Aufwand aller Kräfte noch gelesen; die andern Stunden bis Sonnabend exclus. habe ich aber aussetzen müssen. Die Schmerzen waren zwar nicht so heftig als sie sonst öfters gewesen sind, aber die lange Dauer in Verbindung mit der unvermeidlichen Appetit- u. Schlaflosigkeit hat mich doch ordentlich desparat gemacht; ich habe den ganzen lieben Tag bei verhängten Fenstern in der Sophaecke sitzen müssen, ohne irgend etwas thun zu können, und nur in der Dämmerung konnte ich ⟨3⟩ ein paar Schritte spazieren gehen. – Jetzt ist's endlich wieder ganz vorüber, und ich fange an, wieder des Lebens froh zu werden – wer weiß auf wie lange?

– Meine Habilitationsangelegenheiten haben durch diesen Zwischenfall keine Verzögerung erlitten, weil solches bei dem hier stattfindenden Schneckengang beim besten Willen nicht möglich ist. Der Regierungsconsens ist immer noch nicht da – noch nicht einmal für den Dr. Gaedechens, über welchen das Referat 14 Tage früher abgegangen ist. Der Curator hat, wie er mir sagte, nochmals nach Weimar geschrieben (da es durch die Weimarische Regierung an die übrigen geht) – er sagt: es sei aus Altenburg u.

Meiningen noch keine Antwort da. Soll der Teufel in diese Lausewirthschaft fahren. Ob die Kerle in Altenburg u. Meiningen – die weil. preuß. Landräthe Harbou u. Cons. – nämlich – erst Recherchen anstellen lassen, ob wir politisch geheuer sind? Hat der Teufel sein Spiel, so finden sie heraus, ⟨4⟩ daß ich zum National-Verein[1] gehöre – und brocken mir vielleicht gar noch was ein. –

Daß der Druck meiner Abhandlung [TV 23] sehr langsam fortschreitet und jetzt noch immer nicht beendigt ist, ist mir zwar sehr ärgerlich, insofern ich dadurch immer noch nicht zu Anderem kommen kann, – hat aber bei so bewandten Umständen Nichts weiter zu sagen. Der Drucker hat keine mathemat. Setzer – die es hier überhaupt nicht giebt – und da in der Abhandlung sehr viele Formeln vorkommen, so macht die Correctur gräuliche Umstände: es thäte Noth, ich stünde dabei, wenn gesetzt wird. Die vorige Woche hindurch hat es daher fast ganz gestockt. Dieser Tage wird erst der erste Bogen fertig (es werden ca. 2 1/2).

Snell seine Abhandlung [TV 94], die schon vor ca. 3 Wochen heraus gekommen ist, erhältst Du beifolgend unter ⟨5⟩ Kreuzband. Ich hätte Dir sie schon nach Bielefeld geschickt, wenn Du damals nicht in Celle gewesen wärst. – Hoffentlich hast Du sie noch nicht gekauft. – Ich bin begierig zu hören, wie Dir der Inhalt gefällt. – Ich habe sie mit großem Interesse gelesen, und bin, einzelne Punkte abgerechnet, mit Snells Ansichten ziemlich einverstanden. – Wenn Du glaubst, daß es Deinen Vater interessirt, und er sie nicht schon gelesen hat, so schicke sie dann diesem; ich brauche das Exemplar nicht weiter.

Damit genug für heute. Laß' mich bald hören, wie es Dir geht – was Deine Angehörigen – in Bielefeld u. Celle machen – und was die Frankfurter. Leb' recht wohl u. sei herzlich gegrüßt von Deinem Pechvogel

Ernst.

Meine Briefschulden in Frankfurt sind noch immer nicht abgetragen. Ich bin noch immer nicht in der ⟨6⟩ Stimmung gewesen,

[1] Deutscher Nationalverein, 1859 in Frankfurt a. M. gegründete politische Organisation der liberalen Bourgeoisie, die für die Bildung eines kleindeutschen liberalen Bundesstaates unter preußischer Hegemonie eintrat.

all den Leuten zu schreiben; und da habe ich noch keinem geschrieben. – Vertheidige mich, so gut es geht, wenn mir deßhalb Vorwürfe gemacht werden. – Erst muß ich aus dem fortwährenden Hin u. Her heraussein, daß mich zu einer behaglichen Muse nicht kommen läßt. Doch wird das nun in aller Kürze werden, denke ich. –

Lorey kannst Du noch besonders sagen, daß ich die meteorolog. Tagebücher des Vereins noch nicht zurückgesandt habe, weil ich noch nicht mit der Benutzung habe fertig werden können. In 14 Tagen würde ich sie einschicken.

70 Abbe an Schütz — Jena, 3. August 1863

Jena, August 3, Vormittag.

Lieber guter Harald.

Du mußt mir nachsehen, daß ich Dir auch jetzt wieder unpünktlich antworte. Ich habe in dieser Woche so viel zu thun, daß ich nicht weiß, wo mir der Kopf steht; denn nächsten Sonnabend werde ich disputiren und auch die Probevorlesung haben, nachdem die Genehmigung der Regierungen endlich eingelaufen ist.[1] Da habe ich denn nicht nur die Vorbereitung zu beiden – neben meinen 6 Stunden Colleg [VV 1, 2], für das ich mich doch auch ordentlich vorbereiten muß, – sondern auch unzählige Laufereien; und das Alles, während ich mich in einem furchtbar angegriffenen Zustande befinde, von der Woche Kopfschmerzen her, von welcher ich mich noch nicht wieder erholt habe, wenn ich auch seitdem davon verschont geblieben bin. Ich habe bis zum Freitag noch ca. 30 Besuche abzulaufen, nachdem ich in voriger Woche etwa ebenso viel schon absolvirt habe – ⟨2⟩ denn ich muß mich sämmt-

[1] Die Disputation erfolgte am 8. 8. 1863, die Probevorlesung dagegen erst am 10. 8. 1863.

lichen hiesigen Docenten, altem Brauch gemäß, vorher vorstellen, und das sind zusammen ca. 60. – Daneben nun noch fortwährende Laufereien vom Dekan zum Prorector und vom Prorector zum Curator, um bald dies, bald das zu erfahren oder zu verabreden. Da bin ich denn manchmal zum Umfallen müde gewesen, wenn ich Mittags oder Abends nach Hause gekommen bin; – und zugleich in so verteufelter Stimmung, daß mir alle Lust zum Briefschreiben vergangen ist. – Nun, mit dieser Woche wird denn Alles fertig, und dann werde ich Dich nicht mehr so lange warten lassen.

Meine Abhandlung [TV 23], die nun fertig gedruckt ist, schicke ich Dir Sonntag, da ich bis jetzt erst ein paar Exemplare vom Buchbinder zurück habe und ich diese nothwendig für die Facultätsmitglieder brauche. Ich möchte Dich aber fragen, ob Dir ⟨3⟩ es convenirt, den verschiedenen Frankfurter Herren – Reiß, Wallach, Lorey, *Crailsheim* ein Exemplar, zu übermitteln – oder ob ich es lieber direct mit dem Briefe schicken soll – oder ist Dir's nicht unangenehm, *auch* einen Brief bei dem Einen oder dem Andern abzugeben? Gleich in den ersten Tagen nachdem ich fertig bin, beginnt eine große Briefschreiberei, da ich nach den verschiedensten Richtungen hin welche schuldig bin; da kommen Stern und die Frankfurter zuerst an die Reihe.

– Mein Colleg [VV 1, 2] habe ich wieder regelmäßig gehalten; wie ich mich denn auch sonst ganz wohl befinden würde, wenn ich mich nicht so abgespannt und angegriffen fühlte, und unter solchen Umständen die Geschäfte der beschriebenen Art mir nicht so lästig und ärgerlich vorkämen und mir alle Laune verdürben. –

Damit genug für diesmal. Sonntag mehr. Leb' recht wohl und sei nicht böse auf Deinen, der Dich so lieb hat,

Ernst.

NB: Die „Resultate d. magnet. V." [TV 83] gebrauche ich in diesem Semester *nicht* mehr. – Die Algebr. sup. von Serret [TV 90] aber sehr willkommen.

71 Abbe an Schütz Jena, 10. August 1863

Jena, Aug. 11, 1863.
Montag Nachtmittag.[1]

Liebster Harald.

Endlich ist der Privatdocent fertig – Gott sei's getrommelt u. gepfiffen! Am Sonnabend habe ich disputirt und *so eben* die Probevorlesung absolvirt, – was ursprünglich auch Sonnabend noch geschehen sollte, vom Dekan aber auf heute verlegt worden ist, – und damit ist denn die verdammte Hundekomödie glücklich vorüber; ich habe nur noch die Annehmlichkeit, eine ziemliche Anzahl von Besuchen noch nachreiten zu müssen, weil ich vorige Woche damit nicht fertig werden konnte – zum Theil wegen der afrikanischen Hitze, die seit mehreren Tagen hier ununterbrochen herrscht.

Die Disputation mit Snell und einem andern Mathematiker, Dr. Bartholomäi, als Opponenten (in der Aula[2]) hat fast 2 Stunden gedauert, und ist so leidlich abgelaufen, eigentlich etwas besser, als ich mir zugetraut hatte. Weidlich geschwitzt habe ich aber dabei. ⟨2⟩ – Gleich darauf habe ich dann im Bären[3] den Opponenten u. dem Decan (Hildebrand, Nationalöconom, ein sehr gemüthliches Haus), nach altem Brauch ein obligates Mittagsessen gegeben, an dem auch Prof. Schaeffer mit Theil genommen hat, während mittlerweile auf meiner Bude die 7 Pedelle – gleichfalls nach altem Gebrauche – 7 Flaschen Wein und Kuchen vertilgten. – Gestern habe ich dann, der großen Hitze wegen, Nichts gethan und Bier dazu getrunken und heute endlich das letzte Stück des dummen Zopfes durch die Probevorlesung[4] absolvirt – wobei außer dem Dekan, Snell und dem Curator noch 3 Andere als Zuhörer waren – ein kleines aber sehr gewähltes Auditorium (NB:

---

[1] Das Datum ist verschrieben, denn Montag war der 10. 8. 1863.

[2] Die Aula befand sich im alten Kollegiengebäude, dem 1759 ursprünglich für das Konviktorium errichteten Gebäude längs der Kollegiengasse.

[3] Hotel zum schwarzen Bären am Lutherplatz.

[4] Hieraus geht hervor, daß die Probevorlesung am Montag, dem 10. 8. 1863, stattfand.

nicht öffentlich, sondern im Dekanatszimmer[5], blos den Senatsmitgliedern zugänglich).

Für nächstes Semester habe ich auf Snell's Veranlassung angekündigt: 2ten Theil der analyt. Mechanik [VV 3], – nämlich die Fortsetzung seines in diesem Sommer gehalt. Collegs über Phoronomie, wo ich diejenigen Abschnitte behandeln ⟨3⟩ will, die Snell nicht vornimmt, – vorzugsweise die Lehre von der drehenden Bewegung – 4stündig – wofür sich die Studenten hoffentlich schon deßhalb interessiren werden, weil sie die drehende Bewegung ja oft genug practisch üben. – Außerdem will ich 2stündig publice lesen: Theorie der wichtigsten physikal. Meßinstrumente [VV 4] – wovon Du Dir leicht eine Vorstellung wirst bilden können.

Im Lectionsindex[6] bin ich gegenwärtig der letzte – das Nesthäkchen –, werde das aber voraussichtlich keine 6 Jahre bleiben, wie es Schaeffer gegangen ist; denn gegenwärtig laufen schon wieder 2 Habilitationsangelegenheiten bei der philos. Facultät, wie mir der Dekan sagt, nämlich von Seiten eines Historikers (eines Dr. Caro, Juden) und eines Philologen, welche wahrscheinlich im nächsten Semester sich erledigen werden; so daß statt der 2 Privatdoc., die bis vor wenig Wochen noch waren, bald 6 in der philos. Fak. sein werden.

⟨4⟩ Ich schreibe Dir heute, ohne meine Dissertation [TV 23] mitzuschicken, weil ich Dir in einigen Tagen (Mittwoch wahrsch.) doch ein Packet schicken will, und bis dahin auch die Briefe an Reiß, Wallach, Lorey, beilegen kann, wenn Du sie besorgen willst. Es ist nämlich endlich Dein Weihnachtsgeschenk, Gauss Disquis. [TV 44] angekommen, – nach vielfachen Umständlichkeiten, in Folge dessen, daß es nicht im Buchhandel zu haben sondern nur direckt von der Societät in Gött.[7] zu beziehen ist; – ich habe es sogleich zum Buchbinder gegeben, von dem es Mittwoch wieder kommen soll. Dann werde ich es Dir sogleich mitsammt den

[5] Das Dekanatszimmer der Philosophischen Fakultät befand sich im Nordflügel des alten Kollegiengebäudes.

[6] Gemeint ist der lateinische Lektionskatalog (Index Scholarum), der für das jeweilige Semester im Druck erschien. Deutsche Vorlesungsverzeichnisse erschienen erst seit 1866.

[7] Es handelt sich um die Königliche Gesellschaft (Societät) der Wissenschaften zu Göttingen.

Dissertationen [TV 23], einem großen Diplom, in welchem mir „jures atque immunitates" eines jenaischen Privatdoc. zugesprochen werden – schicken, – hoffentlich noch zeitig genug für Deine zahlentheoret. Studien. – Ich werde auch die meteorol. Tagebücher des physik. Vereins beipacken, da es doch einmal ein großes Packet wird; Du kannst so gut sein, sie durch Witzel an den Secretär des Vereins befördern zu lassen. –

Damit Ade für heute; Mittwoch Mehrers über mancherlei Dinge. Herzlichen Gruß von Deinem

Ernst.

Wegen meines Wohlseins sei unbesorgt; ich befinde mich jetzt wieder ganz gut, und kann mich ja nun erholen u. ausruhen, soviel ich will.

72 Abbe an Schütz — Jena, 19. August 1863

Jena, Aug. 19. 1863.
Mittwoch Nachmittag.

Liebster Harald.

Du erhältst das erwartete Packet erst heute, weil mich der Buchbinder auf die Disquisit. [TV 44] bis Sonntag hat warten lassen, und ich die Sendung in diesen Tagen nicht abschicken mochte, aus Furcht, es könnte in dem unmenschlichen Trubel, der in dieser Zeit in Frankfurt[1] geherrscht haben muß, abhanden kommen, – was insofern ein unersetzlicher Verlust wäre, als die 7 meteorol. Tagebücher des Physik. Ver. (nebst 2 Bänden alter Jahresberichte [TV 17] dabei gepackt finden, die, so werthlos sie an sich sind,

[1] Im August 1863 tagten in Frankfurt a. M. der mit der deutschen Bundesreform beschäftigte Frankfurter Fürstentag sowie der Deutsche Nationalverein und der Deutsche Reformverein.

doch um keinen Preis verloren gehen dürfen. Uebrigens wirst Du in diesen Tagen wohl auch grade genug zu thun gehabt haben (oder zu nichts thun) um die Disquis. und meine Abhandlung [TV 23] nicht zu vermissen. ⟨2⟩ Die Tagebücher und Jahresberichte [TV 17] (9 Bände zusammen) sei so freundlich, durch Witzel an den Sekretär des Vereins übergeben zu lassen – gegen Rückgabe meines Scheines –, aber laß' ja nichts davon verloren gehen.

Die Disquis. arithm. [TV 44], Dein sehr unzeitgemäßes Weihnachtsgeschenk, studire recht angelegentlich, und berichte mir sodann, welchen Eindruck die Zahlentheorie im Gewande des Erfinders auf Dich macht. Meine Dissertation [TV 23] schicke ich Dir *nicht* in der Absicht, daß Du sie lesen sollst; das lohnt die Mühe nicht, wie ich Dir aufrichtig vorher sagen will.

Die beiden Packet'chen, die je ein Exemplar der Dissertation enthalten, sei so freundlich, auf die Post zu geben und das Porto zu erlegen; indem dadurch die Post im Interesse *unserer* Casse (wenn auch nicht Deiner) um ein paar Groschen geprellt wird.

⟨3⟩ Den Brief an Lorey besorge hübsch, sammt dem entsprech. Exempl. der Dissert. und – wenn Du willst, Scherzes halber – einem Diplom.

Die Briefe an Reiß u. Wallach werden *Sonnabend* oder *Sonntag* von *Eisenach* aus abgelassen, so daß sie spätestens Montag eintreffen; von da ab kannst Du also die Exemplare abgeben. – Wenn Du es nicht für zu einfältig hältst, kannst Du auch Reiß ein Diplom geben. Ich habe die Dinger einmal – NB: für mein gutes Geld bezahlen müssen – und für einen gewissen Gebrauch eignen sie sich leider nicht.

– Auch an Stern geht der Brief in den nächsten Tagen ab. – Ich bin noch nicht eher daran gekommen, an diese zu schreiben, weil ich die ganze vorige Woche noch Colleg (– zum Theil doublirt) gehabt habe, und in dieser ein paar Tage völlig verbummelt worden sind; der eine (oder vielmehr 2) in einer Spritztour mit Snell, ein anderer bei Gelegenheit von *Pfeiffer's* glücklich bestandenem Examen[2], ⟨4⟩ in einem Ausfluge und Kneiperei. Morgen und Uebermorgen komme ich auch nicht ans Schreiben, weil ich

[2] Pfeiffer schloß am 17. 8. 1863 die mündlichen Prüfungen für die medizinische Promotion ab.

übermorgen (Freitag) nach *Eisenach* fahren will – in Begleitung eines jungen Astronomen aus *Pulkowo* bei Petersburg, Dr. Gylden, mit Namen, der von hier – wo er seine Braut[3] hat – über Frankfurt nach Heidelberg reisen wird. Er war früher Aussistent bei Hansen in Gotha, und deßhalb will ich die Gelegenheit wahrnehmen, mit ihm nach Gotha zu fahren um Hansen und die Sternwarte[4] dort mit guter Manier kennen zu lernen – Falls er sich in Frankfurt aufhält, (was übrigens sehr problematisch) werde ich ihn *Dir und Lorey* zuschicken; es ist ein ganz netter Kerl; wenn Du Zeit hast, kannst Du schon eine Stunde mit ihm herumlaufen; er kommt wahrscheinlich Sonntag od. Montag. – Den Brief an Lorey gieb deßhalb möglichst bald ab, weil ich ihm dies auch ankündige.

⟨5⟩ Da ich heute und Morgen vor meiner Abreise noch mancherlei zu bestellen habe, so schreibe ich für heute Nichts weiter, sondern verspare Mittheilungen und Anfragen über mehrerlei Gegenstände auf meinen nächsten Brief von Eisenach aus. –

In Eisenach gedenke ich so ein 4–6 Wochen zu bleiben; gegen Ende der Ferien will ich mit Snell eine kleine Experimentalarbeit hier vornehmen (d. h. vielmehr: Snell mit mir) – Sage Lorey mündlich, daß ich in den nächsten Wochen in Eisenach bin; ich habe, glaub ich, vergessen, es zu schreiben.

Wenn Du mir schreibst, laß doch ein mal ein Sterbenswörtchen über den Physik. Ver. hören. – Nimmst Du jetzt an den Versamml. Theil?, – benutztest Du die Biblioth.? – was sind für Vorträge vorgekommen in letzter Zeit?

Dr. Berger grüß' von mir, falls Du ihn kennst; außerdem laß die Abhandlung durch Witzel bestellen. Hat er Dir ⟨6⟩ den Quintus-Icilius [TV 81] zurückgeschickt? – Wenn nicht, so laß' ihn drum treten.

Damit leb' recht wohl für heute, liebes Haraldchen und behalte lieb Deinen

Ernst.

[3] Gylden hatte sich mit Therese von Knebel, der Enkelin des Jenaer Goethefreundes Karl Ludwig von Knebel, verlobt.

[4] Die ältere Sternwarte auf dem Seeberg war 1857 eingegangen, die neue lag in der Nähe des Parkes.

Wenn Du nicht in Frankfurt wärst und noch einige andere Leute, um die es doch auch Schade wäre, so wäre ich in diesen Tagen geneigt, die 7te Bitte im Vaterunser dahin zu präcisiren: „und laß Frankfurt mit Haut u. Haaren in die Luft fliegen". So müßte ich diesen Wunsch auf den Bundespalast[5] allein beschränken; was aber wohl nicht vollkommen ausreichend sein dürfte.

Legendre [TV 69] habe ich Dir blos aus Versehen gestohlen; der gehört gar nicht mir, und ich bin sehr verwundert gewesen, als ich ihn, auf Anlaß Deines Wunsches, auf meinem Bücherbrett vorfand.

73 Abbe an Schütz — Eisenach, 20. September 1863

Eisenach, Sept. 20, 1863.
Sonntag Morgen.

Lieber guter Harald.

Ich bedaure Dich von Herzen wegen der Sorgen, die Du die Zeit her um mich ausgestanden hast. – Leider ist Deine Befürchtung über den Grund meines langen Schweigens richtig gewesen: ich habe mehr als drei Wochen lang auf dem Ohr gelegen und zwar wieder an den verteufelten Kopfschmerzen, und das in einer Weise, daß ich der Verzweiflung nahe gekommen bin – Ich habe noch nie zuvor so lange andauernd daran gelitten. – Es fing an wenige Tage nach meiner Ankunft hier, ich glaube den Tag, bevor Dein erster Brief hier herkam; und erst in der letzten Woche ist es allmählig besser geworden. Seit vorgestern bin ich die Schmerzen ganz los, aber furchtbar erschöpft, von der Schlaf- u. Appetitlosigkeit der langen Zeit; und meine Augen ⟨2⟩ von der Gewöh-

[5] Das im 18. Jahrhundert erbaute Thurn und Taxissche Palais in der Eschenheimer Gasse war von 1816 bis 1866 Sitz des deutschen Bundestags, so daß es seitdem den Namen Bundespalais (hier Bundespalast) führte. Hier wurde am 17. 8. 1863 der deutsche Fürstentag eröffnet.

nung an die Dunkelheit sehr angegriffen. Ich werd lange brauchen, bis ich mich wieder ordentlich erholt habe.

Ich hätte Dir schon früher durch meinen Alten schreiben [lassen], wenn ich hätte denken mögen, daß ich es so lange nicht können würde. Als ich es nun vorige Woche besser werden sah, mochte ich es auch nicht thun lassen, weil ich fürchtete, Du werdest Dir noch mehr Sorgen machen, nachdem Du dadurch die Gewißheit erlangt haben würdest, daß ich es nicht selbst könne. – So giebt Dir doch der erste Brief gleich ein Dokument, daß das Schlimme überwunden ist. –Ich bin auch in der That, abgesehn von der Abmattung, seit gestern wieder *vollständig* wohl, habe gewaltigen Appetit und schlafe 12 Stunden lang. –

Für Arbeiten und Vorbereitung auf das Semester werden wohl die Ferien verloren sein. Doch werde ich wohl in 1 od. 1 1/2 Wochen doch nach ⟨3⟩ Jena zurückgehen, weil ich mit Snell Etwas experimentiren will, was ich jedenfalls können werde.

An's Schreiben an Reiß, Wallach, Stern we[r]de ich in der ersten Woche wohl noch nicht kommen können; – in den ersten Tagen, die ich hier war, bin ich davon abgehalten worden, weil Snell mehre Tage mit hier war (aus Veranlassung des Künstlerfestes) und mich dabei mit Ausflügen, u. dergl. sehr in Anspruch genommen hat; dann war auch ein früherer Göttinger Studio, Mathematik., hier (jetzt in Berlin) der mich auch 2 Tage abgehalten hat. – Entschuldige mich dort bei den Betreffenden; ich hoffe, sie werden mir es nicht übel nehmen.

– Damit genug für jetzt; so bald ich etwas weiter bin, schreibe ich Dir über vielerlei, was ich noch auf dem Herzen habe. Einstweilen entschlage Dich nur aller Sorgen um mich; – wenn ich daran denke, was ich Dir für Kummer gemacht – was ich erst jetzt kann – so empfinde ich mein Leid noch hundertmal härter. – Behalte lieb Deinen armen Lazarus

Ernst.

⟨2, Rand⟩ Es ist noch *1 Heft* (7te) von den Meteorol. Tagebüchern aus Versehen zurück geblieben; ich schicke es, sobald ich kann. – Sag' es einstweilen Witzel.

74 Abbe an Schütz Eisenach, 29. September 1863

Eisenach, Sept. 29. Abends.

Liebster bester Harald.

Wenn ich jetzt die Briefe alle durchlese, die Du mir während der letzten vier Wochen geschrieben hast, so wird meine Freude über mein dermaliges vollständiges Wohlbefinden sehr getrübt durch den Gedanken an die Sorge, die ich Dir während der letzten Zeit gemacht habe. Es ist nur gut, daß ich in der Zeit, da mich die Kopfschmerzen plagten, entweder gar nicht oder nur sehr dumpf und verworren an Dich habe denken können, – wie ich auch erst später im Stande war, Deine Briefe ordentlich zu lesen, – sonst wäre mir mein Zustand noch viel unerträglicher geworden. So habe ich doch wenigstens keine Gedankenpein auszustehen gehabt, sondern habe die ganze Zeit über -- die mir übrigens so lang wie ein ganzes Vierteljahr geworden ist – ziemlich gedankenlos, meistens auf dem Sopha liegend, hingebracht – dank zahlreichen Morphiumpulverchen und dergl. Dir und mir zum Troste aber kann ich Dir jetzt schreiben, daß ich mich während der letzten Woche sehr rasch wieder erholt habe und mich im Augenblicke vollständig ⟨2⟩ wohl und nicht ein mal mehr merklich angegriffen fühle, nur daß ich noch etwas blaß aussehe. Ich habe die vergangene Woche alles Lesen, Schreiben und sonstiges Arbeiten vollständig vermieden und Nichts gethan als Schlafen, Spazierengehen und Essen u. Trinken – was mir, bei sehr gesteigertem Appetit, Alles sehr wohl bekommt. Gestern habe ich mit einem meiner früheren Lehrer [1] hier eine große Tagesexcursion gemacht, und heute habe ich, nachdem ich sehr spät aufgestanden war, eine Reihe Besuche in der Stadt absolvirt, die ich so lange verschoben hatte. Daher komme ich erst jetzt ans Schreiben.

Aus Deinen Briefen ersehe ich zu meiner Genugthuung, daß Du im Punkte des Wohlseins den Credit der Firma rettest – es

---

[1] Vermutlich handelt es sich um Ferdinand Senft.

wäre auch gar zu toll, wenn Du auch so ein defectes Individuum sein wolltest wie ich es leider bin; wie wohl ich nicht ganz frei von Bedenken bin, indem in *einem* der Briefe vom 14t hui[us mensis], die Bemerkung vorkommt: daß Du so gut wie Nichts gearbeitet habest, weil Du nicht ganz wohl gewesen, und Dich in Acht nehmen müßest. – Solche Eingriffe in mein Departement[2] verbitte ich mir ⟨3⟩ für die Zukunft. – Daß Du mit Schusters und den Buben gegenüber Dich noch in der gewohnten Situation befindest, setze ich voraus, da nirgends das Gegentheil angedeutet ist; und ich wünsche Dir einstweilen Glück zu der hoffnungsvollen Schülerin, die nun noch hinzugekommen ist. – Dem nächsten Donnerstag sehe ich mit banger Erwartung[3] entgegen und möchte fast wünschen, Du bekämest auf acht Tage einen rechten Buckel. Denn wenn ich mir Dich im blauen Rock und mit dem Kuhfuß auf der Schulter vorstelle, bekomme ich immer Halucinationen von Barrikaden, Kriegsgerichten u. dergl.

– Dein Zeugniß aus Münster[4] macht mir viel Spaß, wenn ich auch den „weniger schmeichelhaften" Theil auch gern gehabt hätte, der Harald ist doch ein ganzer Kerl, – wird Dein Väterchen mit mir gedacht haben.

Daß Du an Stern über mich geschrieben hast, ist recht schön von Dir, meinem sorgsamen Mentor. – Ich ärgere mich schwer darüber, daß ich in Folge meines Mißgeschicks meine schweren Briefschulden noch immer nicht habe abtragen können. Nun soll's aber schleunigst daran gehen. –

Was Deine Sorgen in betreff meines Thuns im nächsten Semester ⟨4⟩ anlangt, so darf ich mich zwar, nach dem Vorhergegangenen, nicht auf's hohe Pferd setzen, glaube aber doch, daß Du ein wenig gar zu ängstlich bist. – Zunächst die Experimentalarbeit mit Snell, von der ich Dir geschrieben habe, ist weiter gar Nichts, als Manipulationssache, mit welcher mich einzulassen jedenfalls eher zuträglich als nachtheilig sein wird, insofern ich

---

[2] Bezieht sich auf Abbes Gesundheitszustand.

[3] Schütz mußte zur Musterung für den Militärdienst.

[4] Schütz hatte mit dem Staatsexamen in Münster die Befähigung für das Lehramt an einer höheren Schule erlangt. Abbes Abneigung gegen den Lehrerberuf wird hier deutlich, obwohl auch er ihn als mögliche Existenzgrundlage akzeptieren mußte.

dadurch noch eine Zeit lang von den viel anstrengenderen Kopfarbeiten abgehalten werde, von denen ich mich aus freien Stücken, wenn ich einmal wieder völlig wohl bin, nicht so leicht zurückhalten kann. – Es handelt sich nämlich blos um Versuche über die *Ausflußgeschwindigkeiten* verschiedener Flüssigkeiten aus Röhren, welche Snell anstellen will, um eine von ihm ausgedachte Theorie über die zwischen den Theilen der Flüssigkeiten bestehende Molekularwirkungen zu prüfen. Die Röhren und Gefäße u. A. zu den Versuchen sind hergestellt, und wenn ich Snellen helfe, – was ich ihm einmal zugesagt habe und thun muß, weil ein Einzelner allein die Beobachtungen nicht anstellen kann – so werde ich nichts weiter zu thun haben, als Wasser u. Oel u. Quecksilber zu wägen, Röhren zu calibriren und wenns hoch kommt, Sekunden zu zählen – was, durch eine Woche oder zwei hindurch mit Muße fortgesetzt, mir eine ⟨5⟩ recht heilsame Abwechselung und Zerstreuung sein wird. – Als solche betrachte ich es auch nur, da ich nicht glaube, daß aus der ganzen Sache, wie Snell sie angelegt hat, viel herausspringen wird.

Was nun meine beiden Vorlesungen [VV 3,4] anlangt, so bin ich allerdings in den Vorbereitungen dazu, dadurch, daß mir der größere Theil der Ferien fast ganz verloren gegangen ist, sehr zurückgeblieben, will sagen, – ich habe noch so gut wie gar Nichts darin gethan. Doch habe ich noch über 3 Wochen Zeit bis zu Beginn des Semesters (woran die beabsichtigten Versuche nicht erheblich kürzen werden) und habe mich eigentlich nur auf die Mechanik [VV 3] viel vorzubereiten, in Hinsicht auf das Sachliche. Diese kann ich nun aber auf keinen Fall aufstecken; weil Snell schon in seinem Colleg in diesem Sommer auf die von mir zu gebende Fortsetzung gerechnet hat und auch aus andern Gründen kein anderer Gegenstand für die jetzt in Jena befindlichen Mathematiker so am Platze ist. – Ueberdieß würde mich jede andere ordentliche Vorlesung (deren *eine* ich doch jedenfalls halten muß) *mindestens* eben soviel Arbeit kosten. –

Ich werde mich aber auch gar nicht besonders anzustrengen brauchen. Denn in den 3 Wochen, die ich noch habe, komme ich ohne allen Zweifel mit der Sache so weit ins Reine, – d. h. werde fertig mit der Disposition, – der Verteilung des ⟨6⟩ Materials, der

Feststellung der Darstellungsweise im Allgemeinen – daß ich ruhig anfangen kann und während des Semesters Zeit genug habe, um mich auf die einzelnen Pensa vorzubereiten; um so mehr, als nach kaum 7 Wochen wieder 14 Tage Ferien kommen. – Freilich werde ich mich darein ergeben müssen, den ganzen Winter über Nichts anderweitiges arbeiten zu können; was mir sehr ärgerlich ist, da ich Mehrerlei in petto habe, worauf ich mich gern einmal näher einlassen möchte. – Das kleine Publicum, über Meßinstrumente [VV 4], ist gar nicht des Aufhebens werth. Abgesehen von den paar ersten Stunden werde ich kaum eine erhebliche Vorbereitung nöthig haben; denn der Inhalt ist mir vollständig geläufig (Theorie der gewöhnlichen Instrumente, Winkelmesser mit Fernrohr, – Uhr, d. h. Pendel; – Waage, Drehwaage, Bifilarwaage etc.) und an sich sehr einfach; und in den Notizen aus dem Göttinber Seminar[5] habe ich ja fast das ganze Material zusammen.

Ueber den näheren Plan bei diesen Vorlesungen werde ich Dir nächstens noch ausführlicher berichten, und Dir von der Mechanik wenigstens die Ausarbeitung schicken, aus welcher Du, schmeichle ich mir, vielleicht auch was lernen kannst.

Für jetzt nur noch ein paar Aufträge.

1). Das beifolgende 7te Heft der *Meteorol.* Tagebücher besorge an den Secretär des Phys. Vereins (Schrotzenberger) – Ich hatte es in ⟨7⟩ Jena beim Einpacken vergessen – oder vielmehr aus Versehen in meinen Koffer zu den Büchern gelegt, die ich mit nach Hause nehmen wollte, unter denen ich es erst bemerkte, als Du schriebst, es seien nur 6 Hefte da. (+) Vergiß nicht, Dir meinen Empfangsschein zurückgeben zu lassen.) – Baltzer's Theorie der Determ. [TV 26], die Du hoffentlich noch nicht hast, behalte für Dich, da Du sie vielleicht einmal brauchen kannst und ich ein anderes Exemplar habe. Ich hatte es Ostern hier liegen lassen und in Folge der Bummelei meines Alten, der es hier nicht auffinden wollte, trotzdem es ihm vor der Nase lag, neu gekauft; so daß ich es jetzt doppelt habe.

2). Wenn Du mir gelegentlich den Serret [TV 90] nach Jena schickst, so lege bei: Deine Notizen aus *Webers Seminar*-Vorle-

[5] Mathematisch-Physikalisches Seminar in Göttingen.

sungen, besonders die aus Deinen ersten beiden Semestern [VV 66, 67], wofern Du dieselben in Frankfurt hast. In Folge meiner Dir bekannten Ordnungsliebe, vermöge welcher ich Alles auf Zettel und Blätter schrieb, ist mir Manches davon verloren gegangen. – Quintus-Icilius [TV 81], wenn *Du ihn nicht mehr brauchst*, da ich manchmal etwas darin nachzusehen habe; Lagrange Mec. anal. [TV 66] **nur** *für den Fall*, daß Du sicher bist, diesen Winter *gar keinen* Gebrauch davon zu machen; da ich ihn wahrscheinlich auch nicht viel bei meinem Colleg werde benutzen können; endlich *aus der Vereinsbibliothek* – wenn Du noch Mitglied im Ver. bist: – die Jahresberichte des Magnet. Vereins [TV 83] und: Dove, Ueber Maaß u. Messen [TV 34].

⟨8⟩ 3). Die Jenaische Bibliotheksverwaltung hat uns, d. h. Schaeffer u. mir, die Zusage ertheilt, Crelle's *Journal für d. reine u. angewandte Mathem.* [TV 18] zu acquiriren und *sodann* die Fortsetzung zu halten, sobald ein Exemplar des *Ganzen* antiquarisch zu haben sei. – Da wir jetzt allemal nach Weimar an die Großherzogl. Bibliothek recurriren müssen, wenn Etwas daraus gebraucht wird, so liegt mir sehr daran, daß sich die Gelegenheit bald finden möge, und Du könntest mir deßhalb einen unmenschlichen Gefallen thun, wenn Du bei den größeren Frankfurter Antiquaren (z. B. St. Goar, u. A.) einmal darnach Erkundigungen einziehen, auch wohl *Aufträge* zu *Nachforschung* darnach geben wolltest – um mir dann etwaigen Erfolg sogleich mitzutheilen. – Es würde selbst nicht schaden, wenn das Exemplar einige Lücken hätte. – Auch könntest Du Dich einmal umsehen, ob Poinsot, Théorie nouvelle de la rotation [TV 79] nicht bei einem der Antiquare zu haben ist.

Damit für heute genug: Sonnabend werde ich wahrscheinlich nach Jena gehen, von wo aus ich Dir dann sogleich wieder schreiben werde. Kannst Du mir noch *Donnerstag* kurz den Erfolg Deiner Musterung schreiben, – was ich sehr wünsche – so schicke den Brief noch nach *Eisenach*. – Grüße Dein Väterchen von mir, – wie *Dich* meine Alten herzlich grüßen lassen; und behalte lieb Deinen

Ernst.

75 Abbe an Schütz Jena, 7. Oktober 1863

Jena, October 7, Mittags.

Liebster Harald.

In der Kürze die Nachricht, daß ich gestern Abend wohl behalten in Jena eingetroffen bin. Wider meinen ursprünglichen Vorsatz, schon vergangenen Sonnabend von Eisenach abzureisen, ist es erst Dinstag geworden, weil das Zureden meines Vaters, der gern am Sonntag noch einen größeren Spaziergang mit mir machen wollte, mich bestimmte, bis Montag zu warten, und am Montag nun die Bummelei der Person, die meinen Koffer zum Bahnhof trug, mich den Zug versäumen ließ; so daß ich bis Dinstag warten mußte. – Zu meiner Freude kann ich Dir mittheilen, daß ich mich zur Zeit sehr wohl befinde und mich von den Nachwehen der langen Kopfschmerzperiode wieder vollkommen erholt habe; daher ich dem neuen Semester frohen Muthes entgegensehe.

Deine Nachricht von dem Ausfall der Musterung in Frankfurt, die ich in gespannter Erwartung am Freitag er- ⟨2⟩ hielt, hat mir unendliche Freude gemacht, und habe ich gleich am Abend auf die wohllöbl. königl. preuß. Militärbehörde in Frankfurt a/M einen Schoppen (natürlich Bier) getrunken. So wäre also auch diese Klippe glücklich umschifft.

Mein Alter läßt Dich schönstens grüßen und Dir gratuliren, und Dich erinneren, bald wieder einmal zu uns nach Eisenach zu kommen.

Für heute genug hiermit. Ich will, nachdem ich diesen Morgen zugebracht habe, meine Sachen auszupacken und meine Bude wieder in Ordnung zu bringen, diesen Nachmittag mit dem Dr. med. et. chir. Pfeiffer einen Spaziergang machen. (NB: Pfeiffer, der sein Examen ruhmvoll überstanden, vor 14 Tagen auch seine *Verlobung* mit einer hübschen Jenenserin gefeiert hat, wird voraussichtlich den Winter noch hier bleiben, wofern er nicht – wozu einige Aussicht ist – in der Kürze eine Stelle als Assistenz-Arzt beim Militär in Weimar erhält) – Sei herzlich gegrüßt von Deinem

Ernst.

76 Abbe an Schütz Jena, 28. Oktober 1863

Jena, Octob. 28, Mittags.

Liebster Harald.

Mit Schrecken denke ich daran, daß schon mehr als 14 Tage vergangen sind und ich noch immer nicht auf Deinen Brief geantwortet habe. Der Grund ist, daß ich Dir nicht schreiben wollte, ohne vorher oder zugleich an Reiß geschrieben zu haben; und dazu ist es, wie wohl ich seit 14 Tagen jede Stunde daran gedacht habe, noch immer nicht gekommen. Nun muß ich Dir doch vorher schreiben, damit Du nicht auf den Verdacht kömmst, ich sei schon wieder krank geworden – da ich sehe, daß ich vor Sonnabend nicht dazu gelange den – schon vor 8 Tagen angefangenen – Brief an Reiß fertig zu machen.

Ich dachte, ich würde die ersten Wochen in Jena recht in Gemächlichkeit hinbringen können – mit Briefschreiben, Experimentiren und den Vorbereitungen ⟨2⟩ zu den Collegien – doch habe ich mich auch darin wieder verrechnet, und vielmehr diese Zeit hindurch mehr Last auf dem Halse gehabt als je zuvor. Ich war kaum ein paar Tage hier, als Pfeiffer (und mit ihm ein Hausgenosse, ebenfalls Eisenacher) an jener merkwürdigen und abscheulichen Krankheit Trichinen, von der Du wohl schon gehört hast, sehr bedenklich erkrankte (in Folge des Genusses eines Stückes Servelatwurst, das er aus Weimar mitgebracht hatte). Beide – Pfeiffer u. der Andere – haben dabei über eine Woche lang an der Himmelspforte gestanden und die lieben Engelein pfeifen hören; und bis vor ein paar Tagen in sehr hilflosem und kläglichem Zustande auf ihrer Stube gelegen. Da von ihren andern Bekannten, der Ferien wegen, bis Ende voriger Woche nur Einer hier war, so habe ich nicht umhin gekonnt, fast meine ganze Zeit bei ihnen hinzu- ⟨3⟩ bringen; und so bin ich denn, – abgesehen von den Versuchen mit Snell, von denen ich Dir schon schrieb, in dieser Zeit zu gar Nichts Anderem gekommen. In voriger Woche war nun der Anfang der Vorlesungen schon so nahe herangerückt, daß ich allen Ernstes an die ganz zurückgesetzten Vorbereitungen dazu denken mußte; und da habe ich denn wirklich keine Stunde frei gehabt. – Doch will ich – da ich im Gedanken Deine vorwurfsvolle Miene sehe, mit der Du wieder an's Ueberarbeiten denkst – zu Deiner Beruhigung versichern, daß ich seit meinem Hiersein, mit Ausnahme von 2 oder 3 Tagen, wo Pfeiffer am schlechtesten sich befand und in heftigem Fieber lag, *jeden* Nachmittag mindestens eine Stunde, *meistens* aber länger spazieren gegangen und mir auch an der Nachtruhe Nichts entzogen habe; was ich auch künftig hin mit strengster Consequenz beibehalten will. – Ich befinde mich vollkommen wohl und frisch.

⟨4⟩ Pfeiffer ist vorige Woche, so wie er so weit hergestellt war, um das Fahren vertragen zu können, nach dem eine Stunde von hier entfernten Lobeda übergesiedelt, um sich dort bei Verwandten von seiner Braut pflegen zu lassen; dort besuche ich ihn fast jeden Tag. – Er ist außerordentlich entkräftet und wird noch viele Wochen bis zu vollständiger Genesung brauchen; doch ist er, wie auch der Andere, außer aller Gefahr.

Am Montag habe ich meine Vorlesung über Mechanik [VV 3] begonnen; (4stündig, von 12–1 Uhr) – 6 Zuhörer. Morgen beginne ich das Publicum [VV 4], Donnerst. u. Freitag von 5–6 Uhr. – Außerdem assistire ich von 10–11 bei Snell in der Physik [VV 55], als welche ich nächsten Winter selbst lesen soll. –

Bis Freitag habe ich vollauf zu thun; Sonnabend aber werde ich *ganz gewiß* an Reiß schreiben, Sonntags auch an Stern u. Wallach. – Darnach wirst auch Du mehr von mir hören. – Einstweilen leb recht wohl und behalte lieb Deinen

Ernst.

Der Inhalt des Packets ist richtig angekommen, trotz dem es, wegen allzu leichter Verpackung, ganz aus dem Leim gegangen war. Schönsten Dank.

77 Abbe an Schütz Jena, 12. Dezember 1863

Jena, Dec. 12, 1863.
Mittags.

Lieber guter Harald.

Es sind schier 6 Wochen vergangen, seit ich Dir nicht geschrieben habe. Ich bin nicht krank oder unwohl gewesen, sondern im Gegentheil so gesund wie nur je. Mach' mir aber keine Vorwürfe deßhalb – ich habe es wahrhaftig nicht gekonnt. Freilich, ich hätte Dir jeden Tag wenigstens zwei Zeilen schreiben können, um Dich nicht wegen meines Befindens in Besorgniß zu setzen und ich war auch mehre Male daran, das zu thun, und wollte jetzt auch, ich hätte es gethan. Aber nachdem schon so viel Zeit verstrichen war, daß Du billigerweise einen ordentlichen Brief erwarten konntest, habe ich mich immer geschämt, Dir blos drei Worte zu schicken. Und überdieß hatte ich mir vorgenommen, daß in meinem nächsten Briefe an Dich jedenfalls die Mittheilung enthalten sein solle: daß ich auch an Reiß geschrieben habe, weil es mich schon das letzte Mal große Ueberwindung gekostet hatte, schreiben zu müssen, daß dies immer noch nicht geschehen sei. Mit dieser Bedingung war der Vorsatz, Dir zu schreiben, schon ein etwas ⟨2⟩ weit aussehendes Unternehmen; und es wird Dir nicht durchaus unbegreiflich sein, daß ich trotz guten Willens bis heute nicht habe dazu kommen können, wenn Du hörst, in welcher Weise ich die 6 Wochen über, besonders aber in der letzten Hälfte dieser Zeit, beschäftigt gewesen bin. Da waren also erstens die Vorbereitungen für meine eignen Vorlesungen, die 4 Stunden Mechanik [VV 3] und das zweistündige Colleg über Meßinstrumente [VV 4]. Daß mich diese Vorbereitungen viel Zeit kosten, wenn ich einigermaaßen erträglich vortragen will, wirst Du begreiflich finden. In bezug auf die Mechanik ist mir aber die Sache dadurch sehr erschwert worden, daß ich, nachdem mir fast die ganzen Ferien durch Kranksein geraubt worden sind, den Gegenstand im Ganzen nicht vorher in der gehörigen Weise habe durcharbeiten können. Da mir der betreff. Abschnitt der Mechanik von früher her keineswegs geläufig war, hätte ich mich vor Beginn des Semesters gründlicher hineinarbeiten müssen, als es geschehen konnte. So habe ich Alles das während der Vorlesungszeit nachholen müssen. – In bezug auf das andere Colleg war zwar die Vorbereitung ⟨3⟩ auf den Vortrag selbst ungleich leichter und kürzer, da ich mit der Sache von früher her hinreichend vertraut bin. Aber da kamen die Experimente. Anfangs hatte ich darauf wenig gerechnet, weil das Physikal. Cabinet[1] fast gar Nichts an nennenswerthen Meßapparaten besitzt, die ich hätte demonstriren können. Ich merkte aber bald, daß eine Theorie der Meßinstrumente, so ganz in abstracto, ohne nebenher gehende Demonstration der zu beschreibenden Apparate, resp. practischen Uebungen damit, Etwas verdammt langweiliges ist, und daß ich mit meinem Colleg wenig Beifall ernten würde, wenn ich nicht practische Demonstrationen damit verbinden könne. Snell kam mir in dieser Hinsicht entgegen, indem er mich ermächtigte, für das Physikal. Cabinet einen vollständigen magnetometrischen u. galvanometrischen Apparat, zu absoluten Messungen nach den Gaussischen u. Weberschen Methoden eingerichtet, herstellen zu lassen. Mit der Leitung der Anfertigung dieses Apparates und theilweiser Aufstellung desselben, habe ich nun während der letzten drei Wochen auch Tag für Tag zu thun gehabt. Er ist bei einem hiesigen Mechaniker[2] in Arbeit, der im Einzelnen sehr geschickt und präcise arbeitet, aber mit derartigen ⟨4⟩ Instrumenten bisher gar nicht bekannt war. Ueberdieß mußte ich bei der Construction darauf Bedacht nehmen, daß mit den nämlichen Stücken möglichst mannichfache Combinationen (also Unifilar- u. Bifilaraufhängung sowohl für Magnete als auch galvan. Ströme – nebenbei auch als Coulomb'sche Drehwaage) hergestellt werden können, da die Mittel fehlen, um diese Apparate einzeln anschaffen zu können. – Daher habe ich mich Tag für Tag um die Arbeit bekümmern müssen; und sie mußte möglichst

[1] Das Physikalische Kabinett war keine Universitätseinrichtung, sondern gehörte zu den von Sachsen-Weimar unterhaltenen wissenschaftlichen Instituten in Jena. Es enthielt eine Sammlung physikalischer Instrumente, Apparate und Präparate und war in einem Gebäude am Neutor untergebracht. Im Garten befand sich ein Laboratorium.

[2] Mit dem Mechaniker ist der Hof- und Universitätsmechaniker Carl Zeiß gemeint, der seit 1860 als Lehrer für die Anfertigung physikalischer und optischer Instrumente im Dienste der Universität stand.

schnell ausgeführt werden, wenn ich sie für meine dermalige Vorlesung noch gehörig benutzen wollte. Nun vollends die Aufstellung. Um die Unkosten nicht zu sehr zu vermehren mußte ich aus den vorhandenen Apparaten alle verwendbaren Stücke zusammensuchen, und sie dem vorliegenden Zwecke anzupassen suchen. Du hast Dich nie mit physikal. Experimenten abgegeben und hast daher wohl keine Vorstellung von dem Aufwande von Mühe und Zeit, den es kostet, wenn man mit so unvollkommenen Hilfsmitteln und mit eigenen Händen einen leidlichen Apparat zusammen stellen soll. Da habe ich ein altes Magnetgestell zu einem Skalenträger, ein anderes zu einem Fernrohrstativ herrichten müssen, ⟨5⟩ habe mich ganze Tage lang abmühen müssen, um eines der vorhandenen Fernröhre zu einem Ablesungsfernrohr geeignet zu machen, – habe eigenhändig Fadenkreuze einziehen und eine Ablesungsskale theilen müssen, u. dergl. mehr. Kurz, ich habe länger als eine Wôche jeden Nachmittag von halb 2 Uhr bis zur Dunkelheit im physikal. Cabinet zu hantieren gehabt, um nur so weit zu kommen, daß ich vergangenen Donnerstag u. gestern die Gaußische Beobachtungsmethode mit Spiegel u. Fernrohr[3] in praxi demonstriren konnte.

Das hätte nun Alles sein mögen, wenn ich wenigstens die Vormittage, die eigentliche Arbeitszeit, hätte für mich behalten können. Mit alleiniger Ausnahme des Sonntags aber ist mir diese Zeit – voraussichtlich das ganze Semester hindurch – entzogen. – Ich habe Dir schon geschrieben, daß ich in Snell's Physik [VV 55] assistire – d. h. ich helfe ihm bei den Vorbereitungen der Experimente. Zu Anfang beschränkte sich diese Hilfe darauf, daß ich nach 9 Uhr hingieng (um 10 Uhr liest er) und besorgen half, was noch zu besorgen war und dann nach 11 Uhr (wo Snell selbst wieder Vorlesung hat) mit dem Famulus die Apparate ⟨6⟩ wieder bei Seite brachte. Nach und nach aber hat sich's der gute Snell immer bequemer gemacht, indem er immer später kam, und mich dadurch moralisch nöthigte, um so früher zu kommen, und mit dem

[3] Eine sehr genaue bereits 1833 bei der Erfindung des ersten brauchbaren elektromagnetischen Telegraphen durch Gauß und Weber benutzte Methode der Spiegelablesung des Ausschlages eines an einem feinen Faden hängenden Magnetstabes mittels eines Theodolitfernrohrs. Diese Methode geht auf Poggendorff (1826) zurück, so daß mitunter auch von der Gauß-Poggendorffschen Spiegelablesung gesprochen wird.

Famulus, – der zum Unglück ein arger Tölpel ist, ein schlechtes Gegenstück von Michelmann – die Vorbereitungen allein auszuführen. Da die Apparate, besonders wegen des beschränkten Lokals, in welchem sie zusammen geschichtet stehen müssen, meist in sehr unordentlichem Zustande sind, und auch sonst im physikalischen Cabinet große Bummelei herrscht, so ist diese Vorbereitung keine leichte Sache: ich muß jeden Morgen, von Montag bis Sonnabend, wenigstens um 8 Uhr hingehen, – komme ich später, so werden wir nicht fertig oder die Versuche fallen zur Hälfte durch. So geht mir der ganze Vormittag hin – ich habe kaum Zeit, nach dem Aufstehen, in der Kürze meinen eigenen Vortrag für den betreff. Tag etwas zu überlegen, und von der Zwischenstunde 11–12, wo ich an 4 Tagen selbst lesen muß, bleiben mir meist nur ein paar Minuten, um Etwas zu verschnaufen. – An sich ist mir die Arbeit, die mir durch Snells Vorlesung [VV 55] erwächst, keineswegs unangenehm, da sie jedenfalls die beste Vorbe- ⟨7⟩ reitung für nächsten Winter ist, wo ich selbst die Vorlesung über Physik halten werde; und auch Snell nehme ich seine Bequemlichkeit nicht übel, da er, wenn er überhaupt dabei etwas denkt, gewiß nur eine wohl wollende Absicht hat. – Wenn nur dadurch meine freie Zeit nicht grade jetzt so sehr gekürzt würde. Was bleibt mir so vom Tage übrig: Die paar Abendstunden. Nun denke Dir, daß man Abends nach Hause kömmt, nachdem man die körperliche Anstrengung eines Herumhantierens gehabt hat, bei welchem ich sehr oft vom Aufstehen bis zur Dunkelheit keine zwei Stunden zum Sitzen gekommen bin – und dazu die geistige Anstrengung, die eine oder zwei Vorlesungen am Tage nach sich ziehen – was kann man dann des Abends noch thun? – Ich habe Noth gehabt, die Vorbereitung auf meine Vorlesung [VV 3, 4] am folgenden Tage zu Ende zu bringen, und bin dabei sehr häufig vor Ermüdung über der Arbeit eingeschlafen. Und überdieß habe ich selbst von diesen lumpigen Abenden kaum die Hälfte für mich. Am Donnerstag ist mathematische Gesellschaft, am Mittwoch Sitzung des medicin.-naturwissenschaftl. Verein's[4], dessen Mitglied ich bin. Beiden kann ich mich nicht entziehen; und da die

[4] Gemeint ist die 1853 gegründete Medizinisch-Naturwissenschaftliche Gesellschaft zu Jena.

Versammlungen meistens 2 Stunden und länger ⟨8⟩ dauern und das Anhören von Vorträgen ebenfalls ermüdet, so ist der Abend so ziemlich verloren. In der Mathem. Gesellschaft habe ich überdieß vor einem Monate selbst einen Vortrag[5] halten müssen, wobei ich mir es natürlich nicht so bequem machen konnte, als es die studentischen Mitglieder meistens thun. – Ein andrer Abend in jeder Woche geht meistens verloren (im eigentlichen Sinne) durch die obligaten Einladungen, die ich beim besten Willen nicht alle abweisen kann, so gern ich's möchte; und endlich kann ich nicht umhin, wenigstens an einem Abend – Sonnabends – mit meinen Collegen zu kneipen, da mir sonst gar zu sehr ein absichtliches Zurückziehen von deren Gesellschaft vorgeworfen wird, – was so schon geschieht. –

Da mach Dir nun einen Vers drauf. – Wenn Du Dir vorstellst, in welcher fortwährenden Spannung ich mich befinde, indem ich jede Stunde denken muß: wie wirst Du heute fertig werden mit dem, was Du für morgen brauchst? – so wirst Du Dir mein langes Stillschweigen erklären können – ohne annehmen zu müssen, daß Du mir gleichgiltig geworden seist. Liebster Harald, ich habe immer an Dich gedacht; und an ⟨9⟩ jedem Tage, wo ich hoffen konnte, eine Stunde übrig zu behalten, bin ich mit dem Gedanken aufgestanden, nach Frankfurt zu schreiben; und die vielmalige Vereitelung dieses Vorsatzes hat mir selbst schwere Pein gemacht. An jedem Sonntag seit 5 Wochen nahm ich mir vor, ihn endlich auszuführen – aber da kam der Gedanke an das nächste Wochenpensum für meine Vorlesung, welches ich jedenfalls an diesem Tage durcharbeiten mußte. Bevor ich darin das Nöthigste zu Stande gebracht hatte, war es mir unmöglich, eine Feder zu einem andern Zwecke anzusetzen. Darüber aber kam gewöhnlich der Nachmittag heran, so daß ich meistens nicht einmal zu Tische gehen konnte. Hatte ich mir nun auch vorgenommen, nöthigenfalls meinen regelmäßigen Sonntags-Ausflug mit Snell u. Schaeffer für diesen Tag aufzustecken, so dachte ich doch wieder: wenn Harald wüßte, wie lange Du heute schon gearbeitet hast, so würde er es Dir nicht übel nehmen, wenn er auch erst morgen oder über-

---

[5] Abbe trug am 12. 11. 1863, dann erst wieder am 26. 5. 1864 vor.

morgen Nachricht bekommt – und gieng spazieren – immer in der Hoffnung, daß dadurch nur ein oder zwei Tage Aufschub entspringen würden. – Aber selbst so würde es mir nicht möglich gewesen sein, so lange den ⟨10⟩ Gedanken mit mir herum zu tragen, daß Du um meinetwillen besorgt sein könntest, wenn man nicht bei einer solchen Art der Beschäftigung jedes Zeitmaaß verlöre. Daß es 6 Wochen her seien, seit ich Dir zuletzt schrieb, belehrt mich nur das Nachrechnen im Calender; in der Anschauung erscheint mir dieser Zeitraum wie eine einzige Woche, in der ich recht vielerlei gethan habe; und als ich gestern Deinen letzten Brief, vom 1. December zur Hand nahm, bin ich ordentlich erschrocken, daß ich Dich von da an, wo Du schon voll Besorgniß schreibst, noch fast 14 Tage habe warten lassen können. Es war mir immer, als ob ich diesen Brief erst den Tag vorher erhalten hätte. Erkläre Dir das nach Kantschen Principien – und sei mir nicht böse darüber.

Dem Obigen habe ich in bezug auf meine Angelegenheiten nicht viel hinzu zu fügen. Vor Allem: daß Du Dir keine Sorge machst wegen meines Befindens; und nicht denkst, ich werde mich wieder überarbeiten. – Aus der Art, wie ich die Zeit her beschäftigt gewesen bin, kannst Du gleich abnehmen, daß selbst bei der größten Anstrengung keine Gefahr ⟨11⟩ ist. Allerdings habe ich mich auch geistig sehr in Anspannung halten müssen; habe aber dafür ein hin reichendes Gegengewicht in der fortwährenden Handarbeit, welche mir das physikalische Experimentiren bringt, – was ja den größeren Theil der Zeit bei mir in Anspruch nimmt. Das allein würde hinreichen, um mich im Gleichgewicht zu halten, selbst wenn ich nicht im Turnen und Spazierengehen noch weitere körperliche Erholung fände, die ich nur dann aussetze, wenn ich durch jenes schon allzu sehr ermüdet bin. – Der beste Beweis dafür liegt darin, daß ich mich, wie gesagt, die ganze Zeit durchaus wohl und munter befunden habe, wie ich es die beiden Winter, die ich in Frankfurt war, selten gewesen bin. Auch geistig fühle ich mich nicht im geringsten angegriffen: ich bin zwar jeden Abend todtmüde und erschöpft, aber auch des Morgens wenn ich aufstehe so frisch und munter, wie man sich nur befinden kann. Was mir fehlt ist nur das Gefühl der Behaglichkeit.

Wenn ich auch fast alle die Arbeiten, die ich des Tags über auszuführen habe, gern und mit Interesse treibe, besonders die Vorbereitungen für meine Vorlesungen, so kann ich doch nichts ⟨12⟩ con amore treiben; und das giebt unvermeidlich ein Gefühl der Unbefriedigung, das mich manchmal in der That sehr verstimmt macht. – Ich freue mich sehr auf die Weihnachtsferien, die in 8 Tagen beginnen. Die zwei Wochen freie Zeit wird mir hoffentlich für den Rest des Semesters meinen Stand sehr erleichtern, wenn ich auch nicht hoffen kann, in diesem Winter zu irgend einem eigenen Arbeiten zu kommen.

Was meine Vorlesungen [VV 3, 4] anlangt, so bin ich mit dem Fortgang beider zufrieden. – In der Mechanik [VV 3] habe ich 6 Zuhörer, (+) alle hier anwesenden Mathematiker, welche den I Theil der Mechanik bei Snell gehört haben) und in dem Publicum [VV 4] 8; und in beiden ist der Besuch *sehr* regelmäßig, – auch bringt das erstere Colleg 20 Tlr. ein – was denn schon ein bescheidener Anfang ist.

Die Zahl meiner engeren Collegen, d. h. der Privatdoc. in der Philos. Fak. hat sich jetzt auf 5 vermehrt, indem sich während der letzten Wochen 2 Historiker habilitirt haben: Caro u. Simson (der Sohn des frühern Präsidenten der Nationalvers. u. preuß. Kammer). Beides sind sehr nette Leute, mit denen sich recht gut verkehren läßt. Besonders achtenswerth erscheint mir Caro, ⟨13⟩ ein Jude, der neben einer unverkennbaren Gelehrsamkeit, und dem Stempel eines höchst biedern, ehrenhaften Charakters, sehr viel Annehmliches im Umgange bietet. Ich komme täglich bei Tisch mit ihm zusammen, wo er mich immer über die politischen Ereignisse instruirt, (da ich seit vielen Wochen nicht auf das Museum gekommen bin); und ich bedaure sehr, daß ich so gar keine Muße gehabt habe, mehr mit ihm zu verkehren. – Außer diesen beiden und je einem in der jurist. u. theol. Fak. werden sich diesen Winter noch mehrere in der philos. Fak. habilitiren; u. A. ein Dr. Lindwurm für Nationalöconomie, der bis zum Herbst Lehrer an der Handelsschule in *Frankfurt a/M* war. Er ist sehr schlecht auf Frankfurt zu sprechen; hast Du etwas von ihm gehört?

Deine Mittheilung über den Dir gewordenen Antrag aus Soest[6]

[6] Offenbar handelt es sich um eine Lehrerstelle an einer höheren Schule in Soest.

hat mir großes Vergnügen gemacht; insofern ich daraus ersehe, daß es Dir nicht schwer fallen wird, so bald Du willst ein sog. sicheres Unterkommen zu erlangen. Deine Antwort darauf kann ich natürlich nur billigen, insofern ich vorausetze, daß Du die Absicht hast, überhaupt nicht in den preuß. Schuldienst ⟨14⟩ einzutreten. Daß Du diese Absicht hierdurch documentirst, ist mir sehr angenehm, – in der Aussicht, daß wir beide auf diese Weise immer auf gleichen Lebenswegen gehen werden. – Andernfalls würde natürlich das Anerbieten ein sehr annehmbares gewesen sein, da Du dann rasch und unter günstigen Auspicien in die Schulmannscarriere eingetreten wärest. – Bleib' dabei. – Hätte aber Dein Väterchen nicht den entgegen gesetzten Entschluß lieber gesehen?

Mein Brief an Reiß, den ich, nachdem ich ihn, ich glaube vor 8 Wochen angefangen habe, endlich fertig gebracht, geht gleichzeitig mit diesem ab. Wenn Du den guten Reiß also wieder besuchst, wird er Dir Etwas von mir erzählen können. – An Wallach und Stern hoffe ich endlich auch in dieser Woche schreiben zu können. – Lorey kannst Du einstweilen grüßen, und sagen, daß ich ihm antworten würde, sobald ich etwas mehr Muße bekäme. – Er hat mich in seinem Briefe um die Lösung einer Gleichung gefragt, nämlich der Gleichung:

$$xa\binom{m+x}{m}^{\partial} = bm\left(\left(\frac{m+x}{m}\right)^{\partial} - 1\right).$$

Wenn Du ihn siehst, kannst Du ihm ja sagen, was damit los ist: daß es nämlich, meines Erachtens, eine allgemeine Lösung nicht ⟨15⟩ giebt, was wohl auch Deine Meinung sein wird. –

Schließlich muß ich Dich noch in gewohnter Weise mit einem Anliegen behelligen, welches ich Dich, im Interesse des alten Snell auszuführen bitte. Snell hat gehört oder gelesen, daß in Frankfurt bei dem Uhrmacher *Kiseritzky* (in der Fahrgasse) sehr billige Uhren zu haben seien, und fragte mich, ob ich nicht einen Bekannten in Frankfurt habe, der ihm eine besorgen könne – worauf ich natürlich Deine Dienste ihm zur Verfügung gestellt habe. Er will eine *silberne* **Cylinder***uhr*, welche in seinem Preiskourant (wie er in den *Zeitungen*, Frankfurter Journal [TV 3] erscheint) zu 8–9 Gulden aufgeführt ist. Genauer kann ich es nicht angeben, da der Preiskourant selbst nicht hat aufgetrieben [werden] können. – Ich selbst erinnere mich, daß mir früher ein Bekannter in Frankfurt von diesen Uhren gesprochen und sie empfohlen hat. Willst Du also so gut sein, und dort eine solche kaufen und *mir* selbige, *recht sorgfältig verpackt* und in *gehendem* Zustande (kurz vorm Einpacken vollständig aufgezogen) zuschicken, so wirst Du Dich dem alten Snell (dem ich Dich schon früher als einen Schüler in absentia vorgestellt) ⟨16⟩ sehr gefällig erweisen. – Den ausgelegten Betrag, gegen 9 Gulden also, werde ich Dir bei Gelegenheit übermitteln – oder auch nicht, falls Du mehr Geld in diesem Winter übrig hast als ich. Du würdest *mir* aber einen großen Gefallen thun, wenn Du diese Besorgung *recht bald* ausführen wolltest. Die Uhr, die Snell jetzt hat, geht ganz schlecht; er hat mir schon vor einer Woche den Auftrag gegeben, und machte ein schiefes Gesicht, als ich ihm diesen Morgen, auf seine Frage, ob sie noch nicht gekommen sei, sagte, daß ich Dir noch gar nicht geschrieben hätte.

Damit leb' recht wohl, guter Harald. Sei mir nicht böse darüber, daß ich Dich so unverantwortlicher Weise um mich in Sorge gelassen habe; und sei herzlich gegrüßt von Deinem der Dich so lieb hat

Ernst.

78 Abbe an Schütz — Jena, 15. Dezember 1863

Jena, Dinstag Abend.

Liebster Harald.

In aller Eile erwidere ich Deine freundliche Mittheilung mit der Bitte mir ein *abgezognes* Exemplar von Schlesicky № 3, für 9 f. 15 Kr. zukommen zu lassen. – Snell hat grade die billigen Cylinderuhren loben hören, und will eben nicht viel Geld dafür ausgeben. –

Wir wollen ihm übrigens – wie Du vorschlägst – um ein Uebriges zu thun, das Abziehen nicht anrechnen, und uns freuen, wenn wir ihm für wenig Geld was Gutes verschaffen können.

– Dummer Weise habe ich den Namen des Uhrmachers, wie Du vermuthest, verwechselt; denn Snell meinte erst Schlesicky. Hoffentlich wird er auch abgezogene Exemplare vorräthig haben, damit der alte Snell nicht des Abziehens wegen lange zu warten hat. – Meine Angabe wegen des Einpackens gründete sich auf die Weise, wie man Chronometer transportirt: ⟨2⟩ als welche auf der Reise etc. stets mit größter Vorsorge im Gange erhalten werden müssen, widrigenfalls man lieber die schwingenden Theile herausnimmt. Vielleicht, daß es mit diesen Uhren anders ist; – jedenfalls wird es der Uhrmacher am besten wissen.

Damit schließe ich. Sei herzlich gegrüßt von Deinem

Ernst.

79 Abbe an Schütz — Jena, 22. Dezember 1863

Jena, Dec. 22, 1863.
Dinstag Abends.

Lieber guter Harald.

Herzlichen Dank zuvor für die rasche Besorgung des Uhrengeschäfts und vor Allem für das prachtvolle Weihnachtsgeschenk, mit welchem Du mich heute erfreut hast. – Wenn ich auch in der nächsten Zeit nicht dazu kommen werde, den Lagrange [TV 67] nach Verdienst und Würdigkeit zu studiren, sondern mich vorläufig werde begnügen müssen, Einzelnes, was ich grade brauche, darin nachzusehen, so ist mir Deine Dedication doch sehr willkommen. Nun hat doch auch der mathematische Theil meiner Bibliothek ein Stück aufzuweisen, welches sich neben Deinem Kant [TV 63 od. 64] sehen lassen kann. – Was ich Dir zu Weihnachten zugedacht hatte, sieht dagegen freilich sehr bescheiden aus; doch – wenig mit Liebe. Du erhältst hierbei K. Fischers Geschichte d. n. Phil. – nämlich dasjenige davon, was ihm nicht, wie der Baco [TV 41], allzusehr mißlungen ist. – Wenn Du Lust u. Zeit zu solchen Dingen hast, so studire gelegentlich darin, (bes. die Ite Abtheilung des 1ten Bandes) [TV 40] und versetze Dich dabei im Gedanken zurück in die Zeit unserer gemeinsamen philosophischen Studien in Göttingen.

⟨2⟩ – Und da Du einmal den dummen Streich gemacht hast, zum zweiten Feiertage auf die Welt zu kommen, so mußt Du Dir auch diesmal gefallen lassen, daß ich zwei Fliegen auf einen Schlag klappe, und das Geburtstagspacket mit dem Weihnachtspacket vereinige – um so mehr, als jenes für sich gar zu klein ausfallen würde. – Drei Photographien von Jenaischen Dingen – wenn Du Dir die Unkosten machen willst, sie einrahmen zu lassen – werden es Dir erleichtern, so Du einmal in der Stimmung dazu bist, Dich recht lebhaft zu mir versetzt zu denken.

Für heute genug hiermit. Auf Sonnabend Weiteres. Ich muß eilen, das Packetchen zur Post zu befördern, wenn es nicht post festum kommen soll. – Nur noch die Notiz, daß die Uhr, die Du dem alten Snell besorgt hast, ihm vortrefflich gefällt, und sich auch bis gestern auf's beste gehalten hat. Er hat mich beauftragt, Dir seinen ganz speciellen Dank für Deine Freundlichkeit auszusprechen. – Leb' recht wohl, halte angenehme Feiertage und denke an Deinen

Ernst.

Daß die beiden Bände Fischer [TV 40] von Außen nicht sehr weihnachtlich aussehen, hat seinen Grund darin, daß das Buch im Buchhandel ⟨3⟩ vergriffen ist, und ich deßhalb ein Exemplar nehmen mußte, welches der Buchhändler schon längere Zeit gebunden im Laden stehen gehabt hat. – Wolle also ja keine Parade auf dem Weihnachtstisch bei Schusters damit machen, da ich sonst ausgelacht werde.

80 Abbe an Schütz Eisenach, 7. April 1864

Eisenach, April 7, 1864
Vormittags

Mein lieber böser Harald.

Wenn ich der augenblicklichen Stimmung hätte folgen wollen, die Dein Brief mir erweckte, als ich ihn vor einer Stunde zuerst las, so hätte ich Dir eine gründliche und höchst gelehrte Abhandlung über die Trabanten des Sirius und deren Entdeckung[1] schicken müssen. Denn dem Wortlaute des Briefes nach ist dies Dein einziges Verlangen und Ton und Fassung schienen mir grade zu darauf berechnet, mich auf dessen Erfüllung einzuschränken. Mittlerweile aber habe ich mich zurückversetzt in die Zeiten unseres Beisammenseins, und habe mir vergegenwärtigt, *wie* wir mehre Jahre miteinander verkehrt haben, und habe mir endlich vorgehalten, welche Gefühle meine Gedanken an Dich während der Trennung immer begleitet haben – und da bin ich denn zu dem Schlusse gekommen: daß meine Vernachlässigung unserer Correspondenz während der letzten Zeit, doch unmöglich mich Dir schon so weit entfremdet haben könne, wie die Weise Deines Briefes zu bekunden scheint. ⟨2⟩ Freilich bin ich dann in Verlegenheit, mir von den Triebfedern Rechenschaft zu geben, welche Dich veranlaßt haben, Deinen gerechten Unmuth einzukleiden in die Form einer ungerechten Härte, und von der Stimmung, die Dich gar keine mildere Beurtheilung meines Benehmens finden ließ sondern blos eine kalte Ironie als Antwort darauf hatte, die mehr angelegt ist, zurückzustossen als zu bessern. – Nun – über die thörigste Laune bin ich glücklich hinaus, die mir sonst wohl in einen unmuthigen Wort Anlaß zu selbstquälerischem Nörgeln gab; und grade jetzt, wo ich lange nicht mit Dir zusammen gewesen bin, bin ich mir am lebhaftesten bewußt, was Du mir bist – und ich erschrecke bei dem Gedanken, daß ein übereiltes Wort

[1] Aktueller Anlaß war die 1862 erfolgte Entdeckung des Siriusbegleiters durch den Mechaniker Alvan George Clark in den USA.

einen Riß in unseren Bund bringen könnte, der für mich so viel wäre wie ein Bruch beinahe mit Allem, was mir die Vergangenheit der Erinnerung und die Zukunft der Hoffnung werth macht. Ich will Dir also keinen Vorwurf machen über die Art, wie Du mich Deinen Unwillen über mein langes Schweigen fühlen läßt; – auch fällt es mir nicht ein, mein Benehmen rechtfertigen zu wollen, da ich es, objectiv betrachtet, selbst durchaus verur- ⟨3⟩ theilen muß. Ich will nur Dich versöhnen, indem ich Dir zeige, daß Du mir doch Unrecht gethan hast, aus meiner unordentlichen Correspondenz gleich zu schließen, Du seist mir gleichgiltig, und der Verkehr mit Dir mir lästig geworden; oder vielmehr – da ich Dir das nicht eigentlich *beweisen* kann, – ich will Dir zeigen, was Dir nicht in den Sinn gekommen zu sein scheint, daß es auch noch eine mildere Auslegung für mein Benehmen, wenigstens als *mögliche*, giebt und will dann appelliren an Deine alte Freundschaft für mich, an Alles, was Dir von unserem früheren, innigen Verkehr noch in der Erinnerung lebt, um Dich zu vermögen, diese mildere Auslegung jetzt zu statuiren. –

– Ich kann mir lebhaft vorstellen, wie leidig es Dir gewesen sein mag, in der letzten Zeit so wenig und so unregelmäßig von mir zu hören und ich muß zugeben, daß für Dich der Schluß nahe lag, weil ich so wenig Eifer zeige, mit Dir in stetem brieflichen Verkehr zu bleiben, müsse ich gegen Dich überhaupt anders als früher gesinnt sein. Der Schluß wäre auch richtig, wenn es nicht einen Zustand gäbe, in welchem von den besten Gedanken und Vorsätzen zur kleinsten Handlung eine himmelweite Kluft ⟨4⟩ liegt. – Hast Du Dich je ein mal in die Verfolgung einer *selbst*gestellten wissenschaftlichen Aufgabe vertieft und so weit vertieft, daß Du zeitweilig alle andern Angelegenheiten vergessen und nur in dem Genusse geschwelgt hast, den das Denken gewährt, wenn man sich ihm frei hingiebt? – was Schopenhauer so treffend bezeichnet als den Zustand, in welchem der Intellect frei ist vom Dienste des Willens – denke Dich zurück in die Stimmung, die sich Deiner bei solcher Gelegenheit bemächtigt hat und stelle Dir nun einen Menschen vor, welcher erstens nie gelernt hat, seine Gedanken zu meistern; welcher zweitens durch seine Studien wie durch seine natürliche Disposition dem practischen Leben abgewandt ist; denke Dir diesen seit längerer Zeit in einer Stellung und auf eine Thätigkeit angewiesen, durch welche sein Geist immer mehr auf den Gedankenkreis einer durchaus abstracten Wissenschaft concentrirt, resp. eingeschränkt wird, ohne daß anderen Geistesrichtungen eine entsprechende Nahrung wird, und laß auf diesen nun die Probleme einer solchen Wissenschaft einstürmen, fast täglich ein neues – und Du wirst es begreiflich ⟨5⟩ finden, wenn ein solcher in einen Zustand geräth, in welchem jene Lostrennung des Geistes von der Außenwelt, die unter normalen Verhältnissen wechselt mit der Hingabe an sie, so zu sagen chronisch wird – mit einem Worte in einen Zustand, wo der Kopf mit dem ganzen übrigen Menschen durchgegangen ist. In diesem Zustande, der den höchsten Genuß, die Lust des Denkens, und zugleich fortwährende Pein mit sich bringt, befinde *ich* mich und zwar nicht blos seit der letzten Zeit, sondern eigentlich das ganze vergangene Jahr hindurch. Stelle Dir diese Situation nicht zu trübselig vor in Hinsicht auf das gemüthliche Leben, denke nicht etwa, daß ich in dieser Zeit todt gewesen sei für alle Regungen des Herzens und in meinen mathematischen Speculationen grade zu untergegangen sei. Nichts weniger als das; ich bin vielmehr grade in den Perioden, da ich am vollständigsten und ungestörtesten darin webte – wie grade in der allerletzten Zeit – in der gehobensten und heitersten Stimmung gewesen, in welcher auch das Gemüth volle Befriedigung fand; – Mißstimmung und Pein kamen erst, ⟨6⟩ wenn ich entweder durch äußere Anlässe oder durch die Erfolglosigkeit meiner Bemühungen in der einen oder andern Richtung gewaltsam aus meinem Gedankenlaufe herausgerissen wurde. Jene Befriedigung aber entsprang leider nur aus der Hingabe an die Erinnerungen aus der Vergangenheit und an Phantasien über die Zukunft – von der Wirklichkeit war sie vollständig abgewandt, und zwar so sehr, daß ich eben nicht zur geringsten Handlung mich entschließen konnte, die mich in die lebendige Welt zurückversezt hätte. So ist es denn gekommen, daß ich am wenigsten mit Dir verkehrt habe wo ich immer am lebhaftesten an Dich dachte, mich nach dem Umgang mit Dir zurücksehnte und am lebendigsten mich mit Dir Eins fühlte. – Warum habe ich mich auch von Dir trennen müssen! – wo ich Deiner so sehr bedurft hätte. Was mich in diese verschrobene Situation gebracht hat, ist Nichts *anderes*, als daß ich durch die Trennung von Dir jeder persönlichen Einwirkung entzogen bin, welche ein Gegengewicht gegen meinen ⟨7⟩ verdammten Hang, ganz in meinen Gedanken aufzugehen und mich von ihnen beherrschen zu lassen wie ein Sklave, hätte abgeben können. Denn der einzige Mensch, mit dem ich überhaupt ernstlich verkehre, Snell nämlich, ist ein Kerl grade so wie ich, der ganz an dem nämlichen Schicksal laborirt; der Umgang mit ihm trägt, trotz seiner Vielseitigkeit, weil eben die nämliche Geistesrichtung in ihm vorherrscht, erst recht dazu bei, mich immer mehr dahinein zu reiten.

Wenn Du mich nun fragst, was mich denn eigentlich so beschäftigt habe, so könnte ich Dir darüber sehr viel schreiben, und Du würdest doch sehr wenig darüber wissen, weil eben das Meiste, und grade das, was mich am unwiderstehlichsten fesselt, in ziemlich unbestimmten Umrissen dasteht. Seit vorigem Herbst ist es zunächst der Gegenstand meiner Vorlesung gewesen, – die analyt. Mechanik [VV 3], auf welche ich mich ganz concentrirt habe. Die Beschäftigung damit hat denn auch eine greifbare Ausbeute gebracht, – eine Vervollständigung und Verallgemeinerung der von Poinsot begründeten Betrachtungsweisen für die Bewegung fester Körper, und damit zugleich die Durchführung ⟨8⟩ des Unternehmens, welches Snell nur zum Theil vollendet hat: den consequenten Aufbau der ganzen Mechanik als rein mathematische Disciplin, d. h. nach Ausscheidung aller physikal. Principien. – Ich hatte mir vorgenommen, diese Sachen sogleich für die Veröffentlichung auszuarbeiten. Ehe ich aber nur zum Anfang gekommen bin, bin ich schon wieder andern Speculationen in die Hände gefallen, – Speculationen, die mich schon in Göttingen und in Frankfurt lange beschäftigt haben, von etwas weitschichtiger Natur, – gerichtet auf die Erweiterung der Fundamente für die Functionentheorie, d. h. derer, die jetzt durch die Grundbegriffe der Differential- u. Integralrechnung gegeben sind. – Was je daraus werden mag, wissen die Götter; so viel aber sehe ich, daß ich von diesem Problem so bald nicht los komme. Ich habe gewisse Ideen in dieser Richtung schon seit Jahren im Kopfe herumgewälzt – habe immer vergeblich versucht, derselben einiger Maaßen Herr zu werden und sie zu bestimmterer Gestalt zu bringen, und bin immer wieder darauf zurückgekommen. In diesem Frühjahr endlich ist mir wenigstens ein erster Schritt gelungen und ich glaube ⟨9⟩ einen schwachen Faden gefunden zu haben, der mich vielleicht auf dem eingeschlagenen Wege weiterführen kann; und nun bin ich vollends außer Stande, mit der Sache abzubrechen. – Ich hatte mir vorgenommen, die Ferien gleich zu benutzen, um Alles nachzuholen, was ich während der vorhergehenden Zeit versäumt habe; trotz der besten Vorsätze aber steckte ich schon den ersten freien Tag wieder in dem alten Taumel drin und weiß heute noch nicht, wie ich herauskommen werde. – Den 28ten d. M. beginnt das Semester in Jena wieder – und da habe ich, außer einer Vorlesung „über die Mechanik der veränderlichen Systeme“ [VV 5] (3st.) auch noch „Elemente der Zahlentheorie“ [VV 7] (3stündig) – was von mehren Seiten verlangt wurde, zu lesen. Für letzteres habe ich noch keinen Strich vorgearbeitet.

– Jetzt will ich schließen, Harald. Ich habe Dir aufrichtig gesagt, wie es mir geht: schilt mich, oder lache mich aus, oder bedaure mich, – aber stoße mich nicht von Dir. Laß' mich wenigstens den Trost nicht ⟨10⟩ entbehren, der in dem Bewußtsein liegt, daß ich doch Einen habe, der mich versteht; – und zugleich die Hoffnung, zu glücklicher Stunde auch wieder des wohlthätigen Einflusses dieses Einen im lebendigen Umgang theilhaftig zu werden. – Wenn sie nur nicht gar zu lange auf sich warten läßt, diese Stunde.

Ich hoffe, bald eine Antwort auf meinen Brief von Dir zu erhalten, die mir die Ueberzeugung giebt, daß zwischen uns keine Scheidewand entstanden ist; ich wäre doch wahrlich zu hart gestraft, wenn ich das herbeigeführt hätte. – Meinerseits gebe ich Dir aber das Versprechen, von nun an unsere Correspondenz mit der äußersten Regelmäßigkeit führen zu wollen. – Um auch gegen solche Fälle gesichert zu sein, – wenn sie wieder eintreten sollten – wo ich vielleicht, um mit Dir in geistigem Rapport zu bleiben, kein Bedürfniß fühle, zu der unbeholfenen Feder zu greifen, will ich mir ein für alle Male einen Termin setzen: ich werde Dir *jeden Sonntag* einen Brief schicken, groß oder klein – so daß Du jeden Montag ihn erhältst. – Verlaß Dich darauf, ich werde das durchführen; und wir werden dann beide des Ungemach's ⟨11⟩ überhoben sein, welches Dir und mir schon aus meinen Unterlassungssünden entsprungen ist. –

Ich will diesen Brief nicht schließen, ohne Dich zu bitten, doch möglichst bald mir Gelegenheit zu geben, Dich ein mal wieder zu sehen, nach dem wir nun schon ein ganzes Jahr wieder getrennt sind.[2] – Da ich, selbst wenn ich Ferien habe, in der nächsten Zeit nicht gut zu Dir kommen kann, so heißt das soviel als Dich bitten, *mich* zu besuchen – sei es in Eisenach oder in Jena. – Ich habe schon vorgehabt, für die gegenwärtigen Ferien Dich dazu aufzufordern, habe es aber unterlassen, in Rücksicht darauf, daß es Dir in Deiner Stellung so schwer fällt, Dich auf einige Zeit frei zu machen und ich deßhalb Dich nicht gern dazu veranlassen will in einer Jahreszeit, wo Du von der Reise als solcher gar keinen Genuß zu erwarten hättest. – Kannst Du mir nicht für den Anfang des Sommers die Aussicht auf [ein] Wiedersehn eröffnen?

So leb' denn wohl, liebster Harald, und sei nicht ferner böse auf Deinen der Dich immer lieb hat

Ernst.

Vorläufig bleibe ich noch hier in Eisenach.

[2] Abbe hatte am 2. 4. 1863 Frankfurt a. M. verlassen, nachdem er nach Beendigung seiner Vortragstätigkeit im August 1862 hier mit der Vorbereitung seiner Habilitation begonnen hatte.

81 Abbe an Schütz Eisenach, 11. April 1864

Eisenach, Apr. 11. 64
Mittags.

Mein lieber Harald.

Dein nach Jena adressirter Brief, der mir so eben zugekommen ist, hat mich getröstet über die Art und Weise, in der Du mir vorher geschrieben hattest. Ich sehe daraus, daß Du, trotz dem ich Dir so viel Leid verursacht habe, doch noch mein guter, lieber, nachsichtiger Harald von ehedem bist – woran ich übrigens nur den kurzen Augenblick gezweifelt habe, da bessere Gedanken den ersten Eindruck Deines bitterbösen Briefes noch nicht besiegt hatten; und dieser war doch wahrlich so, um mich irre zu machen, da ja sogar Du, der Du immer *meinen* Kleinmuth gerügt hast, in trocknen Worten aussprichst, daß *Du* an mir zweifelest – Du böser Harald!

Nun, ich weiß, daß ich keine kleine Schuld Dir gegenüber auf der Rechnung habe. – Wie habe ich auch nur immer vergessen können, mich an Deine Stelle zu denken, wenn ich aus eignem Bedürfniß keine Eile hatte zu schreiben – Je mehr ich jetzt überlege, desto unverantwortlicher kömmt mir meine Rücksichtslosigkeit vor ⟨2⟩ und desto gerechtfertigter Dein Unmuth. – Du hast mir schon Manches verziehen, guter Harald: verzeihe mir auch diese Aeußerung meiner Schwäche und Dummheit. – Darum bitte ich Dich mit der Innigkeit Eines, der sich bewußt ist, der Nachsicht zu bedürfen. Vergiß also den Schmerz, den ich Dir bereitet habe und ich will sorgen, daß Du nicht wieder daran erinnerst werdest durch neue Unterbrechungen unseres Verkehrs. Meiner Zusage, Dir allsonntäglich zu schreiben, werde ich pünktlichst nachkommen – nicht blos Dir zu Gefallen, sondern in der Ueberzeugung, die ich stets in mir wach erhalten will, daß es zu unserem beiderseitigen Heile, als Ersatz für den persönlichen Verkehr, nothwendig ist.

Was ich Dir über meine Absichten im nächsten Semester, die Vorlesungen betreffend, geschrieben habe, scheint Dir nicht zu gefallen; und wahrscheinlich würdest Du noch unzufriedener geantwortet haben, wenn ich nicht vergessen hätte, anzuführen, daß ich auch noch ein drittes Colleg zu halten gedenke, nämlich ein physikalisches Practicum[1], Uebungen in Ausführung physikal. Experimente u. Messungen [VV 6]. ⟨3⟩ In dem Du aber von Ueberarbeiten, Ausspannensollen etc. redest, scheinst Du mir in einem Irrthum befangen zu sein, in dem Irrthum, als ob ich bei Uebernahme solcher Geschäfte mehr der Gefahr ausgesetzt sei, mich zu überarbeiten als außerdem. Das ist aber ganz und gar nicht der Fall, – denn Alles zusammen ist doch wahrlich nicht so viel, als daß, um meiner *Schuldigkeit* gegen die Zuhörer zu genügen, die Zeit zu knapp wäre und ich mich *deßhalb* schon überladen müßte. Das Material werde ich wahrlich ohne Noth bewältigen können, da es ja, das Practicum abgerechnet, nur 6 Stunden zusammen sind. Eine Gefahr, mich zu überarbeiten, könnte jedenfalls erst dadurch eintreten, daß mich die Gegenstände weiter fortzögen, als es für diese 3stündigen Vorlesungen nöthig ist, und zwar in dem Maaße, daß ich darüber die Rücksichten auf meine Gesundheit vergäße. Was den letztern Punkt betrifft, so darfst Du wirklich außer Sorge deßhalb sein. Ich habe diesen Winter jenen Fehler vermieden, und werde es auch den Sommer thun – und es wird mir sehr leicht werden, weil ich durch meine Theilnahme am Turnverein und vor allem durch den ⟨4⟩ in letzterer Zeit lebendig gewordenen Verkehr mit meinen vielen neuen Collegen grade genug zu Unterbrechung des Arbeitens genöthigt bin. Wenigstens hat in den letzten Wochen des vergangenen Semesters dieser Verkehr in so weit nichts zu wünschen übrig gelassen, als er hinreichende Erholung vom Arbeiten durch Nichtsthun darbot.

– Was aber das allzu weite Hineinreiten in neue Gegenstände betrifft, so werde ich dieser Gefahr, bei dem was ich im Sommer vorhabe, am wenigsten ausgesetzt sein.

Diesen Winter mit der Mechanik [VV 3] war es anders: da war ich schon durch die Zwecke der Vorlesung darauf angewiesen, mich auf's ernstlichste in die Sache zu vertiefen, weil ich mich

[1] Diese Form der Lehrveranstaltung (Praktikum) wurde zum ersten Mal in Jena durchgeführt.

auf ein bloses Ueberliefern nicht beschränken durfte und konnte. Mit den beiden Vorlesungen [VV 5, 7], die ich Dir genannt habe, wird es aber ganz anders sein: Hier liegt Selbständigkeit und Neuheit der Darstellung für mich wenigstens ganz außerhalb jeder Möglichkeit, und deßhalb will ich – u. werde es auch leicht können – mich im Wesentlichen nur überliefernd und reproducirend verhalten, ⟨5⟩ und alsdann wird mich die Beschäftigung mit diesen Dingen, zum Zweck der Vorbereitung, sicherlich weniger intensiv anstrengen, wie wenn ich die Zeit statt dessen auf die Verfolgung eigener Speculationen verwende. – Was im besondern die Zahlentheorie betrifft, so macht sie mir, da ich bei 3 Stunden von selbst auf die ersten Elemente mich beschränken muß, wenig Sorge. Wiewohl ich wenig darin zu Hause bin, werde ich hoffentlich das Material bewältigen zu können; und ich habe den Trost: so wenig ich werde bieten können, für die Jena'ischen Studenten wird es doch einigen Werth haben. – Und endlich das Practicum [VV 6] – wird zwar zeitraubende Arbeiten mit sich bringen, aber doch nur solche, die, weil mit Händen und Augen u. Ohren auszuführen, sogar eine heilsame Erholung gegenüber den andern Beschäftigungen bedeuten.

Ueber diese Dinge mehr in den nächsten Briefen. – Für jetzt nur noch diese Notiz: daß der neue Director des Frankfurter Gymnasiums, – Tycho Mommsen, ein alter und sehr geschätzter Lehrer von mir ist. Er war in Eisenach Professor am Realgymnas. ⟨6⟩ bis Ostern 1858, wo er nach Oldenburg abgieng, als ich in [der] Prima war. Vermöge Deiner Stellung wirst Du wohl dann u. wann mit ihm zusammenkommen. *Vielleicht* erinnert er sich meiner noch und wenn das, so interessirt es ihn vielleicht auch, zu erfahren, was aus mir geworden ist. Kannst ihm also bei Gelegenheit einen ehrerbietigen Gruß von mir bestellen. – Uebrigens wirst Du wahrscheinlich schwerer mit ihm auskommen als mit Classen; er ist in mancher Hinsicht nicht grade der angenehmste Bruder.

Deine Zusage, *vielleicht* mich zum Herbst zu besuchen ist mir ein schlechter Trost. Ich kann Dir nicht sagen, wie sehr ich mich nach persönlichem Verkehr mit Dir sehne. Wie hölzern und unbefriedigend ist doch der durch Feder und Papier, und wie viel möchte ich Dir sagen. Solltest Du es nicht möglich machen können, mich im *Laufe des Sommers* in Jena zu besuchen, wo Dir der Aufenthalt übrigens auch besser als in Eisenach würde gefallen können? – Die Vorlesungen würden dabei ja kein Hinderniß sein. – Sei herzlich gegrüßt von Deinem

alter Ego (ohne?) Ernst.

82 Abbe an Schütz Eisenach, 17. April 1864

Eisenach, April 17, 64.
Sonntag Abends.

Liebster Harald.

So eben zurückgekehrt von einem, wider Erwarten lang gewordenen Spaziergang mit meinem Alten, will ich Dir in der Eile guten Abend sagen, um dann, zur Feier des letzten Sonntags, den ich mit meinem Alten zusammen bin, nochmals mit ihm kneipen zu gehen. Mittwoch Mittag gedenke ich wieder nach Jena zurückzugehen, so daß dieser vorerst der letzte Brief ist, den Du von hier aus erhältst.

Deine Zusage, mich im *Juni* in Jena besuchen zu wollen, – mit Beseitigung des „Vielleicht" – macht mir große Freude, die nur noch in Schranken gehalten wird durch die Ungewißheit über die *Dauer* Deines Besuches. Ich gebe mich, in bezug hierauf, der Hoffnung hin, daß Du es möglich machen würdest, aller mindestens eine volle Woche bei mir zu bleiben, – womöglich aber noch länger. Da Du Dir die ganze Zeit her so selten und immer nur so kurze Ferien genommen hast, so denke ich, darfst Du es wagen, Dir von Schuster einmal ein ordentliches Stück auszubitten. Ein ⟨2⟩ vierzehn Tage werden die Jungen Dich schon entbehren können da sie ja jetzt alle seit längerer Zeit in geregelter

Ordnung stehen. – Und ich hoffe, daß Du Dich in Jena nicht langweilen wirst. So weit wir uns nicht auf uns beschränken wollen, haben wir an Snell, und manchem Andern Gesellschafter, mit denen sich eine anregende Unterhaltung führen läßt. Außerdem kann ich mir dann auch ein paar Tage Ferien machen und mit Dir einen Ausflug etwa nach dem östlichen Thüringer Wald, der mancherlei Schönheiten darbietet, unternehmen. – Ich freue mich schon jetzt auf diese schönen Aussichten.

Was Deine Ansprüche an mein Colleg über Zahlentheorie im nächsten Semester betrifft, so werde ich denen wohl schwerlich genügen. Wie ich Dir schon geschrieben habe, habe ich in diesem Sommer weder Lust noch Zeit, mich all zu sehr in dieses Feld zu vertiefen, worauf erstens mein Interesse nicht so sehr gerichtet ist, wie auf andere Dinge, und wo ich zweitens ⟨3⟩ gar nicht hoffen kann, selbst beim besten Willen, etwas Nennenswerthes zu bessern. Denn je mehr ich mich mit der Zahlentheorie beschäftige, (was freilich bis jetzt noch nicht viel gewesen ist) desto mehr befestigt sich bei mir die Ueberzeugung, die ich schon aus Schering's Colleg [VV 41] davongetragen habe: daß das Unsystematische und Zusammenhangslose in ihren Lehren, welches jedem entgegen tritt, seinen Grund *nicht* hat in mangelnden Bemühungen für eine methodische Darstellung, sondern *wesentlich* darin, daß überhaupt für das ganze Feld von Speculationen der rechte Gesichtspunkt und der rechte Schlüssel für die hier eintretenden Aufgaben noch nicht gefunden ist – und da kann es mir natürlich nicht einfallen, mich um dessen Auffindung jetzt bemühen zu wollen. Ich habe mir deßhalb mein Ziel für dieses Semester sehr bescheiden gesteckt: blos die hauptsächlichsten Lehren auf diesem Felde, *sowie sie eben vorliegen*, meinen Zuhörern zu überliefern, so viel von ihnen sich in einem Semester bei 3 Stunden absolviren läßt, und dabei jedes Streben nach einer befriedigenden Systematik (die ich eben für jetzt als unmöglich ansehe) bei Seite zu lassen sondern in ⟨4⟩ bezug auf Anordnung des Materials, Art der Darstellung, ausschließlich didactische Rücksichten walten zu lassen, d. h. den Zweck, meine Zuhörer leicht und sicher in das Studium dieses Gebietes einzuführen. Da habe ich allerdings schon genug zu thun, und ich habe mir schon Manches, dies betreffend, überlegt. Im Wesentlichen aber wird meine Darstellung von dem gewöhnlichen Schlendrian nicht abweichen, und Du wirst wohl Deine stolzen Ansprüche auf eine spätere Zeit vertagen müssen. – Dabei ist es mir natürlich aufs höchste willkommen, wenn Du mich, wie Du schreibst, durch Dein Nachdenken und durch die Resultate Deiner bisherigen Studien unterstützen willst, – um so mehr, als ich über die Anordnung des Materials, grade für den Anfang, noch gar nicht ganz im Klaren bin. –Laß' aber womöglich *bald* mir Etwas darüber zukommen, damit ich es noch zeitig benutzen kann. – Die Vorlesungen Dirichlet's von Dedekind [TV 33] besitze ich selbst, so wie auch die sonstigen literarischen Hilfsmittel.

Damit lebe recht wohl für heute, bleib hübsch munter und behalte lieb Deinen

Ernst.

Freundliche Grüße von meinen Alten.

83 Abbe an Schütz Jena, 24. April 1864

Jena, April 24, 64
Sonntag Abend

Mein lieber Harald.

Herzlichen Dank für Deinen schönen zahlentheoretischen Brief, den ich den Tag nach meiner Ankunft richtig erhalten habe. Was Du mir darin schreibst hat mir mannichfache Aufschlüsse und viel Anregung zum Nachdenken gegeben; und, was mir besonders zur Genugthuung gereicht, eine große Uebereinstimmung in den Grundansichten über den Gegenstand zwischen Dir und mir an den Tag gelegt. Auf letzteres schließe ich wenigstens aus einigen Deiner Bemerkungen über den einzuschlagenden Gang der Darstellung. Das Meiste allerdings, was Du mir auseinandersetzest über den natürlichen Zusammenhang der in der Zahlentheorie behandelten Aufgaben, – wie sie aus bestimmten Gesichtspunkten abzuleiten seien – und, in Anschluß hieran, wie das vorliegende Material darzustellen sei, ist mir entweder neu, oder ich habe es mir wenigstens noch nicht so klar gedacht ⟨2⟩ gehabt, wie Du es aussprichst. So wie Du mir aber räthst, anzufangen (nämlich mit der Betrachtung der Zerlegung der Zahlen in 2, 3 etc. Theile) hatte ich [es] mir in der That schon vorgenommen; und zwar bin ich zu der Meinung, daß diese Aufgaben der natürliche Ausgangspunkt der ganzen Lehre sei, schon vor langer Zeit gekommen, als ich einmal (in Frankfurt) über diese Sache nachgedacht habe. – Auch scheint hinter Deinem Rathe die nämliche Ansicht im Hintergrunde zu stehen, – die Ansicht nämlich, daß der eigentliche Gesichtspunkt für die Zahlentheorie der der *combinatorischen* Betrachtung ist, d. h. daß es nicht *quantitative*, sondern *combinatorische* Beziehungen an den Zahlen sind, welche sie zu Objecten der Zahlentheorie (im Gegensatz zur gewöhnlichen Arithmetik) machen. Ich bin wenigstens zu diesem Resultate gekommen und fest von der Richtigkeit desselben überzeugt; und es scheint mir auch keine ernstliche Schwierigkeit zu haben, die hauptsächlichsten Probleme, die bis zur Zeit in der Disciplin zur ⟨3⟩ Sprache gekommen sind, aus dieser Auffassung abzuleiten; so weit wenigstens die Darstellung der Zahlen durch bestimmte arithmetische Formen – lineare, quadratische etc. mit ganzzahligen Coeff. – in Frage kömmt, so läßt sich gewiß Alles unter den Gesichtspunkt der combinatorischen Betrachtung subsumiren. – Schade nur, daß es mit einer consequenten Durchführung seine Häkchen haben wird; schon bei den einfachsten Fragen, die Zerlegung der Zahlen in 3 oder mehr Theile betreffend, bleibt man stecken – wenigstens habe ich damals in Frankfurt mich lange mit derartigen Aufgaben herumgeschlagen und bin, wenn ich mich recht entsinne, schon bei der Zerlegung in 3 *Theile* auf große Weitläufigkeiten gekommen.

Uebermorgen mache ich den Anfang mit der Vorlesung (von 11–12 Mittags) und werde in den Hauptzügen den Gang einschlagen, wie Du ihn skizzirst. – Wenn Du Dich gegenwärtig mit der Zahlentheorie beschäftigen kannst und willst, so werde ich Dir höchst dankbar sein, wenn Du mir recht bald weitere, noch mehr ins Detail ⟨4⟩ gehende Winke und Ratschläge giebst und mir wohl auch gelegentlich ein paar gute Beispiele für einzelne Capitel mittheilst. – Je mehr ich mich jetzt mit der Sache beschäftige, desto bedenklicher werde ich wegen der übernommenen Aufgabe: ich sehe, daß ich den Gegenstand doch noch gar zu wenig geistig verarbeitet habe und lieber die Vorlesung nicht hätte übernehmen sollen.

In bezug auf Einzelnes in Deinem Briefe stimme ich mit Dir nicht überein; darüber meine Ansicht zu schreiben will ich jedoch auf das nächste Mal versparen, da es schon spät geworden ist und der Brief bis 10 Uhr zur Post muß, wenn Du ihn morgen erhalten sollst.

Für diesmal also nur noch ein paar Worte zur Erledigung Deiner Anfragen. – Meine Bemerkung über Mommsen bezog sich darauf, daß er in Eisenach mit den meisten seiner Collegen nicht auf dem besten Fuße gelebt hat und von Vielen, die mit ihm in näherem Verkehr gestanden haben, – darunter Einer, auf ⟨5⟩ dessen Worte ich einiges Gewicht lege, – als sehr unverträglich, ja sogar als tückisch geschildert wird. Ich habe, als Schüler, mit ihm ganz gut gestanden, wie wohl er weder mich noch Andere je für sich begeistert hat. Er genoß damals in der Schule eine große Autorität, die aber keineswegs Ausfluß der Anhänglichkeit der Schüler an ihn war, – sondern nur Folge seines, für uns imponirenden, resp. einschüchternden, eisigkalten Wesens. Alle seine Schüler aber achten ihn als einen tüchtigen Lehrer, von dem man sah, daß bei ihm viel zu lernen sei. – Er lehrte damals nur Deutsch und Englisch (in den obern Classen) und zeitweilig Latein.

Dein Väterchen bitte ich bestens von mir zu grüßen und ihm über die fraglichen Siriustrabanten[1] Folgendes mitzutheilen: Vor ca. 2 Jahren ist in *N. Amerika* (in Cambridge, wenn ich nicht

[1] Der Entdeckung des Siriusbegleiters durch den Mechaniker Alvan George Clark in Cambridgeport bei Boston am 31. 1. 1862 folgte die Bestätigung durch Chacornac in Paris am 20. 3. 1862, allerdings mit einem Foucaultschen Spiegelteleskop von 80 cm und nicht 2 Fuß (=65 cm) Öffnung. Der Astronom Bessel hatte ihn bereits 1844 vorausgesagt.

irre) mit dem größten *Refractor*, der überhaupt existirt, ein kleiner und sehr lichtschwacher Begleitstern neben dem Sirius wahrgenommen worden, in einer ⟨6⟩ Distanz von ca. 8 Bogensekunden, den man vorher – und jetzt mit kleineren Fernröhren – wegen des blendenden Lichtes des Sirius nicht wahrgenommen hatte. In Europa ist diese Entdeckung, die also Sirius zum Doppelstern macht, zuerst in *Paris* bestätigt worden, mit Hülfe des kurz vorher von Foucault erbauten neuen Teleskops, mit *parabolischen Glassilberspiegel* von 2′ Oeffnung und 8 oder 10′ Brennweite. – Seit ich von Frankfurt weg bin, habe ich die Astronom. Nachrichten [TV 27] nicht mehr gelesen und kann daher Weiteres nicht melden. Ich will nur noch bemerken, daß die Beobachtung Interesse gewinnt *dadurch*, (und blos *allein* dadurch – denn was will sonst auch *ein* Doppelstern mehr oder weniger sagen) daß schon Bessel vor 15 od. 20 Jahren das Dasein eines (möglicherweise *dunkeln*) Trabanten des Sirius aus den an ihm wahrgenommenen *kleinen Bewegungen* à la Leverrier vorausgesagt hat; und daß nach den gemachten Beobachtungen der jetzt *sichtbare* Trabant vermöge seiner Stellung dieser Besselsche sein *kann*, und *wahrscheinlich* auch ist, (wenn nicht etwa im Laufe des letzten Jahres die weiteren Wahrnehmungen zu andern Resultaten geführt haben) –

Leb recht wohl und sei herzlich gegrüßt von Deinem

alter Ego.

84 Abbe an Schütz — Jena, 30. April 1864

Jena, April 30. 64.
Abends 7 Uhr.

Liebster Harald.

So eben komme ich nach Hause, grade zeitig genug um vor Postschluß die verlangten Bücher einpacken zu können. Ich habe den ganzen Nachmittag an der Einrichtung des Locals zu meinem physikalischen Laboratorium[1] gearbeitet, und werde auch morgen noch den größten Theil des Tages bei diesem Geschäfte zu thun haben. Denn Mòntag Mittag soll das physikalische Practicum [VV 6] beginnen, zu welchem sich bis jetzt schon 9 Teilnehmer gemeldet haben. (NB: Zahlentheorie [VV 7] *8* Zuhörer, Mechanik [VV 5] *5*) – Du wirst mir daher erlauben, daß ich Dir morgen nicht schreibe, sondern erst einige Tage später, da ich morgen u. Montag bis über die Ohren zu thun habe. Deßhalb für jetzt nur noch die Bemerkung: daß ich Stern selbst schreiben werde, und zwar ihm wie auch Reiß u. Wallach *so bald* ich nur jetzt mit meinen Vorlesungen einigermaaßen im Zuge bin. Einstweilen Grüße an diese, und entschuldige mich bei ihnen so gut Du kannst.

⟨2⟩ – Neben den Büchern für die Senckenb. Bibliothek[2] (von welchen ich mir *nach* der Revision die *Resultate* [TV 83] wieder erbitten werde) schicke ich Dir Grassmann senior [TV 53] u. junior [TV 50], von letzterem aber nur das *eine* Buch, weil ich das andere nicht besitze. Wenn Du es willst, mußt Du zu Crailsheim gehen. – Helmholtz Akustik [TV 59] hatte ich nur gekauft um einen Preis für die mathematische Gesellsch. zu stiften. Daher habe ich es nicht mehr. Du kannst es aber bekommen, wenn Du willst. Uebrigens ist es auch in der Senckenberg. Bibliothek. Es ist 3/4 8; Leb also recht wohl und sei gegrüßt von Deinem

Ernst.

---

[1] Abbes physikalisches Laboratorium befand sich ebenfalls im Physikalischen Kabinett am Neutor.

[2] Senckenbergische Bibliothek in Frankfurt a. M.

85 Abbe an Schütz Jena, 13. Mai 1864

Jena, Mai 13, 1864
Freitag Morgen.

Liebster Harald.

Leider habe ich mir schon wieder einen Brief voll Vorwürfen von Dir zugezogen; und ich darf mich darüber nicht beschweren, da ich Dir ja versprochen hatte, jeden Sonntag regelmäßig zu schreiben. Warum habe ich auch nicht wenigstens äußerlich dem Versprechen genügt, und Dir am Sonntag ein paar Zeilen geschickt, zur Kunde dessen, daß ich noch lebte! Dummer Weise bin ich darin zu skrupulös gewesen; ich wollte Dir doch auch einmal, nachdem Du mir mehrere sehr inhaltsreiche Briefe geschrieben, mit mehr antworten als mit einem Berichte über blos äußerliche Dinge – und daß dies an der Zeit gewesen wäre sehe ich aus Deinen Vorwürfen, die Du mir, wenn ich Dir wieder blos ein paar Zeilen geschickt hätte, zwar wohl nicht geschrieben, nichts destoweniger aber im Stillen gemacht hättest. Ich wollte Dir zunächst die Ansichten auseinander setzen, die ich durch Deine Belehrung und durch meine eignen Studien während der letzten Wochen in bezug auf die Zahlentheorie gewonnen habe und Dir dabei mittheilen, welchen Gang ich bis jetzt in der Vorlesung [VV 7] verfolgt ⟨2⟩ habe. Weil dies aber nicht Sache einer Stunde ist, war es mir am Sonntag wirklich unmöglich, da ich Vormittags mehrere Besuche zu machen hatte, Mittags zu Snell eingeladen war und den ganzen Nachmittag in meinem Laboratorium mit den Vorbereitungen für das Practicum [VV 6] am Montag zu thun hatte, – worauf ich Abends hundsmüde nach Hause kam. Daß es am Montag ebenso sein würde, wußte ich, hoffte aber bestimmt, am Dinstag Nachmittag die erforderliche Muße zu finden und rechnete dann darauf, daß ein ordentlicher Brief, auch um zwei Tage verspätet, Dich über die äußerliche Abweichung von unserem Uebereinkommen besänftigen werde. Leider wurde ich aber am Dinstag durch die Vorbereitungen für das Practicum [VV 6] am *Mittwoch* so lange aufgehalten, daß ich erst spät und sehr ermüdet zum

Schreiben kam und – so langweilig ist mir der Verkehr mit Dir! – nach den ersten Zeilen eingeschlafen bin, wobei ich mir noch obendrein, da ich erst spät in der Nacht vor Kälte aufwachte, einen tüchtigen Katharr geholt habe. Am Mittwoch konnte ich ⟨3⟩ eben so wenig an's Schreiben denken, da ich außer meinem täglichen Colleg [VV 7], von 2–6 Uhr das Practicum [VV 6] abzuwarten hatte – und gestern nicht, weil ich gestern Abend einen Vortrag[1] im hiesigen Gewerbverein (über die Erscheinungen der Centrifugalkraft, mit Experimenten) zu halten hatte, zu welchem ich schon vor Ostern gepreßt worden war. – Diesen Morgen kann ich Dir nun auch nur kurz schreiben, da ich diesen Mittag noch Colleg zu halten habe und ich Dich nicht gern noch einen Tag länger in Deinem Aerger lassen möchte. Sonntag aber werde ich Dir ganz bestimmt einen Brief nach Deinem – und meinem – Wunsche schicken.

Hoffentlich wird das Vorstehende Deinen Unmuth einigermaßen mildern, wenn Du Dich bemühst, Dich einmal an meine Stelle versetzt zu denken. Täglich eine Stunde Colleg [VV 7] macht schon ein gutes Stück Arbeit, wenn man, wie es mit der Zahlentheorie der Fall ist, den Gegenstand so wenig beherrscht. Dazu nun noch die Arbeiten die das Practicum [TV 6] mit sich bringt: Es haben sich *17* Theilnehmer dazu eingefunden, viel mehr als ich gedacht hatte; wollte ich nicht die Hälfte abweisen, so habe ich wohl oder übel *2* Nachmittage ⟨4⟩ dazu ansetzen müssen, (Montag und Mittwoch) da das Local, so gut es sich sonst zu einem physikal. Laboratorium eignet, für so viele auf ein Mal lange nicht Raum genug bietet, abgesehn davon, daß ich *17* nicht gleichzeitig übersehen kann. Da habe ich denn zwei Tage von Mittags bis Abends zu thun; denn wenn die Leute von 2–6 arbeiten, so habe ich dann noch lange zu thun, um mit dem Famulus die Apparate wieder in Ordnung zu bringen und aufzuräumen. Nun aber die Vorbereitungen, die ich jedesmal für einen solchen Nachmittag nöthig habe, um 8 Leute ordentlich beschäftigen zu können. Da geht gewöhnlich auch der Nachmittag vorher und oft auch noch ein Theil des Vormittags verloren. Und das sind

---

[1] Vortrag am 12.5.1864 im Gewerbeverein Jena, angekündigt unter dem Titel „Ueber die Erscheinungen der Centrifugalkraft".

alles Arbeiten, die mich, schon deßhalb, weil ich oft den ganzen Tag über keine 2 Stunden zum Sitzen komme, körperlich so ermüden, daß ich Abends zu jeder Arbeit unfähig bin. Du wirst nun kurz sagen: warum bist Du der Narr, Dir so viel Arbeit zu machen, die Du nicht zu übernehmen brauchst, und die Dir nicht einmal einen Thaler einbringt? ⟨5⟩ So kann ich nun leider nicht denken; sondern ich war sogar froh, daß sich so viele meldeten, und ich sah, daß mein Versuch einem gegründeten Bedürfniß entgegen kommt. Denn erstens hoffe ich, wenn die Sache in Gang kommt, darin eine willkommene Einnahmequelle in den nächsten Semestern zu finden; zweitens aber hoffe ich durch die Bemühungen in diesem Semester für mich selbst die Hilfsmittel zu ordentlichen physikalischen Arbeiten zu erlangen; denn Snell hat Aussicht, grade durch den Hinweis auf die starke Betheiligung, eine Extrabewilligung für das physikalische Cabinet zu erpressen, durch welche nicht nur für das Lokal eine ordentliche Laboratorium-Einrichtung zu beschaffen ist, sondern auch eine Anzahl physikalischer Instrumente, die jetzt fehlen, angeschafft werden können. Es sind deßhalb schon Schritte gethan und, wie mir Snell sagt, einige Aussicht auf *baldigen* Erfolg vorhanden. – Außerdem interessiren mich die Arbeiten, zum Theil wenigstens, schon jetzt. Denn mit einem Theile der Laboranten habe ich schon jetzt kleinere Untersuchungen von wissenschaftlichem Interesse in Angriff ⟨6⟩ genommen: eine Arbeit über die Ausdehnungsverhältnisse des Wassers, nach einer neuen Methode – über die Formveränderung elastischer Platten, die auf beiden Seiten ungleichem Luftdrucke unterworfen sind (als Vorarbeit zu später beabsichtigten Untersuchungen, bei welchen von jenen Formveränderungen in verschiedener Weise Anwendung gemacht werden soll) – und einige weitere Arbeiten, u. A. eine Bestimmung der magnetischen Constanten (wozu jetzt ein Erdinductor in Arbeit ist) sollen nächstens in Angriff genommen werden.

Wenn ich mich durch diese Mittheilungen etwa wieder dem Vorwurfe aussetze: daß ich Dir immer nur vornehme Andeutungen über den Gegenstand meiner Studien zukommen lasse, – so muß ich ihn freilich hinnehmen, da ich, wollte ich Dir über all' diese und andere Dinge ausführlich berichten, eine halbe Woche ununterbrochen schreiben müßte. Ich tröste mich aber mit einem Andern, der mir, trotzdem er mehr Muße besitzt, auch ein ganzes Jahr lang kein Wort von seinen Arbeiten geschrieben hat und erst seit ⟨7⟩ wenigen Wochen in *meinem* Bedürfniß nach directer *Belehrung* Anlaß genommen hat, sein Bedürfnis nach wissenschaftlichem Gedankenaustausch durch inhaltsreiche Briefe zu befriedigen, und der auch in seinem letzten Briefe, pag 1. „vornehme Andeutungen" zum besten giebt über seine philosoph. Studien im Laufe des *verflossenen* Winters, und „von den eigenthümlichen Resultaten, zu welchen er gelangt" ist, wie wohl er recht gut wußte, daß mich Alles dies schon längst interessirt hätte. – Ich tröste mich damit, sage ich, weil ich daraus abnehme, daß nicht nur für mich allein, sondern auch für diesen Andern, die Feder ein unbehülfliches und schwer zu gebrauchendes Vehikel für den Gedankenaustausch ist; und also auch dieser Andere in praxi darin mit mir übereinstimmt, daß die räumliche Trennung eben deßhalb eine *beklagenswerthe* Trennung ist.

Damit genug für heute, da ich sogleich ins Colleg [VV 7] muß und daher die andern Mittheilungen in Deinem Briefe – u. A. auch die von dem ein- od. zweitäg. Besuche – jetzt auf sich beruhen lassen muß.

⟨8⟩ Einstweilen also meinen schönsten Dank für Deinen lehrreichen Brief, und für die Mittheilung der Mommsenschen Rede, und Sonntag mehr. – Halte angenehme Feiertage und sei herzlich gegrüßt von Deinem unverbesserlichen

Ernst.

Morgen fangen meine Ferien an, die ich ohne Zweifel ohne Unterbrechung hier zubringen und zur Abtragung meiner andern Briefschulden verwenden werde.

Schließlich noch die Bitte: als Träger der Firma in Frankfurt die beifolgende Rechnung über 2f. 6 Kr. an Diesterweg berichtigen zu wollen, *und mich zu entschuldigen*, daß ich die Sache immer vergessen habe.

86 Abbe an Schütz Jena, 16. Mai 1864

Jena, Mai 16, 1864.
Montags Mittags.

Mein lieber Harald.

Gestern Mittag war ich eben im Begriff, mich hinzusetzen und an Dich zu schreiben, als der alte Snell zu mir gestiegen kam, und mich aufforderte, mit ihm zum Mittagsessen nach Hause zu kommen und dann sogleich, des schönen Wetters wegen, einen längeren Ausflug statt unseres gewöhnlichen Nachmittagsspaziergangs mit ihm zu unternehmen. Ich war einen Augenblick lang schwankend, ob ich ihm sagen wollte: ich hätte vor, an Dich zu schreiben und Du würdest es sehr übel nehmen, wenn Du nicht zum Montag den erwarteten Brief erhieltest. Doch dachte ich daran, daß er alsdann sagen würde: ich stehe ja furchtbar unter dem Pantoffel u. dergl. – und deßhalb, d. h. um *Dich* nicht in den Verdacht zu bringen, daß Du mich unter dem Pantoffel habest, schwieg ich, – zog mich an und gieng mit. Wir aßen bei ihm zu Mittag und giengen dann gleich nach 12 Uhr auf einen großen Spaziergang das im schönsten Blüthenflor stehende Saalthal hinauf, auf welchem ich die ⟨2⟩ Anfangs verspürten Gewissensbisse bald vergaß und nur noch bedauerte, daß Du nicht auch mit warst. – Mit Anbruch der Dunkelheit kamen wir wieder heim – und ich schreibe Dir erst heute. Wenn Du böse darüber bist, so beschwere Dich bei Snell, wenn Du hierherkommst. Ich habe ihm Deinen bevorstehenden Besuch schon vor einiger Zeit angekündigt; und gestern haben wir unterwegs beschlossen, wenn Du hier bist einen Sonnabend oder auch Freitag und Sonnabend unsere Vorlesungen aufzustecken und eine ordentliche Spritztour mit Dir zu unternehmen. – NB: nächste Woche erhältst Du auch ein Programm, an welchem Snell gegenwärtig schreibt (zur Feier des 50jähr. Professorenjubil. des Prof. Göttling) – Inhalt: Die Bedeutung Galilei's für die Naturwissenschaft [TV 95].

Nun zum Hauptthema, zu unserer lieben Zahlentheorie – wobei ich mir freilich sagen muß: daß dasjenige, was ich Dir darüber sagen kann, keinen Vergleich aushält mit den zahlreichen neuen Gedanken, die Du mir in drei umfänglichen Briefen mitgetheilt hast. ⟨3⟩ – Ich werde Dir meine paar einfältigen Gedanken am besten auseinandersetzen im Anschluß an den Gang, den ich bis jetzt in der Vorlesung eingeschlagen habe und ich beginne daher damit, Dir darüber Bericht zu erstatten.

Wie ich Dir schon schrieb, stimmt dieser Gang im Wesentlichen überein mit demjenigen, den Du in Deinem ersten Briefe mir empfiehlst. – Ich habe also damit begonnen (in der Einleitung) den Gegenstand und die Aufgaben der Zahlentheorie zu charakterisiren, unter Hervorhebung des Gegensatzes zu denen der gewöhnlichen Arithmetik, (d. h. Algebra). Dabei habe ich das Unterscheidende dahin gesetzt: daß für die Algebra *von Anfang* an das eigentliche Objekt der Betrachtung *nicht* die *Zahl*, sondern die als stetig (d. h. theilbar) vorgestellte Größe ist, und daß die Zahlen- und zahlentheoretischen Sätze (z. B. ba = ab) nur als Hilfsmittel und als Hilfssätze für die algebraische Betrachtung fungiren – die deßhalb nöthig sind, weil man hier bei den ersten Schritten gezwungen ist, die Größe zu bestimmen (zu definiren) durch Maaß*zahlen*. – Ich habe hervorgehoben, daß die Vorstellung der Zahl eine von der der ⟨4⟩ Größe specifisch verschiedene ist, (was man durch die Benennung *discrete* Größen sagen will) und habe dann gezeigt, nach welchen Richtungen hin diese Zahlenvorstellung als solche zum Gegenstand der Betrachtung gemacht werden kann. – Dabei bin ich denn darauf hinausgekommen, die zahlentheoretische Betrachtungsweise zu setzen in eine Untersuchung der combinatorischen Eigenschaften, welche den Complexen von Einheiten, die wir unter den verschied. Zahlen vorstellen, besitzen. – Ich glaube damit in der That Nichts falsches gesagt zu haben, wiewohl ich gestehe, daß dies der schwache Punkt meiner Einleitung ist: denn ich bin mir noch nicht vollkommen klar geworden über den Unterschied der zahlentheoret. u. der eigentlich combinator. Betrachtungsweise (auch dasjenige, was Du mir später darüber geschrieben hast, befriedigt mich nicht vollständig) und ich habe daher das Gebiet nach dieser Seite hin nicht scharf begrenzen können. – Obiger Punkt soll ein hübsches Thema für ⟨5⟩ unsere mündliche Discussion werden, wenn Du hier herkömmst. – Durch diese Vorbereitung hatte ich es nun leicht, für die Sache selbst denjenigen Eingang zu finden, den Du angiebst, und den ich schon früher als den natürlichsten angesehen hatte: die Zerlegung der Zahlen in 2 Summanden – die Darstellung in den Formen $m = x + a$ und $m = x + y$. Dafür habe ich die Betrachtung vollkommen durchgeführt. – Nur summarisch habe ich die hieran sich anschließende Zerlegung in 3, 4, . . . Theile abgehandelt, indem ich die Aufgabe: Bestimmung der Anzahl verschiedener Zerlegungsweisen auf die Combinationen zu bestimmten Summen reducirte. – Was Du mir über die weitere Behandlung dieser Aufgabe schreibst, erinnerte mich daran, daß ich als ich mich früher einmal damit beschäftigte, ebenfalls auf den Begriff des $\left[\frac{m}{p}\right]$ gekommen bin, – ich weiß nicht, ob auf dem nämlichen Wege wie Du oder auf einem andern. Damals wollte mich, wie ich mich noch erinnere, diese Lösung sehr wenig befriedigen, weil ich diesen Begriff nicht recht für voll ansehen wollte. Jetzt bin ich indeß andrer Meinung, – weil ich mittlerweile inne geworden bin, daß es grade solche nicht weiter reducirbare ⟨6⟩ Begriffe sind, die allenthalben in der Mathematik den Fortschritt vermitteln. Ich glaube auch, daß die Einführung desselben in die Zahlentheorie *an dieser Stelle*, d. h. als einen Fundamentalbegriff, sehr fruchtbar werden kann, – doch habe ich darüber nicht weiter nachgedacht.

Von dem genannten Punkte an habe ich das Problem der Zerlegung der Zahlen in Theile specialisirt zu dem der Zerleg. in *gleiche* Gruppen von Einheiten – unter Hinweis auf die andern möglichen Richtungen für die Specialisirung (dreieckige Zahlen etc.) und habe nun unter ausdrücklich betontem Zurückgehen auf das Anschauliche den Satz bewiesen:

$$a \cdot b = b \cdot a,$$

wodurch die Identität der beiden Begriffe: theilbar sein durch eine Zahl, und Vielfaches von einer solchen sein als *synthetischer* Satz hervorgeht. – Dann habe ich die Bedingungen aufgestellt, unter welchen eine Zahl m *nothwendig* ein Vielfaches einer andern ist:

1) $m=(b\cdot n)+(c\cdot n)=(b+c)\cdot n$
2) $m=(b\cdot n)-(c\cdot n)$
3) $m=b\,(c\cdot n)=(b\cdot c)\cdot n$
4) $m=(a\cdot p)\cdot(b\cdot q)=(a\cdot b)\cdot(p\cdot q)=(a\cdot b)\cdot n$
$n=p\cdot q.$

⟨7⟩ d. h. eine Zahl m ist nothwendig ein Vielfaches einer andern n, wenn sie dargestellt (oder darstellbar) ist durch zwei Factoren, die einzeln Vielfache von je einem von 2 Factoren von n ist – und daran anschließend auch die Umkehrung; daß jedenfalls m *kein* Vielfaches von n, wenn sich m *nicht* in 2 Factoren zerlegen läßt, von denen entweder der eine ein Vielfaches von n oder *jeder* ein Vielfaches von je einem der *Factoren* von n ist – alles dies durch anschauliche Betrachtungen bewiesen: NB: der letztere Satz ist die Grundlage für die Theorie der Zerlegung in Primfactoren (insofern er den Satz enthält, daß m durch eine Primzahl nie theilbar ist, wenn einer der Factoren von m theilbar ist) und wird sonst immer durch die Lehre vom größten gemeins. Theiler bewiesen – siehe Dirichlet's Vorles. [TV 33], wo der Algorithmus für die Aufs[uchung] des gemeins. Theilers als die Grundlage der ganzen Zahlentheorie gepriesen wird.

Von hier an trennt sich nun mein Weg etwas von dem Deinigen. Ich habe mich nämlich nicht entschließen können, die Darstellung der Zahlen durch arithmetische Formen ⟨8⟩ von Anfang an zum Leitfaden der Betrachtung zu nehmen und darnach den Gang einzurichten. Diese Darstellung, beginnend mit der als Functionen *einer* Veränderlichen, scheint mir zwar sehr geeignet, nachträglich alle Resultate zusammenzufassen und selbst auch den Faden für die Fortsetzung der Untersuchung abzugeben, wenn die unmittelbar anschauliche Betrachtung ihr Ende findet – aber sie scheint mir nicht zum ursprünglichen Gesichtspunkt geeignet. Vielmehr denke ich: man kommt auf alle die Aufgaben, welche sich unter eine solche Darstellung durch arithmet. Functionen unterordnen lassen, auch auf dem Wege der anschaulichen Betrachtung, indem man die Art und Weise verfolgt, wie sich der Complex von Elementen einer Zahl in Gruppen ordnen läßt – selbst die Darstellung in quadrat. Formen läßt sich offenbar ohne Bezugnahme auf die *Functionsformen*, als eine besondere Art der Gruppenbildung, darlegen; – und dann scheint es mir der natürliche Weg, den Standpunkt der anschaulichen Betrachtung durchweg bei- ⟨9⟩ zubehalten. – Die Consequenz hiervon ist, daß sich die Anordnung der einzelnen Sätze wesentlich ändert, je nachdem ich von den einfacheren zu den zusammenges. *Anordnungsweisen* oder von den einfacheren zu den zusammengesetzteren *Functionen* fortschreite. – Wollte ich Deinem Gange folgen, so kam nach der Form m = ax die nicht allgemeinere m = ax + b – dann die linearen Functionen 2er Veränderlichen ax + y u. ax + by etc. – Stelle ich die andere Betrachtungsweise in den Fordergrund: so schließt sich an die obigen Sätze über die Vielfachen sogleich die Aufgabe an: auf wieviel verschiedene Weisen läßt sich eine Zahl als Produkt von 2 Factoren darstellen, d. h. als Gruppen von je gleichen Complexen darstellen (also die Form m = xy) und somit komme ich sogleich auf die Unterscheidung von Primzahlen u. abgeleiteten, und auf die Zerlegung in Primfactoren (da man sogleich sieht, daß die *Anzahl* der verschiedenen Zerlegungsweisen davon abhängt, wie weit ich, wenn m = a · b, die Zerlegung von a und b in weitere Factoren fortsetzen kann.).

⟨10⟩ Ich habe, wie gesagt, den letzteren Gang verfolgt, – indem ich natürlich von Anfang an *nebenher* auch zeigte, wie jeder einzelne Schritt auch angesehen werden kann als Lösung einer Zahlen*gleichung*

$$\begin{aligned}(m &= a + y\\ m &= x + y\\ m &= a \cdot x\\ m &= a \cdot y)\end{aligned}$$

und wie wir durch diese einen kurzen und präcisen Ausdruck für den Gegenstand der jedesmaligen Untersuchung gewinnen. Ich habe also die Sätze über die Zerlegung in *Primfactoren* und alsdann die Bestimmung der *Anzahl* möglicher Zerlegungsweisen (m = xy aus der Form $m = a^{\alpha} \cdot b^{\beta} \ldots$ vorgebracht, und die Formen ax + b) etc. vorerst nicht weiter berührt.

Hierauf bin ich denn noch einen Schritt weiter gegangen, und habe auch den Begriff der theilfremden und theilverwandten

Zahlen angeschlossen an den des theilbar u. Vielfaches sein, indem ich sagte: Wenn eine Zahl m ein Vielfaches einer andern n ist, so sind die auftretenden Fragen durch das Vorhergehende erledigt. Wenn m aber *kein* Vielfaches von n ist, so sind 2 Fälle möglich: 1) m ist ein Vielfaches von einem *Theiler* von n; (theilverwandt) oder 2) sie ist auch kein Vielfaches von keinem Theiler (relativ prim). ⟨11⟩ Dabei tritt denn sogleich die Aufgabe ein: von welchen *Theilern* von n ist m ein Vielfaches, – welche sich auf die Aufsuchung des *größten* gemeins. Theilers reducirt; – Daran habe ich zuletzt die einfachsten unter den Sätzen über die Function $\varphi(m)$ angeschlossen, was sich leidlich motiviren läßt. Alles dieses habe ich an die Lehre von der Theilbarkeit angeknüpft, nicht weil ich es für sehr besonders angemessen und natürlich halte, sondern weil ich keinen bessern Ort wußte, und ich doch nicht umhinkann, die gewöhnlichen Sätze über relative Primzahlen mitzutheilen. – Wahrscheinlich wirst Du mir sagen können, an welche Stelle all diese Sätze mit mehr Recht gehören.

So weit bin ich bis vorige Woche gekommen. – Du siehst, ich komme nicht rasch vom Flecke. Ich nehme mir aber auch in der Stunde Zeit, und gebe mir alle erdenkliche Mühe, recht langsam und bedächtig die einzelnen Materien vorzubringen – à la Papa Stern – weil ich ja aus eigner Erfahrung weiß, wie schwer es für den Neuling ist, sich in die Zahlentheorie hinein zu finden. – Bis jetzt habe ich die Genugthuung zu bemerken, daß die 9 oder 10 Zuhörer[1], die es schließlich ⟨12⟩ geworden sind (genau weiß ich die Zahl nicht einmal) so fleißig kommen, daß ich mich nicht erinnere, einen leeren Platz bemerkt zu haben. – Was nun die Fortsetzung nach Pfingsten anlangt, so weiß ich nicht recht: soll ich da zunächst zurück gehen auf die Gruppirung der Einheiten einer Zahl nach den Gliedern einer arithmet. Reihe (dreieckige Zahlen etc.) – die sich in meinem Gange ganz natürlich an die Zerlegung in 2 Factoren anschließen würde – oder soll ich zu den Formen $ax+b$ u. $ax+y$ übergehen. – Letzteres würde mich dann, denke ich, schon auf den $\equiv$Begriff führen; denn ich begreife nicht recht, warum Du diesen erst bei der Form $ax+by$ eingeführt wissen willst. –

[1] Nach den Quästurakten waren es 9 Zuhörer.

Damit will ich meinen zahlentheoretischen Brief für heute schließen, und mir dasjenige, was ich Dir über den übrigen Inhalt Deiner Briefe, in bezug auf diesen Gegenstand noch zu sagen habe, für nächsten Sonntag aufsparen, – bis wohin Du mir hoffentlich auch über die beiden letztgedachten Punkte Deine Meinung verrathen haben wirst. – Leb also recht wohl, und wenn Du mir schreibst, so schreibe auch, wie Du die Feiertage verlebt hast und vor *Allem*: auf wann ungefähr und auf wie viel Wochen ich ein Zusammensein mit Dir hoffen darf. Herzlichen Gruß von Deinem der Dich so lieb hat

Ernst.

87 Abbe an Schütz — Jena, 25. Juni 1864

Jena, Juni 25, 64.
Vormittags.

Mein lieber Harald.

Seit länger als einer Woche bin ich Deinetwegen sehr in Sorge: denn ich habe Tag für Tag vergeblich auf Nachricht von Deiner Ankunft in Frankfurt gewartet. In der ersten Zeit nach Deiner Abreise[1] habe ich mich darüber getröstet mit der Ueberlegung, daß Du wahrscheinlich sogleich nach Deiner Ankunft mit Schusters nach Baiern abgereist sein werdest, und deßhalb nicht ans Schreiben gekommen seist oder es absichtlich verschoben habest, um mir gleich Deine Adresse mittheilen zu können. Nun, da seit Deiner Abreise schon fast 2 Wochen vergangen sind, werde ich aber bedenklich. Denn ich kann nicht annehmen, daß Du es mit Willen so lange unterlassen hast, die traurige Stimmung, welche der

[1] Schütz besuchte Abbe in der ersten Junihälfte 1864 in Jena.

Trennung nachfolgt, wenigstens durch einen Brief zu mildern – und ebenso ⟨2⟩ wenig – daß Du zuerst einen Brief von mir erwartet habest, da ich ja doch, Deinen Worten zufolge, voraussetzen mußte, Du werdest keine zwei Tage mehr nach Deiner Ankunft in Frankfurt sein. Ich muß also entweder vermuthen, daß ein Brief von Dir verloren gegangen ist, oder daß Du gar krank geworden bist, und mir nicht schreiben kannst. – Bitte, befreie mich doch ja recht bald aus dieser peinigenden Sorge – auf welchem Wege es auch sein mag.

Ich schreibe Dir jetzt nicht mehr, weil ich sogleich zum Colleg muß, und die Absendung dieses Briefes nicht weiter verzögern will. Nur so viel noch – daß ich mich seit Deiner Abreise vollkommen wohl befunden habe. –

In der Hoffnung, daß Dich mein Brief gesund und munter antreffen möge grüßt Dich herzlich Dein

Ernst.

88 Abbe an Schütz — Jena, 12. August 1864

Jena, Aug. 12, 1864
Freitag Nachmittag.

Mein lieber guter Harald.

Wahrscheinlich bist Du wieder sehr im Zorne über mich und machst mir, einstweilen noch im Stillen, harte Vorwürfe, daß ich alle Ermahnungen Deiner- und Versprechungen meinerseits wieder vergessen habe. Seit Dinstag, wo ich Deinen Brief erhielt, lebe ich wenigstens unter dem drückenden Gefühle, welches diese Vermuthung wach ruft – und welches mir deßhalb nicht weniger peinlich ist, weil ich mich dieß mal von aller Schuld frei weiß. Denn ich habe mit Erstaunen aus Deinem letzten Brief entnommen, daß

Du seit mehr als 5 Wochen ohne Nachricht von mir sein willst und überhaupt auf einen Brief von mir wartest: da ich doch an dem nämlichen Tage, da Dein vom 15ten Juli datirter Brief hier eintraf (wenn ich nicht irre, an einem Montag) einen großen Brief[1] an Dich nach Brückenau abgeschickt habe – der außer einem langen zahlentheoretischen Bericht noch zwei von Pfeiffer ausgeführte Photographien von mir als Einlage enthielt. Daß Dir ⟨2⟩ dieser aus dem Gedächtniß gekommen, kann ich nicht an nehmen, – um so weniger, als ich Dich darin mit der Bitte um *schleunige* Aufklärung über einige Gegenstände der Zahlentheorie gebeten habe – deren langes Ausbleiben ich meiner Vorlesung wegen sehr bedauert habe. Ich muß also voraussetzen, daß in Folge irgend welchen Mißgeschicks dieser Brief gar nicht an Dich gelangt ist, und Du auf diese Weise auf mich gewartet hast während ich auf Dich wartete. Mein Dienstmädchen, welches besagten Brief, wie ich mich erinnere, noch Abends zur Post getragen hat, behauptet fest, ihn richtig bestellt zu haben. Du warst doch damals noch in Brückenau, wie ich angenommen habe, weil Du noch Nichts von Deiner Rückkehr nach Frankfurt schriebst? – Es wäre doch ein sonderbares Pech, wenn er rein auf der Post verloren gegangen sein sollte; – als Retourbrief ist er nicht hierher zurück gekommen, wie ich mich durch Nachfrage auf dem Postamt vergewissert habe. – Wie es damit auch stehen mag, jedenfalls bitte ich mir aus, allen etwa schon gefaßten Groll gegen mich ⟨3⟩ in aufrichtiges Bedauern zu verwandeln; – denn ich habe durch dieses Malheur jedenfalls mehr Schaden gehabt als Du, da ich, außer dem Unbehagen über Dein Stillschweigen noch obendrein die Mühe gehabt habe, mich über die Beweise des Legendre'schen Reciprocitätssatzes und über die Classen-Abtheilung der quadrat. Formen ohne Deine so sehr erwartete Hilfe orientiren zu müssen.

Es ist mir erst heute möglich gewesen, Dir diese Aufklärung über mein vermeintliches Stillschweigen zu geben, weil ich die ganze Woche her, um meine Vorlesungen zum Abschluß zu bringen, so viel zu thun gehabt habe, daß ich, trotz täglichen Vorsatzes, vorgestern und gestern nicht zum Schreiben kommen konnte.

---

[1] Abbes Brief vom 18. 7. 1864 ist nicht überliefert.

Heute bin ich endlich frei. Indeß muß ich darauf verzichten, Dir einen langen Brief, zum Ersatz für den nicht erhaltenen zu schreiben, weil ich morgen Mittag schon von hier abreisen will und deßhalb noch vielerlei zu besorgen habe. Ich bin nämlich im Begriffe, mit dem alten Snell eine kleine Fußreise über den Thüringer Wald ⟨4⟩ nach Coburg vorzunehmen, von wo aus jener weiter nach Süddeutschland (Würzburg, Stuttgart, Frankfurt) gehen will, während ich mich nach Eisenach wende. Bis gestern noch war ich Willens, noch einige Wochen hier zu bleiben und in meinem Laboratorium zu arbeiten – in Rücksicht auf Zeit- u. Geldersparniß; doch habe ich mich zuletzt noch von Snell bereden lassen, ihn bis Coburg zu begleiten, nachdem ein Anderer, mit dem er Verabredung getroffen, ihn im Stich gelassen hatte, so daß er außerdem ganz allein wandern müßte. – Ich tröste mich damit, daß mir eine derartige Erholung auch recht heilsam sein wird. – Morgen Mittag wollen wir aufbrechen; ich werde dann nächsten Mittwoch oder Donnerstag in Eisenach eintreffen; Snell wird, wie er mir sagt, wahrscheinlich noch Ende des Monats nach Frankfurt kommen, um später auf einige Zeit nach Wiesbaden zu gehen. Ich werde ihm Deine Adresse genau angeben; er wird Dich gewiß aufsuchen.

Damit schließe ich für heute. Sowie ich nach Eisenach komme, werde ich Alles nachholen, was Dir entgangen ist. Leb' recht wohl und sei herzlich gegrüßt von Deinem

Pechvogel.

Glücklichen Fortgang für Deine Primzahlenspeculationen. Wie steht's damit?

An Stern werde ich schreiben innerhalb der ersten 3 Tage, die ich in Eisenach sein werde.

89 Abbe an Schütz Jena, 19. November 1864

Jena, Nov. 19, 1864.

Mein lieber Harald.

Wie lange es eigentlich her ist, daß ich Dir nicht geschrieben habe, weiß ich nicht; jedenfalls hast Du das Recht, sehr böse auf mich zu sein, und wirst es wohl auch sein. Warum ich nicht geschrieben hab' – der Teufel mag's wissen. Ich weiß nur so viel, daß ich jeden Tag, so Gott werden ließ, habe thun wollen. – Ich will mich nicht weiter entschuldigen.

Snell und Schaeffer haben mir seiner Zeit von ihrem Zusammentreffen mit Dir erzählt. Schaeffer hat mir auch gesagt, was Du mir später geschrieben hast, von Deinem Plane[1], eine Vorlesung in der Handels-Akademie zu übernehmen. Ich bin sehr begierig zu hören, wie es Dir damit geht. – Hoffentlich läßt Du Dich dadurch nicht ganz und gar, oder doch nicht auf zu lange Zeit aus Deinen mathematischen Studien heraus reißen.

Ich habe mich die ganze Zeit wohl befunden – insoweit gesund sein wohl sein heißt. Seit vier Wochen stecke ich wieder in Vorlesungen drin. Die ⟨2⟩ Experimentalphysik [VV 8] lese ich mit ca. 20 Zuhörern – etwa 2/3 von der Zahl, auf welche ich gehofft hatte. – Mit den Vorbereitungen habe ich viel zu thun; ich muß meistens schon nach 8 Uhr hingehen, während um 10 die Vorlesung ist. – Mit den Experimenten dabei werde ich leidlich fertig; es sind mir erst ganz wenige mißlungen. – Gegenwärtig habe ich Electrostatik und Magnetismus absolvirt und stehe im Anfang der Electrodynamik. Jede Woche muß ein festgesetztes Pensum durchgejagt werden – und ja nicht etwa die Köpfe der Zuhörer viel in Anspruch genommen! – Daß unter solchen Umständen diese Vorlesung mir nicht so viel Vergnügen macht wie wenn ich sie à la Weber halten könnte, ist leicht erklärlich. Doch Jena ist nicht Göttingen und ich bin nicht Weber.

Die andere Vorlesung Mechanik fester Körper [VV 9], die

---

[1] Snell und Schaeffer trafen mit Schütz in Frankfurt a. M. zusammen. Der Plan, Vorlesungen an der Handelsschule in Frankfurt a. M. zu halten, kam nicht zur Ausführung.

ich nun zum zweiten Male halte, convenirt mir insofern besser, als ich da doch con amore den Gegenstand verfolgen kann – wenn ich auch nur 5 Zuhörer habe. – Abgesehn davon, daß es – nach Snell's und meiner Ansicht – zu sehr im Interesse der Studenten lag, daß ich ihnen die Fortsetzung der Mechanik ⟨3⟩ gebe, kömmt es mir auch selbst sehr zu statten für die Bearbeitung des Gegenstandes, den ich im Laufe des Winters druckfertig zu bekommen hoffe. Das, was ich bis jetzt, nach dem Gange der Vorlesung von Neuem durchgearbeitet habe, hat ein vielfach anderes Ansehn gewonnen. – Wenn ich es nur dahin brächte, mich einmal recht ordentlich darauf zu concentriren und mich nicht immer wieder von andern Dingen, die mir grade in den Kopf kommen, abziehen zu lassen.

Die Physikalischen Uebungen [VV 10] vom vorigen Semester [VV 6] setze ich fort, – mit weniger Theilnehmern, und hoffentlich mehr Nutzen für die Einzelnen. Nächstens werden einige der in Angriff genommenen Arbeiten zum Abschluß kommen.

Ich bin gegenwärtig nicht in der Stimmung, Dir des Mehrern zu schreiben; ein ander Mal hole ich das Versäumte nach. – Habe Nachsicht mit mir und zürne mir nicht zu sehr. –

Ich will hoffen, daß Dich mein Brief wohl und munter antrifft; und daß Du nicht zweifelst, daß ich noch bin wie ehemals *Dein*

Ernst.

Snell und Schaeffer haben mich beauftragt, Dich schönstens zu grüßen. – Snell ist kürzlich zum Landtagsabgeordneten[2] gewählt worden. – Was machen Deine Eltern in Bielefeld?

---

[2] Snell wurde am 6. 10. 1864 als Vertreter der Ortschaften des Justizamtes Jena in den Landtag von Sachsen-Weimar-Eisenach gewählt.

90 Abbe an Schütz Jena, 31. Dezember 1864

Jena, Dec. 31, 1864.
Morgens.

Mein lieber guter Harald.

Mein Gruß zu Deinem Geburtstage[1] kömmt, wie Du es leider von mir gewohnt bist, auch dies Mal post festum. Ich habe Dir am Sonntag schreiben wollen, bin aber nicht dazu gekommen, weil ich des Vormittags durch Besuche verhindert wurde und den Mittag zu Snell eingeladen war, in Folge dessen der ganze Nachmittag hinging. – Nun ist, unter allerlei Geschäften der Sonnabend herangekommen, und ich muß eilen, wenn mein Brief wenigstens den Neujahrsgruß an Dich nicht versäumen soll.

Zunächst meinen Dank für Dein freundliches Weihnachtsgeschenk. Die Lectüre der Francofurtensia[2] hat mir viel Vergnügen gemacht; und die wirklich schönen Lieder von Bauer – der mir, horribile dictu, bis jetzt gänzlich unbekannt gewesen ist – habe ich mit wahrem Genuß gelesen – mit um so größeren, als mir, meine sonstige Beschäftigung so selten Nahrung für das Gemüth zuführt. – Sonst hat meine Weihnachtsfreude nur in der Erinnerung an die Zeit bestanden, da ich diese Tage mit Dir in traulichem Verkehr gefeiert habe. Mit welcher Wehmuth habe ich dieser Zeit gedacht!

Nun will ich Dir auch berichten, was meine Beschäftigung in der letzten Zeit gewesen ist. – Von meinen Vorlesungen habe ich Dir schon ⟨2⟩ geschrieben; ich füge also nur hinzu, daß sie bis jetzt guten Fortgang genommen haben, d. h. – das Auditorium noch ziemlich vollzählig beisammen ist. – In der Physik [VV 8] habe ich vor Weihnachten die Abschnitte von der Electricität, Galvanismus, Magnetismus etc. absolvirt (wie ich mir auch vorgesetzt hatte) und beginne nächsten Donnerstag mit der mechanischen Physik – dem schwierigsten Capitel für die Darstellung.

[1] 27. 12. 1864: vierundzwanzigster Geburtstag von Schütz.

[2] Es ist nicht zu ermitteln, welche Literatur über Frankfurt a. M. hier Schütz an Abbe gesandt hat.

Die Zeit, die mir die Vorlesungen übrig lassen, habe ich den Winter über theils auf meine Arbeit über die Bewegung fester Körper, theils auf practische Arbeiten im Laboratorium verwandt. Abgesehen von demjenigen, was ich zu thun habe zur Beschäftigung der Studenten, die an 1–2 Nachmittagen bei mir arbeiten, habe ich, halb und halb in Gemeinschaft mit Snell, eine größere Experimentalarbeit unternommen, welche die Phänomene der gleitenden und rollenden Reibung, der Reibung der Flüssigkeiten und des Widerstandes flüssiger Medien zum Gegenstande hat. – Das scheinen zum Theil sehr heterogene Dinge zu sein; nach den theoretischen Gesichtspunkten, von denen wir ausgehen (die bei Snell und mir übrigens selbst verschieden sind)[3] gehören diese Vorgänge jedoch eng zusammen, und es kann grade von ihrem vergleichenden Studium ein Erfolg erwartet werden. Ich kann Dir die theoretischen Ansichten, von denen ich ausgehe, nicht in extenso ⟨3⟩ entwickeln; es würde Dich solches jetzt auch wahrscheinlich wenig interessiren, da Du mit ganz andern Dingen beschäftigt bist. Ich bemerke Dir also nur, daß, nach meiner Hypothese, in welcher ich durch das bis jetzt über den Gegenstand Bekannte bestärkt werde, man in allen vorher genannten Erscheinungen *Molecularwirkungen* hat, bei welchen die auftretenden Kräfte von dem *Bewegungszustande* der Moleküle abhängen; und daß sie sich also in analoger Weise erklären lassen, wie die electrodynamischen Erscheinungen nach der Weberschen Theorie. – Meine Absicht ist nun, durch das experimentelle Studium jener Erscheinungen Anhaltspunkte zur Begründung einer Theorie dieser Art zu gewinnen. – Snell hat zum Theil ganz andere Ideen von der Sache, die er seinerseits verfolgt, während ich mich von dem Angeführten leiten lasse. Merkwürdiger Weise aber treffen wir in dem, was für das Experiment zu thun ist, so ziemlich zusammen, so daß wir die Arbeiten einstweilen gemeinsam fortführen können. Der Erfolg muß dann zeigen, wem das Feld gehört. – Bis jetzt sind wir indeß kaum über die Vorarbeiten hinaus. Wir haben zu Beginn des Semesters mehrere Wochen lang schon über den

[3] Die verschiedenen theoretischen Gesichtspunkte bei Snell und Abbe beziehen sich offenbar auf die Atomistik. Während Abbe bei seinen Untersuchungen Atome und Moleküle zugrunde legte, hielt Snell als Gegner der Atomistik an der dynamistischen Vorstellung fest.

Ausfluß des Wassers durch Röhren experimentirt, worüber ich auch schon im vorigen Jahre mit Snell Versuche angestellt hatte: sind aber nach vielen vergeblichen Bemühungen zu dem Resultate gelangt, daß dieser Theil der Versuche nach einem ganz andern Plane ⟨4⟩ angestellt werden muß, wenn sie für eine Theorie verwerthbar sein, und nicht blos empirische Gesetze geben sollen. Ich treffe jetzt die Einrichtungen für die neuen Versuche, von denen ich mir nun sicher Erfolg verspreche.

Für das Studium der gleitenden Reibung – welche, trotz der vielen Experimente der Techniker, nach Seiten der Physik hin noch gar nicht untersucht ist, – ist dieser Tage ein passender Apparat fertig geworden – ein Rad, welches mit sehr genau gearbeiteten Zapfen in Lagern sich dreht, und dessen Gewicht und Trägheitsmoment man willkürlich verändern kann, um die Größe der Reibung *während der Bewegung* messen zu können. –

Damit will zunächst Snell experimentiren, während ich die rollende Reibung vornehme, die meines Wissens – ein paar rohe Versuche auf Eisenbahnen abgerechnet – noch gar nicht untersucht ist. – Ueber die Methode und den Apparat, mit welchem ich die Untersuchung anstellen will, will ich Dir ein ander Mal Näheres schreiben.

Versuche über den Widerstand der Flüssigkeiten stellt einer meiner Zuhörer an, der daraus seine Doctordissertation machen will. – Er experimentirt mit hohlen kupferen Kugeln, deren Fallen in einem 8′ hohen Wasserbehälter er beobachtet, und, in bezug auf den Luftwiderstand, mit einer Bifilardrehwaage, deren Schwingungsbögen er mit Spiegel und Fernrohr verfolgt.

⟨5⟩ Damit für diesmal genug hiervon. – Ich schließe mit dem Wunsche, daß Dich mein Brief am ersten Tage des neuen Jahrs recht wohl und munter finden, und das bevorstehende Jahr Dir recht viel Freude und kein Leid bringen mögen. – Und möchte es ein gütiges Schicksal fügen, daß ich nicht viele Male mehr zum Neuen Jahr mich begnügen muß, aus der Ferne an Dich zu denken. – Sei herzlich gegrüßt und behalte lieb Deinen

Ernst.

91 Abbe an Schütz Jena, 4. Juli 1865

Jena, Juli 4, 1865.

Mein lieber, guter Harald.

Ich habe nicht gedacht, daß ich in diesem Jahre Dich zu sehen bekommen würde. Dich in Frankfurt zu besuchen, würde für mich aus mehrerlei Gründen nicht wohl angegangen sein; und meinet willen wieder hierher oder nach Eisenach zu kommen, würde ich Dir jetzt nicht zuzumuthen gewagt haben – wo ich so wenig gethan habe, ein Opfer Deinerseits zu verdienen. Um so mehr freue ich mich der unerwarteten Aussicht, die mir Deine bevorstehende Reise bietet. Ich werde Dich jedenfalls treffen, wofern Du auf 10 Meilen in die Nähe von Jena kommst, und Dich ein paar Tage lang begleiten, wenn Du Nichts dagegen hast. – Sonnabend und Montag habe ich kein Colleg; aber auch sonst liegt mir Nichts daran, ein oder ein paar Tage auszusetzen, wenn's nicht anders geht. – Setze mich also zeitig in Kenntniß, wann und wo Du zuerst Jena nahe kommst – in Rudolstadt oder Weimar; und richte Deine Reise, wenn es irgend angeht, so ein, daß ich von da an einige Tage mit Euch reisen kann, ohne dann eine gar zu lange Rückreise nöthig zu haben.

⟨2⟩ Ich will Dir für jetzt nicht weiter schreiben; was ich Dir schreiben könnte, kann ich Dir hoffentlich besser mündlich sagen. – Ich warte mit Sehnsucht auf die Gelegenheit dazu. – Die Mittheilung; daß Du krank gewesen, hat mich erschreckt. – Wenn Du gestorben wärst, wär ich's auch.

Sei herzlich gegrüßt von Deinem der Dich noch immer lieb hat

Ernst.

Abbildungen und Dokumente

Abb. 1 Ernst Abbe als Student um 1860

Abb. 2 Harald Schütz 1860

Abb. 3 Ernst Abbe als Privatdozent in Jena 1863

Abb. 4 Carl Martin 1863

Abb. 5 Außenadresse des Briefes an Harald Schütz vom 5. April 1860

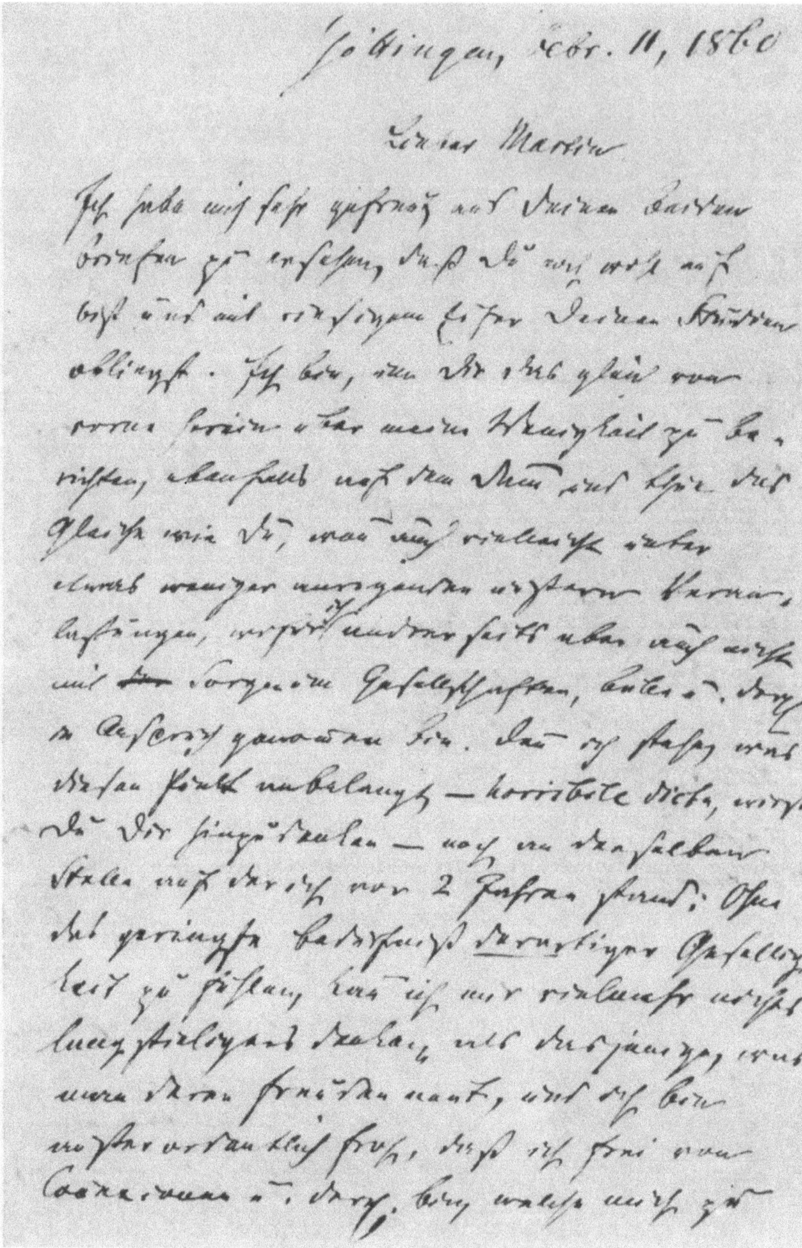
Göttingen, Febr. 11, 1860.

Lieber Martin

Abb. 6 Brief an Carl Martin aus Göttingen vom 11. Februar 1860

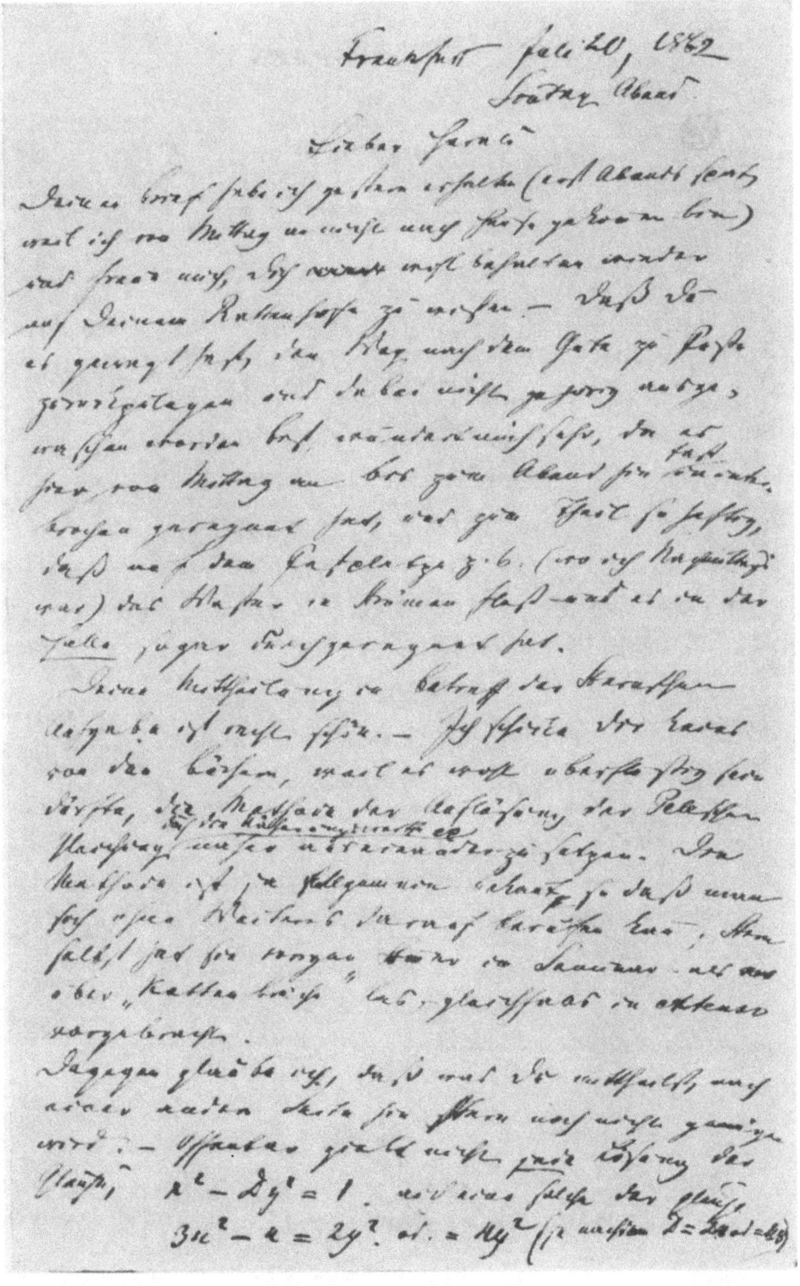

Abb. 7 Brief an Harald Schütz aus Frankfurt am Main vom 20. Juli 1862

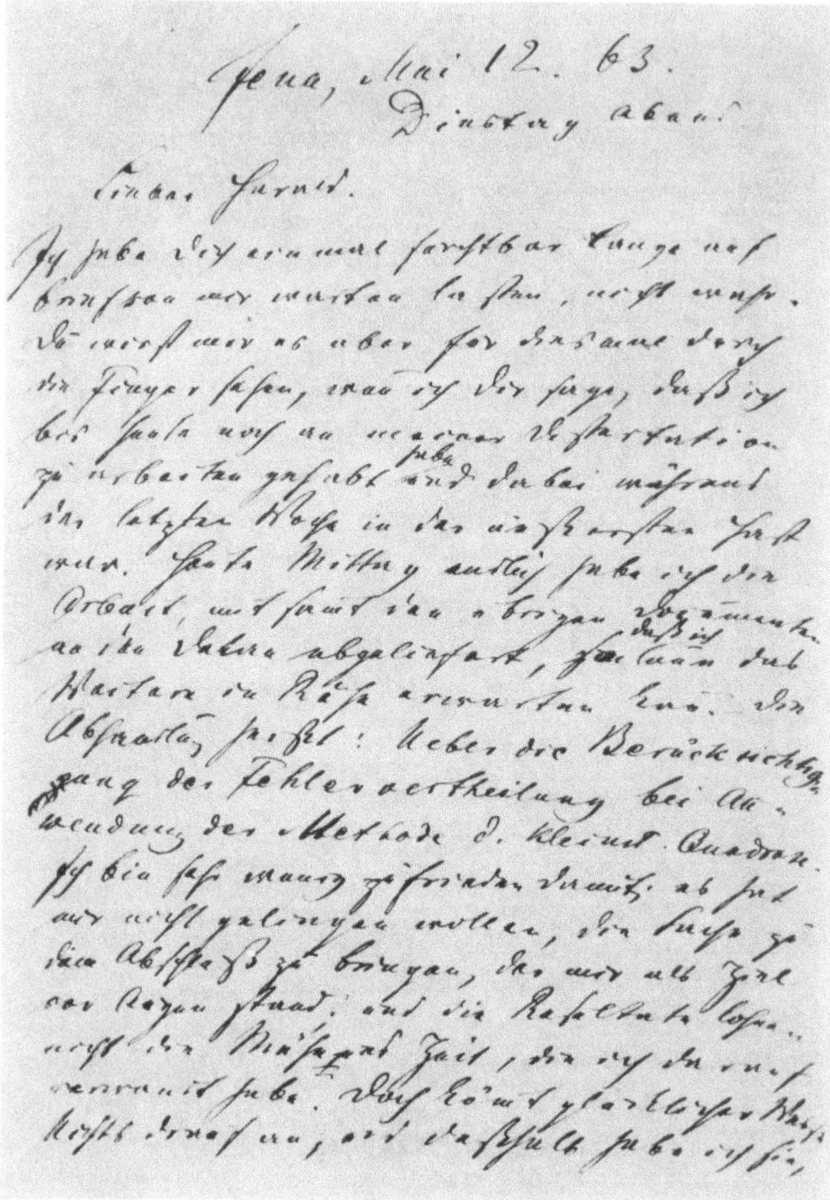

Jena, Mai 12. 63.
Dienstag abend.

Lieber Harald.

Ich habe Dich einmal furchtbar lange auf Briefe von mir warten lassen, nicht wahr. Du wirst mir es aber für diesmal durch die Finger sehen, wenn ich Dir sage, daß ich bis heute noch an meiner Dissertation zu arbeiten gehabt habe und dabei während der letzten Woche in der aufgeregtesten Hast war. Heute Mittag endlich habe ich die Arbeit, mit samt den übrigen Documenten an den Dekan abgeliefert, so daß ich das Weitere in Kürze erwarten kann. Die Abhandlung heißt: Ueber die Berücksichtigung der Fehlervertheilung bei Anwendung der Methode d. kleinst. Quadrat. Ich bin sehr wenig zufrieden damit; es hat mir nicht gelingen wollen, die Sache zu dem Abschluß zu bringen, der mir als Ziel vor Augen stand; und die Resultate lohnen nicht der Mühe und Zeit, die ich darauf verwandt habe. Doch kömmt glücklicherweise nichts darauf an, und deshalb habe ich sie,

Abb. 8 Brief an Harald Schütz aus Jena vom 12. Mai 1863

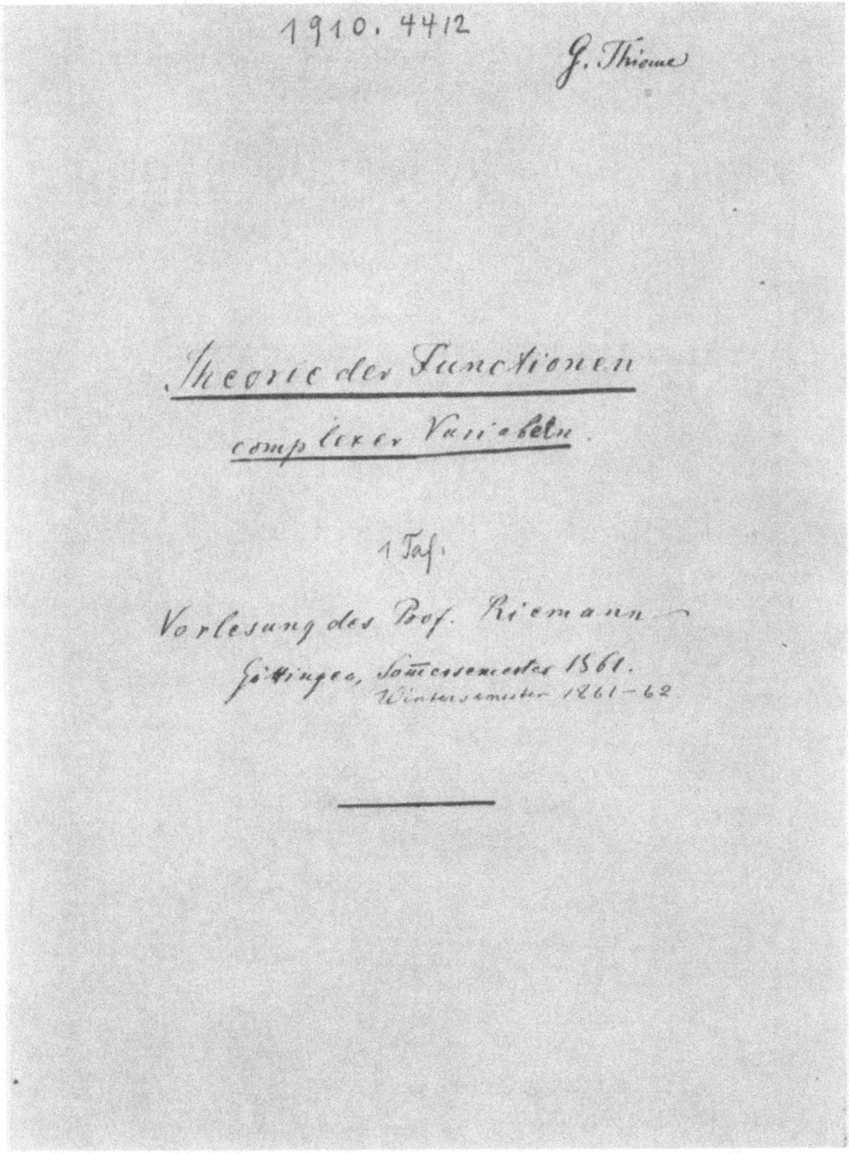

1910. 4412

G. Thieme

Theorie der Functionen complexer Variabeln.

1 Taf.

Vorlesung des Prof. Riemann

Göttingen, Sommersemester 1861.
Wintersemester 1861–62

Abb. 9 Titelblatt der Nachschrift von Ernst Abbe zur Vorlesung von Bernhard Riemann „Theorie der Functionen complexer Variabeln" an der Universität Göttingen 1861/62

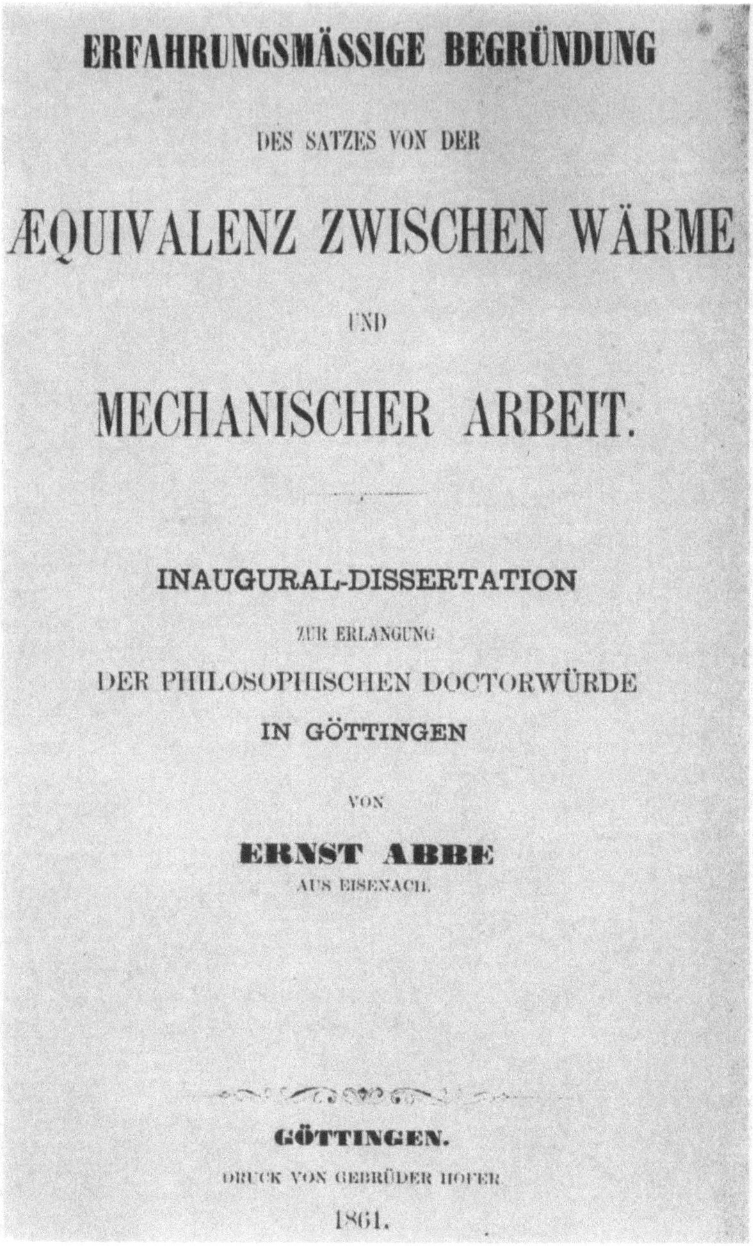

ERFAHRUNGSMÄSSIGE BEGRÜNDUNG

DES SATZES VON DER

ÆQUIVALENZ ZWISCHEN WÄRME

UND

MECHANISCHER ARBEIT.

INAUGURAL-DISSERTATION

ZUR ERLANGUNG

DER PHILOSOPHISCHEN DOCTORWÜRDE

IN GÖTTINGEN

VON

ERNST ABBE

AUS EISENACH.

GÖTTINGEN.

DRUCK VON GEBRÜDER HOFER.

1861.

Abb. 10 Titelblatt der Göttinger Dissertation 1861

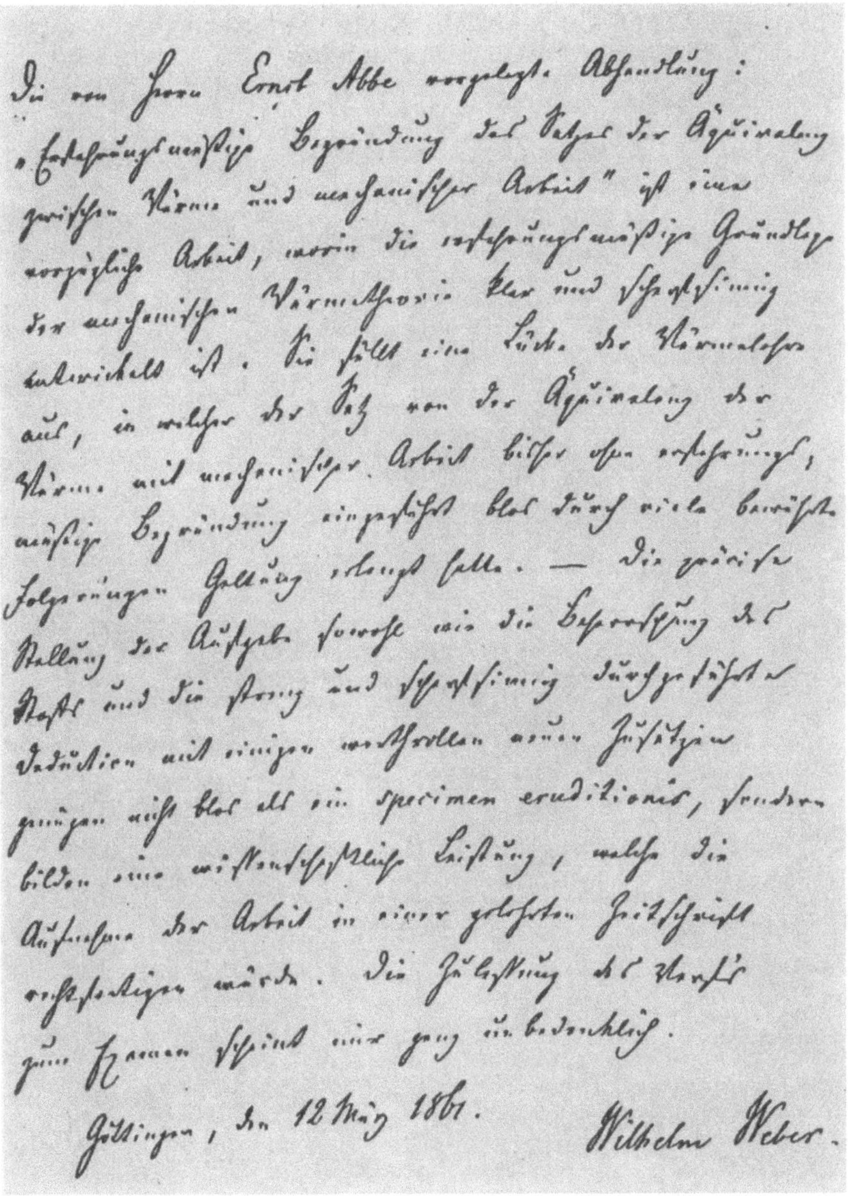
Die von Herrn Ernst Abbe vorgelegte Abhandlung:
„Erfahrungsmäßige Begründung des Satzes der Äquivalenz
zwischen Wärme und mechanischer Arbeit" ist eine
vorzügliche Arbeit, worin die erfahrungsmäßige Grundlage
der mechanischen Wärmetheorie klar und scharfsinnig
entwickelt ist. Sie füllt eine Lücke der Wärmelehre
aus, in welcher der Satz von der Äquivalenz der
Wärme mit mechanischer Arbeit bisher ohne erfahrungs-
mäßige Begründung eingeführt blos durch viele bewährte
Folgerungen Geltung erlangt hatte. — Die präcise
Stellung der Aufgabe sowohl wie die Behandlung des
Stoffs und die streng und scharfsinnig durchgeführte
Deduction mit einigen werthvollen neuen Zusätzen
genügen nicht blos als ein specimen eruditionis, sondern
bilden eine wissenschaftliche Leistung, welche die
Aufnahme der Arbeit in einer gelehrten Zeitschrift
rechtfertigen würde. Die Zulassung des Verf.'s
zum Examen scheint mir ganz unbedenklich.
Göttingen, den 12 März 1861.
Wilhelm Weber.

Abb. 11 Gutachten Wilhelm Webers zur Göttinger Dissertation 1861

QUOD. FELIX. FAUSTUMQUE. SIT

AUSPICIIS. ET. INDULGENTIA

AUGUSTISSIMI. ET. POTENTISSIMI. PRINCIPIS. AC. DOMINI

DOMINI

GEORGII. V.

REGIS. HANNOVERAE

REGII. PRINCIPIS. MAGNAE. BRITANNIAE. ET. HIBERNIAE

DUCIS. CUMBRIAE

DUCIS. BRUNSVICENSIS. ET LUNEBURGENSIS

RECTORIS. ACADEMIAE. SUAE. MAGNIFICENTISSIMI

DOMINI. NOSTRI. LONGE. CLEMENTISSIMI

MAGNIFICO. ACADEMIAE. PRORECTORE

HERMANNO. SAUPPE

PHILOSOPHIAE. DOCTORE. PHILOLOGIAE. PROFESSORE. PUBLICO. ORDINARIO
SEMINARII. REGII. PHILOLOGICI. EX. DIRECTORIBUS. PAEDAGOGICI. DIRECTORE
ORDINIS. MAGNIDUCALIS. SAXONICI. FALCONIS. ALBI. EQUITE
MAGNO. DUCI. SAXONIAE. A. CONSILIIS. AULICIS
SOCIETATIS. REGIAE. LITERARUM. GOTTINGENSIS
ACADEMIAE. REGIAE. LITERARUM. BAVARICAE. ET. BORUSSICAE. ERFURTENSIS
SOCIETATIS. LITERARUM. REGIAE. SAXONICAE. LIPSIENSIS. SOCIO

RUDOLPHUS. HERMANNUS. LOTZE

ORDINIS. GUELPHICI. QUARTAE. CLASSI. ADSCRIPTUS
MEDICINAE. CHIRURGIAE. PHILOSOPHIAE. DOCTOR. ARTIUM. LIBERALIUM. MAGISTER. PHILOSOPHIAE. PROFESSOR. PUBLICUS. ORDINARIUS
COMPLURIUM. SOCIETATUM. NATURAE. CURIOSORUM. SODALIS

ORDINIS. PHILOSOPHORUM. H. T. DECANUS. ET. PROMOTOR. LEGITIME. CONSTITUTUS

EX. ORDINIS. SUI. VOLUNTATE. ET. DECRETO

VIRUM. PRAENOBILISSIMUM. ET. DOCTISSIMUM

ERNESTUM. ABBE

ISENACENSEM

PROPTER. EGREGIAM. PHYSICES. ET. MATHESEOS. SCIENTIAM. DISSERTATIONE. ET. EXAMINE. APPROBATAM

DIE XX. M. MARTII. A. MDCCCLXI

PHILOSOPHIAE. DOCTOREM. ET. ARTIUM. LIBERALIUM. MAGISTRUM

CREAVIT

HUIUSQUE. REI. HAS. LITERAS. TESTES

SIGILLO. ORDINIS. PHILOSOPHORUM

MUNIRI FECIT.

Abb. 12 Doktordiplom der Philosophischen Fakultät der Universität Göttingen vom 20. März 1861

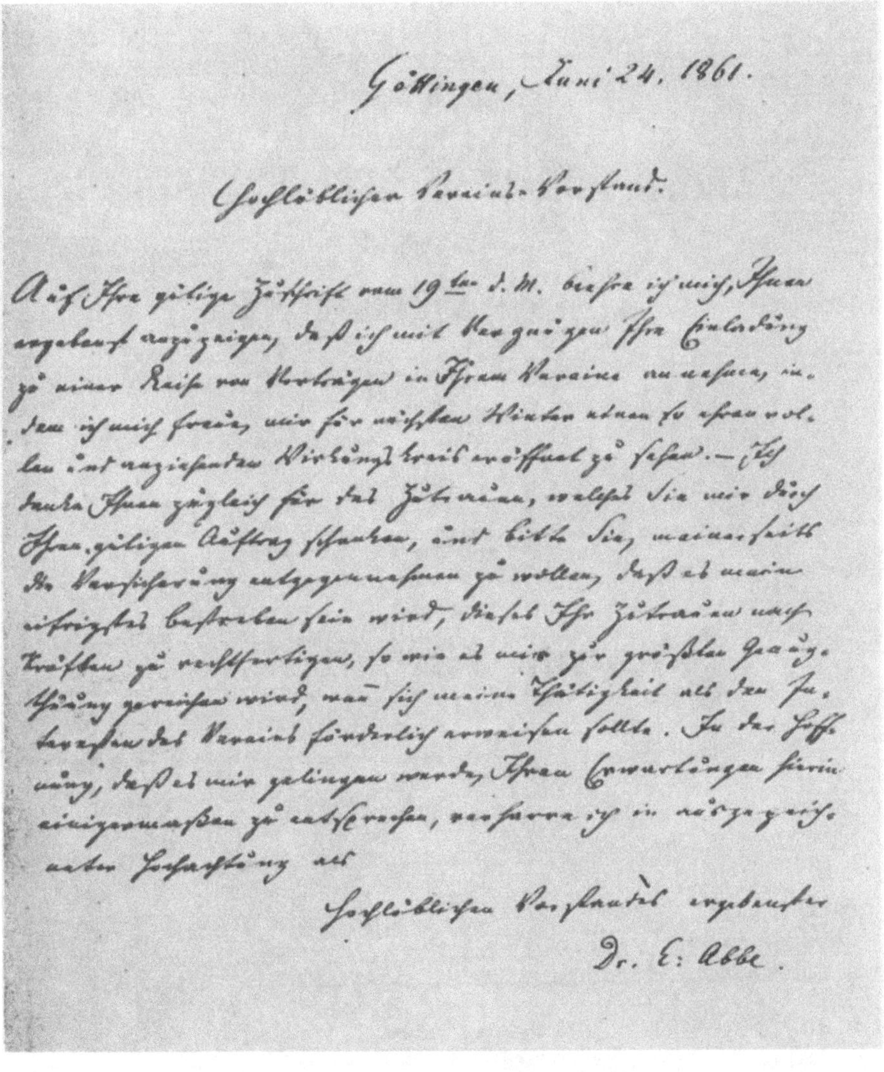
Göttingen, Juni 24. 1861.

Hochlöblicher Vereins-Vorstand.

Auf Ihre gütige Zuschrift vom 19ten d. M. beehre ich mich, Ihnen ergebenst anzuzeigen, daß ich mit Vergnügen Ihre Einladung zu einer Reihe von Vorträgen in Ihrem Vereine annehme, indem ich mich freue, mir für nächsten Winter einen so ehrenvollen und anziehenden Wirkungskreis eröffnet zu sehen. — Ich danke Ihnen zugleich für das Zutrauen, welches Sie mir durch Ihren gütigen Auftrag schenken, und bitte Sie, meinerseits die Versicherung entgegennehmen zu wollen, daß es mein eifrigstes Bestreben sein wird, dieses Ihr Zutrauen nach Kräften zu rechtfertigen, so wie es mir zur größten Genugthuung gereichen wird, wenn sich meine Thätigkeit als den Interessen des Vereins förderlich erweisen sollte. In der Hoffnung, daß es mir gelingen werde, Ihren Erwartungen hierin einigermaßen zu entsprechen, verharre ich in ausgezeichneter Hochachtung als

Hochlöblichen Vorstandes ergebenster

Dr. E. Abbe.

Abb. 13 Brief an den Physikalischen Verein zu Frankfurt am Main vom 24. Juni 1861

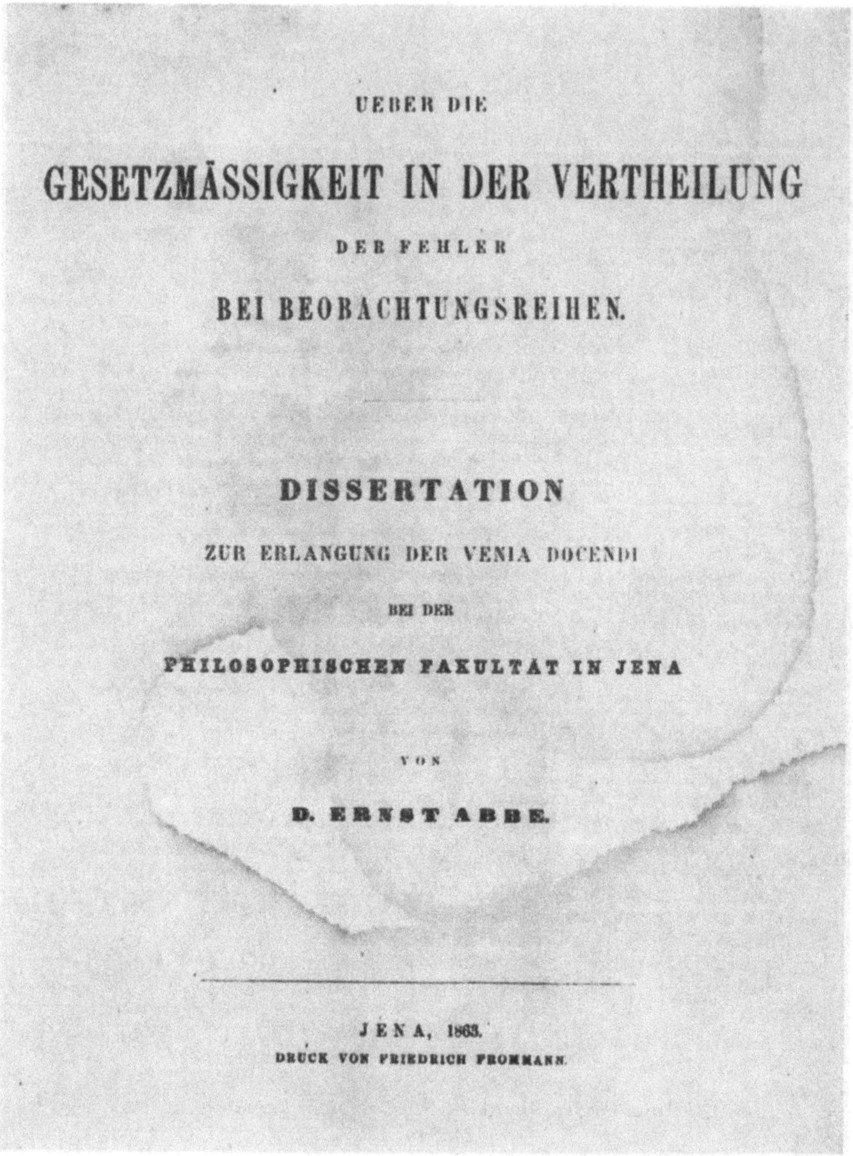

UEBER DIE

GESETZMÄSSIGKEIT IN DER VERTHEILUNG

DER FEHLER

BEI BEOBACHTUNGSREIHEN.

DISSERTATION

ZUR ERLANGUNG DER VENIA DOCENDI

BEI DER

PHILOSOPHISCHEN FAKULTÄT IN JENA

VON

D. ERNST ABBE.

JENA, 1863.

DRUCK VON FRIEDRICH FROMMANN.

Abb. 14 Titelblatt der Jenaer Habilitationsschrift 1863

QUOD
FELIX FAUSTUMQUE ESSE IUBEAT
SUMMUM NUMEN
AUCTORITATE
HUIC LITTERARUM UNIVERSITATI
A
FERDINANDO I
IMPERATORE ROMANO GERMANICO
ANNO MDLVII CONCESSA
CLEMENTISSIMIS AUSPICIIS
SERENISSIMORUM
MAGNI DUCIS ET DUCUM SAXONIAE
NUTRITORUM ACADEMIAE IENENSIS
MUNIFICENTISSIMORUM
RECTORE ACADEMIAE MAGNIFICENTISSIMO
AUGUSTO ET POTENTISSIMO PRINCIPE AC DOMINO
CAROLO ALEXANDRO
MAGNO DUCE SAXONIAE VIMARIENSIUM ATQUE ISENACENSIUM PRINCIPE LANDGRAVIO THURINGIAE
MARCHIONE MISNIAE PRINCIPALI DIGNITATE COMITE HENNEBERGAE
DYNASTA BLANKENHAYNII NEOSTADII AC TAUTENBURGI
PRORECTORE ACADEMIAE MAGNIFICO
VIRO PERILLUSTRI ATQUE SUMME VENERABILI
CAROLO AUGUSTO HASIO
THEOLOGIAE ET PHILOSOPHIAE DOCTORE
ORDINIS FALCONE ALBO INSIGNITI PRAEFECTO EQUITUM
ORDINUM DOMUS ERNESTINAE ET STELLAE SEPTENTRIONALIS EQUITE
SERENISSIMO DUCI SAXONIAE ALTENBURGENSIUM A CONSILIIS ECCLESIAE INTIMIS THEOLOGIAE PROFESSORE PUBLICO ORDINARIO
DECANO ORDINIS PHILOSOPHORUM ET BRABEUTA
MAXIME SPECTABILI
VIRO PERILLUSTRI
BRUNONE HILDEBRAND
IURIS UTRIUSQUE ET PHILOSOPHIAE DOCTORE
LITTERARUM POLITICARUM PROFESSORE PUBLICO ORDINARIO
ORDO PHILOSOPHORUM
VIRO PRAENOBILISSIMO ATQUE DOCTISSIMO
ERNESTO ABBE
ISENACENSI
PHILOSOPHIAE DOCTORI
DISSERTATIONE MATHEMATICA PUBLICE DEFENSA
MAGISTERII IENENSIS
HONORES DIGNITATEM IURA ET PRIVILEGIA
INGENII DOCTRINAE ET VIRTUTIS SPECTATAE INSIGNIA ATQUE ORNAMENTA
DETULIT
DELATA
PUBLICO HOC DIPLOMATE
CUI IMPRESSUM EST SIGNUM ORDINIS PHILOSOPHORUM
PROMULGAVIT
IENAE DIE XII M. AUGUSTI A. MDCCCLXIII

TYPIS RATH.

L.S

Abb. 15 Magisterdiplom (Habilitationsurkunde) der Philosophischen Fakultät der Universität Jena vom 12. August 1863

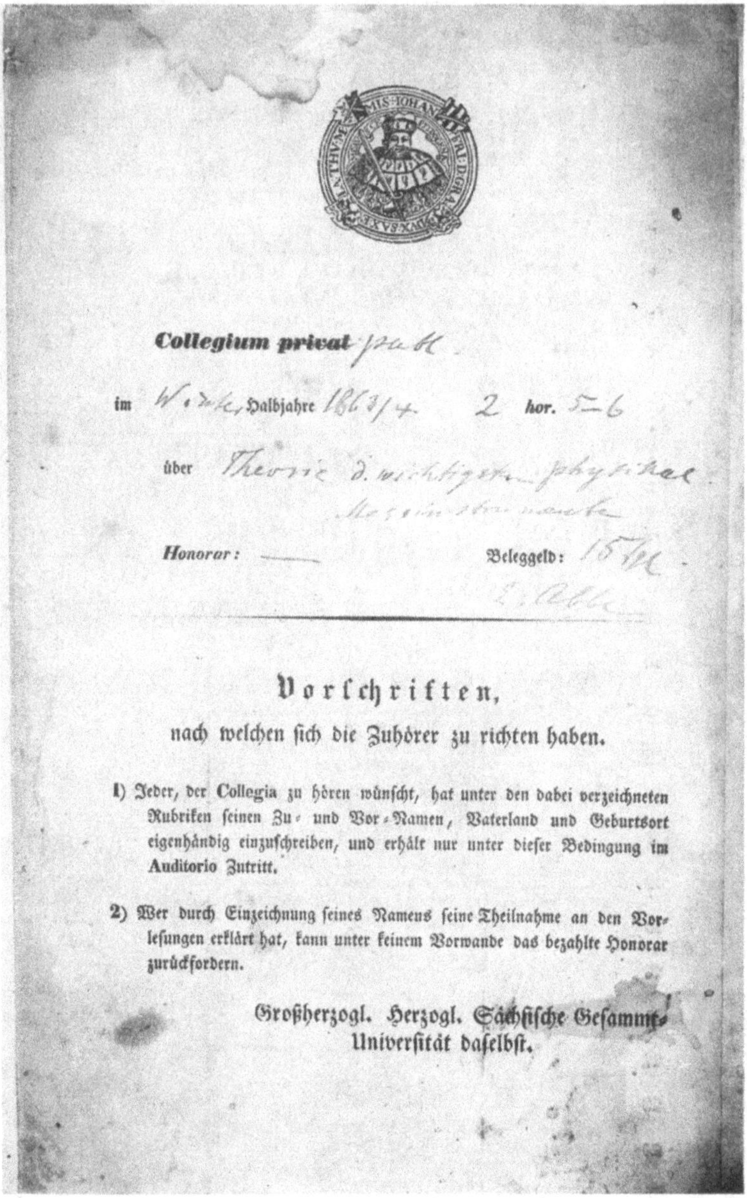

Collegium ~~privat~~ publ.

im Winter Halbjahre 1863/4 2 *hor.* 5–6

über Theorie d. wichtigsten physikal. Messinstrumente

Honorar: —— Beleggeld: 15 Gr.

E. Abbe

Vorschriften,

nach welchen sich die Zuhörer zu richten haben.

1) Jeder, der Collegia zu hören wünscht, hat unter den dabei verzeichneten Rubriken seinen Zu- und Vor-Namen, Vaterland und Geburtsort eigenhändig einzuschreiben, und erhält nur unter dieser Bedingung im Auditorio Zutritt.

2) Wer durch Einzeichnung seines Namens seine Theilnahme an den Vorlesungen erklärt hat, kann unter keinem Vorwande das bezahlte Honorar zurückfordern.

Großherzogl. Herzogl. Sächsische Gesammt-Universität daselbst.

Abb. 16 Belegbogen zur Vorlesung von Ernst Abbe „Theorie der wichtigsten physikalischen Meßinstrumente" im Wintersemester 1863/64 an der Universität Jena

Anhang

Abkürzungsverzeichnis

Neben den Abkürzungen für Artikel und Präpositionen werden in allen Teilen des Anhangs die folgenden Kurzformen benutzt:

Arb. z.	wissenschaftliche Arbeiten zu/zum/zur ...
Dir.	Direktor
Eisen.	Eisenach
Frankf.	Frankfurt a. M.
Ges.	Gesellschaft
Gött.	Göttingen
Gymn.	Gymnasium
H.	Hörer
Kgl. Preuss. AdW	Königlich Preussische Akademie der Wissenschaften zu Berlin
n. u.	näheres unbekannt
P.doz.	Privatdozent
P.gel.	Privatgelehrter
P.schüler	Privatschüler
P.unterricht	Privatunterricht
P.stud.	Privatstudien
Sem.	Seminar
sp.	später
SS	Sommersemester
Ver.	Verein
WS	Wintersemester

Verzeichnis der Maße und Münzen

Längenmaße

1 Meile (deutsche, geographische)		7419,860 m
1 Meile (preuß.)		7532,485 m

	(preuß.)	(franz.)
1 Fuß (′) = 12 Zoll	313,854 mm	324,839 mm
1 Zoll (″) = 12 Linien	26,155 mm	27,070 mm
1 Linie (‴)	2,180 mm	2,256 mm

Flüssigkeitsmaße

Berlin	1 Quart = $^1/_3$ Metze	1,14503 l
Frankfurt a. M.	1 alte Maß = 4 Schoppen	1,79263 l
	1 junge Maß (Schenkmaß)	1,59345 l
	1 Schoppen (junge Maß)	0,39836 l
Göttingen	1 Kanne = 1 Maß = 2 Quartier	1,94698 l
Weimar	1 Kanne = 1 Ohmmaß	0,99591 l
	1 Kanne = 1 Schenkmaß	0,89632 l

Der Seidel bezeichnete in einigen deutschen Staaten entweder 1/4, 1/3 oder 1/2 Maß bzw. Kanne.

Münzen (Angaben in Mark beziehen sich auf das Jahr 1871)

Berlin (vor 1821)

1 Friedrichd'or	= 5 Taler in Gold	16,83 M
1 Reichstaler	= 1 (späterer) Taler	
	= 24 gute Groschen	
	= 288 gute Pfennige	3,0067 M

Berlin		*1821/57*	*ab 1857*
1 Taler	= 30 Silbergroschen		
	= 360 Pfennige	3,0067	3,00 M
Frankfurt a. M.		*1838/58*	*ab 1858*
1 Gulden	= 60 Kreuzer = 240 Pfennige		
	= 4/7 Taler	1,7181	1,7143 M
Göttingen		*1834/58*	*1858/67*
1 Taler	= 24 gute Groschen		
	= 288 Pfennige = 36 Mariengroschen	3,0067	M
1 Taler	= 30 Groschen = 300 Pfennige		3,00 M

2/3 Taler oder 20 Groschen wurden als Gulden bezeichnet.

Weimar
ab 1841 wie Berlin

Frankreich		
1 Louisd'or		19,56 M
1 Franc	= 100 Centimes	0,81 M

Abkürzungen für Münzbezeichnungen

r.	= Taler
sg.	= Silbergroschen
d.	= Denar, Pfennig
f.	= Gulden (Florin)
Kr.	= Kreuzer
frcs.	= Francs, Franken

Titelverzeichnis

A. Periodica:

[1] *Dorf-Zeitung*. Hildburghausen, Jg. 1818 ff.
[2] *Frankfurter Handelszeitung*. Frankfurt/Main, Jg. 1856 ff.
[3] *Frankfurter Journal*. Frankfurt/Main, Jg. 1783 ff.
[4] *Frankfurter Laterne*. [n. u.]
[5] *Frankfurter Postzeitung*, Frankfurt/Main, Jg. 1852 ff.
[6] *Hessische Morgenzeitung*. Kassel, Jg. 1859 ff.
[7] *Kladderadatsch*. Humoristisch-satirisches Wochenblatt. Berlin, Jg. 1848 ff.
[8] *National-Zeitung*, Berlin, Jg. 1848 ff.
[9] *Neue Preußische [Kreuz-] Zeitung*. Berlin, Jg. 1848 ff.
[10] *Volks-Zeitung*. Organ für Jedermann aus dem Volke. Berlin, Jg. 1853 ff.
[11] *Abhandlungen der Königlichen Akademie der Wissenschaften zu Berlin*. Abhandlungen der Mathematischen Classe.
[12] *Abhandlungen der Königl. Gesellschaft der Wissenschaften zu Göttingen*. Bd. 1ff., Göttingen 1838 ff.
[13] *Annalen der Chemie und Pharmacie*. Hrsg. von F. Wöhler, J. Liebig und H. Kopp. Bd. 33ff., Leipzig/Heidelberg 1840 ff.
[14] *Annalen der Physik und Chemie*. Hrsg. von J. C. Poggendorff. Leipzig 1824ff. (=Poggendorff's Annalen.)
[15] *Astronomische Nachrichten*. Hrsg. von H. C. Schumacher. Bd. 1ff., Altona bzw. Kiel 1823 ff.
[16] *Göttingische gelehrte Anzeigen*. Göttingen 1802 ff.
[17] *Jahres-Bericht des Physikalischen Vereins zu Frankfurt am Main* für das Rechnungsjahr . . . [seit 1839/40].
[18] *Journal für reine und angewandte Mathematik*. Hrsg. von A. L. Crelle. Bd. 1ff., Berlin 1826 ff.
(=Crelle's Journal.)

B. Einzelwerke:

[19] ABBE, E.: Konkurrenzschrift zur Preisaufgabe der Herzoglich Sachsen-Altenburgischen Josephinischen Stiftung für Studierende der Universität Jena 1858 „Es wird von der Philosophischen Fakultät gefordert, eine historische Darstellung und eine Beurtheilung der wichtigsten Arbeiten der Physiker, durch welche dieselben die bei einer Volumänderung der Gasarten innerhalb der Grenzen ihrer Permanenz entstehenden und verschwindenden Wärmemengen theoretisch oder experimental zu bestimmen gesucht haben." (Manuskript vom 30. 4. 1858, nicht überliefert.)

[20] ABBE, E.: Erfahrungsmäßige Begründung des Satzes von der Aequivalenz zwischen Wärme und mechanischer Arbeit. Inaugural-Dissertation zur Erlangung der philosophischen Doktorwürde in Göttingen. Göttingen 1861. (Wiederabdruck in Abbe, E.: Gesammelte Abhandlungen, 2. Bd. Jena 1906, S. 1–32.)

[21] ABBE, E.: Collimator-Mire auf dem Paulsthurme. In: [17], 1861/62, S. 21–28. (Wiederabdruck a. a. O., S. 33–40.)

[22] ABBE, E.: Vorschlag zu einer veränderten Einrichtung der Meridian-Instrumente. In: [17], 1861/62, S. 29–42.
(Wiederabdruck a. a. O., S. 41–54.)

[23] ABBE, E.: Ueber die Gesetzmäßigkeit in der Vertheilung der Fehler bei Beobachtungsreihen. Dissertation zur Erlangung der venia docendi bei der Philosophischen Fakultät in Jena. Jena 1863. (Wiederabdruck a. a. O., S. 55–81.)

[24] ARGELANDER, F. W. A.: Neue Uranometrie. Darstellung der im mittleren Europa mit bloßen Augen sichtbaren Sterne nach ihren wahren, unmittelbar vom Himmel entnommenen Größen. Sternverzeichniß. Berlin 1843.

[25] ARGELANDER, F. W. A.: Bonner Sternverzeichniss. Erste Sektion, Bonn 1859; Zweite Sektion, Bonn 1861. (Zweite Auflage dieses Standardwerkes unter dem Titel: Bonner Durchmusterung des nördlichen Himmels. Bonn 1903.)

[26] BALTZER, R.: Theorie und Anwendung der Determinanten. Mit Beziehung auf die Originalquellen dargestellt. Leipzig 1857.

[27] BOND, G. P.: On the Companion of Sirius. In: [15], Bd. 57, 1862, Nr. 1353, Sp. 131–135.

[28] Briefe von ALEXANDER VON HUMBOLDT an VARNHAGEN VON ENSE. Hrsg. v. L. Assing. Leipzig 1860.
[29] BRIOT, C. A. A. und J. C. BOUQUET: Théorie des fonctions doublement périodiques et en particulier des fonctions elliptiques. Paris 1859. (Deutsche Ausgabe: Briot und Bouquet's Theorie der doppeltperiodischen Functionen und insbesondere der elliptischen Transcendenten mit Benutzung dahin einschlagender Arbeiten deutscher Mathematiker dargestellt von H. Fischer. Halle 1862.)
[30] CAUCHY, A. L.: Exercises de mathématiques. 5 Bde., Paris 1826–1830.
[31] CAUCHY, A. L.: Exercises d' analyse et de physique mathématique. 5 Bde., Paris 1840–1847.
[32] CERVANTES SAAVEDRA, MIGUEL DE: Don Quijote (erste deutsche Ausgabe 1621).
[33] DIRICHLET, G. P. L.: Vorlesungen über Zahlentheorie. Hrsg. v. R. Dedekind. Braunschweig 1863.
[34] DOVE, H. W.: Ueber Maaß und Messen oder Darstellung der bei Zeit-, Raum- und Gewichts-Bestimmung üblichen Maaße, Meßinstrumente und Meßmethoden. Berlin 1833; 2. Aufl. 1835.
[35] DOVE, H. W.: Beschreibung eines Photometers. In: [14], 1861, 1. Stück. S. 145–163.
[36] DUFRESNE, J.: Der Schachfreund. Lehrbuch des Schachspiels an praktischen Beispielen. Für Anfänger und Geübtere. Hrsg. v. J. Dufresne mit Beiträgen von A. Anderssen. Berlin 1862.
[37] DUHAMEL, J. M. C.: Cours de Mécanique de l Ecole Polytechnique. 2. Bde., Paris 1845–1846. (Deutsche Ausgaben: Lehrbuch der reinen Mechanik, Bearb. v. W. Wagner, 2. Bde., Braunschweig 1853 bis 1854; Lehrbuch der analytischen Mechanik. Übers. v. H. Ebbers, hrsg. v. O. Schlömilch, 2. Bde., Leipzig 1853; 2. Aufl., 2 Bde. 1857–1858; neue Ausgabe der 2. Aufl., 1 Bd. 1861.)
[38] DUREGE, H.: Theorie der elliptischen Functionen. Versuch einer elementaren Darstellung. Leipzig 1861.
[39] FECHNER, G. Th.: Ueber die physikalische und philosophische Atomenlehre. Leipzig 1855; 2. Aufl. 1864.
[40] FISCHER, K.: Geschichte der neuern Philosophie. Erster Band: Das classische Zeitalter der dogmatischen Philosophie. 2 Abteilungen, Mannheim 1852–1854. (1. Abt. a. u. d. Titel: Einleitung in das Studium der Philosophie. Cartesius, Geulinx, Malebranche. Stuttgart 1852.)

[41] FISCHER, K.: Franz Baco von Verulam. Die Realphilosophie und ihr Zeitalter. Leipzig 1856.

[42] FISCHER, K.: Kant's Leben und die Grundlagen seiner Lehre. Drei Vorträge. Mannheim 1860.

[43] FISCHER, K.: Immanuel Kant. Entwickelungsgeschichte und System der kritischen Philosophie (= Geschichte der neuern Philosophie. Band 3 und 4). Erster Band: Entstehung und Begründung der kritischen Philosophie. Die Kritik der reinen Vernunft. Mannheim 1860. Zweiter Band: Das Lehrgebäude der kritischen Philosophie. Das System der reinen Vernunft. Mannheim 1860.

[44] GAUSS, C. F.: Disquisitiones arithmeticae. Leipzig 1801.

[45] GAUSS, C. F.: Theoria motus corporum coelestium in sectionibus conicis solem ambientium. Hamburg 1809.

[46] GAUSS, C. F.: Theoria combinationis observationum erroribus minimis obnoxiae. 3 Bde., Göttingen 1821–1826. (Deutsche Ausgabe: Abhandlungen zur Methode der kleinsten Quadrate von C. F. Gauß. Hrsg. v. A. Börsch und P. Simon. Berlin 1887.)

[47] GAUSS, C. F.: Allgemeine Theorie des Erdmagnetismus. In: [83], Jg. 1838, Leipzig 1839, S. 1–57, 146–148.

[48] GAUSS, C. F.: Allgemeine Lehrsätze in Beziehung auf die im verkehrten Verhältnisse des Quadrats der Entfernung wirkenden Anziehungs- und Abstoßungskräfte. In: [83] Jg. 1839, Leipzig 1840, S. 1–51.

[49] GOETHE, J. W. v.: Faust I. Teil (zuerst erschienen 1808); II. Teil (zuerst erschienen 1832).

[50] GRASSMANN, H. G.: Die lineale Ausdehnungslehre, ein neuer Zweig der Mathematik dargestellt und durch Anwendungen auf die übrigen Zweige der Mathematik, wie auch auf die Statik, Mechanik, die Lehre vom Magnetismus und die Krystallonomie erläutert. Leipzig 1844.

[51] GRASSMANN, H. G.: Lehrbuch der Mathematik für höhere Lehranstalten. 1. Bd. Arithmetik. Berlin 1861.

[52] GRASSMANN, H. G.: Die Ausdehnungslehre. Vollständig und in strenger Form bearbeitet. Berlin 1862.

[53] GRASSMANN, H. G.: Zur Mathematik und Naturkunde. 1. Bd.: Zur physischen Krystallomie und geometrischen Combinationslehre. Stettin 1829.

[54] GUDERMANN, CHR.: Theorie der Modular-Functionen und der Modular-Integrale. Berlin 1844.

[55] GWINNER, W.: Arthur Schopenhauer aus persönlichem Umgang dargestellt. Ein Blick auf sein Leben, seinen Charakter und seine Lehre. Leipzig 1862.

[56] HANKEL, H.: Zur allgemeinen Theorie der Bewegung der Flüssigkeiten. Gekrönte Preisschrift der Philosophischen Fakultät der Universität Göttingen. Göttingen 1861.

[57] HANKEL, H.: Ueber eine besondere Classe symmetrischer Determinanten. Inaugural-Dissertation zur Erlangung der philosophischen Doktorwürde in Leipzig. Leipzig 1861.

[58] HANKEL, H.: Die Euler'schen Integrale bei unbeschränkter Variabilität des Argumentes. Zur Habilitation in der philosophischen Facultät der Universität Leipzig bearbeitet. Leipzig 1863.

[59] HELMHOLTZ, H.: Die Lehre von den Tonempfindungen als physiologische Grundlage für die Theorie der Musik. Braunschweig 1863.

[60] JACOBI, C. G. J.: Fundamenta nova theoriae functionum ellipticarum. Königsberg 1829.

[61] KANT, I.: Kritik der reinen Vernunft. Riga 1781.

[62] KANT, I.: Methaphysische Anfangsgründe der Rechtslehre. Königsberg 1797 (= Die Metaphysik der Sitten. 1. Teil).

[63] IMMANUEL KANT's Werke. Sorgfältig revidirte Gesammtausgabe, mit einer Vorrede von G. Hartenstein. 10 Bde., Leipzig 1838–1839.

[64] IMMANUEL KANT's sämmtliche Werke. Hrsg. v. Karl Rosenkranz und Friedrich Wilhelm Schubert. 12 Bde., Leipzig: Leopold Voss 1838–1840.

[65] KIRCHHOFF, G. R.: Untersuchungen über das Sonnenspektrum und die Spectren der chemischen Elemente. In: [11], 1861. Berlin 1862, S. 63–95; 1862. Berlin 1863, S. 227–240. Erweiterter Abdruck. Berlin 1861; 2. Aufl. 1862.

[66] LAGRANGE, J. L.: Méchanique Analitique. Hrsg. v. M. J. Bertrand. 2 Bde., Paris 1853–1855.

[67] LAGRANGE, J. L.: Mathematische Werke. Deutsch hrsg. v. A. L. Crelle. 3 Bde., Berlin 1823–1824.

[68] LEGENDRE, A. M.: Traité des fonctions elliptiques et des intégral Eulériennes avec des tables pour en faciliter le calcul numérique. 3 Bde., Paris 1825–1832.

[69] LEGENDRE, A. M.: Essai sur la Théorie des Numbres. Paris 1798; 2. Aufl. 1803–1825; 3. Aufl. 1830.

[70] MARTIN, C.: Ansa fili metallici nova methodus haemostatica. Inaugural-Dissertation zur Erlangung der medizinischen Doktorwürde in Berlin. Berlin 1861.

[71] MEYERSTEIN, M.: Ueber ein Instrument zur Bestimmung des Brechungs- und Zerstreuungsvermögens verschiedener Medien. In: [14], 98. Bd., 1856. S. 91–98.

[72] MEYERSTEIN, M.: Das Elektro-Galvanometer. In: [14], 114. Bd., 1861, S. 132–139.

[73] MEYERSTEIN, M.: Methode zur Bestimmung des Brechungscoefficienten. In: [14], 114. Bd., 1861, S. 140–144.

[74] MEYERSTEIN, M.: Das Spektrometer. Ein neues Instrument zur Bestimmung der Brechungs- und Zerstreuungsverhältnisse verschiedener Medien, sowie auch zum Gebrauche bei allen goniometrischen Messungen. Göttingen 1861.

[75] NEWTON, I.: Philosophia Naturalis Principia Mathematica, London 1687; 2. Aufl. 1713; 3. Aufl. 1726. (Deutsche Ausgabe: Sir Isaac Newton's Mathematische Principien der Naturlehre. Mit Bemerkungen und Erläuterungen hrsg. v. Jacob Philipp Wolfers. Berlin 1872.)

[76] *Pantschatantra.* Fünf Bücher indischer Fabeln, Märchen und Erzählungen. Aus dem Sanskrit übersetzt und mit Einleitung und Anmerkungen von Th. Benfey. 2 Bde., Leipzig 1859.

[77] PFEIFFER, L.: Beiträge zur Casuistik der Geburt bei verengtem Becken. Beobachtungen in der geburtshülflichen Klinik zu Jena in den Jahren 1859–1863. Inaugural-Dissertation zur Erlangung der medizinischen Doktorwürde in Jena. Jena 1863.

[78] PÖPPIG, E. F.: Landschaftliche Ansichten und erläuternde Darstellung aus dem Gebiet der Erdkunde. Leipzig 1839.

[79] POINSOT, L.: Théorie nouvelle de la rotation des corps. Paris 1852.

[80] QUÉTELET, L. A. J.: Correspondance mathématique et physique publiée, 11 Bde., Brüssel 1825–1839. (Davon Bde. 9–11 unter dem Titel: Correspondance mathématique.)

[81] QUINTUS-ICILIUS, G. v.: Experimental-Physik. Ein Leitfaden bei Vorträgen. Hannover 1855.

[82] Reiss, M.: Ueber eine Steinersche combinatorische Aufgabe, welche im 45sten Bande dieses Journals, Seite 181, gestellt worden ist. In: [18], 56. Bd., 1859, S. 326–344.

[83] *Resultate aus den Beobachtungen des magnetischen Vereins*. Hrsg. v. C. F. Gauß und W. Weber. 6 Bde., Göttingen bzw. Leipzig 1837–1843. Dazu: Atlas des Erdmagnetismus nach den Elementen der Theorie entworfen. Hrsg. v. C. F. Gauß und W. Weber. Leipzig 1840.

[84] Rochau, A. L. v.: Geschichte Frankreichs vom Sturze Napoleons bis zur Wiederherstellung des Kaiserthums 1814–1852. 2 Bde., Leipzig 1858–1859.

[85] Schmidt-Weissenfels, E.: Der Herzog von Gotha und sein Volk. Ein Aufsatz von E. Schmidt-Weißenfels nebst einem Antwortschreiben des Herzogs Ernst von Sachsen-Koburg-Gotha. Leipzig 1861.

[86] Schopenhauer, A.: Parerga und Paralipomena. Kleine philosophische Schriften. 2 Bde., Berlin 1851.

[87] Schopenhauer, A.: Die Welt als Wille und Vorstellung. Vier Bücher nebst einem Anhange, der die Kritik der Kantischen Philosophie enthält. Leipzig 1819; 2. Aufl., 2 Bde. 1844; 3. Aufl., 2 Bde. 1859.

[88] Schopenhauer, A.: Ueber die vierfache Wurzel des Satzes vom zureichenden Grunde. Eine philosophische Abhandlung. Rudolstadt 1813; 2. Aufl. Frankfurt a. M. und Leipzig 1847.

[89] Schopenhauer, A.: Die beiden Grundprobleme der Ethik. Behandelt in zwei Akademischen Preisschriften. I. Ueber die Freiheit des menschlichen Willens. II. Ueber das Fundament der Moral. Frankfurt a. M. 1841; 2. Aufl. Leipzig 1860.

[90] Serret, J. A.: Cours d' Algebre supérieure professé à la Faculté des Sciences de Paris. Paris 1849; 2. Aufl. 1854; 3. Aufl. 1866. (Deutsche Ausgabe: Handbuch der höheren Algebra. Deutsch bearb. von G. Wertheim. 2 Bde., Leipzig 1868.)

[91] Snell, K.: Newton und die mechanische Naturwissenschaft. Zu Newton's Gedächtniß im zweiten Säcularjahre seiner Geburt. Dresden und Leipzig 1843; 2. Aufl. 1858.

[92] Snell, K.: Einleitung in die Differential- und Integral-Rechnung. 2. Bde., Leipzig 1846–1851.

[93] Snell, K.: Die Streitfrage des Materialismus. Ein vermittelndes Wort. Jena 1858.

[94] Snell, K.: Die Schöpfung des Menschen. Leipzig 1863.
[95] Snell, K.: Ueber Galilei als Begründer der mechanischen Physik und über die Methode derselben. Jena 1864 (= Gratulationsschrift der Philosophischen Fakultät Jena zum 50jährigen Doktorjubiläum von C. W. Göttling.)
[96] Weber, W.: Zur Galvanometrie. In: [12], 10. Bd., Berlin 1862, Abhandlungen der Mathematischen Classe, S. 3–97.
[97] Whewell, W.: History of the Inductive Sciences from the earlist to the present time. 3 Bde., London 1837; 2. Aufl., 4 Bde. 1847–1857; 3. Aufl., 3 Bde. 1857. (Deutsche Ausgabe: Geschichte der inductiven Wissenschaften, der Astronomie, Physik, Mechanik, Chemie, Geologie ... von der frühesten bis zu unserer Zeit. Nach dem Englischen mit Anmerkungen von. J. J. v. Littrow. 3 Bde., Stuttgart 1840–1841.)

Vorlesungsverzeichnis

[1] *Abbe*, Ernst: Bestimmte Integrale, besonders über die Fourierschen Methoden. Jena SS 1863 (ab 11. 6. 1863).

[2] *Abbe*, Ernst: Grundbegriffe der Potentialtheorie. Jena SS 1863 (ab 11. 6. 1863).

[3] *Abbe*, Ernst: Mechanik, 2. Teil. Lehre von der Bewegung fester Körper. Jena WS 1863/64.

[4] *Abbe*, Ernst: Theorie der wichtigsten physikalischen Meßinstrumente. Jena WS 1863/64.

[5] *Abbe*, Ernst: Mechanik der freien Systeme (Mechanik nicht starrer Körper). Jena SS 1864.

[6] *Abbe*, Ernst: Übungen in physikalischen Experimenten und Messungen (Anleitung zu physikalischen Experimenten). Jena SS 1864.

[7] *Abbe*, Ernst: Elemente der Zahlentheorie. Jena SS 1864.

[8] *Abbe*, Ernst: Experimentalphysik. Jena WS 1864/65.

[9] *Abbe*, Ernst: Mechanik der festen Körper. Jena WS 1864/65.

[10] *Abbe*, Ernst: Anleitung zu physikalischen Experimenten. Jena WS 1864/65.

[11] *Abbe*, Ernst: Anleitung zu physikalischen Experimenten. Jena SS 1865.

[12] *Abbe*, Ernst: Theorie der physikalischen Meßinstrumente. Jena SS 1865.

[13] *Abbe*, Ernst: Lehre von den bestimmten Integralen. Jena SS 1865.

[14] *Apelt*, Ernst Friedrich: Psychologie und Logik. Jena SS 1858. H: Abbe.

[15] *Apelt*, Ernst Friedrich: Geschichte der Philosophie. Jena WS 1858/59. H: Abbe.

[16] *Apelt*, Ernst Friedrich: Metaphysik und Religionsphilosophie. Jena WS 1858/59. H: Abbe.

[17] *Dove,* Heinrich Wilhelm: Meteorologie. Berlin WS 1861/62. H: Schütz.

[18] *Droysen,* Johann Gustav: Neueste Geschichte. Jena WS 1858/59. H: Abbe.

[19] *Droysen,* Johann Gustav: Geschichte der Gegenwart. Berlin WS 1861/62. H: Schütz.

[20] *Fischer,* Ernst Kuno Berthold: Logik und Metaphysik. Jena SS 1857. H: Abbe.

[21] *Fischer,* Ernst Kuno Berthold: Ästhetik Jena WS 1858/59. H: Abbe.

[22] *Geuther,* Anton Johann Georg: Geschichte der Chemie. Göttingen WS 1859/60. H: Abbe (nicht testiert).

[23] *Kronecker,* Leopold: Algebraische Gleichungen. Berlin WS 1861/62. H: Schütz.

[24] *Kummer,* Ernst Eduard: Allgemeine Theorie der krummen Oberflächen und Linien doppelter Krümmung. Berlin SS 1861. H: Schütz.

[25] *Kummer,* Ernst Eduard: Die Dirichlet'schen Methoden der Anwendung der Analysis auf Zahlentheorie. Berlin SS 1861. H: Schütz.

[26] *Kummer,* Ernst Eduard: Theorie der Strahlensysteme. Berlin WS 1861/62. H: Schütz.

[27] *Kummer,* Ernst Eduard: Analytische Mechanik. Berlin WS 1861/62. H: Schütz.

[28] *Listing,* Johann Benedikt: Optik. Göttingen SS 1859. H: Abbe.

[29] *Listing,* Johann Benedikt: Optik. Göttingen SS 1860. H: Schütz.

[30] *Lotze,* Rudolf Hermann: Psychologie. Göttingen WS 1859/60. H: Abbe (nicht testiert).

[31] *Riemann,* Bernhard Friedrich: Elliptische Funktionen. Göttingen SS 1859. H: Abbe.

[32] *Riemann,* Bernhard Friedrich: Theorie der Schwere, der Elektrizität und des Magnetismus (=Potentialtheorie). Göttingen SS 1859. H: Abbe.

[33] *Riemann,* Bernhard Friedrich: Theorie der Attraktionskräfte. Göttingen SS 1860. H: Schütz.

[34] *Riemann,* Bernhard Friedrich: Ausgewählte physikalische Probleme. Göttingen SS 1860. H: Abbe, Schütz.

[35] *Riemann,* Bernhard Friedrich: Partielle Differentialgleichungen und ihre Anwendung in der theoretischen Physik. Göttingen WS 1860/61. H: Abbe, Schütz.

[36] *Riemann*, Bernhard Friedrich: Über Funktionen einer veränderlichen komplexen Größe, insbesondere elliptische und Abelsche. Göttingen SS 1861. H: Abbe (nicht testiert).

[37] *Riemann*, Bernhard Friedrich: Die mathematische Theorie der Schwere, Elektrizität und des Magnetismus (= Potentialtheorie). Göttingen SS 1861. H: Abbe (nicht testiert).

[38] *Riemann*, Bernhard Friedrich: Fortsetzung der Vorlesung über die Theorie der Funktionen einer veränderlichen komplexen Größe. Göttingen WS 1861/62.

[39] *Schaeffer*, Hermann Karl Julius Traugott: Dampfmaschinen. Jena SS 1857. H: Abbe.

[40] *Schaeffer*, Hermann Karl Julius Traugott: Algebraische Analysis. Jena SS 1857. H: Abbe.

[41] *Schering*, Ernst Christian Julius: Zahlentheorie. Göttingen WS 1859/60. H: Abbe. Schütz.

[42] *Schering*, Ernst Christian Julius: Theorie der Kreisteilungsfunktionnen. Göttingen SS 1860. H: Abbe, Schütz.

[43] *Schering*, Ernst Christian Julius: Mathematische Astronomie. Göttingen WS 1860/61. H: Abbe.

[44] *Schering*, Ernst Christian Julius: Methode der kleinsten Quadrate. Göttingen SS 1861 (aufgekündigt).

[45] *Schleiden*, Matthias Jacob: Allgemeine Botanik. Jena SS 1857. H: Abbe.

[46] *Schmid*, Ernst Erhard: Kristallographie. Jena SS 1858. H: Abbe.

[47] *Snell*, Karl: Das mechanische Wärmeäquivalent. Jena SS 1857. H: Abbe.

[48] *Snell*, Karl: Galvanismus und Elektrodynamik. Jena SS 1857. H: Abbe.

[49] *Snell*, Karl: Analytische Geometrie. Jena SS 1857. H: Abbe.

[50] *Snell*, Karl: Analytische Mechanik. Jena WS 1857/58. H: Abbe.

[51] *Snell*, Karl: Differentialrechnung. Jena WS 1857/58. H: Abbe.

[52] *Snell*, Karl: Höhere Geometrie. Jena SS 1858. H: Abbe.

[53] *Snell*, Karl: Analytische Optik. Jena SS 1858. H: Abbe.

[54] *Snell*, Karl: Analytische Geometrie im Raume. Jena WS 1858/59. H: Abbe.

[55] *Snell*, Karl: Experimentalphysik. Jena WS 1863/64. Assistenz von Abbe.

[56] *Stern*, Moritz Abraham: Analytische Mechanik. Göttingen SS 1859. H: Abbe.

[57] *Stern*, Moritz Abraham: Differential- und Integralrechnung. Göttingen SS 1859. H: Schütz.

[58] *Stern*, Moritz Abraham: Über bestimmte Integrale. Göttingen WS 1859/60. H: Abbe, Schütz.

[59] *Stern*, Moritz Abraham: Analysis und analytische Geometrie. Göttingen WS 1859/60. H: Schütz.

[60] *Stern*, Moritz Abraham: Variationsrechnung. Göttingen SS 1860. H: Abbe, Schütz.

[61] *Stern*, Moritz Abraham: Analytische Mechanik. Göttingen WS 1860/61. H: Schütz.

[62] *Stern*, Moritz Abraham: Theorie der Zahlengleichungen. Göttingen SS 1861. H: Abbe.

[63] *Stoy*, Karl Volkmar: Pädagogisches Seminar. Jena WS 1857/58. H: Abbe.

[64] *Stoy*, Karl Volkmar: Pädagogik. Jena WS 1857/58. H: Abbe.

[65] *Trendelenburg*, Friedrich Adolf: Geschichte der Philosophie. Berlin WS 1861/62. H: Schütz.

[66] *Weber*, Wilhelm Eduard: Experimentalphysik, 1. Teil. Göttingen SS 1859. H: Abbe, Schütz.

[67] *Weber*, Wilhelm Eduard: Experimentalphysik, 2. Teil. Göttingen WS 1859/60. H: Abbe, Schütz.

[68] *Weber*, Wilhelm Eduard: Experimentalphysik, 1. Teil. Göttingen SS 1860. H: Abbe (zum zweiten Mal, nicht testiert).

[69] *Weber*, Wilhelm Eduard: Experimentalphysik, 1. Teil. Göttingen SS 1861.

[70] *Weierstraß*, Karl Theodor: Ausgewählte mit Hilfe der elliptischen Funktionen zu lösende Probleme der Geometrie und Mechanik. Berlin SS 1861. H: Schütz.

[71] *Weierstraß*, Karl Theodor: Über Flächen zweiter Ordnung. Berlin WS 1861/62 (gehalten bis Ende des Jahres 1861). H: Schütz.

[72] *Weierstraß*, Karl Theodor: Allgemeine Theorie der analytischen Funktionen. Berlin WS 1861/62 (gehalten bis Ende des Jahres 1861). H: Schütz.

[73] *Wicke*, Johann Anton Wilhelm: Praktikum in der Chemie. Göttingen WS 1859/60. H: Schütz.

[74] *Wöhler*, Friedrich: Chemie. Göttingen SS 1859. H: Schütz.

Vortragsverzeichnis

1. Vorträge Ernst Abbes in der Mathematischen Gesellschaft zu Jena

9. Juli 1857	Über die Schnitte am Kegel
3. Juni 1858	Induktorischer Nachweis der Äquivalenz von Wärme und Arbeit bei den permanenten Gasen
2. Dezember 1858	Über die Wärmeerscheinungen bei den permanenten Gasen
10. März 1859	Über die sphärischen Kegelschnitte
6. und 11. Juni 1863	Über die neuesten Arbeiten zur Bestimmung der Fortpflanzungsgeschwindigkeit des Lichtes
12. November 1863	Über die Induktionswirkungen des Erdmagnetismus und deren Anwendung
26. Mai 1864	Über die Krönig-Clausius'sche Theorie der Gase
22. November 1864	Entwicklung der Grundlehren der Phoronomie
23. Mai 1865	Über die Berechnung der Stoßwirkung bewegter Massen
16. November 1865	Über die Grundbegriffe der Methode der kleinsten Quadrate

2. Abbes Dozententätigkeit am Physikalischen Verein zu Frankfurt/Main

29. Mai 1861	Über die physikalischen Grundlagen der menschlichen Erkenntnis (Probevortrag)

Wintersemester 1861/62:

A. Vorlesung:

24. Oktober 1861 bis 3. April 1862, Donnerstag 19–20 Uhr	Die Lehre von der Wärme, mit besonderer Berücksichtigung ihrer praktischen Benutzung

B. Mitteilungen und Referate:

26. Oktober 1861	Das Elektro-Galvanometer von Moritz Meyerstein
9. November 1861	Über die neueren galvanometrischen Hilfsmittel, im besonderen zur Messung schwacher Ströme
16. November 1861	Das photometrische Verfahren von H. W. Dove
30. November 1861	Über Wassermesser und Anstellung einiger Versuche mit dem Siemens'schen Patent-Wassermesser
14. Dezember 1861	Anstellung von Versuchen zur Nachweisung galvanischer Ströme mittelst des astatischen Galvanometers
11. Januar 1862	Über die Giffard'sche Dampfstrahlpumpe
18. Januar 1862	Über die elektromotorische Kraft der von Bequerel angegebenen galvanischen Kette; Über eine Methode zur Bestimmung des spezifischen Gewichts von Flüssigkeiten
1. Februar 1862	Über die neueren Hilfsmittel zur Beobachtung des Erdmagnetismus
15. Februar 1862	Über Erscheinungen beim Gefrieren des Wassers; Über eine Verbesserung an der Luftpumpe
15. und 22. März 1862	Über die Gesetze der Wärmestrahlung

3. *Vorträge (außerhalb der Vorlesungen des Physikalischen Vereins)*

Sommersemester 1862:

22. Mai 1862 bis August 1862, Donnerstag 19–20 Uhr	Die neueren physikalischen Lehren von der Äquivalenz der Aktionen, den Wechselbeziehungen zwischen Naturkräften und Naturprozessen

4. *Abbes Vorlesungstätigkeit im Verein für Naturkunde zu Offenbach am Main*

Vorlesung:

26. November 1861 bis 15. April 1862, Dienstag	Elektrizitätslehre

Quellen- und Literaturverzeichnis

1. Archivalische Quellen

Universitätsarchiv Jena: Bestand BA (Immatrikulationsunterlagen, Personalunterlagen der Dozenten); Bestand M (Preisaufgaben der Philosophischen Fakultät, Habilitation Ernst Abbe); Bestand G Abteilung I (Vorlesungs- und Hörerverzeichnisse).

Universitätsarchiv Göttingen: Bestand Philosophische Fakultät (Promotionen Ernst Abbe und Harald Schütz).

Universitätsarchiv Berlin: Bestand Medizinische Fakultät (Promotion Carl Martin).

Stadtarchiv Frankfurt am Main: Depositalbestand Archiv des Physikalischen Vereins zu Frankfurt am Main.

Betriebsarchiv VEB Carl Zeiss JENA: Nachlaß Ernst Abbe.

2. Literatur

Neben den hier nicht genannten allgemeinen enzyklopädischen, biographischen und bibliographischen Nachschlagewerken, Wörterbüchern und im Titelverzeichnis enthaltenen Schriften wurden vor allem benutzt:

Abbe, E.: Gesammelte Abhandlungen, Band 1–5. Jena 1904–1940.

Erster Band: Abhandlungen über die Theorie des Mikroskops (1904);

Zweiter Band: Wissenschaftliche Abhandlungen aus verschiedenen Gebieten. Patentschriften. Gedächtnisreden (1906);

Dritter Band: Vorträge, Reden und Schriften sozialpolitischen und verwandten Inhalts (1906, zweite Auflage 1921);

Vierter Band: Unveröffentlichte Schriften wissenschaftlich-technischen Inhalts (1928);

Fünfter Band: Werden und Wesen der Carl Zeiss-Stiftung (1940).

Der Briefwechsel zwischen Otto Schott und Ernst Abbe über das optische Glas 1879–1881. Bearbeitet von Herbert Kühnert. Jena 1946. (Veröffentlichungen der Thüringischen Historischen Kommission, Band II.)

Zu Ernst Abbe:

Auerbach, F.: Ernst Abbe. Sein Leben, sein Wirken, seine Persönlichkeit. Leipzig 1918.

Rohr, M. v.: Ernst Abbe (=Beiträge zur Geschichte der Universität Jena, Heft 8). Jena 1940.

Stier, F.: Ernst Abbes akademische Tätigkeit an der Universität Jena. Zu seinem 50. Todestag am 14. Januar 1955 (=Jenaer Reden und Schriften, Heft 3). Jena 1955.

Esche, P. G.: Ernst Abbe (=Biographien hervorragender Physiker). Leipzig 1963.

Pätzold, K.: Ernst Abbes erste Dozenten-Semester. Zur 100. Wiederkehr seines Eintritts in den Lehrkörper der Salana. In: Wissenschaftliche Zeitschrift der Friedrich-Schiller-Universität Jena, Gesellschafts- und Sprachwissenschaftliche Reihe 13 (1964), S. 99–103.

Unangst, D./J. Wittig: Das Zusammenwirken von Wissenschaft und Produktion und Ernst Abbes wissenschaftliches Wirken. In: Augenoptik 96 (1979), S. 165–170.

Neuenschwander, E.: Über die Wechselwirkungen zwischen der französischen Schule, Riemann und Weierstraß. Eine Übersicht mit zwei Quellenstudien. In: Archive for History of Exact Sciences 24 (1981), S. 221–255.

Weitere Literatur zu Abbe siehe Poggendorff, J. C.: Biographisch-literarisches Handwörterbuch der exakten Wissenschaften, Band VII a, Supplement. Leipzig 1971, S. 7–14.

Zu Carl Martin:

Martin, E.: Dr. med. Carl Martins Lebensumriß. In: Martin, C.: Landeskunde von Chile (=Publikation des Geographischen Instituts der Universität Jena). Hamburg 1909, S. VI–XIII.

Martin, A.: Werden und Wirken eines deutschen Frauenarztes. Lebenserinnerungen. Berlin 1924.

Zu Harald Schütz:

Harald Schütz zu seinem hundertsten Geburtstag. In: Frankfurter Zeitung Nr. 304/1940.

Aus den Lebenserinnerungen von Prof. Dr. Ernst Schütz: Die Studienzeit des Vaters Harald Schütz. (Ungedrucktes Manuskript im Besitz von G. Schütz, Bremen).

Weiterhin wurden benutzt:

Geschichte der Universität Jena 1548/58–1958. Festgabe zum vierhundertjährigen Universitätsjubiläum. 2 Bände. Jena 1958–1962.

Stier, F.: Lebensskizzen der Dozenten der Universität Jena von 1548 bis 1958 (Manuskript im Universitätsarchiv Jena).

Unger, F. W.: Göttingen und die Georgia Augusta. Göttingen 1861.

Die Matrikel der Georg-August-Universität zu Göttingen 1837–1900. Hg. von Wilhelm Ebel (= Veröffentlichung der Historischen Kommission für Niedersachsen und Bremen IX, Abteilung 3). Hildesheim 1974.

Ebel, W.: Catalogus Professorum Gottingensium 1734–1962. Göttingen 1962.

Asen, J.: Gesamtverzeichnis des Lehrkörpers der Universität Berlin. Band 1 (1810–1945). Leipzig 1955.

Biermann, K.-R.: Die Mathematik und ihre Dozenten an der Berliner Universität 1810–1920. Stationen auf dem Wege eines mathematischen Zentrums von Weltgeltung. Berlin 1973.

Fricke, H.: 150 Jahre Physikalischer Verein zu Frankfurt a. M. Frankfurt a. M. 1974.

Jahresbericht des Physikalischen Vereins zu Frankfurt am Main für die Rechnungsjahre 1859–1860, 1860–1861, 1861–1862.

Noback, F.: Münz-, Maass- und Gewichtsbuch. 2. Aufl., Leipzig 1877.

Register

Die Register (Personen-, Orts- und Sachregister) beziehen sich nur auf die Brieftexte. Die kursiv gesetzten Zahlen bezeichnen die Briefnummern, die gerade gestellten geben die Seitenzahlen an. Zu den hier gebrauchten Abkürzungen vergleiche das Abkürzungsverzeichnis.

Personenregister

Ortsregister

Sachregister

Akademisches Studium und Prüfungen Abbes

Berufstätigkeit Abbes

Lebensumstände Abbes

Wissenschaftliche Disziplinen und Technik

Wissenschaftliche Institutionen

Zeitereignisse

Abbildungsnachweise

Universitätsarchiv Jena: 2, 4, 9–10, 12–14.
Universitätsbibliothek Jena: 5–8 und Zeichnungen innerhalb der Brieftexte.
Betriebsarchiv VEB Carl Zeiss JENA: 1, 3.
Stadtarchiv Frankfurt am Main: 15.
Universitätsarchiv Göttingen: 11.
Universitätsbibliothek Göttingen: 16.

Papier | Fördert gute Waldnutzung
FSC® C083411

Kolibri 360 GmbH
Ferdinand-Jühlke-Straße 7
99095 Erfurt, Deutschland
produktsicherheit@kolibri360.de